自然地理与资源环境专业实验教程

刘 硕 杨 旭 张栩嘉 主 编

HEUP 哈尔滨工程大学出版社

内 容 简 介

本书主要内容包括自然地理与资源环境专业中环境微生物学、污染环境修复原理与技术、水污染控制工程、噪声污染控制等课程的基本实验技术、综合实验、研究性实验及实验数据分析方法。

通过学习本书，读者可加深理解相关实验的理论与原理，有效地掌握相关实验的基本知识及操作方法，有利于读者动手能力、综合分析能力和创新能力的培养。

本书可作为高等院校自然地理与资源环境专业的教材，也可供相关专业研究人员及工程 技术人员参考。

图书在版编目(CIP)数据

自然地理与资源环境专业实验教程/刘硕，杨旭，
张栩嘉主编. —哈尔滨:哈尔滨工程大学出版社，2016.7
ISBN 978-7-5661-1303-0

Ⅰ.①自… Ⅱ.①刘… ②杨… ③张… Ⅲ.①自然地理-教材 ②自然资源-教材 Ⅳ.①P9

中国版本图书馆 CIP 数据核字(2016)第 158447 号

选题策划 龚 晨
责任编辑 薛 力
封面设计 恒润设计

出版发行 哈尔滨工程大学出版社
社　　址 哈尔滨市南岗区东大直街 124 号
邮政编码 150001
发行电话 0451-82519328
传　　真 0451-82519699
经　　销 新华书店
印　　刷 哈尔滨市石桥印务有限公司
开　　本 889mm×1194mm 1/16
印　　张 19.25
字　　数 551 千字
版　　次 2016 年 7 月第 1 版
印　　次 2016 年 7 月第 1 次印刷
定　　价 42.00 元
http://www.hrbeupress.com
E-mail:heupress@hrbeu.edu.cn

前　言

应用型人才是社会和国家进步的源泉,全面提高自然地理与资源环境专业大学生的综合素质,培养适应世界科学技术快速发展和适应市场经济体制下经济建设、文化建设需要的高素质应用型人才,是当前自然地理与资源环境专业的重要任务。实践应用课程作为理论联系实际的重要方面,对于培养学生利用专业理论知识解决实际问题的能力及动手操作能力具有至关重要的地位和作用。本书正是在此基础之上,结合本学科及专业教学的特点,以及根据学科建设的需要,将基础理论知识的介绍与实验操作内容有机结合起来,目标在于培养学生运用所学理论解决实际问题和动手操作能力,以期在自然地理与资源环境实验教学方面做出一些积极的探索。

本书内容都是在多年自然地理与资源环境本科教学研究基础上编写的。编写既重视了经典理论的传承,同时又积极引进实验的新技术、新工艺。全书共分为5章:第1章环境实验质量控制及其统计方法;第2章环境微生物学实验;第3章污染环境修复原理与技术课程实验;第4章水污染控制工程实验;第5章噪声污染控制工程课程实验。5个章节既具有相对独立性又具有紧密的内在联系,注重与新理论、新技术、新工艺、新标准的有效衔接,书中的多个实验能给出在不同实验条件下的多个实验方案的选择,以适应学生创新能力培养的需要。

本书取材广泛,参阅了大量的国内外实验技术与方法,并结合了编者多年的教学实践经验总结,内容较丰富,覆盖面广,理论和实验的结构设计合理,应用性强,符合自然地理与资源环境专业发展要求,注重对学生实践能力的培养。

本书是多位自然地理与资源环境教师及研究工作者合作编写的成果,具体分工如下:第1章由张栩嘉编写,第2章由刘硕编写,第3章由杨旭编写,第4章由刘硕、韩金凤、戴君编写,第5章由杨旭编写。韩金凤、戴君、孙夕涵、杨迪、罗盼、范大莎、郑倩玉、李潇屹参与了全书文献资料的收集、文稿的录入、校对、绘图等工作。书稿最后由刘硕、杨旭、张栩嘉统稿,定稿。

由于编者时间和水平有限,疏漏和不妥之处在所难免,敬请广大同仁和读者批评指正。

编　者

2016年7月

前言

目　录

第1章　环境实验质量控制及其统计方法

实验质量控制是指为将分析测试结果的误差控制在允许限度内所采取的控制措施。质量控制的目的是将分析误差控制在容许限度内，以保证数据（检验结果）在给定的置信水平内达到要求的质量。

1.1　环境实验质量控制

1.1.1　环境实验质量控制指标

1.1.1.1　准确度与误差

准确度是一个特定的分析程序所获得的分析结果与假定的或公认的真值之间符合程度的度量，也就是指测得值与真值之间的符合程度。它是反映分析方法或测量系统存在的系统误差和随机误差两者的综合指标，并决定其分析结果的可靠性。因此，准确度的高低常以误差的大小来衡量，即误差越小，准确度越高；误差越大，准确度越低。

误差有两种表示方法，即绝对误差和相对误差，其表达式为

$$绝对误差(E) = 测得值(x) - 真实值(T)$$

$$相对误差(E_r) = (测得值(x) - 真实值(T))/真实值(T) \times 100\%$$

要确定一个测定值的准确度就要知道其误差或相对误差。要求出误差必须知道真实值。但是真实值通常是不知道的。在实际工作中人们常用标准方法通过多次重复测定，所求出的算术平均值作为真实值。由于测得值 x 可能大于真实值 T，也可能小于真实值，所以绝对误差和相对误差都可能有正、有负。

对于多次测量的数值，其准确度可按下式计算。

绝对误差

$$E = \sum_{i=1}^{n} \frac{x_i}{n} - T$$

式中　x_i——第 i 次测定的结果；

n——测定次数；

T——真实值。

相对误差

$$E_r = E/T \times 100\%$$

【例1-1】　若测定3次结果为0.120 1g/L，0.118 5 g/L和0.119 3 g/L，标准样品含量为0.123 4 g/L，求绝对误差和相对误差。

解　平均值 = (0.120 1 + 0.119 3 + 0.118 5)/3 = 0.119 3 g/L

绝对误差

$$E = x - T = 0.119\,3 - 0.123\,4 = -0.004\,1\ \text{g/L}$$

相对误差

$$E_r = E/T \times 100\% = -0.004\,1/0.123\,4 \times 100\% = -3.3\%$$

应注意的是有时为了表明一些仪器的测量准确度，用绝对误差更清楚。例如分析天平的误差是 ±0.000 2 g，常量滴定管的读数误差是 ±0.01 mL 等，这些都是用绝对误差来说明的。

根据误差的性质,可将误差分为两类,即系统误差和偶然误差。

系统误差又称可定误差或可测误差。这是由测定过程中某些经常性的原因所造成的误差,它影响分析结果的准确度。产生误差的主要原因包括:

(1)方法误差

由于分析方法本身不够完善而引入的误差。它是由分析系统的化学或物理化学性质所决定的。例如,有些化学反应不能定量地完成或者有副反应、干扰成分的存在;质量分析中沉淀的溶解损失、共沉淀和后沉淀现象。灼烧沉淀时部分挥发损失或称量形式具有吸湿性;在滴定分析中,指示剂选择不适当、化学计量点和滴定终点不相符合都属于方法上的误差。

(2)仪器误差

由于仪器本身不精密或者有缺陷造成的误差。例如,天平两臂不相等,砝码、滴定管、容量瓶、移液管等未经校正,在使用过程中就会引入误差。

(3)试剂误差

由于试剂不纯或蒸馏水、去离子水不符合规格,含有微量的被测组分或对测定有干扰的杂质等所产生的误差。

(4)主观误差

因操作者某些生理特点(如个人的判断能力缺陷或不良的习惯)所引起的误差。例如,有的人视力的敏感程度较差,对颜色的变化感觉迟钝,因而引起的误差。

总之,系统误差是由于某种固定的原因所造成的,在各次测定中这类误差的数值大体相同,并且始终偏向一方(或者正误差或者负误差)。因此它对分析结果的影响比较恒定,在同一条件下,重复测定时会重复出现,使测定的结果系统地偏高或偏低。因而误差的大小往往可以估计,并可以设法减小或加以校正。

偶然误差又称非确定误差或随机误差。这是由一些难以控制的偶然因素所造成的误差,没有一定的规律性。虽然操作者仔细操作,外界条件也尽量保持一致,但测得的一系列数据仍有差别,并且所得数据误差的正负不定、大小不定。产生这类误差的原因常常难于觉察,可能是由于室温、气压、温度等检验条件的偶然波动所引起;或是因使用的砝码偶然缺损,试剂质量或浓度改变所造成;也可能由于个人一时辨别的差异使读数不一致。尽管这类误差在操作中不能完全避免,但当测定次数很多时,即可发现偶然误差的分布服从一定的规律:正误差和负误差出现的几率相等,小误差出现的次数多,而大误差出现的次数少,特别大的误差出现的次数极少。

减少实验误差的途径就是减少检测过程中的系统误差和偶然误差,并杜绝一切操作上的过失错误。具体措施如下:

(1)减少系统误差的方法

选择合适的分析方法。这是减少系统误差的根本途径。对不同种类的试样应采取不同的分析步骤,以防止不明成分的干扰。

采用对比检验方法,即用标样进行对比分析或用标准方法进行对比分析。

利用标准样来检查和校正分析结果消除系统误差的方法,在实际工作中应用得较为普遍。通常应取用与分析样品的组成比较接近的标准样进行对比分析。

由于对比分析是在相同的试验条件下进行的,所以比较标准样的测得数据和标准数据,可以很容易看出所选用方法的系统误差有多大。如果在允许误差的范围之内,一般可不予校正。假如存在的系统误差比较大,对分析结果准确度有显著影响时,则需根据所得分析结果进行校正。

在生产控制中,有时采用简易的快速分析方法。为检查所用方法是否准确,除应用标准样进行对比外,也常用国家标准方法或公认的准确度高的“经典”方法来分析同一个试样。若简易方法所得分析结果与标准方法所得分析结果之差符合允许误差的要求,则说明简易快速方法是可行的。在新方法的研究

中,常常用标准方法或"经典"方法来进行对比分析。

(2)减少偶然误差的方法

根据偶然误差出现的规律得知,测定次数越多,其平均值越接近真值。因此,适当增加平行测定的次数,取其平均值,是减少偶然误差的有效方法。此外,由于检验人员工作上的粗枝大叶,不遵守操作规程,以致在检验过程中引入某些操作错误。例如器皿不洁净、试验溶液或沉淀损失、试剂用错、记录及计算上的错误等,都会对检验结果带来严重影响,必须避免。但操作错误不是误差,如果已发现错误的测定结果,应予剔除,不得报出或参加平均值的计算。

1.1.1.2 精密度与偏差

精密度是指用一特定的分析程序在受控条件下重复分析均一样品所得测量值的一致程度,它反映分析方法或测量系统所存在随机误差的大小。极差、平均偏差、相对平均偏差、标准偏差和相对标准偏差都可用来表示精密度大小,较常用的是标准偏差,即标准差。绝对偏差是指单项测定与平均值的差值。相对偏差是指绝对偏差在平均值中所占的百分率。由此可知绝对偏差和相对偏差只能用来衡量单项测定结果对平均值的偏离程度。为了更好地说明精密度,在一般分析工作中常用平均偏差表示。平均偏差是指单项测定值与平均值的偏差(取绝对值)之和,除以测定次数。平均偏差是代表一组测量值中任意数值的偏差。所以平均偏差不计正负。

另外,在讨论实验精密度的时候,还会讨论平行性、重复性、再现性等概念。平行性是指在实验中,当所有分析条件都一致的时候,对同一样品进行两次或者多次测量,其结果的符合程度。重复性是指在同一实验室内,由于某种实验条件(时间、人员、设备)改变,用同种分析测试方法对同一样品进行独立测量时,结果的符合程度。再现性是指在不同实验室,实验条件(时间、人员、设备)都不同,但应用同种方法对同一样品进行多次测量,结果之间的符合程度。

1.1.1.3 准确度与精密度的关系

准确度表示测量的正确性,而精密度则表示测量的重复性或者再现性。检验工作要力求测量准确度高,精密度好。事实证明只有首先保证精密度好,才有可能使准确度高。但是精密度好并不能保证准确度也高。因为分析结果的精密度主要取决于实验操作的仔细与精密度程度(即由偶然误差所决定),而准确度则主要取决于分析方法本身(即由系统误差所决定)。因此,粗心大意固然不能得出准确的分析结果,但分析方法本身带来的误差,显然也不会因操作精细而被完全消除。因此,只有在消除了分析的系统误差之后,尽量提高分析的精密程度,这样所得到的测定结果才是准确的、可靠的。

1.1.1.4 检测方法的灵敏度、检出限和测定下限

(1)试剂空白值

试剂空白值是由检测操作中所用溶剂、试剂和仪器以及操作产生的测定值,它来自溶剂、试剂和仪器含有的微量或痕量待测物或干扰物,来自操作误差。试剂空白值的大小和变异直接影响检测方法的检出限、测定下限及测定结果的准确度和精密度等。

(2)灵敏度

检测方法的灵敏度是指标准曲线的斜率,就是使待测物的浓度通过光信号、电信号等响应值表现出来,而待测物单位浓度(或量)所对应的响应值即为灵敏度。

①比色法和分光光度法灵敏度

比色法和分光光度法以标准曲线回归后的斜率表示方法灵敏度。标准曲线的直线部分可以用下式表示:

$$A = kc + a$$

式中 A——仪器的响应量；

c——待测物质的浓度；

a——标准曲线的截距；

k——方法的灵敏度。

k 值越大,说明方法灵敏度越高。

②原子吸收光谱法的灵敏度

原子吸收光谱法也可以用标准曲线回归后的斜率表示方法的灵敏度;另一种表示方法为特征浓度,即以能产生1%吸收(相当于0.004 4吸光度单位)时溶液中待测物的浓度(μg/mL)或含量(ng)。特征浓度的计算可以从标准曲线上得到吸光度为0.1 000时的待测物的浓度值 c(μg/mL),然后用下式计算:

$$\text{特征浓度} = c \times 0.004\,4/0.100 = c \times 0.044$$

③色谱法的灵敏度

色谱法和其他仪器方法以单位响应值(mm 或 mm^2;μA 或 mV)所对应的待测物含量(μg)或浓度(mg/m^3)来表示。

(3)检出限和测定下限

某一分析方法在给定的可靠程度内可以从样品中检出待测物质的最小浓度或最小含量,称之为检出限,即在给定的概率 $P=95\%$(显著水准为5%)时,能够定性区别于零的待测物的最低浓度或含量。测定下限是指在测定误差能满足预定要求的前提下,用特定方法能够准确地定量测定待测物质的最小浓度或含量;即在给定的概率 $P=95\%$(显著水准为5%)时,能够定量检测待测物的最低浓度或含量。

①比色法和分光光度法的检出限和测定下限

在最佳测试条件下,以重复多次(至少6次)测定的试剂空白吸光度的3倍标准差,或吸光度0.02处所对应的待测物浓度或含量作为检出限值,两者中取其最大值。以试剂空白吸光度的10倍标准差,或吸光度0.03处所对应的待测物浓度或含量作为测定下限值,两者中取其最大值。

②原子光谱法的检出限和测定下限

在最佳测试条件下,以重复多次(至少10次)测定的约等于5倍预期测定下限浓度的含基待测物标准溶液吸光度的3倍标准差,所对应的待测物浓度或含量作为检出限值。

$$\text{检出限}(\mu g/ml) = \frac{\text{标准溶液浓度} \times 3 \times \text{标准差}}{\text{标准溶液测得的平均浓度}}$$

以10倍标准差所对应的待测物浓度或含量作为测定下限值。若检测结果低于测定下限,而高于检出限时,可报告此值。若低于检出限时,则报告为“未检出”,在做数据统计时,以二分之一检出限值参加统计。

$$\text{检测下限}(\mu g/ml) = \frac{\text{标准溶液浓度} \times 10 \times \text{标准差}}{\text{标准溶液测得的平均浓度}}$$

③色谱法的检出限和测定下限

色谱法(包括气相色谱法和高效液相色谱法等)和其他仪器方法,在最佳测试条件下,以记录仪2格或2倍噪声所对应的待测物浓度或含量作为检出限值;以记录仪5格或5倍噪声所对应的待测物浓度或含量作为测定下限值。

1.1.2 环境试验质量控制图

质量控制图原是应用于工业部门控制生产过程和产品质量的一种统计技术,现已成为环境监测分析中进行分析质量控制的一种手段,它主要是反映分析质量的稳定性情况,以便及时发现某些偶然的异常现象,随时采取相应的校正措施。

质量控制图是以横轴表示分析日期或样品序号,纵轴表示要控制的统计量,中心线是受控制的统计量的均值,上、下控制限是质量评定和采取措施的标准。质量控制图是根据分析结果之间存在着变异,而且这种变异是按照正态分布的原理编制而成的。编制步骤一般为:收集数据($n \geq 20$);选择并确定统计量,如平均值、空白值、标准偏差、极差等;计算并画出中心线,上、下控制限,上、下警告限和上、下辅助限。环境分析常用精密度控制图(均数控制图、空白控制图)以及准确度控制图,如图1-1所示。

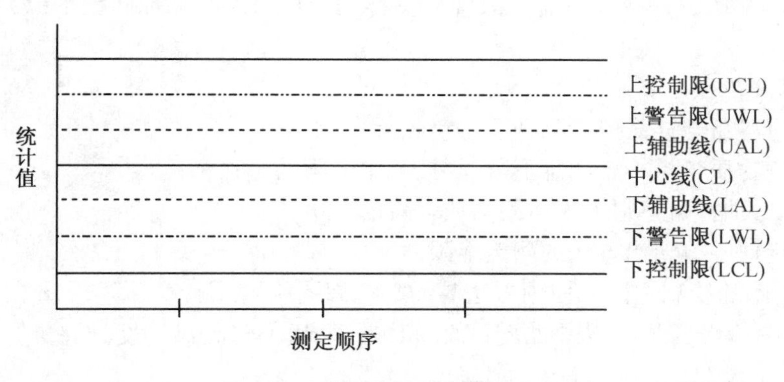

图1-1 质量控制图的基本组成

1.1.2.1 均数控制图的绘制

(1)数据的积累:在短期日常测定工作中,对标准物质或质量控制样品多次重复测定至少20次,每次测定的工作质量应达到规定的精密度和准确度。

(2)对积累数据进行统计处理,计算平均值、标准偏差S,$x \pm 2S$和$x \pm 3S$。

(3)在坐标纸上,以测定序号为横轴,测定值为纵轴,将中心线(x),上、下警告限($x \pm 2S$),上、下控制限($x \pm 3S$)绘制在图中。

平均值控制图根据数据意义不同可分为空白控制图、浓度值控制图和加标回收率控制图等,分别用于不同质量控制项目的质量评价。在绘制控制图时,落在$x \pm S$范围内的点数应约占总点数的68%。若少于50%,则分布不合适,此图不可靠。若连续7点位于中心线同一侧,表示数据失控,此图不适用。

平均值控制图可以直观显示分析工作的质量水平(如空白试验、准确度、精密度等)。在以后分析工作中,测定样品的同时对该标准物质或质量控制样品也进行2~3个平行测定,并将测定结果标在质量控制图上的相应位置,从而对分析工作的质量进行评价。一般认为,如果此点位于中心线附近,上、下警告限之间的区域内,则测定过程处于控制状态;如果此点超出上述区域,但仍在上、下控制限之间的区域内,则提示分析质量开始变劣,可能存在“失控”倾向,应进行初步检查,并采取相应的校正措施;如果此点落在上、下控制限之外,则表示测定过程失去控制,应立即检查原因,予以纠正,并重新测定该批全部样品。

1.1.2.2 空白试验控制图

空白的控制样品即试剂空白。例如,对光度分析的标准曲线法来说,“0号管”溶液即为试剂空白,也是空白的控制样品。空白试验的试剂空白值越小越好。对此空白试验控制图没有下控制限和下警告限,但仍留有小于x_b的空白试验值空间。空白试验值x_b,也是平行双样,也要积累20个空白试验的x_b值,求出x_b及其标准差S值、x_b+3S和x_b+2S空白试验控制图,给出控制范围。当实测的空白试验值低于控制基线,且逐渐稳步下降时,说明实验水平有所提高,可酌情分次以较小的空白值取代较大的空白值,重新计算和绘图。当实测环境样品时,发现空白试验值超过控制范围(x_b+3S)时,则此次测定的数据,按GB/T18883要求,则不能报出其检测结果。

1.1.2.3 准确度控制图

(1)准确度控制图是直接以环境样品加标回收率测定值绘制而成的。

(2)至少完成 $n=20$(份)样品和加标样品测定后,先计算出各次加标回收率(p),再计算 p 和加标回收率标准偏差 S_p。

(3)对加标量大小的要求:

①一般加标量应尽量与样品中所测物质含量相近;

②当样品中所测物质含量小于测定下限时,按测定下限的量加标;

③在任何情况下,加标量不得大于所测物质含量的 3 倍;

④加标后的测定值不得超出方法的测定上限。

(4)准确度控制图的绘制方法和使用方法与均数控制图相同。

(5)按测定项目中标准分析方法中给定的加标回收率范围,进行准确度的评价。

1.1.3 实验数据的处理和结果表达

1.1.3.1 有效数字的概念

有效数字是指实验中实际测定的数字。由于测量仪器的精密程度总是有限的,所以测定数据的最后一位往往是估计出来的,不够准确。例如读取滴定管上的刻度,甲读数为 23.43 mL,乙读数为 23.42 mL。这四位数中前三位是准确的,第四位数字因为没有刻度,是估计出来的,所以稍有差别,这第四位数是不确定的,故称为可疑值。但它又不是臆造的,所以记录时应该保留它。所记录的这四位数字都是有效数字,因此,所谓有效数字就是只保留末一位不准确数字,其余数字均为准确数字的数字。

有效数字不仅表示数值大小,而且反映测量结果的精密度。例如用分析天平称量,得到的数据 3.580 0 g,就不同于 3.580 g,因为两个数据的精密度不同,若数据为 3.580 0 g,其绝对误差为 ±0.000 1 g,相对误差为 ±0.002 8%;若数据为 3.580 g,其绝对误差为 ±0.001 g,相对误差为 ±0.028%,数据相比,精密度相差 10 倍。由此可见:记录测试数据时不能随意乱写,是多少写多少,特别是末位数的“0”虽不改变数字的绝对值,但也不能随便多写或少写。不正确地多写了一位数字,则该数据不真实,因而也不可靠;少写了一位数字,则损失了测量的精密度。实质上对测量该数据使用精密偏高的仪器和耗费大量的时间也是一种浪费。总之,在分析测试、检验、计量等工作中,正确表达测量数据的位数非常重要。

1.1.3.2 确定有效数字位数的方法

有效数字的位数直接与测试结果的精密度有关,在确定有效数字位数时应遵循以下原则:数字 1 ~ 9 都是有效数字。“0”在数字中所处的位置不同,起的作用也不同,即可以是有效的数字,也可以不是有效数字。“0”在数字前,仅起定位作用,不是有效数字。如在 0.025 7 中,“2”前两个“0”均不是有效数字,因为这些“0”只与所取的单位有关,而与测量的精密度无关;若将单位缩小至百分之一,则 0.025 7 就变成 2.57,有效数字只有三位,前边的“0”就没有了。类似像 123,12.3,0.123,0.012 3,0.001 23 等数字的有效数位都是三位。数字末尾的“0”属于有效数字。如 0.500 0 中,“5”后面的三个“0”均为有效数字;0.004 0中,“4”后面的 1 个“0”也是有效数字。故 0.500 0 为四位有效数字,0.040 为两位有效数字。数字之间的“0”为有效数字。如 1.008 中间的两个“0”,8.01 中间的一个“0”都是有效数字,所以 1.008 是四位有效数字,8.01 是三位有效数字。以“0”结尾的正整数,有效数字的位数不确定时,应根据测试结果的精密度确定。如 3600,有效数字位数不容易确定,可能是二位、三位,也可能是四位,遇到这种情况,应根据实际测试结果的精密度确定有效数字的位数,把“0”用 10 的乘法表示,有效数字用小数表示。如将 3 600写成 3.6×10^3,表示此数有二位有效数字;写成 3.60×10^3,表示此数有三位有效数字;写成 $3.600\times$

10^3,表示此数位有四位有效数字。

1.1.3.3 数值修约规则

数值修约是一种数据处理方式,即将数值的近似值表达为位数的数值形式。实际工作中,质量检测及计算后得到的各种数据,对在确定精确范围(有效数字的数位)以外的数字,应加以取舍,即进行修约。GB 8170《值修约规则》对此做了具体规定。

(1)间隔

间隔是确定修约保留位数的一种方式。修约间隔的数值一经确定,修约值即应为该数值的整数倍。如指定修约间隔为0.1,修约值即应在0.1的整数倍中选取,相当于将数值修约到一位小数。如指定修约间隔为100,修约值则应在100的整数倍中选取,相当于将数值修约到“百”位数。

(2)数位

对于没有小数位且以若干个零结尾的数值,从非零数字最左一位向右数的到的位数减去无效零(即仅为定位用的零)的个数;对其他十进位位数,从非零数字最后一位向右数而得到的位数,就是有效数位。

(3)进舍规则

拟舍弃数字的最左一位数字小于5时,则舍去,即保留的各位数字不变。如将3.124 3修约到二位小数,得3.12;如将3.214 3修约成四位有效位数,得3.214。拟将某一数修约为有效位数 n,当 $n+1$ 位数字为5时,若5后有数字,则进1,若5后无数字或5后皆为“0”,看保留数字的末位是奇数还是偶数,按照“奇进偶舍”的原则,即保留数字的最末一位为奇数时,进1;保留数字的最末一位偶数时,舍去。例如将4.225 1,31.45,31.55修约为三位有效位数,则得4.23,31.4,31.6。如将0.032 5修约为两位有效位数则得0.032。

以上规则可概括为如下口诀:“四舍六入遇五要考虑,五后非零则进一,五后皆零视奇偶,五前为偶则舍去,五前为奇则进一。”

(4)不允许连续修约

拟修约数字应在确定修约位数后一次修约获得结果,而不得多次按上述规则连续修约。如修约15.454 6,修约间隔为1,则修约后值为15,而不应按15.454 6→15.455→15.46→15.5→16的做法修约。

(5)负数修约

先将负数的绝对值按上述规则进行修约,然后在修约值前面加负号。

1.1.3.4 有效数字的运算规则

(1)在所有计算式中,常数以及非检测所得计算因子(倍数或分数,如6,$\sqrt{2}$,2/3等)的有效数字,可视为无限有效,需要几位就取几位。

(2)计算有效数字位数时,若第一位数字等于8或9,则有效数字可多计一位。例如8.47,9.56,实际上只有三位,但它们可以被认为是四位有效数字。

(3)在对数计算中,所取对数有效数字位数应只算小数部分数字的位数,与真数的有效数字位数相等。

(4)加减法:几组数字相加或相减时,以小数位数最少的一数为准,其余各数均修约成比该数多一位,最后结果有效数字的位数应与小数最少的一数相同。例如

$$60.4+2.02+0.212+0.0367\approx 60.4+2.02+0.21+0.04=62.67\approx 62.7$$

(5)乘除法:参加运算的各数先修约成比有效数字位数最少的数多一位,所得最后结果,以有效数字位数最少的一数为准,与小数点位置无关。

(6)乘方或开方:原近似数有几位有效数字,计算结果就可以保留几位。若还要参加运算,则乘方或开方的结果可以比原数值多保留一位。

(7)几组数的算术平均值,可比小数位数最少的一数多一位小数。

1.1.3.5 分析结果数字的位数

化学分析的结果往往通过多次单独测量而取得。每次测量结果的有效数字的位数由测量精度决定,但各次的测量精度可能不相同,因而它们的有效数字的位数不等。此时就要按照上述有效数字的计算法则进行计算,最后计算得到的分析结果的位数应和各次测量中相对精度最差的一位数字的位数相符。

在化学分析中,各次测量的精度应保持一致。如果在分析操作过程中,有一次操作的测量精度特别低,那么不管其他各次的测量精度如何高,其最后所得的分析结果的精度只能是和测量精度最低的那次操作的精度相同。显然,此时其他各步采用高精度的测量就变得没有必要,而且是仪器、人力和时间的浪费。一般来说,在化学定量分析中,要求有4位有效数字。

1.1.3.6 分析结果中可疑数据的取舍

在相同条件下进行多次重复分析测试中,可以得出一组平行数据。在这组数据中有时会发现个别的数据明显偏离其他大多数数据,但又找不到产生偏差的确切原因,这类数据就称为可疑数据(或称为离群结果)。对此类数据取舍一定要慎重,因为该可疑数据如不属于异常值,若将它舍去,则表观上提高了精度,而实质上降低了平均值的准确度;如该可疑数据本身就是异常值,但没有将它舍去,那么降低了测量精度,同时所求的结果也不可靠。所谓异常值只有在下述两种情况下可以剔除:一是在化学分析过程中确实是由于粗枝大叶或某种意外事故造成差错所出现的结果,这种结果应立即舍弃;二是在归纳整理试验结果中发现“离群”结果必须按一定规则进行检验后再决定取舍。

1.1.4 实验数据统计初步

我们在环境学研究的过程中,总是希望得到现实环境的某些特征,但是现实环境是庞大的,我们往往只能通过选点、采集样本、检测样本来获取数据,再试图通过样本的数据来表征现实环境的某些特征。如何应用样本数据来表达总体的特征,或者样本数据是不是能表达总体的特征,或不同区域环境总体的某种共同属性是不是在同一水平上等问题都可以用统计学方法来解决。对样本数据的基本统计学处理方法有两种:统计描述和统计推断。统计描述主要是通过描述统计量来表达的。

1.1.4.1 数据集中趋势的(描述)统计量

(1)均数

①算术平均值

算术平均数是所有观察值的总和除以观察值的个数,用 $\bar{x}$ 表示。

$$\bar{x} = \frac{x_1 + x_2 + x_3 + \cdots + x_n}{n} = \frac{\sum_{i=1}^{n} x_i}{n}$$

算术平均值是一个良好的表达集中趋势的(描述)统计量,具有反应灵敏、确定严密、简明易解、计算简单、受抽样变化的影响较小,适合进一步演算。但是算术平均值易受极端数据的影响,任意一个数据的或大或小的变化都会影响到最终结果。

算术平均值具有如下相关定义和性质:

a. 离均差

一个数据与平均值的差值被称为离均差,用 d 表示。对于一组数据而言,离均差之和为0,数据对任意常数的偏离程度大于对均值的偏离,如果用一个数去代表一组数据的整体水平,只有 $\bar{x}$ 的代表性最强。因此,均值可以最好地代表数据的中心位置。

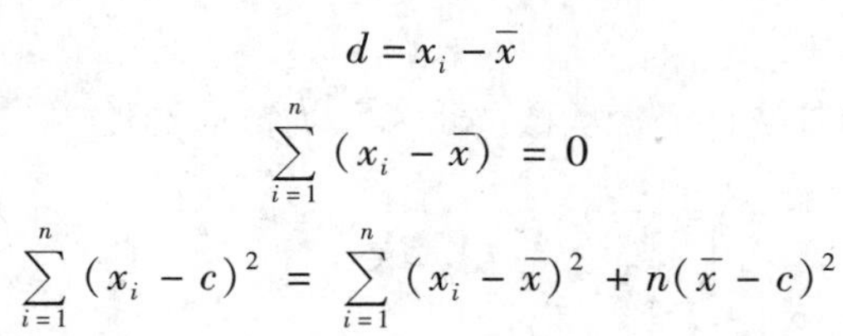

$$d = x_i - \bar{x}$$

$$\sum_{i=1}^{n} (x_i - \bar{x}) = 0$$

$$\sum_{i=1}^{n} (x_i - c)^2 = \sum_{i=1}^{n} (x_i - \bar{x})^2 + n(\bar{x} - c)^2$$

注意到 $n(\bar{x}-c)^2 \geqslant 0$,必然有

$$\sum_{i=1}^{n} (x_i - c)^2 \geqslant \sum_{i=1}^{n} (x_i - \bar{x})^2$$

b. 离均差平方和

其又简称离差平方和,可用 d^2 表示。

$$d^2 = \sum_{i=1}^{n} (x_i - \bar{x})^2$$

②加权平均值

将各数值乘以相应的权数,然后加总求和得到总体值,再除以总的单位数,即为加权平均数。加权平均数的大小不仅取决于总体中各单位的标志值(变量值)的大小,而且取决于各标志值出现的次数(频数),由于各标志值出现的次数对其在平均数中的影响起着权衡轻重的作用,因此叫作权数。

$$\bar{x} = \frac{\sum_{i=1}^{n} f_i x_i}{n}$$

式中,f_i 为第 i 组的权数。

③几何平均数

几何平均数是指 n 个观察值连续乘积的 n 次方根。

$$\bar{x} = \sqrt[n]{x_1 x_2 \cdots x_i \cdots x_n}$$

对上式两边取对数得

$$\ln\bar{x} = \frac{\ln x_1 + \ln x_2 + \cdots + \ln x_i + \cdots + \ln x_n}{n} = \frac{1}{n}\sum_{i=1}^{n} \ln x_i$$

也可用下式表示,即

$$\bar{x} = \sqrt[n]{\frac{x_n}{x_0}}$$

计算几何平均数要求各观察值之间存在连续乘积关系,它主要用来计算对比率、指数等进行平均以及计算平均发展速度。

【例1-2】 A,B 两个国家 1960—1980 年人口数如表 1-1 所示,计算两国人口的平均发展速度。

表 1-1 1960—1980 年人口数据

国家	1960 年	1965 年	1970 年	1975 年	1980 年
A 国	37 492	42 788	43 271	48 467	49 299
B 国	14 325	13 546	11 634	9 675	8 714

解

$$\bar{x}_A = \sqrt[20]{\frac{49\ 299}{37\ 492}} = 1.031\ 8, \bar{x}_B = \sqrt[20]{\frac{8\ 714}{14\ 325}} = 0.975\ 5$$

因此 A 国人口的平均发展速度为 101.38%,B 国人口的平均发展速度为 97.55%。

④调和平均数

它又称倒数平均数，是总体各统计变量倒数的算术平均数的倒数。

$$\bar{x} = \frac{n}{\frac{1}{x_1} + \frac{1}{x_2} + \cdots + \frac{1}{x_n}} = \frac{n}{\sum_{i=1}^{n} \frac{1}{x_i}}$$

调和平均数易受极端值的影响，且受极小值的影响比受极大值的影响更大。在实际中，往往由于缺乏总体单位数的资料而不能直接计算算术平均数，这时需用调和平均法来求得平均数。

(2)中位数

中位数，又称中值，代表一个样本、种群或概率分布中的一个数值，其可将数值集合 v 划分为相等的上下两部分。对于有限的数集，可以通过把所有观察值高低排序后找出正中间的一个作为中位数。如果观察值有偶数个，通常取最中间的两个数值的平均数作为中位数。中位数在应用中具有两大优点：一是中位数不受个别极端值的影响，表现出稳定的特性。这一特性使其在数据分布有较大的偏斜时，能够保持对数据一般水平的代表性。例如，研究全国地级市某一年 GDP 的 $n=5$ 抽样数据，5 市的 GDP 值分别为 1 272 亿元、1 450 亿元、1 384 亿元、2 056 亿元、12 560 亿元，如果用算数平均值代表 5 个地级市的 GDP 水平，则 $x=3\ 744.4$ 亿元。显然，用 3 744.4 代表 5 个地级市的 GDP 水平显然偏大，因为有 12 560 个别极值的影响，而用中位数 1 450 代表 5 个地级市的 GDP 水平要比均值具有代表性。二是中位数使用时比较方便。在某些场合，不能计算均值时，中位数就是一个较好的测度值。

(3)众数

众数是在一组数据中出现次数最多的数据，是一组数据中的原数据，而不是相应的次数。众数是样本观测值在频数分布表中频数最多的那一组的组中值，主要应用于大面积普查研究。一组数据中的众数不止一个，如数据 2，3，−1，2，1，3 中，2，3 都出现了两次，它们都是这组数据中的众数。

有的时候众数具有重要的不可替代的作用。例如，调查某一社区居民的年龄时，如果很难获得这一社区的人员资料，想尽快获取这一数据唯一的办法就是在社区内做路访，计算在路访中出现次数最多的年龄，并以此年龄作为平均年龄。众数不仅可以代表数值型变量的集中趋势，还可以代表非数值类型变量的集中趋势。例如，研究城市的哪一种建筑格局占主流。

1.1.4.2 数据离散趋势的(描述)统计量

(1)极差

极差是一组数据中最大值与最小值之差，用 R 表示，其表达式为

$$R = x_{\max} - x_{\min}$$

极差是标志值变动的最大范围，它是测定标志变动的最简单的指标。极差越大，离散程度越大；反之，离散程度越小。极差只指明了测定值的最大离散范围，而未能利用全部测量值的信息，不能细致地反映测量值彼此相符合的程度。它的优点是计算简单，含义直观，运用方便，故在数据统计处理中仍有着相当广泛的应用。但是，它仅仅取决于两个极端值的水平，不能反映其间的变量分布情况，同时易受极端值的影响。

(2)方差和标准差

方差和标准差是从平均概况衡量一组数据与平均值的离散程度。如果数据序列是总体本身，则采用总体方差；如果数据序列是总体的抽样结果即样本，则采用样本方差。总体方差公式为

$$\sigma^2 = \frac{1}{n}\sum_{i=1}^{n}(x_i - \bar{x})^2$$

方差的计算结果，其单位中有"平方"，因此在方差数值含义的解释上遇到了问题。同时，作为一个描述指标，方差的另一个问题是其平方的计算方法夸大了数据的离散程度，使人不易直观理解数值意义。因此通常取方差的算术平方根作为描述离散程度的指标，即标准差(SD)，用 σ 表示。标准差是观测值与

均值之间的平均距离。因此方差本质上是一个距离概念。总体标准差的公式表达式为

$$\sigma = \sqrt{\frac{1}{n}\sum_{i=1}^{n}(x_i - \bar{x})^2}$$

在理论上可以证明,对于总体中的一个样本,样本方差的计算公式应为

$$S^2 = \frac{1}{n-1}\sum_{i=1}^{n}(x_i - \bar{x})^2$$

相应地,抽样标准差为

$$S = \sqrt{\frac{1}{n-1}\sum_{i=1}^{n}(x_i - \bar{x})^2}$$

当样本容量很大,即 n 值足够大的时候,总体方差与抽样方差的数值差别很小,甚至可以忽略不计。

(3)变异系数

变异系数表示了数据的相对变化程度,如果比较均值不相同的两组数据相对离散程度时,使用变异系数,要比使用标准差更准确。其计算公式为

$$v = \frac{S}{|\bar{x}|}$$

式中 S——标准差;

$\bar{x}$——平均值。

【例1-3】 研究甲、乙两个城市的人均收入,甲城人均收入为40元/日,标准差为5元/日;乙城人均收入为80元/日,标准差为6元/日。问:哪个城市居民的人均收入更稳定呢?

解 遇到此类问题,首先可能会考虑到比较标准差,从标准差的比较结果来看,甲城居民收入稳定性更好。但是,乙城的居民人均收入是甲城的2倍。也就是说,6相对于80的变化要小于5相对于40的变化。因此用离散系数进行比较更合理。

甲城: $$v_{甲} = \frac{S_{甲}}{|\bar{x}_{甲}|} = \frac{5}{40} = 0.125$$

乙城: $$v_{乙} = \frac{S_{乙}}{|\bar{x}_{乙}|} = \frac{6}{80} = 0.075$$

由此可见,乙的离散系数小于甲,所以乙城居民的平均收入更稳定。

1.1.4.3 分布特征的(描述)统计量

(1)标准偏度系数

标准偏度系数测度了数据分布的不对称性情况,刻画了以平均值为中心的偏向情况。

$$\alpha = \frac{n}{(n-1)(n-2)}\sum_{i=1}^{n}\frac{(x_i - \bar{x})^3}{S^3}$$

偏度为0,表示其数据分布形态与正态分布偏度相同,左右对称,如图1-2(a)所示;偏度大于0,表示正偏,数值较大,又称右偏,如图1-2(b)所示;偏度小于0,表示负偏,数值较小,又称左偏,如图1-2(c)所示。偏度的绝对值大于1时,被称为高度偏态分布;当偏度的绝对值大于0.5小于1时,被称为中等偏态分布。

(2)标准峰度系数

标准峰度系数是描述某变量所有取值分布形态陡缓程度的统计量。它测度了数据在均值附近的集中程度,其计算公式为

$$\beta = \frac{1}{n-1}\sum_{i=1}^{n}\left(\frac{x_i - \bar{x}}{S}\right)^4 - 3$$

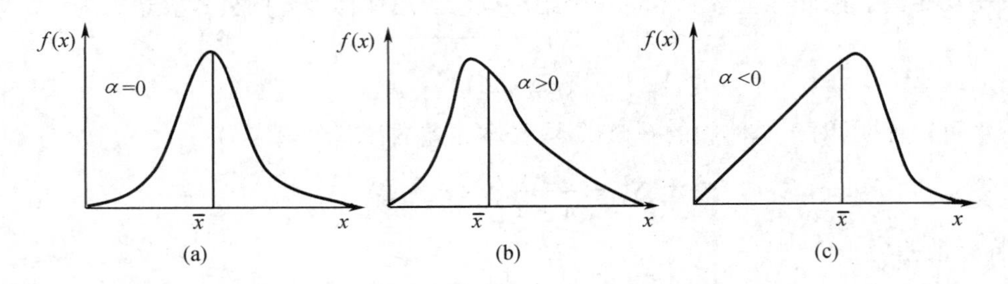

图 1－2　偏度系数的三种情况

峰度为 0，表示其数据分布与正态分布的陡缓程度相同；峰度大于 0，表示数据分布的集中程度高于正态分布，为尖顶峰；峰度小于 0，表示分布的集中程度低于正态分布，为平顶峰，如图 1－3 所示。

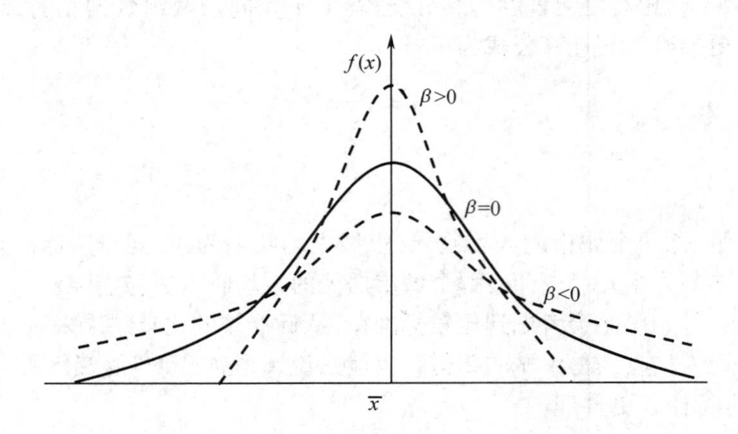

图 1－3　标准峰度系数的三种情形

1.1.5　正态分布

1.1.5.1　正态分布的基本形式

对于连续随机变量 x，其概率密度函数为

$$f(x)=\frac{1}{\sqrt{2\pi}\sigma}e^{-\frac{(x-\mu)^2}{2\sigma^2}}$$

时，则称 x 服从参数为 μ,σ 的正态分布或高斯分布，其中 μ 为均值，σ 为标准差，记为 $X\sim N(\mu,\sigma^2)$。

则其概率（分布）函数为

$$P(x)=\frac{1}{\sqrt{2\pi}\sigma}\int_{-\infty}^{x}e^{-\frac{(t-\mu)^2}{2\sigma^2}}dt$$

正态概率分布是概率分布中最重要的分布，它在实践中有着广泛的应用。在自然界和人类社会以及环境科学研究领域，有许多现象的概率分布都服从正态分布，如人的身高、体重、学习成绩、降水量以及污染物浓度分布等。在统计推断中，当样本的数量足够大时，许多统计数据都服从正态分布，因此正态分布在抽样理论中占有重要的地位。另外，正态分布还是其他连续型概率分布的极限分布，都可用正态分布近似计算或导出其他连续型概率分布。

正态分布的概率密度函数具有以下性质：

（1）$f(x)\geqslant 0$；

(2) $\int_{-\infty}^{+\infty} f(x) = 1$;

(3) $P(x) = \int_{-\infty}^{x} f(x)\mathrm{d}x$;

(4) $P(x_1 \leqslant x \leqslant x_2) = \int_{x_1}^{x_2} f(x)\mathrm{d}x$。

1.1.5.2 标准正态分布

当$\mu=0,\sigma=1$时,称x服从标准正态分布,其概率密度函数和分布函数分别用$\varphi(x)$和$\phi(x)$表示,即有

$$\varphi(x) = \frac{1}{\sqrt{2\pi}}\mathrm{e}^{-\frac{x^2}{2}}$$

$$\phi(x) = \frac{1}{\sqrt{2\pi}}\int_{-\infty}^{x}\mathrm{e}^{-\frac{t^2}{2}}\mathrm{d}t$$

$$\phi(-x) = 1-\phi(x)$$

可以看出标准正态分布是固定的、唯一的。因此,标准正态分布中随机变量与其概率的对应关系被计算出来,并列成“标准正态概率分布表”,以便查阅。

对于一个随机变量$X \sim N(\mu,\sigma^2)$,只要通过一个线性变换就能将它化成标准正态分布。设$Z = \frac{(t-\mu)}{\sigma}$,则

$$P(Z) = \frac{1}{\sqrt{2\pi\sigma}}\int_{-\infty}^{x}\mathrm{e}^{-\frac{(t-\mu)2}{2\sigma 2}}\mathrm{d}t = \frac{1}{\sqrt{2\pi}}\int_{-\infty}^{x}\mathrm{e}^{-\frac{z2}{2}}\mathrm{d}(\sigma z+\mu) = \frac{1}{\sqrt{2\pi}}\int_{-\infty}^{x}\mathrm{e}^{-\frac{z2}{2}}\mathrm{d}z = \phi(z)$$

由此可知,$Z = \frac{(x-\mu)}{\sigma} \sim N(0,1)$,即符合标准正态分布。于是,对于不同的$\mu$和$\sigma$,只要将变量转化为$Z$值,然后查“标准正态分布表”即可得到其概率值。

1.1.5.3 正态分布曲线特征

如图1-4所示,对于$X \sim N(\mu,\sigma^2)$,正态分布曲线具有以下特征:

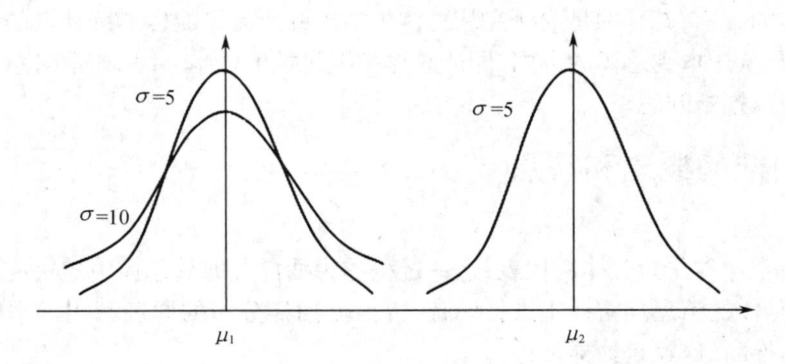

图1-4 均值及标准差不同的正态分布

(1)以$x=\mu$为对称轴,向左右两侧作对称分布,是一个对称曲线;

(2)以参数μ和σ的不同而表现为一系列曲线;

(3)正态分布资料的频数分布表现为多数次数集中在算术平均数μ附近,离平均数越远,其相应的频数越少;

(4)正态曲线与横轴之间的总面积等于1,因此曲线下横轴的任何定值,例如 $x=x_1$ 到 $x=x_2$ 之间的面积,等于 x 落在这区间的概率;

(5)以 x 轴为渐近线。

表1-2所示为几对常见的区间与其对应的概率数字。

表1-2 常见的区间和概率

区间	概率
$\mu\pm\sigma$	0.682 7
$\mu\pm2\sigma$	0.954 5
$\mu\pm3\sigma$	0.997 3
$\mu\pm1.960\sigma$	0.950 0
$\mu\pm2.576\sigma$	0.990 0

1.2 统计推断与方差分析

1.1.5节所述内容属于描述统计学(Descriptive Statistics)的内容,利用平均数和方差等统计数帮助我们对资料进行分析总结。本节要研究的内容属于推断统计学(Inferentialstatistics),研究的范围是统计推断(Statisticalinference)的方法和理论。统计推断指的是根据样本和假定模型对总体作出的概率形式结论的过程。推断统计学主要包括假设检验(Hypothesis Testing,Test of Hypothesis)和参数估计(Parametric Estimation)两部分内容。比如,由一个样本平均数可以对总体平均数作出估计,但样本平均数包含有抽样误差,用包含有抽样误差的样本平均数来推断总体,其结论并不是绝对正确的,因而要对样本平均数进行假设检验。

1.2.1 抽样与抽样分布

统计学的一个主要任务是研究总体和样本之间的关系。这种关系可以从两个方向进行研究:第一个方向是从总体到样本的方向,其目的是要研究从总体中抽出的所有可能样本统计量的分布及其与原总体的关系;第二个方向是从样本到总体的方向,即从总体中随机抽取样本,并用样本对总体作出推论。这就是以后将要讨论的统计推断问题。

1.2.1.1 抽样的概念和特点

(1)抽样的概念

从总体中抽取一个样本作为总体的代表,这一过程称为抽样。即从总体中随机地取出其中一部分观察,由此而获得有关总体的信息。对样本进行调查,再根据抽样分布的原理利用样本资料对总体数量特征进行科学的估计与推断,这就是抽样估计。

(2)抽样的特点

①遵守随机原则;②以部分推断总体;③抽样推断的误差可以事先计算并加以控制。

1.2.1.2 抽样的相关概念

(1)总体与样本

①总体:总体是指根据研究目的确定的所要研究事物的全体。总体单位的总数称为总体容量,一般

用 N 表示。

②样本：从总体中抽取的部分总体单位所构成的整体，称为该总体的一个样本。样本所包含的总体单位个数称为样本容量，一般用 n 表示。样本按照样本单位数的多少分为大样本和小样本。一般地说，$n \geqslant 30$ 为大样本，$n < 30$ 为小样本。从一个总体中可以抽取一个样本也可以抽取多个样本。

（2）总体参数与统计量

①总体参数（总体指标）：在抽样估计中，用来反映总体数量特征的指标称为总体指标，也叫总体参数。我们所要估计的总体参数通常有总体均值 μ，总体比例 P，总体标准差 σ，总体方差 σ^2，等等。总体参数的计算方法是明确的，但具体数值事先是未知的，需要用统计量来估计它。

②统计量（样本指标）：样本指标又称样本统计量或估计量，是根据样本资料计算的，用以估计和推断相应总体指标的综合指标。常见的样本统计量有样本均值、样本比例 p、样本标准差 S 或样本方差 S^2 等。样本统计量是随样本不同而不同的随机变量。

抽样平均误差概括地反映了所有可能样本的估计值与相应总体参数的平均误差程度。抽样平均误差越小，则样本统计量的分布越集中在总体参数附近，平均说来，样本估计量与总体参数之间抽样误差越小，样本对总体的代表性越大。

（3）均值的抽样平均误差

①在重复抽样条件下，有

$$\sigma(\bar{x}) = \frac{\sigma}{\sqrt{n}}$$

②在不重复抽样条件下，有

$$\sigma(\bar{x}) = \sqrt{\frac{\sigma^2}{n}\left(\frac{N-n}{N-1}\right)} = \sqrt{\frac{N-n}{N-1}} \cdot \frac{\sigma}{\sqrt{n}}$$

式中 N——总体容量；
n——抽样个数。

不重复抽样的抽样平均误差公式比重复抽样的相应公式多一个系数 $\sqrt{\frac{N-n}{N-1}}$，这个系数称为不重复抽样修正系数（或校正因子）。总体单位数（总体容量）N 总是比样本单位数 n 大得多。在这种情况下，不重复抽样的抽样平均误差实际上与重复抽样的抽样平均误差相差无几。在计算抽样误差时，通常总体标准差（σ）是未知的，经常采用以下几种方法来代替总体标准差：用样本标准差（S）代替总体标准差（σ）；用过去同样问题全面调查或抽样调查的经验数据代替；在正式抽样调查之前，先组织试验性抽样，用试验样本资料代替。

（4）抽样组织方式

基本的抽样组织方式有简单随机抽样、分层抽样、整群抽样和系统抽样四种。

①简单随机抽样：最基本的抽样方法，最符合随机原则，每个个体都有同样的被抽中概率，是其他复杂抽样设计的基础。

②分层抽样：将总体按照某些特征分成若干个层，在每一层当中独立抽取若干子样本。要求组内同质性强，组间差异大。由于在每层中都抽取出一些样本，所以样本具有较好的均匀性，代表性更强。

③整群抽样：先将总体划分为若干群，然后以群为初级抽样单元，从中随机抽取 n 个群，对抽中的群内的所有次级单元都进行调查。要求群内差异大，群间差异小。组织上方便，但抽样单元过于集中，抽样误差最大。

④系统抽样：按照某种顺序给总体中的 N 个单元编号，然后随机抽取一个编号作为样本的第一个单元，其他单元则按照某种确定的规则抽取。最常见的是等距抽样，按照相等的距离抽取样本。尽可能按照与调查项目有关的变量的大小顺序进行排序总体单元，类似于分层抽样，这样抽取出的样本分布均匀；

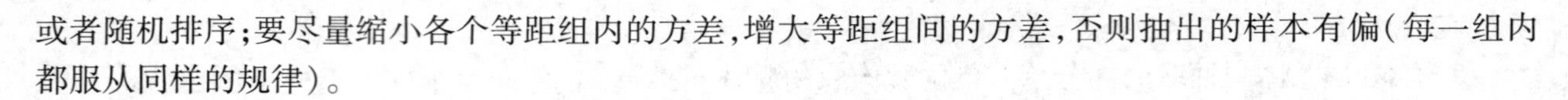

或者随机排序;要尽量缩小各个等距组内的方差,增大等距组间的方差,否则抽出的样本有偏(每一组内都服从同样的规律)。

1.2.1.3 样本均值抽样分布

抽取到不同的样本,会导致样本统计量的不同取值。所以要抽取大量样本,计算出各个样本统计量出现的可能性,得到各个样本统计量的概率分布,才能判断和比较哪个样本统计量比较合适。样本统计量的抽样分布:由 n 个样本的各观察值计算出的统计量的概率分布。

从一个总体中进行随机抽样可以得到许多样本,抽样所得到的每一个样本可以计算一个平均数,全部可能的样本被抽取后可以得到 n 个平均数。如果将抽样所得到的所有可能的样本平均数集合起来便构成一个新的总体,它的个体是所有的平均数。每一次随机抽样所得到的平均数可能会有差异,即出现的概率不同,所有平均数就构成了一个新的总体,这个总体也应该有其概率分布,这种分布称为均值的抽样分布。根据中心极限定理,不论总体服从什么分布,只要总体均值 μ 和总体方差 σ^2 存在,当样本容量 n 足够大($n \geqslant 30$)时,样本均值的抽样分布就近似为正态分布。具体地说:若总体服从分布 $N(\mu,\sigma^2)$,则其样本平均值 $\overline{X}$ 服从正态分布。其概率密度函数为:

$$f(\overline{x}) = \frac{1}{\sqrt{2\pi\sigma}} e^{-\frac{(x-\mu)^2}{2\sigma^2}}$$

样本平均值 $\overline{X}$ 的正态分布有两种情况:

①从无限总体抽样或从有限总体重复抽样时,服从 $N\left(\mu,\frac{\sigma^2}{\sqrt{n}}\right)$;

②从有限总体非重复抽样时,服从 $N\left(\mu,\frac{\sigma^2(N-n)}{\sqrt{n}(N-1)}\right)$。

在实际抽样中,当抽样比 $\frac{n}{N} \leqslant 0.05$ 时,修正系数近似等于1,则上述两种计算近似相等。所以,$n \geqslant 30$ 的样本被称为大样本;$n < 30$ 的样本被称为小样本。

为了以方便对抽样分布的应用,统计学家构建了 Z 分布,χ^2 分布,t 分布和 F 分布。

(1)Z 分布

假设随机变量 $X \sim N(\mu,\sigma^2)$,则其样本均值的抽样分布 $\overline{X} \sim N\left(\mu,\frac{\sigma^2}{n}\right)$,对其进行标准正态变换,设统计量 Z 如下式,Z 服从于标准正态分布。

$$Z = \frac{\overline{X} - \mu}{\sigma/\sqrt{n}} \sim N(0,1)$$

若有 Z_α 满足 $P(Z > Z_\alpha)$,则称 Z_α 为 Z 分布的分位点,如图 1-5 所示。

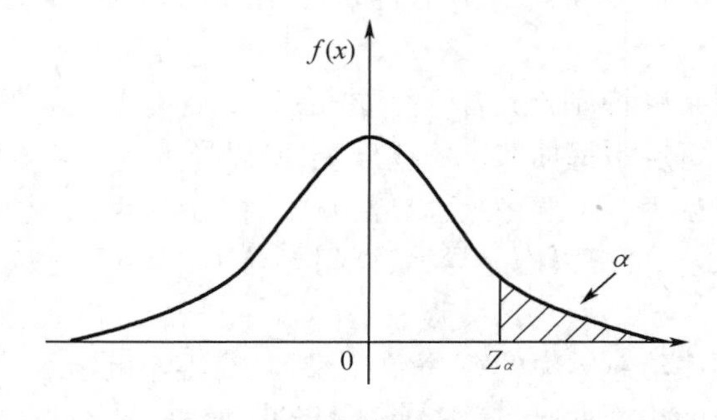

图 1-5 Z 分布的 α 分位点 Z_α

通过查找标准正态分布表可以确定 α 水平下的 Z_α 值，例如，$Z_{0.01}=2.326$，$Z_{0.05}=1.644$，$Z_{0.10}=1.281$。

(2)χ^2 分布

为了检验方便，统计学家构建了 χ^2 分布。n 个独立标准正态变量的平方和称为有 n 个自由度的 χ^2 分布，记为 $x^2(n)$。由于 χ^2 分布的变量为正态变量的平方和，因此其不会取负值。

设 $x_1,x_2,x_3,\cdots,x_n$ 是来自总体 $N(0,1)$ 的样本，则称随机变量：

$$x^2=X_1^2+X_2^2+X_3^2+\cdots+X_n^2=\sum_{i=1}^{n}X_i^2$$

服从自由度为 n 的分布 χ^2。自由度通常是指可以自由变动的变量个数(或在数学中能够自由取值的变量个数)，如有3个变量，但 $x+y+z=18$，因此其自由度等于2。在统计学中，自由度指的是计算某一统计量时，取值不受限制的变量个数。通常 $df=n-k$。其中 n 为样本含量；k 为被限制的条件数或变量个数，或计算某一统计量时用到其他独立统计量的个数。自由度通常用于抽样分布中。

图1-6给出了不同 n 值的 x^2 概率密度函数的示意图形。可以看出 χ^2 分布一般为左偏分布，且随着 n 的增大，密度函数的曲线逐渐趋于对称，并与正态分布相似。

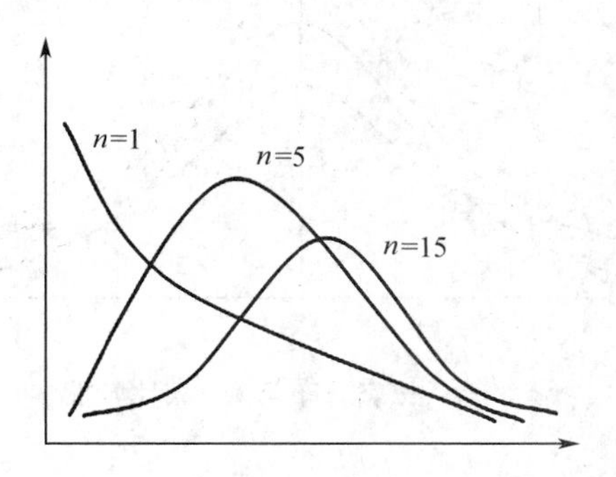

图1-6 不同 n 值的 χ^2 分布

可见，χ^2 分布的概率函数是个复杂的连续概率分布，不同的 n 值会有不同的概率密度函数。同一个 x^2 值，在不同的 n 值下会有不同的概率值。换句话讲，同一个概率 α 下，在不同的 n 值下，也有不同的 x_α^2 值，这个 x_α^2 值通常被称为临界值。根据不同的概率 α 值和不同 n 值的条件下，将所对应的 x^2 值制作成 x^2 值分布表。制作该表时，一般做如下定义：

$$P(x^2>x_\alpha^2(n))=\alpha$$

(3)t 分布

设 $X\sim N(0,1)$，$Y\sim X^2(n)$，且 X,Y 独立，则称随机变量：

$$t=\frac{X}{\sqrt{Y/n}}$$

服从自由度为 n 的分布，记为 $t\sim t(n-1)$。t 分布又称学生氏分布，因此

$$P(t>t_\alpha(n))=\alpha$$

$t_\alpha(n)$ 值可以查找 t 分布临界值表获得。

如图1-7为 t 分布图。可见，与标准正态分布相类似，t 分布的曲线也是对称的钟形曲线，并以 $t=0$ 对称，取值范围同在 $-\infty$ 与 $+\infty$ 之间。但是由于 t 分布的方差较大，所以 t 分布的中心部分较低，两个尾部较高。自由度 n 越小，则这个差别就越明显。随着自由度 n 的不断增大，t 分布越来越靠近于标准正态分布，并以其为极限，如图1-8所示。

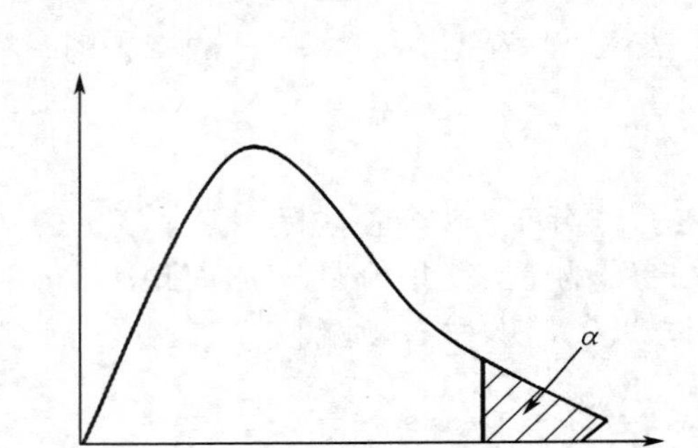

图1-7　χ^2分布中临界值与概率的关系

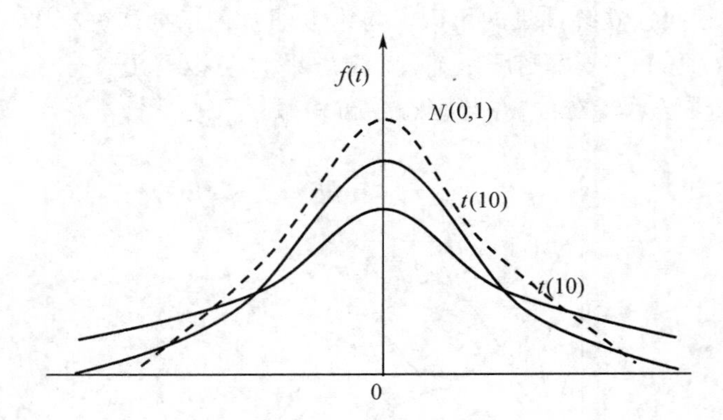

图1-8　正态分布与t分布比较图

(4)F分布

设$U \sim X^2(n_1)$,$V \sim X^2(n_2)$且U,V独立,则称随机变量:

$$F = \frac{U/n_1}{V/n_2}$$

服从自由度为n_1,n_2的F分布,记为$F \sim F(n_1, n_2)$,n_1称为第一自由度,n_2称为第二自由度。

F分布的概率与临界值的关系为

$$P(F > F_\alpha(n_1, n_2)) = \alpha$$

由此可见,$F_\alpha(n_1, n_2) > 0$,其概率分布曲线由n_1,n_2决定,如果第一自由度和第二自由度位置对换,则分布曲线也会改变。F分布的概率分布图形为右偏分布,如图1-9所示,并且随n_1,n_2增大而渐近对称。

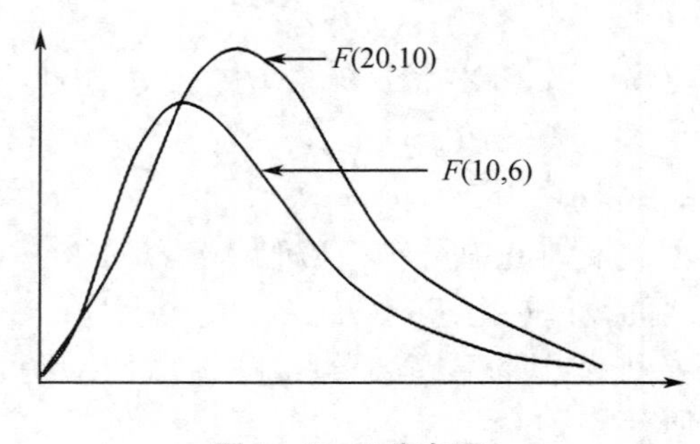

图1-9　F分布图

$F_{\alpha}(n, n_2)$值可以查找 F 分布临界值表获得。

1.2.2 假设检验

假设检验又叫显著性检验(Test of Significance),是统计学中一个很重要的内容。显著性检验的方法很多,常用的有 t 检验、F 检验和 χ^2 检验等。尽管这些检验方法的用途及使用条件不同,但其检验的基本原理是相同的。本章以单样本平均数(总体标准差已知)的假设检验为例来阐明假设检验的原理和步骤,然后介绍单样本平均数(总体标准差未知)的假设检验和两个样本的假设检验,最后介绍区间估计(Interval Estimation)的基本知识。

1.2.2.1 概述

在统计学上,假设(Hypothesis)指关于总体的某些未知或不完全知道性质的待证明的声明(Assertion)。假设可分为两类,即研究假设(Research Hypothesis)和统计假设(Statistical Hypothesis)。研究假设是研究人员根据以前的研究结果、科学文献或者经验而提出的假设。统计假设往往是根据研究假设提出的,描述了根据研究假设进行试验结果的两种统计选择。

统计假设有两种,分别为原假设(Null Hypothesis,H_0;或称零假设、虚假设和解消假设)和备择假设(Alternative Hypothesis,H_1;或称对立假设)。原假设通常为不变情况的假设,如 H_0声明两个群体某些性状间没有差异,即两个群体的平均数和方差相同。备择假设,H_1,则通常声明一种改变的状态,如两个群体间存在差异。研究假设可以为两种可能之一,即没有差异和有差异。通常情况下,备择假设和研究假设相同,因此,原假设与研究者的期望相反。一般地,证明一个假设是错误的此证明其实是容易的,因此,研究者通常试图拒绝原假设。

假设检验的定义为,假定原假设正确,检验某个样本是否来自某个总体,它可以使研究者把根据样本得出的结果推广到总体。根据样本进行的假设检验有两种结果:(1)拒绝 H_0,因为发现其是错误的;(2)不能拒绝 H_0,因为没有足够的证据使我们拒绝它。原假设和备择假设总是互斥,而且包括了所有的可能,因此,拒绝 H_0则 H_1正确。另一方面,证明原假设 H_0是正确的比较困难。

我们根据概率理论和理论分布的特性进行假设检验。概率理论用来拒绝或接受某个假设。因为结果是从样本而不是整个总体得出的,因此,结果不是100%正确。

下面通过一个典型例子,来说明假设检验的基本知识。

【例1-4】 一个实验室的某研究生,负责购买某实验药品。销售商声称每袋装 10 kg。组成组实际结果可能有 3 种:(1)$\mu = 10$ kg;(2)$\mu > 10$ kg;(3)$\mu < 10$ kg。为了进行检验,该研究生测量了 25 袋药品的质量,结果平均质量为 10.36 kg,假设已知总体方差为 1 kg^2。

需要检验的内容如下:

(1)销售商声称每袋装 10 kg 是否准确

样本均数可能高于也可能低于销售商的声明,这时的备择假设为均值不等于 10 kg。这时的假设为

$$H_0: \mu = 10 \text{ kg}, H_1: \mu \neq 10 \text{ kg}$$

这两个假设互斥,而且包括了所有可能性。因此,H_0和 H_1只能有一个正确,而不可能都正确。

如果原假设 H_0正确,则我们期望25 袋药品的质量等于 10 kg。如果备择假设(H_1)正确,则每袋内容物应该“显著(Significant)”地高于 10 kg;这里的“显著”是一个统计学概念,指的是这时 H_0发生是一个小概率(Rare)事件。统计上用来确定或否定原假设为小概率事件的概率标准叫显著性水平(Significance Level)或检验水平(Size of a Test),记作 α。H_0发生概率如果小于或等于5%,一般认为是小概率事件,这也是统计上达到了“显著(Significant)”,这时的显著水平为5%;如果 H_0发生的概率小于或等于1%,则认为达到了“极显著(Highly Significant)”。

为了确定 H_0发生的概率，需要找到合适的检验统计数(Test Statistic)，使得在原假设和备择假设成立时，该统计数的值有差异，从而可使我们能够根据这个统计数的值的大小确定 H_0发生的概率。根据抽样分布理论，样本平均数 $\overline{X}$ 服从正态分布，期望值等于总体平均数，方差等于总体方差与样本含量平方根的比值。可以构造 u 统计数，并且 u 服从标准正态分布：

$$u=\frac{\overline{X}-\mu}{\sigma/\sqrt{n}}=\frac{10.36-10.00}{1/\sqrt{25}}=\frac{0.36}{0.20}=1.8$$

这种利用 u 统计数进行假设检验的方法称为 u 检验；如果把 u 统计数写成 Z 统计数，也称 Z 检验。上式中 $\sigma/\sqrt{n}$ 称为平均数的标准误(Standard Error of the Mean)，为平均数的抽样标准差；它告诉我们的是未来抽样中平均数的期望变异性。请注意与标准差(σ)的区别，σ 描述的是总体，度量的是总体中个体的变异。

$$P(\overline{X}<-10.36\ \text{kg})+P(\overline{X}\geqslant 10.36\ \text{kg})=P(u<-1.8)+P(u\geqslant 1.8)=0.0359+0.0359=0.0718$$

结果表明，如果原假设正确，则 25 袋内容物的平均质量为 10.36 kg 的概率只有 0.071 8，即 7.18%，它大于 5%，因此，认为均值 10.36 不是一个小概率事件，可以接受 H_0，拒绝 H_1。这里我们通过利用统计数服从的分布，计算出统计数发生的概率大小，该概率记作 P 值(P value)。P 值是显著水平的实际观察值。许多计算机软件给出的结果为 P 值，是否拒绝或者接受 H_0留给研究人员自己判断。如果 P 值小于事先规定的 α 值，则拒绝 H_0，否则就接受 H_0。

如果 H_0正确，则我们期望 $\overline{X}$ 接近 10 kg，而如果 H_1正确，则我们期望 $\overline{X}$ 显著低于或显著高于 10 kg。查“标准正态分布统计表”，如果 H_0正确，则 H_1发生 5% 时的 u 值等于 $u_{\alpha/2}=\pm 1.960$，该值可以用来确定当假设 H_0正确时，统计数的发生是否是一个小概率事件，$u_{\alpha/2}$称为临界值(Critical Value)。临界值±1.960 规定了接受区域为[−1.960，1.960]；拒绝区域(或称临界区域或判别区域，Critical Region)为(−∞，−1.960]和[1.960，+∞)，即图 1−10 的阴影部分。本题 −1.960 < 1.8 < 1.960，这时 u 发生在临界值规定的接受域内，即 H_{A1} 发生的概率大于 5%，因此我们接受 H_0，同时拒绝 H_1，即每袋药品的质量等于 10 kg。

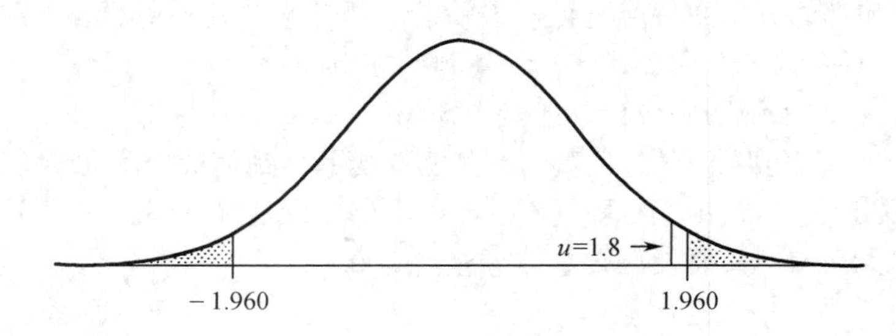

图 1−10　双侧检验临界值和统计数

(2)检验销售商的说法是否保守

根据销售商的声明对结果的预测，称作原假设，H_0为 $\mu=10$ kg。这名研究生实际上的看法为备择假设 H_1为 $\mu>10$ kg。

因此，本例的假设可以写为

$$H_0:\mu\leqslant 10\ \text{kg},H_1:\mu>10\ \text{kg}$$

这两个假设互斥，而且包括了所有可能性。因此，H_0和 H_1只能有一个正确，而不可能都正确。

统计数的计算与前面(1)相同，统计数 $u=1.8$。得 P 值：

$$P(\overline{X}\geqslant 10.36\ \text{kg})=P(u\geqslant 1.8)=1-P(u<1.8)=1-0.9641=0.0359$$

结果表明，如果原假设正确，则 25 袋内容物的平均质量为 10.36 kg 的概率只有 0.035 9，即 3.59%，它小于5%，因此，认为均值10.36 Kg 为一个小概率事件，可以拒绝 H_0，接受 H_1。

由"标准正态分布统计表"可知，如果 H_0 正确，则 H_1 发生5%时的 u 值 $u_\alpha = 1.645$，该值可以用来确定当假设 H_0 正确时，统计数的发生是否是一个小概率事件，u_α 称为临界值（Critical Value）。临界值1.645规定了接受区域为$(-\infty, 1.645)$，拒绝区域（或称临界区域或判别区域，为$[1.645, \infty)$，即图1-11的阴影部分。本题1.8 >1.645，这时 u 发生在临界值规定的右尾区间内即拒绝区域内，即 H_1 发生的概率小于5%，因此我们拒绝 H_0，同时接受 H_1，即每袋内容物的质量大于10 kg。

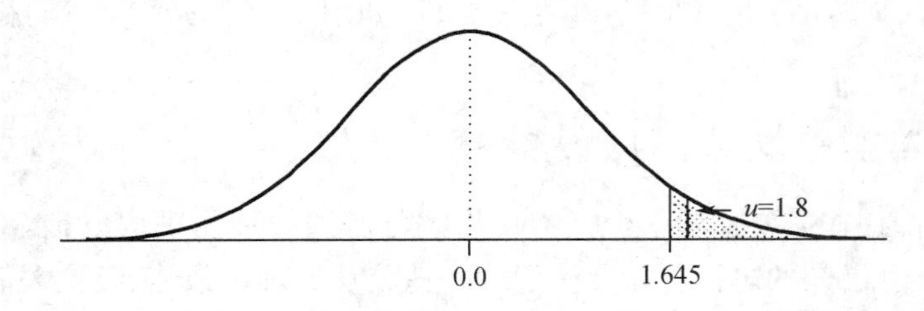

图1-11 右侧检验临界值和统计数

（3）测验销售商是否有欺骗行为

假设为

$$H_0: \mu \geqslant 10 \text{ kg}, H_1: \mu < 10 \text{ kg}$$

这时，实际上是与前面完全不同的问题。

如上述计算方法，得检验统计数 $u = 1.8$，如图1-11所示。

我们可以计算统计数发生的概率值为

$$P(\overline{X} < 10.36 \text{ kg}) = P(u < 1.8) = 0.964\ 1$$

因此，我们接受 H_0，即销售商不是骗子。

由"标准正态分布统计表"可知，得5%显著水平的临界值为-1.645，该临界值规定原假设的拒绝区域为$(-\infty, 1.645]$，如图1-12中阴影部分。本题的 u 值不在临界值规定的左尾区间内，因此，我们不能认为 H_0 是一个小概率事件而拒绝，不能拒绝原假设，如图1-12所示。

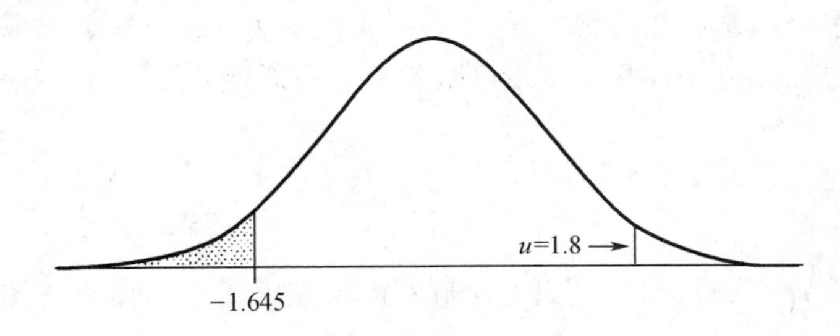

图1-12 左侧检验临界值和统计数

需要注意的是，在实际问题中，只可能有一种假设，利用样本的数据进行不同假设的假设检验是不合适的。

通过前面例子，假设检验的基本步骤如下：

（1）根据题义定义 H_0 和 H_1；

（2）在原假设正确的前提下，确定检验统计数并计算统计数的估计值；

（3）计算 P 值，或确定临界值，并比较临界值与统计数值的大小；根据"小概率不可能原理"得出结论。

在例1-4中，当总体方差已知时，样本平均数和总体平均数的差异显著性检验。例1-4中的第一种情况，原假设为样本平均数等于总体平均数，备择假设为样本平均数不等于总体平均数，拒绝区域为$[u_{\alpha/2},\infty)$和$(-\infty,-u_{\alpha/2}]$（假定为$u_{\alpha/2}$正值），有两个临界值，无论是统计数大于$u_\alpha/2$，还是统计数小于$-u_\alpha/2$，我们都拒绝原假设。我们称这样的假设检验为双侧检验或双尾检验。

例1－4中第二种情况的原假设为样本平均数小于或等于总体平均数，备择假设分别是样本平均数大于总体平均数，拒绝区域为$[u_\alpha,\infty)$，当统计数大于或等于临界值时，拒绝原假设，如图1－11所示。

例1－4中第三种情况，原假设为大于或等于总体平均数，备择假设是小于总体平均数，拒绝区域为$[-u_\alpha,\infty)$，当统计数小于或等于临界值时，拒绝原假设，如图1－12所示。我们称这样的假设检验为单侧检验或单尾检验。

1.2.2.2 单样本平均数的假设检验

在实际工作中，我们往往需要检验一个样本平均数与已知的总体平均数是否有显著差异，即检验该样本是否来自某一总体。已知的总体平均数一般为一些公认的理论数值、经验数值或期望数值。其假设检验的步骤与上一部分所述内容基本相同，差别在于总体分布形式和抽样个数的差别，其抽样分布的形式不同，所以构建的检验统计量有所差别，基本分为如下几种情况。

（1）大样本（$n\geqslant30$）总体平均值的假设检验

若随机变量服从正态分布$N(\mu,\sigma^2)$，则可以证明，其样本平均值服从正态分布$N(\mu,\sigma/\sqrt{n})$。于是统计量：

$$u=\frac{\overline{X}-\mu}{\sigma/\sqrt{n}}$$

是服从$N(0,1)$的变量。因此，若知道σ，就可用u作为检验正态总体平均值的统计量。称为u检验，也叫Z检验。

对于这样的大样本单个正态总体均值的检验，可归纳为：

①对于双侧检验，原始假设$H_0:\mu=\mu_0$，备择假设$H_1:\mu\neq\mu_0$，拒绝域为$|u|\geqslant u_{\frac{\alpha}{2}}$；

②对于单侧检验，原始假设$H_0:\mu=\mu_0$，备择假设$H_1:\mu>\mu_0$或$\mu<\mu_0$，拒绝域为：$u\geqslant u_\alpha$或$u\leqslant u_\alpha$。

（2）小样本正态总体均值的检验

对于小样本单个正态总体σ已知的情况，仍然采用u检验法。若小样本单个正态总体σ未知，如用样本方差S^2代替总体方差σ^2，则统计量u就不再服从正态分布$N(0,1)$，根据抽样分布原理，可以构建t统计量，即

$$u=\frac{\overline{X}-\mu}{S/\sqrt{n}}$$

这个统计量服从自由度为$n-1$的分布，可用t分布来检验有关正态总体平均值的统计假设，称为t检验法。

对于这样的小样本单个正态总体的检验，可归纳为：

①对于双侧检验，原始假设$H_0:\mu=\mu_0$，备择假设$H_0:\mu\neq\mu_0$，拒绝域为：$|t|\geqslant t_{\frac{\alpha}{2}}(n-1)$；

②对于单侧检验，原始假设$H_0:\mu=\mu_0$，备择假设$H_1:\mu>\mu_0$或$\mu<\mu_0$，拒绝域为：$t\geqslant t_\alpha(n-1)$或$t_\alpha(n-1)$。

1.2.2.3 两个样本平均数差异的假设检验

在实际工作中还经常会遇到推断两个样本平均数差异是否显著的问题，以了解两样本所属总体的平均数是否相同。对于两样本平均数差异显著性检验。

假设两样本所属总体均为正态分布，分别记为$N(\mu_1,\sigma_1^2)$和$N(\mu_2,\sigma_2^2)$。一般地，检验假设为

$$H_0:\mu_1=\mu_2, H_1:\mu_1\neq\mu_2$$

(1)两个大样本($n_1\geqslant 30, n_2\geqslant 30$)

由于两个样本的平均值分别为 $\overline{X}_1,\overline{X}_2$ 由于它们均为正态分布,且相互独立,因此 $\overline{X}=\overline{X}_1-\overline{X}_2$ 也是正态分布,其平均值为 $\mu_1-\mu_2$,方差为$\frac{\sigma_1^2}{n_1}+\frac{\sigma_2^2}{n_2}$。则统计量:

$$u=\frac{(\overline{X}_1-\overline{X}_2)-(\mu_1-\mu_2)}{\sqrt{\frac{\sigma_1^2}{n_1}+\frac{\sigma_2^2}{n_2}}}\sim N(0,1)$$

如果总体方差 σ_1,σ_2 未知,可分别用样本方差 S_1 和 S_2 代替。

对于这样的大样本两个正态总体均值的检验,可归纳为:

①对于双侧检验,原始假设 $H_0:\mu_1=\mu_2$,备择假设 $H_1:\mu_1\neq\mu_2$,拒绝域为 $|u|\geqslant u_{\frac{\alpha}{2}}$;

②对于单侧检验,原始假设 $H_0:\mu_1=\mu_2$,备择假设 $H_1:\mu_1>\mu_2$ 或 $\mu_1<\mu_2$,拒绝域为:$u\geqslant u_\alpha$ 或 $u\leqslant u_\alpha$。

(2)两个小样本正态总体均值差异的检验

σ_1,σ_2 已知,检验方法同两独立大样本平均数差异的假设检验;σ_1,σ_2,未知,两个小样本正态总体均值的检验如下:

设 $\overline{X}_1,\overline{X}_2$ 及 S_1,S_2 分别为抽自两个相互独立的正态总体中的两个样本的平均值与标准差,现要检验 $\mu_1=\mu_2$。若样本很小,不能用 u 检验法,分为下两种情况:

①$\sigma_1=\sigma_2$

$$t=\frac{(\overline{X}_1-\overline{X}_2)-(\mu_1-\mu_2)}{\sqrt{\frac{(n_1-1)S_1^2+(n_2-1)S_2^2}{n_1+n_2-2}}\sqrt{\frac{1}{n_1}+\frac{1}{n_2}}}$$

是自由度 $v=n_1+n_2-2$ 的服从 t 分布的变量。据此,可用 t 分布来检验有关两个正态总体平均值的统计假设。

对于这样的大样本两个正态总体均值的检验,可归纳为:

a. 对于双侧检验,原始假设 $H_0:\mu_1=\mu_2$,备择假设 $H_1:\mu_1\neq\mu_2$,拒绝域为 $|t|\geqslant t_{\frac{\alpha}{2}}(n_1+n_2-1)$;

b. 对于单侧检验,原始假设 $H_0:\mu_1=\mu_2$,备择假设 $H_1:\mu_1>\mu_2$ 或 $\mu_1<\mu_2$,拒绝域为 $t\geqslant t_\alpha(n_1+n_2-1)$ 或 $t\leqslant t_\alpha(n_1+n_2-1)$。

②$\sigma_1\neq\sigma_2$

$$t=\frac{(\overline{X}_1-\overline{X}_2)-(\mu_1-\mu_2)}{\sqrt{\frac{S_1^2}{n_1}+\frac{S_2^2}{n_2}}}\sim t(df)$$

服从自由度 df 的 t 分布。

$$\mathrm{d}f=\frac{\left(\frac{S_1^2}{n_1}+\frac{S_2^2}{n_2}\right)^2}{\frac{\left(\frac{S_1^2}{n_1}\right)^2}{n_1-1}+\frac{\left(\frac{S_1^2}{n_1}\right)^2}{n_2-1}}$$

对于这样的大样本两个正态总体均值的检验,可归纳为:

(1)对于双侧检验,原始假设 $H_0:\mu_1=\mu_2$,备择假设 $H_1:\mu_1\neq\mu_2$,拒绝域为 $|t|\geqslant t_{\frac{\alpha}{2}}(df)$;

(2)对于单侧检验,原始假设 $H_0:\mu_1=\mu_2$,备择假设 $\mu_1>\mu_2$ 或 $\mu_1<\mu_2$,拒绝域为 $t\geqslant t_\alpha(df)$ 或$t\leqslant t_\alpha(df)$。

1.2.3 参数估计

参数估计是统计推断的另一个重要内容。所谓参数估计就是用样本统计数来估计总体参数，有点估计(Point Estimation)和区间估计(Interval Estimation)之分。将样本统计数直接作为总体相应参数的估计值叫点估计。点估计只给出了未知参数估计值的大小，没有考虑试验误差的影响，也没有指出估计的可靠程度。区间估计是在一定概率保证下指出总体参数的可能范围，所给出的可能范围叫置信区间(Confidence interval，CI；Confidence Region)，给出的概率保证称为置信度(Degree of Confidence)(或置信概率，Confidence Probability；或置信水平，Confidence Level)。

1.2.3.1 点估计

点估计就是用样本统计量的某一具体数值直接推断未知的总体参数。这种估计方法不能提供参数的估计误差的大小。对于一个总体来说，它的总体参数是一个常数值，而它的样本统计量却是一个随机变量。当用一个随机变量去估计一个常数值时，误差是不可避免的，只用一个样本数值去估计总体参数是要冒很大风险的，因为这种误差风险的存在，并且风险的大小还未知，所以，点估计主要为许多定性研究提供一定的参考数据，或是对总体参数要求不精确时使用，而在需要精确总体参数的数据进行决策时则很少使用。

最小二乘法是参数估计常用的方法之一。其基本思想是保证由新估参数得到的理论值与观测值间离差的平方和为最小。要想使离差平方和最小，可通过求离差平方和对新估参数的偏导数，并令其等于0，以求得参数估计值。总体均值的点估计值为样本的均值。

1.2.3.2 区间估计

(1)正态总体平均数μ的置信区间

设总体$X \sim N(\mu,\sigma^2)$，σ^2已知，μ是待估的总体均值，σ为小于1大于0的数值，如果由样本确定的两个统计量μ_L和μ_U满足：

$$P(\mu_L < \mu < \mu_U) = 1 - \alpha$$

就称随机区间(μ_L,μ_U)是置信度为$1-\sigma$的μ的置信区间。μ_L和μ_U分别称为置信度为$1-\alpha$的置信下限和置信上限，$1-\alpha$称为置信度。

从总体中随机抽取样本容量为n的样本，均值为$\overline{X}$。已知均值$\overline{X}$服从于$\overline{X} \sim N\left(\mu,\frac{\sigma^2}{n}\right)$，经变换可知随机变量

$$Z = \frac{\overline{X} - \mu}{\sigma/\sqrt{n}} \sim N(0,1)$$

已知给定置信度为$1-\alpha$，则随机变量落在$(-Z_{\frac{\sigma}{2}},Z_{\frac{\alpha}{2}})$区间的概率为

$$P\left(-Z_{\frac{\alpha}{2}} < \frac{\overline{X} + \mu}{\sigma/\sqrt{n}} < Z_{\frac{\alpha}{2}}\right) = 1 - \alpha$$

经变换可得

$$P\left(\overline{X} - Z_{\frac{\alpha}{2}}\frac{\sigma}{\sqrt{n}} < \overline{X} + Z_{\frac{\alpha}{2}}\frac{\sigma}{\sqrt{n}}\right) = 1 - \alpha$$

即为μ的置信度为$1-\alpha$的双侧置信区间。其中$\overline{X} - Z_{\frac{\alpha}{2}}\frac{\sigma}{\sqrt{n}}$为$\mu$的置信下限，$\overline{X} + Z_{\frac{\alpha}{2}}\frac{\sigma}{\sqrt{n}}$为$\mu$的置信上限。为简化，也可记为$\overline{X} + Z_{\frac{\alpha}{2}}\frac{\sigma}{\sqrt{n}}$。

以上计算式基于 σ^2 已知的基础上，如果 σ^2 未知，用样本方差 S^2 来代替 σ^2，则分两种情况：

①大样本($n\geqslant30$)，其计算方法同上。

②小样本，由于$\frac{\overline{X}-\mu}{S/\sqrt{n}}$不再服从于标准正态分布，而是服从于自由度为 $n-1$ 的 t 分布，即

$$t=\frac{\overline{X}-\mu}{S/\sqrt{n}}\sim t(n-1)$$

双侧检验的显著水平为 α 时，有

$$P(-t_{\frac{\alpha}{2}}(n-1)\leqslant t\leqslant t_{\frac{\alpha}{2}}(n-1))=1-\alpha$$

也就是说 t 在区间$[-t_{\frac{\alpha}{2}}(n-1),t_{\frac{\alpha}{2}}(n-1)]$内取值的可能性为 $1-\alpha$，即

$$P\left(-t_{\frac{\alpha}{2}}(n-1)\leqslant\frac{\overline{X}-\mu}{S/\sqrt{n}}\leqslant t_{\frac{\alpha}{2}}(n-1)\right)=1-\alpha$$

$$P\left(\overline{X}-t_{\frac{\alpha}{2}}(n-1)\frac{S}{\sqrt{n}}<\mu<\overline{X}+t_{\frac{\alpha}{2}}(n-1)\frac{S}{\sqrt{n}}\right)=1-\alpha$$

简化为

$$\overline{X}\pm t_{\frac{\alpha}{2}}(n-1)\frac{\sigma}{\sqrt{n}}$$

1.2.4 方差分析

1.2.4.1 概述

方差分析由英国统计学家费歇尔在20世纪20年代创立的。当时他在英国的一个农业站工作，需要进行许多田间试验，为分析实验结果，他发明了方差分析法(于义良，2002)。后来方差分析法被广泛应用于分析心理学、生物学、环境科学和医药等实验数据的分析。从形式上看，方差分析是比较多个总体均值是否相等，但本质上是研究变量之间的关系，研究分类型变量对数值型变量的影响，它们之间有没有关系，关系的强度如何。

方差分析的基本思路是将 k 个处理的观测值作为一个整体看待，把观测值总变异的平方和及自由度分解为相应于不同变异来源的平方和及自由度，进而获得不同变异来源总体方差估计值；通过计算这些总体方差的估计值的适当比值，就能检验各样本所属总体平均数是否相等。本节内容在讨论方差分析基本原理的基础上，重点介绍单因素试验资料及两因素试验资料的方差分析法。首先我们看一个实例。

【例1-5】 某实验室研究在金属锌的三种不同浓度条件胁迫下某种植物(4株)的生长状况。四株植物的生物量(g)如表1-3所示。

表1-3 四株植物的生物量

Zn 的浓度/(mg/L)	植物生长量				$\bar{x}$
	1	2	3	4	
20	163	176	170	185	173
40	206	191	218	224	210
60	184	198	179	190	188

(1)试验指标(Experimental Index):为衡量试验结果的好坏或处理效应的高低,在试验中具体测定的性状或观测的项目称为试验指标。由于试验目的不同,选择的试验指标也不相同。依据例1-5,试验指标为植物的生物量。

(2)试验因素(Experimental Factor):试验中所研究的影响试验指标的因素叫试验因素。当试验中考察的因素只有一个时,称为单因素试验;若同时研究两个或两个以上的因素对试验指标的影响时,则称为两因素或多因素试验。试验因素常用大写字母 $A,B,C,\cdots$ 等表示。依据上例,试验因素为金属 Zn 的胁迫,此例中只有金属胁迫一种影响因素,所以为单因素试验,如果研究的是金属对四种不同植物的生长量的影响,那么对生长量的影响因素又增加了植物品种这一影响因素,即为双因素方差分析。

(3)因素水平(Level of Factor):试验因素所处的某种特定状态或数量等级称为因素水平,简称水平。因素水平用代表该因素的字母加添下标1,2,…来表示,如 $A_1,A_2,\cdots,B_1,B_2,\cdots$ 等。在例1-5中,研究了三种不同的金属浓度,即为金属胁迫影响因素的三个水平。

(4)试验处理(Treatment):事先设计好的实施在试验单位上的具体项目叫试验处理,简称处理。在单因素试验中,实施在试验单位上的具体项目就是试验因素的某一水平。所以进行单因素试验时,试验因素的一个水平就是一个处理。在多因素试验中,实施在试验单位上的具体项目是各因素的某一水平组合。在多因素试验时,试验因素的一个水平组合就是一个处理。

(5)试验单位(Experimental Unit):在试验中能接受不同试验处理的独立的试验载体叫试验单位。在试验中,一只家禽、一头家畜、一只小白鼠、一尾鱼,即一个动物;或几只小白鼠、几尾鱼,即一组动物都可作为试验单位。试验单位往往也是观测数据的单位。

(6)重复(Repetition):在试验中,将一个处理实施在两个或两个以上的试验单位上,称为处理有重复;一处理实施的试验单位数称为处理的重复数。

1.2.4.2 方差分析的基本原理

方差分析有很多类型,无论简单与否,其基本原理与步骤是相同的。本节结合单因素试验结果的方差分析介绍其原理与步骤。

(1)线性模型与基本假定

假设某单因素试验有 k 个处理,每个处理有 n 次重复,共有 nk 个观测值。这类试验资料的数据模式如表1-4所示。

表1-4 k 个处理每个处理有 n 个观测值的数据模式

处理	观测值						合计 $x_{i.}$	平均 $\bar{x}_{i.}$
A_1	x_{11}	x_{12}	$\cdots$	x_{1j}	$\cdots$	x_{1n}	$x_{1\cdot}$	$\bar{x}_{1\cdot}$
A_2	x_{21}	x_{22}	$\cdots$	x_{2j}	$\cdots$	x_{2n}	$x_{2\cdot}$	$\bar{x}_{2\cdot}$
$\vdots$	$\vdots$	$\vdots$	$\cdots$	$\vdots$	$\cdots$	$\vdots$	$\vdots$	$\vdots$
A_i	x_{i1}	x_{i2}	$\cdots$	x_{ij}	$\cdots$	x_{in}	$x_{i\cdot}$	$\bar{x}_{i\cdot}$
$\vdots$	$\vdots$	$\vdots$	$\cdots$	$\vdots$	$\cdots$	$\vdots$	$\vdots$	$\vdots$
A_k	x_{k1}	x_{k2}	$\cdots$	x_{kj}	$\cdots$	x_{kn}	$x_{k\cdot}$	$\bar{x}_{k\cdot}$
合计							$x_{\cdot\cdot}$	$\bar{x}_{\cdot\cdot}$

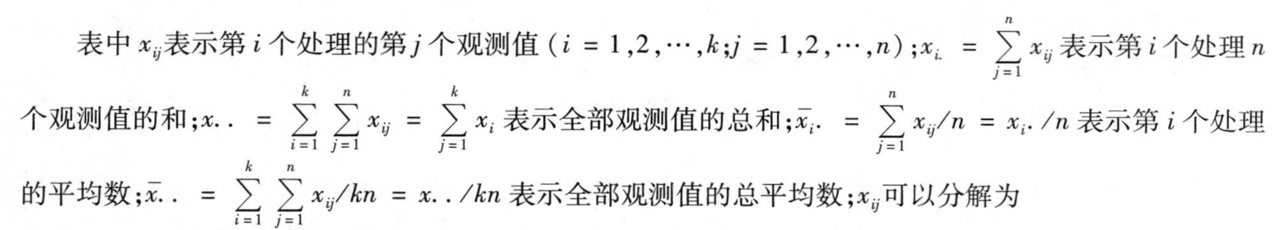

表中 x_{ij} 表示第 i 个处理的第 j 个观测值（$i=1,2,\cdots,k;j=1,2,\cdots,n$）；$x_{i.}=\sum_{j=1}^{n}x_{ij}$ 表示第 i 个处理 n 个观测值的和；$x..=\sum_{i=1}^{k}\sum_{j=1}^{n}x_{ij}=\sum_{j=1}^{k}x_i$ 表示全部观测值的总和；$\bar{x}_i.=\sum_{j=1}^{n}x_{ij}/n=x_i./n$ 表示第 i 个处理的平均数；$\bar{x}..=\sum_{i=1}^{k}\sum_{j=1}^{n}x_{ij}/kn=x../kn$ 表示全部观测值的总平均数；x_{ij} 可以分解为

$$x_{ij}=\mu_i\varepsilon_{ij}$$

μ_i 表示第 i 个处理观测值总体的平均数。为了看出各处理的影响大小，将 μ_i 再进行分解，令

$$\mu=\frac{1}{k}\sum_{i=1}^{k}\mu_i$$

$$\alpha_i=\mu_i-\mu$$

则

$$x_{ij}=\mu+\alpha_i+\varepsilon_{ij}$$

其中 μ 表示全试验 + 观测值总体的平均数，α_i 是第 i 个处理的效应（Treatment Effects）表示处理 i 对试验结果产生的影响。显然有

$$\sum_{i=1}^{k}\alpha_i=0$$

ε_{ij} 是试验误差，相互独立，且服从正态分布 $N(0,\sigma^2)$。

$x_{ij}=\mu+\alpha_i+\varepsilon_{ij}$ 式叫作单因素试验的线性模型（Linear Model）亦称数学模型。在这个模型中 x_{ij} 表示为总平均数 μ、处理效应 α_i、试验误差 ε_{ij} 之和。由 ε_{ij} 相互独立且服从正态分布 $N(0,\sigma^2)$，可知各处理 A_i（$i=1,2,\cdots,k$）所属总体也应具正态性，即服从正态分布 $N(\mu_i,\sigma^2)$。尽管各总体的均数 μ_i 可以不等或相等，σ^2 则必须是相等的。所以，单因素试验的数学模型可归纳为：效应的可加性（Additivity）、分布的正态性（Normality）、方差的同质性（Homogeneity）。这也是进行其他类型方差分析的前提或基本假定。

若将表 1－3 中的观测值 x_{ij}（$i=1,2,\cdots,k;j=1,2,\cdots,n$）的数据结构（模型）用样本符号来表示，则

$$x_{ij}=\bar{x}_{..}+(\bar{x}_{i.}-\bar{x}_{..})+(x_{ij}-\bar{x}_{i.})=\bar{x}_{..}+t_i+e_{ij}$$

可知，$\bar{x}_{..}$，$(\bar{x}_{i.}-\bar{x}_{..})=t_i$，$(x_{ij}-\bar{x}_{i.})=e_{ij}$ 分别是 μ，$(\mu_i-\mu)=\alpha_i$，$(x_{ij}-\mu_i)=\varepsilon_{ij}$ 的估计值。

每个观测值都包含处理效应（$\mu_i=\mu$ 或 $\bar{x}_i,-\bar{x}..$），与误差（$x_{ij}-\mu_i$ 或 $x_{ij}-\bar{x}_{i.}$），故 kn 个观测值的总变异可分解为处理间的变异和处理内的变异两部分。

（2）方差分析的基本步骤

我们用一个例子来说明方差分析的基本步骤。

【例 1－6】 某环境科学研究所为了比较不同剂量的某种持久性有机污染物对鱼类生长的影响，选取了条件基本相同的鱼 20 尾，随机分成四组，暴露在不同剂量的持久性有机污染物环境中，经一个月试验以后，各组鱼的增重结果列见表 1－5。

表 1－5 不同剂量的某持久性有机污染物暴露下的鱼的增重 （单位：10 g）

剂量	鱼的增重（x_{ij}）					合计 $x_{i.}$	平均 $\bar{x}_{i.}$
A_1	31.9	27.9	31.8	28.4	35.9	155.9	31.18
A_2	24.8	25.7	26.8	27.9	26.2	131.4	26.28
A_3	22.1	23.6	27.3	24.9	25.8	123.7	24.74
A_4	27.0	30.8	29.0	24.5	28.5	139.8	27.96
合计						$x..=550.8$	

(1)根据研究内容进行假设

原假设 $H_0:\mu_1=\mu_2=\cdots=\mu_k$,研究因素各个水平间无显著性差异;

备择假设 $H_1:\mu_1,\mu_2,\cdots\mu_k$ 研究因素各个水平之间有显著性差异。

例1-6:

原假设 $H_0:\mu_1,\mu_2=\cdots=\mu_k$,不同剂量持久性有机物处理下的鱼的增重量间无显著性差异;

备择假设 $H_1:\mu_1,\mu_2,\cdots\mu_k$ 不同剂量持久性有机物处理下的鱼的增重量之间有显著性差异。

(2)离差平方和和自由度的分解

我们知道,方差与标准差都可以用来度量样本的变异程度。因为方差在统计分析上有许多优点,而且不用开方,所以在方差分析中是用样本方差即均方(Mean Squares)来度量资料的变异程度的。表1-4中全部观测值的总变异可以用总均方来度量。将总变异分解为处理间变异和处理内变异,就是要将总均方分解为处理间均方和处理内均方。但这种分解是通过将总均方的分子——称为总离均差平方和,简称为总平方和,剖分成处理间平方和与处理内平方和两部分;将总均方的分母——称为总自由度,剖分成处理间自由度与处理内自由度两部分来实现的。

①离差平方和的分解

反映全部观测值总变异的总平方和是各观测值 x_{ij} 与总平均数 $\bar{x}..$ 的离均差平方和,记为 SS_T。即

$$SS_T=\sum_{i=1}^{k}\sum_{j=1}^{n}(x_{ij}-\bar{x}..)^2$$

因为

$$\begin{aligned}\sum_{i=1}^{k}\sum_{j=1}^{n}(x_{ij}-\bar{x}..)^2&=\sum_{i=1}^{k}\sum_{j=1}^{n}[(\bar{x}_i.-\bar{x}..)+(x_{ij}-\bar{x}_i.)]^2\\&=\sum_{i=1}^{k}\sum_{j=1}^{n}[(\bar{x}_i.-\bar{x}..)^2+2(\bar{x}_i.-\bar{x}..)(x_{ij}-\bar{x}_i.)+(x_{ij}-\bar{x}_i.)^2]\\&=n\sum_{i=1}^{k}(\bar{x}_i.-\bar{x}..)^2+2\sum_{i=1}^{k}[(\bar{x}_i.-\bar{x}..)\sum_{j=1}^{n}(x_{ij}-\bar{x}_i.)]+\sum_{i=1}^{k}\sum_{j=1}^{n}(x_{ij}-\bar{x}_i.)^2\end{aligned}$$

其中

$$\sum_{j=1}^{n}(x_{ij}-\bar{x}_{i.})=0$$

所以

$$\sum_{i=1}^{k}\sum_{j=1}^{n}(x_{ij}-\bar{x}..)^2=n\sum_{i=1}^{k}(\bar{x}_{i.}-\bar{x}_{..})^2+\sum_{i=1}^{k}\sum_{j=1}^{n}(x_{ij}-\bar{x}_{i.})^2$$

式中,$n\sum_{i=1}^{k}(\bar{x}_i.-\bar{x}..)^2$ 为各处理平均数 $\bar{x}_i.$ 与总平均数 $\bar{x}..$ 的离均差平方和与重复数 n 的乘积,反映了重复 n 次的处理间变异,称为处理间平方和,记为 SS_t,即

$$SS_t=n\sum_{i=1}^{k}(\bar{x}_i.-\bar{x}..)^2$$

式中,$\sum_{i=1}^{k}\sum_{j=1}^{n}(x_{ij}-\bar{x}_{i.})^2$ 为各处理内离均差平方和之和,反映了各处理内的变异即误差,称为处理内平方和或误差平方和,记为 SS_e,即

$$SS_e=\sum_{i=1}^{k}\sum_{j=1}^{n}(x_{ij}-\bar{x}_{i.})^2$$

于是有

$$SS_T=SS_t+SS_e$$

三种平方和的简便计算为

$$SS_T=\sum_{i=1}^{k}\sum_{j=1}^{n}x_{ij}^2-C$$

$$SS_t = \frac{1}{n}\sum_{i=1}^{k} x_{i.}^2 - C$$

$$SS_e = SS_T - SS_t$$

其中,$C = x^2../kn$ 称为矫正数。

例1-6:

这是一个单因素试验,处理数 $k=4$,重复数 $n=5$。各项平方和及自由度计算如下:

矫正数

$$C = x^2../nk = 550.8^2/(4\times5) = 15\ 169.03$$

总平方和

$$SS_T = \sum\sum x_{ijl}^2 - C = 31.9^2 + 27.9^2 + \cdots + 28.5^2 - C$$
$$= 15\ 368.7 - 15\ 169.03 = 199.67$$

处理间平方和

$$SSt = \frac{1}{n}\sum x_{i}.^2 - C = \frac{1}{5}(155.9^2 + 131.4^2 + 123.7^2 + 139.8^2) - C$$
$$= 15\ 283.3 - 15\ 169.03 = 114.27$$

处理内平方和

$$SS_e = SS_T - SS_t = 199.67 - 114.27 = 85.40$$

②自由度的分解

在计算总平方和时,资料中的各个观测值要受 $\sum_{i=1}^{k}\sum_{j=1}^{n}(x_{ij} - \bar{x}..) = 0$ 这一条件的约束,故总自由度等于资料中观测值的总个数减1,即 $kn-1$。总自由度记为 df_T,即 $df_T = kn-1$。

在计算处理间平方和时,各处理均数 $\bar{x}_{i.}$ 要受 $\sum_{i=1}^{k}(\bar{x}_{i.} - \bar{x}..) = 0$ 这一条件的约束,故处理间自由度为处理数减1,即 $k-1$。处理间自由度记为 df_t,即 $df_t = k-1$。

在计算处理内平方和时,要受 k 个条件的约束,即 $\sum_{j=1}^{n}(x_{ij} - \bar{x}_{i.}) = 0(i=1,2,\cdots,k)$。故处理内自由度为资料中观测值的总个数减 k,即 $kn-k$。处理内自由度记为 df_e,即 $df_e = kn-k = k(n-1)$。

因为

$$nk-1 = (k-1) + (nk-k) = (k-1) + k(n-1)$$

所以

$$\mathrm{d}f_T = \mathrm{d}f_t + \mathrm{d}f_e$$

综合以上各式得

$$\mathrm{d}f_T = kn-1$$
$$\mathrm{d}f_t = k-1$$
$$\mathrm{d}f_e = \mathrm{d}f_T - \mathrm{d}f_t$$

例1-6:

总自由度

$$\mathrm{d}f_T = nk-1 = 5\times4-1 = 19$$

处理间自由度

$$\mathrm{d}f_t = k-1 = 4-1 = 3$$

处理内自由度

$$\mathrm{d}f_e = \mathrm{d}f_T - \mathrm{d}f_t = 19-3 = 16$$

③构建 F 统计量

各部分平方和除以各自的自由度便得到总均方、处理间均方和处理内均方，分别记为（MS_T或 S_T^2）、MS_t（或 S_t^2）和 MS_e（或 S_e^2）。即

$$MS_T = S_T^2 = SS_T/\mathrm{d}f_T MS_t = S_t^2 = SS_t/\mathrm{d}f_t MS_e = S_e^2 = SS_e/\mathrm{d}f_e$$

$$F = \frac{MS_t}{MS_e} = \frac{\frac{SS_t}{\mathrm{d}f_t}}{\frac{SS_e}{\mathrm{d}f_e}}$$

例 1 - 6：

用 SS_t，SS_e分别除以 $\mathrm{d}f_t$和 $\mathrm{d}f_e$便得到处理间均方 MS_t及处理内均方 MS_e。

$$MS_t = SS_t/\mathrm{d}f_t = 114.27/3 = 38.09$$

$$MS_e = SS_e/\mathrm{d}f_e = 85.40/16 = 5.34$$

因为方差分析中不涉及总均方的数值，所以不必计算之。

根据上例 F 值计算如下：

$$F = \frac{MS_t}{MS_e} = \frac{\frac{SS_t}{\mathrm{d}f_t}}{\frac{SS_e}{\mathrm{d}f_e}} = \frac{38.09}{5.34} = 7.13$$

④根据给定的显著性水平进行统计决策

若 $F > F_\alpha$，则原假设 $H_0: \mu_1 = \mu_2 = \cdots = \mu_n$ 不成立，表明试验因素不同水平对因变量的影响是显著的；反之，若 $F < F_\alpha$ 则不能拒绝原假设 H_{01}，表明试验因素不同水平对因变量无显著性影响。

例 1 - 6：

查表得 $F_{0.05}(3,16) = 3.24$，$F_{0.05}(3,16) = 5.29$，因此，$F > F_{0.01}$，说明不同剂量的持久性有机污染物对鱼的增重量有极显著影响。

1.2.4.3 双因素方差分析

在实际问题的研究中，有时需要考虑两个因素对实验结果的影响。例如上面鱼增重的例子，在了解持久性有机污染物胁迫的同时，还有不同种类重金属的胁迫，如果在不同种类重金属胁迫下，鱼的增重量存在显著的差异，就需要分析原因。在方差分析中，若把持久性有机污染物看作影响销售量的因素 A，重金属种类看作影响因素 B。同时对因素 A 和因素 B 进行分析，就称为双因素方差分析。双因素方差分析有两种类型：一个是无交互作用的双因素方差分析，它假定因素 A 和因素 B 的效应之间是相互独立的，不存在相互关系；另一个是有交互作用的双因素方差分析，它假定因素 A 和因素 B 的结合会产生出一种新的效应。所以在作方差分析时，还需要对交互作用影响的显著性作出检验。因此，两因素方差分析将观测变量的总变异分解为：观测变量的总变异 SS_T；控制变量 A，B 独立作用引起的变异 SS_A，SS_B；控制变量 A，B 交互作用引起的变异 SS_{AB}；随机因素（即组内）引起的变异 SS_E，写成表达式为

$$SS_T = SS_A + SS_B + SS_{AB} + SS_E$$

（1）无交互作用的双因素方差分析

用 A，B 分别来表示两个因素。因素 A 位于列的位置，有 r 个水平；因素 B 位于行的位置，有 k 个水平，因素 A 和因素 B 共有 $r \times k$ 种不同的水平组合。我们对每一种水平组合进行一次试验，其试验结果用 X_{ij}来表示。并且假定这 $r \times k$ 个观察值均服从正态分布，且有相同的方差。全部试验结果见表 1 - 6。

表 1－6 双因素方差分析数据表

因素 B	因素 A						
	A_1	A_2	…	A_j	…	A_r	$\overline{X}_i$
B_1	X_{11}	X_{12}	…	X_{1j}	…	X_{1r}	$\overline{X}_1.$
B_2	X_{21}	X_{22}	…	X_{2j}	…	X_{2r}	$\overline{X}_2.$
⋮	⋮	⋮	⋮	⋮	⋮	⋮	⋮
B_i	X_{i1}	X_{i2}	…	X_{ij}	…	X_{ur}	$\overline{X}_i$
⋮	⋮	⋮	⋮	⋮	⋮	⋮	⋮
B_k	X_{k1}	X_{k2}	…	X_{kj}	…	X_{kr}	$\overline{X}_k$
$\overline{X}._j$	$X._1$	$X._2$	…	$X._j$	…	$\overline{X}._r$	$\overline{X}$

表 1－6 中：

$$\overline{X}_{i.} = \frac{1}{r}\sum_{j=1}^{r} X_{ij} \quad (i = 1,2,\cdots,k)$$

$$\overline{X}_{j.} = \frac{1}{k}\sum_{i=1}^{k} X_{ij} \quad (i = 1,2,\cdots,r)$$

$$\overline{X} = \frac{1}{rk}\sum_{j=1}^{r}\sum_{i=1}^{k} X_{ij}$$

对表 1－6 中的数据可以这样来理解，假设 A,B 两因素对试验结果没有影响，那么 $r\times k$ 个观察值 X_{ij} 就是来自同一正态总体的同一个样本的随机变量，各个 X_{ij} 之间的变异，纯是随机因素所产生的随机误差，从而各列间的平均数应是相等的，且等于总体平均数。各行间的平均数也应相等，也等于总体平均数。如有差异，也是随机误差。假如两个因素对试验结果有影响，则表现在各列平均数之间和各行平均数之间就有明显的差异，这种差异除随机误差之外，还包含了系统偏差，这时就不能认为各个观察值是来自同一正态总体的样本随机变量了。

所以，我们可以作如下假设：

对因素 A 各水平之间无差别，则

$$H_{01}:\mu_1 = \mu_2 = \cdots = \mu_j = \cdots = \mu_r$$

对因素 B 各水平之间无差别，则

$$H_{02}:\mu_1 = \mu_2 = \cdots = \mu_i = \cdots = \mu_k$$

再通过方差分析，就能对统计假设是否可信作出一定程度的判断。

对应的自由度和平方和的分解及方差分析如表 1－7。

表 1－7 两个因素组合只有一个观测值的数据结构

变异来源	SS	DF	MS	F
A 因素组间	$SS_A = k\sum_{j=1}^{r}(\overline{X}._j - \overline{X}..)^2$	$r-1$	$SS_A/r-1 = MS_A$	MS_A/MS_E
B 因素组间	$SS_B = r\sum_{j=1}^{r}(\overline{X}._j - \overline{X}..)^2$	$r-1$	$SS_A/r-1 = MS_A$	MS_A/MS_E

表 1-7(续)

变异来源	SS	DF	MS	F
误差(组内)	$SS_E = SS_T - SS_A - SS_B$	$(r-1)(k-1)$	$SS_E/(r-1)(k-1) = MS_E$	
总变异	$SS_T = \sum_{i=1}^{k}\sum_{j=1}^{r}(X_{ij} - \bar{X}..)^2$	$rk-1$		

根据表 1-7 给计算得到的 F 值,在给定显著性水平下进行统计决策:

若 $F_A > F_\alpha$,则原假设 $H_{01}:\mu_1 = \mu_2 = \cdots = \mu_j = \cdots = \mu_r$ 不成立,表明 A 因素对因变量的影响是显著的;反之,若 $F_A < F_\alpha$ 则不能拒绝原假设 H_{01},表明 A 因素对因变量无显著性影响。

若 $F_B > F_\alpha$,则原假设 $H_{02}:\mu_1 = \mu_2 = \cdots = \mu_i = \cdots = \mu_k$ 不成立,表明 A 因素对因变量的影响是显著的;反之,若 $F_A < F_\alpha$ 则不能拒绝原假设 H_{02},表明 A 因素对因变量无显著性影响。

【例 1-7】 用 5 种改进培养基培养斜生栅列藻,放在 4 种光照条件下,最后记录斜生栅列藻的某观测量于表 1-8,试作方差分析。

表 1-8 不同生长素和日照时数下的试验结果

生长素	日照时数/小时				平均
	Ⅰ	Ⅱ	Ⅲ	Ⅳ	
对照	60	62	61	60	60.8
1	65	65	68	65	65.8
2	63	61	61	60	61.3
3	64	67	63	61	63.8
4	62	65	62	64	63.3
5	61	62	62	65	62.5
平均	62.5	63.7	62.8	62.5	62.9

解:提出假设,①原假设 H_{01}:不同培养基间无显著差异;备择假设 H_{11}:不同培养基间有显著差异;
②原假设 H_{02}:不同日照时数间无显著差异;备择假设 H_{12}:日照时数间有显著差异。

①离差平法和和自由度为

总离差平方和分解:

$$SS_T = \sum_{i=1}^{k}\sum_{j=1}^{r}(X_{ij} - \bar{X}..)^2$$
$$= (60-62.9)^2 + (60-62.9)^+ (62-62.9)^2 + \cdots + (65-62.9)^2 = 114.62$$

日照处理组间离差平方和:

$$SS_A = k\sum_{j=1}^{r}(\bar{X}._j - \bar{X}..)^2$$
$$= 6 \times [(62.5-62.9)^2 + (62.5-62.9)^2 + (62.5-62.9)^2 + (62.5-62.9)^2] = 5.45$$

不同培养基组间离差平方和:

$$SS_B = r\sum_{i=1}^{k}(\bar{X}_I - \bar{X}..)^2 = 4 \times [(60.8 - 62.9)^2 + (65.8 - 62.9)^2 + \cdots + (62.5 - 62.9)^2] = 65.87$$

组内离差平方和：

$$SS_E = SS_T - SS_A - SS_B = 114.62 - 5.45 - 65.87 = 43.30$$

自由度分解：

$$df_T = rk - 1 = 4 \times 6 - 1 = 23$$
$$df_A = r - 1 = 4 - 1 = 3$$
$$df_B = k - 1 = 6 - 1 = 5$$
$$df_B = (r-1)(k-1) = (4-1)(6-1) = 15$$

②方差分析

日照处理 F 检验：

$$F = \frac{MS_A}{MS_E} = \frac{\frac{SS_A}{df_A}}{\frac{SS_E}{df_E}} = \frac{\frac{5.45}{3}}{\frac{43.30}{15}} < 1$$

不同培养基间 F 检验：

$$F = \frac{MS_B}{MS_E} = \frac{\frac{SS_B}{df_B}}{\frac{SS_E}{df_E}} = \frac{\frac{65.87}{5}}{\frac{43.30}{15}} = 4.56$$

方差检验结果见表1－9。

表1－9 方差检验结果

变异来源	*DF*	*SS*	*MS*	*F*	$F_{0.05}$
日照处理间	3	5.45	1.82	<1	
生长素组间	5	65.87	13.17	4.56*	2.90
误差	15	43.30	2.89		
总变异	23	114.62			

从表中可得到，日照处理间条件间无显著差异，不同培养基处理间有显著差异。

(2)有交互作用的双因素方差分析

交互作用是指两个影响因素对观测变量的影响不是独立影响，而是两个因素间会形成一个新的不同于两个因素单独影响的一个影响效应，称为两因素的交互作用。例如，药物甲对某种疾病有疗效，药物乙对某种疾病也有疗效，但如果将二者放在一起，就可能没有疗效甚至起到相反作用，这种影响就称为交互影响。

设有 A 和 B 两个因素，A 因素有 r 个水平，B 因素有 k 个水平，共有 $r \times k$ 个组合处理，每一处理组合有 n 个观测值(有重复观测)，则全试验共有 $r \times k \times n$ 个观测值，其资料类型见表1－10。

表 1-10　两个因素组合有 *rkn* 个观测值的数据结构

A 因素	B 因素				总和 $T_{i_{xx}}$	平均 $\overline{Y}_{i_{xx}}$
	B_1	B_2	…	B_k		
A_1	X_{111}	X_{121}	…	X_{1k1}	$T_{1_{xx}}$	$\overline{X}_{1_{xx}}$
	X_{112}	X_{122}	…	X_{1k2}		
	…	…	…	…		
	X_{11n}	X_{12n}	…	X_{1kn}		
A_2	X_{211}	X_{221}	…	X_{2k1}	$T_{2_{xx}}$	$\overline{X}_{2_{xx}}$
	X_{212}	X_{222}	…	X_{2k2}		
	…	…	…	…		
	X_{21n}	X_{22n}	…	X_{2kn}		
⋮	⋮	⋮	⋮	⋮	⋮	⋮
A_r	X_{r11}	X_{r21}	…	X_{rk1}	$T_{r_{xx}}$	$\overline{X}_{r_{xx}}$
	X_{r12}	X_{r22}	…	X_{rk2}		
	…	…	…	…		
	X_{r1n}	X_{r2n}	…	X_{rkn}		
总和 $T_{.1.}$	$T_{.1.}$	$T_{.2.}$	…	$T_{.K.}$	T_{xxx}	
平均 $\overline{Y}_{.j.}$	$\overline{X}_{.1.}$	$\overline{X}_{.2.}$	…	$\overline{X}_{.K.}$		$\overline{X}_{xxx}$

①对上表数据类型进行离差平方和的分解：

总的离差平方和为

$$SS_T = \sum_{i=1}^{r}\sum_{j=1}^{k}\sum_{m=1}^{n}(X_{ijm} - \overline{X}_{...})^2$$

因素 A 的离差平方和为

$$SS_A = kn\sum_{i=1}^{r}(\overline{X}_{i..} - \overline{X}_{...})^2$$

因素 B 的离差平方和为

$$SS_B = rn\sum_{j=1}^{k}(\overline{X}_{.j.} - \overline{X}_{...})^2$$

误差的离差平方和为

$$SS_E = \sum_{i=1}^{r}\sum_{j=1}^{k}\sum_{m=1}^{n}(X_{ijm} - \overline{X}_{ij.})^2$$

A 因素和 B 因素的交互作用的离差平方和为

$$SS_{A\times B} = SS_T - SS_A - SS_B - SS_E$$

②自由度的分解：

总的自由度和为

$$\mathrm{d}f_T = r\times k\times m - 1$$

因素 A 的自由度为

$$\mathrm{d}f_A = r - 1$$

因素 B 的离差平方和为

$$\mathrm{d}f_B = k - 1$$

误差的离差平方和为

$$\mathrm{d}f_E = rk(m-1)$$

A 因素和 B 因素的交互作用的离差平方和为

$$\mathrm{d}f_{A\times B} = (r-1)(k-1)$$

③构建 F 统计量：

$$F_A = \frac{MS_A}{MS_E} = \frac{\dfrac{SS_A}{\mathrm{d}f_A}}{\dfrac{SS_A}{\mathrm{d}f_E}}$$

$$F_B = \frac{MS_B}{MS_E} = \frac{\dfrac{SS_A}{\mathrm{d}f_B}}{\dfrac{SS_E}{\mathrm{d}f_E}}$$

$$F_{A\times B} = \frac{MS_{A\times B}}{MS_E} = \frac{\dfrac{SS_{A\times B}}{\mathrm{d}f_{A\times B}}}{\dfrac{SS_E}{\mathrm{d}f_E}}$$

④统计决策：

若 $F_A > F_\alpha$，则原假设 $H_{01}:\mu_1=\mu_2=\cdots=\mu_j=\cdots=\mu_r$ 不成立，表明 A 因素对因变量的影响是显著的；反之，若 $F_A < F_\alpha$ 则不能拒绝原假设 H_{01}，表明 A 因素对因变量无显著性影响。

若 $F_B > F_\alpha$，则原假设 $H_{02}:\mu_1=\mu_2=\cdots=\mu_i=\cdots=\mu_k$ 不成立，表明 B 因素对因变量的影响是显著的；反之，若 $F_A < F_\alpha$ 则不能拒绝原假设 H_{02}，表明 B 因素对因变量无显著性影响。

若 $F_{A\times B} > F_\alpha$，则原假设 $H_{03}:\mu_1=\mu_2=\cdots=\mu_m=\cdots=\mu_{rk}$不成立，表明 A 因素和 B 因素的交互作用对因变量的影响是显著的；反之，若 $F_{A\times B} < F_\alpha$ 则不能拒绝原假设 H_{02}，表明 A 因素和 B 因素的交互作用对因变量无显著性影响。

【例 1-8】 用 Pb，Cd 和 Cr 三种重金属配合三种 B_1，B_2，B_3不同土壤种植某种植物，每种植物种 3 株，30 天后测得植株生物量如表 1-11 所示，试作方差分析。

表 1-11 植株生物量

重金属	土壤类型		
	B_1	B_2	B_3
Pb	21.4	19.6	17.6
	21.2	18.8	16.6
	20.1	16.4	17.5
Cd	12	13	13.3
	14.2	13.7	14
	12.1	12	13.9
Cr	12.8	14.2	12
	13.8	13.6	14.6
	13.7	14.6	14

解

(1)提出假设:

原假设 H_{01}:不同重金属间无显著差异;

原假设 H_{02}:不同土壤类型间无显著差异;

原假设 H_{03}:不同重金属间×土壤类型间无显著差异。

(2)通过离差平方和分解和自由度分解公式计算各部分的离差平方和和自由度,构建 F 统计量并计算 F 值,在给定显著性水平下进行统计决策,结果见表1-12。

表1-12 统计决策表

变异来源	*DF*	*SS*	*MS*	*F*	$F_{0.01}$
重金属间	2	179.38	89.69	96.65**	6.01
土类间	2	3.96	1.98	2.13	6.01
重金属×土类	4	19.24	4.81	5.18**	4.58
组内误差	18	16.70	0.928		
总变异	26	219.28			

方差分析结果表明:三种重金属处理植物生物量有极显著差异,土壤类型对植物生物量无显著性影响,重金属与不同土壤的交互作用对植物生物量有极显著影响。

1.3 相关分析和回归分析

1.3.1 变量间的关系

在实际科学研究中经常会在同一个实验过程中检测多个变量值,它们之间是相互联系、相互制约的情形。有的变量之间存在完全确定的函数关系,例如圆面积和其半径之间的关系即为确定的函数关系。还有一些变量之间存在不完全的确定关系,例如我们可能会检测出污染物的排放浓度与温度之间大致成直线相关,但是不能精确地表示出来,这是一种随机变量之间的关系,常称为统计关系。因此,现象间的依存关系大致可分为两种,即函数关系和统计关系。

函数关系是现象之间一种严格的、确定的依存关系,表现为一种现象发生变化,另一种现象有确定值与之相对应变化,它们之间可以用确定的函数表达出来。

统计关系是指客观现象之间确实存在,但数量上不是严格对应的依存关系,表现为某一现象的每一数值,可以有另一现象的若干数值与之对应。

函数关系和统计关系既有区别也有联系。有些函数关系因为观察或者测量误差等因素干扰,通常通过统计关系表现出来;在统计关系中,对数量间的规律性了解越深刻,统计关系越有可能借助函数关系来表达。

统计关系规律性的研究是统计学研究中的主要对象,目前关于统计关系的研究方法主要有相关分析和回归分析。它们是研究事物相互联系、测定它们之间联系的紧密程度、揭示其变化的具体形式和规律性的统计方法。通过相关分析可以判断两个或多个变量之间是否存在相关关系、相关关系的方向、形态以及密切程度。回归分析是对具有相关关系的现象间的数量变化的规律性进行测定,确定一个回归方程,以便进一步进行估计和预测。

(1)相关分析和回归分析的联系

①理论和方法的一致性。

②无相关就无回归,相关性越好,回归越好。

③相关系数和回归系数可以相互推算。

(2)相关分析和回归分析的区别

①相关分析中两个变量的关系是对等的,回归分析中要确定自变量和因变量。

②相关分析是定性的研究相关的程度和方向,回归分析用回归模型来定量研究自变量和因变量之间的关系,以用来预测。

1.3.2　相关分析

1.3.2.1　相关的含义

非确定性关系在自然界和我们熟知的环境科学领域中大量存在,例如水中溶解氧的含量与水体中COD的浓度之间,风速与大气中污染物浓度之间,土壤有机质含量与土壤微生物数量之间等,都存在某种相互联系、相互制约的依存关系。这种关系不是严格的函数关系,而是一种非确定性的关系。这种关系在统计学中称统计关系,可以用相关分析方法来表达这种统计关系的机密程度以及相关方向。

1.3.2.2　相关的种类

按不同的分类标准,相关关系有多种分类

(1)简单相关和复相关

按涉及变量的多少分 {简单相关——两个变量之间的相关关系；复相关——一个变量与两个及以上个变量之间的相关关系}

(2)线性相关和非线性相关

按变量关系的表现形态,相关关系可分为 {线性相关(直线相关)；非线性相关(曲线相关)}

(3)按变量数值变化方向的总趋势,相关关系可分为正相关、负相关(见图1-13)

正相关——两个变量变化方向的趋势相同

负相关——两个变量变化方向的趋势相反

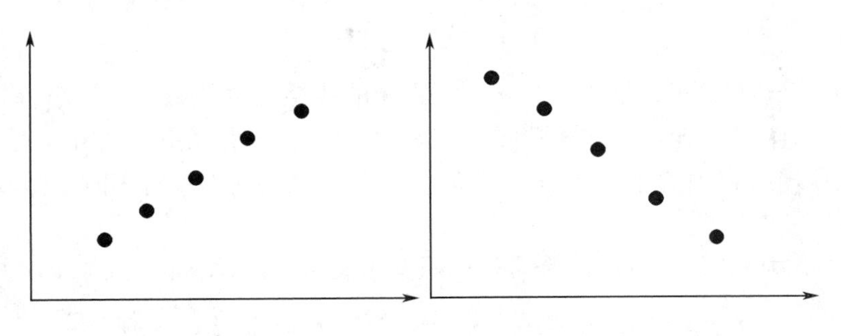

图1-13　正相关、负相关

(4)完全相关、高度相关、低度相关和不相关

按两变量联系的紧密程度分,相关关系可分为完全相关、高度相关、低度相关和不相关(零相关),见表1-13。

表 1-13 不同 r 值所表示的相关程度

相关程度	完全相关	高度相关	显著相关	低度相关	微相关	无相关
r	±1	±0.8~1	±0.5~0.8	±0.3~0.5	0~0.3	0

1.3.2.3 相关分析步骤

研究两个或两个以上变量之间是否存在相关关系,如果存在相关关系,其相关的性质和程度如何,这个过程在统计学上称为相关分析。相关分析的主要内容包括:

(1)确定变量之间有无相关关系存在,以及相关关系呈现的形态。

(2)确定相关关系的密切程度。判断相关关系密切程度的主要方法是绘制散点图和计算相关系数。

(3)对相关系数的显著性进行统计检验。

1.3.2.4 积差相关系数及其显著性检验

(1)积差相关系数的计算

积差相关系数(又称积矩相关系数),是 20 世纪初英国统计学家皮尔逊(K. Pearson)提出的一种计算两个变量线性相关的系数,通常用 r 或 r_{xy} 表示。它实际上是考察的两个变量 y 与 x 组成的二维随机向量 (x,y) 的样本相关系数。

若对 (x,y) 作了 n 次观测,得到 n 对数据 $(x_1,y_1),\cdots,(x_n,y_n)$。则定义 r 为

$$r=\frac{L_{xy}}{\sqrt{L_{xx}}\sqrt{L_{yy}}}$$

式中

$$L_{xy}=\sum_{i=1}^{n}(x_i-\bar{x})(y_i-\bar{y})$$

$$L_{xx}=\sum_{i=1}^{n}(x_i-\bar{x})^2$$

$$L_{yy}=\sum_{i=1}^{n}(y_i-\bar{y})^2$$

$$\bar{x}=\frac{1}{n}\sum_{i=1}x_i$$

$$\bar{y}=\frac{1}{n}\sum_{i=1}y_i$$

易知 $|r|\leqslant 1$,当 $|r|=1$ 时,可以认为 x 与 y 存在完全的线性相关关系,$|r|$ 越小,x 与 y 存在线性相关的程度越小,$r=0$,可以认为 x 与 y 不相关(不存在线性相关),但不相关并不等于 x 与 y 相互独立,x 与 y 之间可能存在其他形式的相关关系。在 $|r|\neq 0$ 时,$r>0$,可认为 x 与 y 正相关,$r>0$,可认为 x 与 y 负相关。

当样本容量 n 不太大时,我们可用计算器计算积差相关系数,常用如下公式,即

$$L_{xy}=\sum_i x_iy_i-\frac{1}{n}(\sum_i x_i)(\sum_i y_i)=\sum_i x_iy_i-n\bar{x}\bar{y}$$

$$L_{xx}=\sum_i x_i^2-\frac{1}{n}(\sum_i x_i)^2=\sum_i x_i^2-n\,\bar{x}^2$$

$$L_{yy}=\sum_i y_i^2-\frac{1}{n}(\sum_i y_i)^2=\sum_i y_i^2-n\,\bar{y}^2$$

(2)积差相关系数的显著性检验

设 ρ 表示 x 与 y 的总体相关系数,当 $\rho=0$ 时,称 x 与 y 不相关,利用样本相关系数 r 可以检验 $H_0:\rho=$

$0, H_1: \rho \neq 0$。

当(x, y)为二元正态变量时，可以证明：

$$t = \frac{r\sqrt{n-1}}{\sqrt{1-r^2}} \sim t(n-2)$$

利用该统计量检验H_0的拒绝域为$C = \{|t| > t_\alpha\}$，这里t_α为$t(n-2)$分布的分位数。

【例1-9】 研究某水体中水生动物个体数量y与藻类个体数量x之间的相关关系，随机抽取10样本进行测量结果见表1-14。

表1-14 动物个体数量y与藻类个体数量x之间的相关关系

动物个数 x_i	94	90	86	86	72	70	68	66	65	62
藻类个数 y_i	93	92	92	70	82	76	65	76	68	60

试求水生动物个体数量与藻类个体数量的积差相关系数，并检验它的显著性($\alpha = 0.05$)。

解 因为

$$\sum_i x_i = 758$$

$$\sum_i y_i = 774$$

$$\sum_i x_i^2 = 58\ 732$$

$$\sum_i y_i^2 = 61\ 202$$

$$\sum_i x_i y_i = 59\ 686$$

所以

$$L_{xy} = 59\ 686 - \frac{1}{10} \times 758 \times 774 = 1\ 016.8$$

$$L_{xx} = 58\ 732 - \frac{1}{10} \times 758^2 = 1\ 275.60$$

$$L_{yy} = 61\ 202 - \frac{1}{10} \times 774^2 = 1\ 294.40$$

因此

$$r = \frac{1\ 016.8}{\sqrt{1\ 275.6}\sqrt{1\ 294.4}} \doteq 0.791\ 305\ 219 \doteq 0.791\ 3$$

可以检验$H_0: \rho = 0, H_1: \rho \neq 0$。

$$t = \frac{r\sqrt{n-2}}{\sqrt{1-r^2}} \doteq 3.66$$

因为

$$|t| = 3.66 > t_\alpha(8) = 2.306$$

所以拒绝H_0，认为物理成绩和数学成绩之间存在显著的线性相关。

1.3.2.5 等级相关

积差相关系数一般适用于连续型总体，且总体分布服从或近似服从正态分布，故两个连续变量的观察数据必须成对出现，且不宜少于30对（根据中心根限定理，大样本时，可近似作取自正态总体），但在研究实践中，特别在环境管理领域的数据资料往往不能满足上述的条件，有些数据还是属性的测量（如测定品质的优劣、环境质量的等级）常采用的等级评定。这时需要采用等级相关（rank correlation）的方法来研究变量之间的相关关系。

等级相关是依据等级资料来研究变量间相关关系的相关量，包括：等级评定资料；经连续变量观测资料转化得到的等级资料。

研究等级相关的相关量主要有斯皮尔曼(Spearman)等级相关系数和肯德尔(Kandall)和谐系数。等级相关不涉及变量的分布形态和数据量的多少,对于两个连续变量的观测资料,也可转化为等级资料计算等级相关系数。

①斯皮尔曼等级相关系数

斯皮尔曼等级相关系数是英国心理学家、统计学家斯皮尔曼根据积差相关的概念推导出来的。其计算公式为:

$$r_P = 1 - \frac{6\sum_{I=1}^{N} d_i^2}{n(n^2 - 1)}$$

式中 r_P——Spearman 等级相关系数;

d_i——成对的第 i 对数据的等级差;

n——总对数。

【例 1-10】 某些城市的潜在发展评价分数以及环境评价等级如表 1-15 所示,求二者之间的相关系数。

表 1-15 城市的潜在发展评价分数以及环境评价等级的相关系数的计算表

序号	潜在发展评价		环境评价		等级差数 D	差数平方 D^2
	x	等级	y	等级		
1	90	1	3	2	-1	1
2	84	2	2	1	1	1
3	76	3	5	3	0	0
4	71	5	7	5.5	-0.5	0.25
5	71	5	8	7.5	-2.5	6.25
6	71	5	6	4	1	1
7	69	7	8	7.5	-0.5	0.25
8	68	8	7	5.5	2.5	0.25
9	66	9	10	10	-1	1
10	64	10	9	9	1	1
总和						18

解

第一步,赋予等级。分别将两个变量的成绩从优到劣赋予等级,最优者赋予 1,最劣者赋予 n,或者最劣者赋予 1,最优者赋予 n。在赋予等级时,两个变量方向要一致,之间依次递增,在原始等级分数中若有相同的等级分数时,可用它们等级位置的平均数作为它们的等级(如表 1-15 中的 3 个 71 分)。

第二步,计算两个变量每对数据所赋予的等级数之差 D,及差数的平方和,即 D^2。

第三步,计算相关系数。

$$r = 1 - \frac{6 \times 18}{10(10^2 - 1)} = 0.891$$

②肯德尔和谐系数

肯德尔和谐系数(the kandall coefficient of concordace)是计算多个等级变量相关程度的一种相关量。前述的斯皮尔曼等级相关讨论的是两个等级变量的相关程度,用于评价时只适用于两个评分者评价 N 个

人或 N 件作品，或同一个人先后两次评价 N 个人或 N 件作品，而肯德尔和谐系数则适用于数据资料是多列相关的等级资料，即可是 k 个评分者评 N 个对象，也可以是同一个人先后 k 次评 N 个对象。通过求得肯德尔和谐系数，可以较为客观地选择好的作品或好的评分者。

以下用 W 表示肯德尔和谐系数：

同一评价者无相同等级评定时，W 的计算公式为

$$W=\frac{S}{\frac{1}{12}K^2(N^3-N)}$$

式中　N——被评的对象数；

k——评分者人数或评分所依据的标准数；

S——每个被评对象所评等级之和 R_i 与所有这些和的平均数 $\bar{R}_i$ 的离差平方和，即

$$S=\sum_{i=1}^{n}(R_i-\bar{R})^2=\sum_{i=1}^{n}R_i^2-\frac{1}{n}(\sum_{i=1}^{n}R_i)^2$$

当评分者意见完全一致时，S 取得最大值 $\frac{1}{2}K^2(N^3-N)$，可见，和谐系数是实际求得的 S 与其最大可能取值的比值，故 $0\leqslant W\leqslant 1$。

同一评价者有相同等级评定时，W 的计算公式为

$$W=\frac{S}{\frac{1}{12}[K^2(N^3-N)-K\sum_{i=1}^{K}T_i]}$$

式中 K,N,S 的意义同上，$T_i=\sum_{i=1}^{m_i}(n_{ij}^3-n_{ij})^2$，这里 m_i 为第 i 个评价者的评定结果中有重复等级的个数，n_{ij} 为第 i 个评价者的评定结果中第 j 个重复等级的相同等级数。对于评定结果无相同等级的评价者，$T_i=0$，因此只需对评定结果有相同等级的评价者计算 T_i。

【例 1-11】 请 6 位环境专家对入选的 6 个城市环境质量评定等级，结果如表 1-16 所示，试计算 6 位专家评定结果的肯德尔和谐系数。

表 1-16　6 位专家对 6 个城市环境质量评定表

评等专家	城市编号						
	一	二	三	四	五	六	
A	3	1	2	5	4	6	
B	2	1	3	4	5	6	
C	3	2	1	5	4	6	
D	4	1	2	6	3	5	
E	3	1	2	6	4	5	
F	4	2	1	5	3	6	
R_i	19	8	11	31	23	34	$\sum R_i=126$
R_i^2	361	64	121	961	529	1 156	$\sum R^2=3\ 192$

解　由于每个评分专家对 6 个城市的评定都无相同的等级，由表 1－16 中数据得

$$S = \sum_{i=1}^{6} R_i^2 - \frac{1}{6}(\sum_{i=1}^{6} R_i)^2 = 3\ 192 - \frac{1}{6} \times 126^2 = 546$$

$$W = \frac{s}{\frac{1}{12}k^2(N^3 - N)} = \frac{546}{\frac{1}{12} \times 6^2 \times (6^3 - 6)} = \frac{546}{630} \doteq 0.87$$

由 $W = 0.87$ 表明 6 位专家的评定结果有较大的一致性。

【**例 1－12**】　3 名专家对 6 个城市环境质量的评分经等级转换如表 1－17 所示，试计算专家评定结果的肯德尔和谐系数。

表 1－17　3 名专业对 6 个城市环境质量的评分等级转换

等级专家	城市编号						
	A	B	C	D	E	F	$\sum$
甲	1	4	2.5	5	6	2.5	
乙	2	3	1	5	6	4	
丙	1.5	3	1.5	4	5.5	5.5	
R_i	4.5	10	5	14	17.5	12	63
R_i^2	20.25	100	25	196	306.25	144	791.5

解　由于专家甲、丙对 6 篇论文有相同等级的评定，计算 W：

$$T_{甲} = 2^3 - 2 = 6$$

$$T_{丙} = (2^3 - 2) + (2^3 - 2) = 12$$

$$S = \sum_{1}^{6} R_i^2 - \frac{1}{6}(\sum_{1}^{6} R_i)^2 = 791.5 - \frac{1}{6} \times 63 = 130.00$$

$$W = \frac{S}{\frac{1}{12}[k^2(N^3 - N) - k\sum T_i]} = \frac{130}{\frac{1}{12}[3^2(6^3 - 6) - 3 \times (6 + 12)]} = \frac{130}{153} \doteq 0.849\ 673\ 203 \doteq 0.85$$

由 $W = 0.85$ 可看出专家评定结果有较大的一致性。

1.3.3　一元线性回归分析

线性回归是最基本的统计分析方法，一元线性回归又是基础的基础。所谓一元线性回归，就是基于一个自变量的线性方程式展开的回归分析过程，又叫简单线性回归（simple linear regression）。现实中的问题大多都是非线性的关系，但是有相当一类问题在一定时空条件下可以近似或者转换为线性问题。

在实际工作中，我们会遇到一些现象，它们彼此之间存在某种联系，这种联系很可能反映现实中的一种因果关系。例如，哈尔滨松花江的水质，相当程度上依赖于哈尔滨当地污染企业的排放强度。因此，排放强度与水质之间就会形成因果关系。对于这一类的问题，我们可以借助回归分析，建立数学模型，进行某种预测和解释性的分析。开展一般的回归分析，首先要作散点图（scatter plot），然后选择表达式，最后采用适当的拟合方法。对于线性回归，表达式是唯一的，但研究对象是否服从线性关系，需要借助散点图进行判断，如图 1－14 所示。一元线性模型的函数表达式为

$$y = a + bx$$

式中　x——自变量；

　　y——因变量；

a——截距；

b——斜率。

建立模型的关键是确定参数 a,b，最重要的参数是斜率 b。

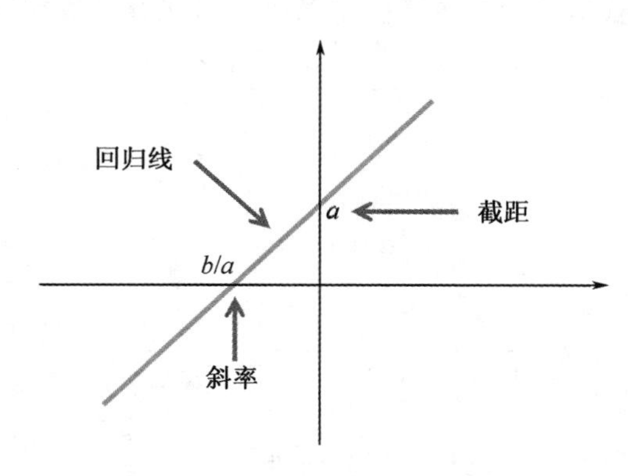

图 1－14　一元线性方程图像

为了说明回归和相关分析的思路以及最小二乘法的基本原理，不妨先看一个实例。为了估计暴雨期城市不透水面面积对流经该城市某河流水质的影响，在该河流建立监测断面，测得 10 年的观测数据见表 1－18。

表 1－18　暴雨期城市不透水面面积与流经该城市某河流水质 10 年观测数据

年份	1970	1975	1980	1985	1990	1995	2000	2005	2010	2015
某水质指标	15.2	10.4	21.2	18.6	26.4	23.4	13.5	16.7	24.0	19.1
不透水面面积	28.6	19.3	40.5	35.5	48.9	45.0	29.2	34.1	46.7	37.4

应用这组数据计算方程式 $y = a + bx$，只需两个年份的数据就可以了，例如我们可以取 1970 年和 1975 年两个年份的数据建立方程组可以非常容易的求解为 $a = 0.439, b = 0.516$。如果取 2010 和 2015 年的数据建立方程组可以解得 $a = -0.605, b = 0.527$。显然两次计算的结果相差很大，尤其是方程的截距。如果我们任选其他年份的数据组建方程组，结果总是不同。因此，需要借助最小二乘法，将所有的数据都用上。一般说来，样品越多，数据序列越长，反映的趋势就越是可靠。

1.3.3.1　最小二乘法及回归方程的确定

为了有效地确定 x 与 y 的相互依赖关系，进行 n 次测量（实验或调查），取得各样品的数据系列如下：

$$A_1(x_1, y_1), A_2(x_2, y_2), \cdots, A_n(x_n, y_n)$$

对于表 1－18 所示的实例，测量 10 次，显然 $n = 10$。借助上述数据序列可以得到如下回归方程：

$$\hat{y} = a + bx_i, (i = 1, 2, \cdots, n)$$

这里 $\hat{y}$ 表示第 i 个因变量的计算值，与实际观测值 y_i 是有区别（误差）的。所谓回归方程（regression equation），就是描述回归直线的方程式。严格地讲，式中参数 a,b 均应加上一个特殊的标志“^”（或者换成别的字母如 α,β），表示与真实的参数值有所区别。不过为了表述简便，习惯上对参数的真实值与计算值不做符号上的区分，因为我们实际上永远不可能知道一个系统的真实参数，所有的参数值都是计算出来的，只不过是样本越大、所得的参数就越是接近真实结果。

一元线性方程的确定原则是要使 $\hat{y}$ 能够最好地代表 y。为了满足这一条件，必须使

$$Q = \sum_{i=1}^{n}(y - \hat{y})^2 = \sum_{i=1}^{n}(y - a - bx)^2$$

为最小。Q 称为离回归平方和。

根据最小二乘法原理，对上式分别对 a，b 求偏导数并令其为0，获方程组：

$$\begin{cases} an + b\sum x = \sum y \\ a\sum x + b\sum x^2 = \sum xy \end{cases}$$

解之得

$$a = \bar{y} - b\bar{x}$$

$$b = \frac{\sum xy - \frac{1}{n}\sum x \sum y}{\sum x^2 - \frac{1}{n}(\sum x)^2} = \frac{\sum (x - \bar{x})(y - \bar{y})}{\sum (x - \bar{x})^2} = \frac{SP}{SS_x}$$

式中　SP——x 的离均差和 y 的离均差的乘积之和，简称乘积和；

　　SS_x——x 的离均差平方和。

借助上述公式对上表中的数据进行计算，容易得到 $a = -0.8663$，$b = 0.5399$，从而预测模型为

$$\hat{y} = -0.8663 + 0.5399x$$

将表1－18中的 x_i 值代入上式可以算 $\hat{y}_i$ 值（称为计算值）。由下式可以计算回归结果的残差

$$\varepsilon_i = y_i - \hat{y}_i$$

将观测值和计算值绘在坐标图上，则观测值为散点，计算值的连线形成散点分布的趋势线（Trend Line），或叫回归线（Regression Line）。这条线是散点在理论上为回归的位置，可以在相当程度上表现数据点变动趋势的几何规律，如图1－15所示。

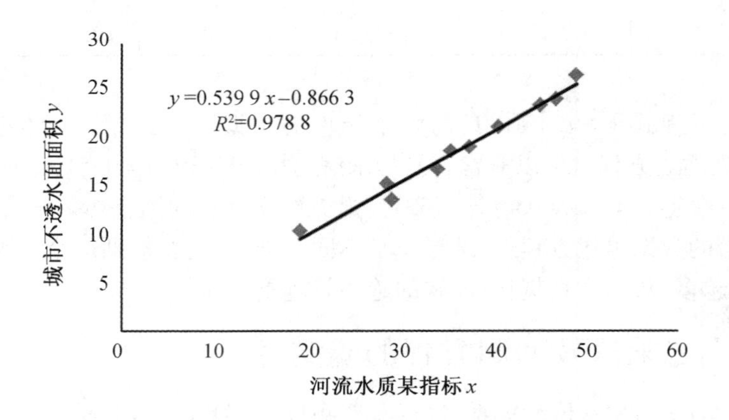

图1－15　暴雨期城市不透水面面积与流经该城市某河流水质的相关图及其趋势线

我们知道，城市不透水面面积是可以提前观察计算的。但是暴雨期间的河流水质变化具有突发性。因此，只要暴雨期城市不透水面面积与流经该城市某河流水质具有相关性，就可以利用前者预测后者。现在假定2020年观测到的城市不透水面面积为58.2，利用前面拟合的模型容易预测当年的暴雨期河流水质状况。实际上，将 $x = 58.2$ 代入回归方程中，立即得到 $\hat{y}_i = 30.6$。

现在的问题是：我们的预测是否可靠？在多大程度是可信的？为此，需要对回归结果进行检验。

1.3.3.2 回归模型的检验

我们建立一个回归分析模型,至少关心两个方面:一是自变量是否真的与因变量相关,或者说自变量对因变量的影响是否真实存在且与零有显著差异;二是我们选定的模型对因变量观测值逼近的效果。因变量与平均值距离越大表明自变量对因变量影响越强;观测值与计算值越是吻合,意味着模型结构越是符合实际。我们的统计检验主要就是基于因变量的观测值、计算值和平均值设计的。

最常用的检验方法有如下五种:相关系数检验(检验拟合优度)、标准误差检验(检验预测精度)、F 检验(检验线性关系)、t 检验(检验相关强度)和DW检验(判断模型预测误差是否来自随机干扰)。相关系数检验、F 检验、标准误差检验和DW检验属于整体性检验,用于评估整个模型;t 检验属于局部性检验,用于评估模型参数。

(1)相关系数——拟合优度检验

相关系数(correlation coefficient)主要用于检验拟合模型的线性关系的显著性程度,一般用 r 表示。相关系数的平方(R^2)称为测定系数(determination coefficient,或译为"决定系数""判定系数""可决系数"等),又叫拟合优度(goodness of fit)。在一元线性回归中,测定系数的大小可以反映自变量对因变量的解释程度,即具有百分之几的解释能力。

在统计学中,一个因变量的某次观测 y_i 与该因变量的平均值 y 的差($yi - y$)称为变差,即前述离均差,它反映的是因变量对其平均值的波动的大小。因变量全部数据的总变差可用这些变差的平方和来表示,即有

$$y_{总变差平方和} = \sum (y_i - \bar{y})^2$$

因为

$$y_i - \bar{y} = (y_i - \hat{y}_i) + (\hat{y}_i - \bar{y})$$

可以证明

$$\sum (y_i - \bar{y})^2 = \sum (y_i - \hat{y}_i)^2 + \sum (\hat{y}_i - \bar{y})^2$$

式中左侧项

$$SS_t = \sum (y_i - \bar{y})^2$$

即前述总变差或称总平方和(total sum of squares),它综合地反映 n 个 y_i 值对它们平均值的偏离程度,或者说这些数据的分散程度。右边第一项

$$SS_r = \sum (y_i - \hat{y}_i)^2$$

表示回归方程的估计值与其平均值之差的平方和,y 随 x 的取值不同而变化,通过 x 对 y 的线性相关关系所致,称为回归平方和(Regression Sum of Squares),或者解释平方和(Explained Sum of Squares)。右边第二项

$$SS_e = \sum (\hat{y}_i - \bar{y})^2$$

表示回归方程估计值即计算值 $\hat{y}$ 与变量 y_i 的实际值的误差平方和,它是除了自变量 x 对 y 的线性影响以外的一起剩余因素影响造成的,称为剩余平方和(residual sum of squares),又叫误差平方和(error sum of squares)或者非解释平方和(unexplained sum of squares)。

根据上述,可以简单地表示为

$$SS_t = SS_e + SS_r$$

测定系数 R^2 可以理解为 y 由 x 解释的比例。简而言之,R^2 反映了自变量对因变量解释的程度。

$$R^2 = \frac{x\text{与}y\text{的因果关系程度}}{x\text{与}y\text{的因果关系程度}+\text{随机扰动程度}} = \frac{SS_r}{SS_t}$$

可以看出，相关系数本质上是由因变量观测值到平均值的距离与计算值到平均值的距离定义的。相关系数检验的思路如下。假定（剩余）自由度为 $v=n-m-1$，这里 n 为样品个数，m 为变量个数（回归自由度）；显著性水平（significance）为 $\alpha=0.05\sim0.01$，相应地，我们有："置信度 =1 - 显著性水平"。自由度越大，显著性水平越高，相关系数的临界值越小，反之越大。

为了方便使用相关系数进行检验，统计学家计算了《相关系数临界值表》，计算相关系数后，可以通过查表进行检验。

（2）t 检验

以回归系数的显著性为例来说明回归方程检验的意义。回归系数是根据样本数据计算出来的。即使从总体回归系数 $\beta=0$ 的总体中随机抽取的样本，由于抽样误差的影响，计算出的回归系数 b 也不可能等于零。因此不能根据样本回归系数 b 的大小判断总体 X 与 Y 之间是否存在线性关系，而应当看样本的回归系数 b 在以 $\beta=0$ 为中心的抽样分布上出现的概率如何。如果样本的回归系数 b 在其抽样分布上出现的概率较大，则 b 与 $\beta=0$ 的总体无显著性差异，即样本的 b 是来自于 $\beta=0$ 的总体。这时，即使 b 数值再大，也不能认为 X 与 Y 存在线性关系；反之，如果样本 b 在其抽样分布上出现的概率小到一定程度，则 b 与 $\beta=0$ 的总体有显著差异，即样本的 b 不是来自 $\beta=0$ 的总体。这时，即使 b 再小，也只能承认 X 与 Y 存在线性关系。

回归系数的检验可以采用 t 检验法。其检验统计量为

$$t=\frac{b-\beta}{S_{bxy}}$$

其中

$$S_{bxy}=\frac{S_y}{S_x}\sqrt{\frac{1-r^2}{n-2}}$$

S_{bxy}：回归系数的标准误。S_{bxy} 可按下式计算，即

$$S_{bxy}=\sqrt{\frac{\sigma_{y/x}^2}{\sum(x-\bar{x})}}=\frac{\sigma_{y/x}}{SS_x}$$

其中

$$\sigma_{y/x}=\sqrt{\frac{Q}{n-2}}=\sqrt{\frac{\sum(y-\hat{y})^2}{n-2}}=\sqrt{\frac{\sum y^2-a\sum y-b\sum xy}{n-2}}$$

$\sigma_{y/x}$ 为估计标准误。

（3）F 检验法

依变量的总离差平方和：

$$\begin{aligned}SS_t &= \sum(y-\bar{y}) = \sum(y-\hat{y}+\hat{y}-\bar{y})^2\\ &= \sum(y-\hat{y})^2+\sum(\hat{y}-\bar{y})^2+\sum(y-\hat{y})(\hat{y}-\bar{y})\end{aligned}$$

因为

$$\sum(y-\hat{y})(\hat{y}-\bar{y})=0$$

故

$$SS_t=\sum(y-\hat{y})^2+\sum(\hat{y}-\bar{y})^2$$

式中 $\sum(\hat{y}-\bar{y})^2$ ——回归估计值对 y 平均值的离差平方和，表示自变量对因变量的线性影响对总离差平方和的贡献，称为回归平方和（SS_r），用 U 表示，自由度为 1；

$\sum(y-\hat{y})^2$ ——实测值对回归估计值的离差平方和，表示除自变量以外其他因素对总离差平方和的贡献，为离回归平方和（SS_e），也称为残差平方和，用 Q 表示，自由度

为$n-2$。

这样，总平方和 SS_t 中，能够由自变量解释的部分为 SS_r，不能由自变量解释的部分 SS_e。回归平方和 SSr 越大，回归的效果就越好。可以据此构造 F 检验统计量：

$$F=\frac{SS_r/1}{SS_e/(n-2)}=\frac{U}{Q/(n-2)}$$

是遵循自由度为$(1,n-2)$的 F 分布。

在正态假设下，当原假设 $H_0:\beta=0$ 成立时，F 遵从自由度为$(1,n-2)$的 F 分布。当 F 值大于临界值 $F_\alpha(1,n-2)$时，拒绝 H_0，说明回归方程显著，x 与 y 有显著的线性关系，见表1－19。

表1－19　线性回归方差分析表

变异来源	自由度	SS	MS	F	$F_{0.05}$
回归	1	SS_r	$SS_r/1$		
离回归	$n-2$	SS_e	$SS_e/(n-2)$	$\frac{SS_r/1}{SS_e/(n-2)}$	$F>F_\alpha$
总和	$n-1$	SS_t			

1.3.4　多元线性回归

一元线性回归是一个主要影响因素作为自变量来解释因变量的变化，在现实问题研究中，因变量的变化往往受几个重要因素的影响，此时就需要用两个或两个以上的影响因素作为自变量来解释因变量的变化，这就是多元回归亦称多重回归。当多个自变量与因变量之间是线性关系时，所进行的回归分析就是多元线性回归。

1.3.4.1　多元线性回归模型确定

设 y 为因变量，$x_1,x_2,x_3,\cdots,x_n$ 为自变量，并且自变量与因变量之间为线性关系时，则多元线性回归模型为

$$\hat{y}=b_0+b_1x_1+b_2x_2+\cdots+b_nx_n$$

其中，b_0 为常数项，$b_1,b_2,\cdots,b_n$ 为回归系数，b_1 为 $x_2,x_3,\cdots,x_n$ 固定时，x_2 每增加一个单位对 y 的效应，即 x_1 对 y 的偏回归系数；同理 b_2为 $x_1,x_3,\cdots,x_n$ 固定时，x_n 每增加一个单位对 y 的效应，即，x_2 对 y 的偏回归系数，等等。如果两个自变量 x_1,x_2 同一个因变量 y 呈线性相关时，可用二元线性回归模型描述为

$$\hat{y}=b_0+b_1x_1+b_2x_2$$

建立多元性回归模型时，为了保证回归模型具有优良的解释能力和预测效果，应首先注意自变量的选择，其准则是：

(1)自变量对因变量必须有显著的影响，并呈密切的线性相关；

(2)自变量与因变量之间的线性相关必须是真实的，而不是形式上的；

(3)自变量之间应具有一定的互斥性，即自变量之间的相关程度不应高于自变量与间变量之因的相关程度；

(4)自变量应具有完整的统计数据，其预测值容易确定。

多元线性回归模型的参数估计，同一元线性回归方程一样，也是在要求误差平方和为最小的前提下，用最小二乘法求解参数。因方法比较复杂，一般应用统计学软件来实现，这里不加赘述。目前有很多统

计学软件可以进行多元线性回归分析,如 SPSS,SAS,MINTAB,MATLAB 和 R 语言等等。

1.3.4.2 多元线性回归模型的检验

多元线性回归模型与一元线性回归模型一样,在得到参数的最小二乘法的估计值之后,也需要进行必要的检验与评价,以决定模型是否可以应用。

(1)拟合优度检验

与一元线性回归中可决系数 R^2 相对应,多元线性回归中也有多重可决系数 R^2,它是在因变量的总变化中,由回归方程解释的变动(回归平方和)所占的比重,R^2 越大,回归方各对样本数据点拟合的程度越强,所有自变量与因变量的关系越密切。计算公式为

$$R^2 = \frac{\sum(\hat{y}_i - \bar{y})^2}{\sum(y_i - \bar{y})^2}$$

(2)估计标准误差

估计标准误差,即因变量 y 的实际值与回归方程求出的估计值 $\hat{y}$ 之间的标准误差,估计标准误差越小,回归方程拟合程度越好。

$$S_y = \sqrt{\frac{\sum(y_i - \bar{y})^2}{n - k - 1}}$$

其中,k 为多元线性回归方程中的自变量的个数。

(3)回归方程的显著性检验

回归方程的显著性检验,即检验整个回归方程的显著性,或者说评价所有自变量与因变量的线性关系是否密切。经常采用 F 检验,F 统计量的计算公式为

$$F = \frac{\sum(\hat{y} - \bar{y})^2/k}{\sum(y_i - \bar{y})^2 n - k - 1}$$

根据给定的显著水平 α,自由度$(k, n-k-1)$查 F 分布表,得到相应的临界值 F_α,若 $F > F_\alpha$,则回归方程具有显著意义,回归效果显著。$F > F_\alpha$,则回归方程无显著意义,回归效果不显著。

(4)回归系数的显著性检验

在一元线性回归中,回归系数显著性检验(t 检验)与回归方程的显著性检验(F 检验)是等价的,但在多元线性回归中,这个等价不成立。t 检验是分别检验回归模型中各个回归系数是否具有显著性,以便使模型中只保留那些对因变量有显著影响的因素。检验时先计算统计量 t_i;然后根据给定的显著水平 α,自由度 $n-k-1$ 查 t 分布表,得临界值或 $t_{\alpha/2}$,$t > t_\alpha$ 或 $t_{\alpha/2}$,则回归系数 b_i 与 0 有显著关异,反之,则与 0 无显著差异。统计量 t 的计算公式为

$$t_i = \frac{b^i}{S_y\sqrt{C_{ij}}}$$

其中,C_{ij}是多元线性回归方程中求解回归系数矩阵的逆矩阵$(x'x)^{-1}$的主对角线上的第 j 个元素。

(5)多重共线性判别

若某个回归系数的 t 检验通不过,可能是这个系数相对应的自变量对因变量的影响不显著所致,此时,应从回归模型中剔除这个自变量,重新建立更为简单的回归模型或更换自变量。也可能是自变量之间有共线性所致,此时应设法降低共线性的影响。

多重共线性是指在多元线性回归方程中,自变量之间有较强的线性关系,这种关系若超过了因变量与自变量的线性关系,则回归模型的稳定性受到破坏,回归系数估计不准确。需要指出的是,在多元回归

模型中,多重共线性是难以避免的,只要多重共线性不太严重即可。判别多元线性回归方程是否存在严重的多重共线性,可分别计算每两个自变量之间的复相关系数 r^2,若 $r^2 > R^2$ 或接近于 R^2,则应设法降低多重线性的影响。降低多重共线性的办法主要是转换自变量的取值,如变绝对数为相对数或平均数,或者更换其他的自变量。

1.3.5 逐步回归分析

逐步回归分析实质上就是建立最优的多元线性回归方程,显然既实用而应用又最广泛。

(1)概念

逐步回归模型是以已知环境数据序列为基础,根据多元回归分析法和求解求逆紧凑变换法及双检验法而建立的能够反映环境要素之间变化关系的最优回归模型。逐步回归分析是指在多元线性回归分析中,利用求解求逆紧凑变换法和双检验法,来研究和建立最优回归方程并用于环境分析和环境决策的多元线性回归分析。它实质上就是多元线性回归分析的基础上派生出一种研究和建立最优多元线性回归方程的算法技巧。主要含义如下:

①逐步回归分析的理论基础是多元线性回归分析法;

②逐步回归分析的算法技巧是求解求逆紧凑变换法;

③逐步回归分析的方法技巧是双检验法,即引进和剔除检验法;

④逐步回归分析的核心任务是建立最优回归方程;

⑤逐步回归分析的主要作用是降维。

(2)最优回归模型

最优回归模型是指仅包含对因变量有显著影响的自变量的回归方程。逐步回归分析就是解决如何建立最优回归方程的问题。

最优回归模型的含义有两点:

①自变量个数

自变量个数要尽可能多,因为通过筛选自变量的办法,选取自变量的个数越多,回归平方和越大,剩余平方和越小,则回归分析效果就越好,这也是提高回归模型分析效果的重要条件。

②自变量显著性

自变量对因变量 y 有显著影响,建立最优回归模型的目的主要是用于预测和分析,自然要求自变量个数尽可能少,且对因变量 y 有显著影响。若自变量个数越多,一方面预测计算量大,另一方面因 n 固定,所以$\frac{Q}{n-k-1} \longrightarrow S_Q$ 增大,即造成剩余标准差增大,故要求自变量个数要适中。且引入和剔除自变量时都要进行显著性检验,使之达到最优化状态,所以此回归方程又称为优化模型。

③最优回归模型的选择方法

最优回归模型的选择方法是一种经验性发展方法,主要有以下四种:

a. 组合优选法

组合优选法是指从变量组合而建立的所有回归方程中选取最优方程。首先对每一个方程及自变量均作显著性检验,优选原则:自变量全部显著,剩余标准差较小,即可选得最优回归方程。

b. 剔除优选法

剔除优选法是指从包含全部自变量的回归方程中逐个剔除不显著自变量而求得最优回归方程的优选方法。剔除自变量的原则是先求取偏回归平方和最小者并作显著性检验,若不显著则剔除。终止原则是直至不显著自变量剔除完为至,而仅保留对因变量 y 有显著影响的自变量。

c. 引入优选法

引入优选法是指将所有自变量经显著性检验而逐个引入对因变量有显著影响的自变量的优选方法。其具体过程是:引入原则是偏相关系数绝对值最大者,引入后并进行显著性检验,若显著则继续引进自变量,直至再无显著自变量引进为止。

④逐步回归分析法

逐步回归分析法是指运用回归分析原理采用双检验原则,逐步引入和剔除自变量而建立最优回归方程的优选方法。具体含义是:

a. 每步有两个过程:即引进变量和剔除变量,且引进变量和剔除变量均需作 F 检验后方可继续进行,故又称为双重检验回归分析法。

b. 引入变量:引入变量的原则是未引进变量中偏回归平方和最大者并经 F 显著性检验,若显著则引进,否则终止。

c. 剔除变量:剔除原则是在引进的自变量中偏回归平方和最小者,并经 F 检验不显著,则剔除。

d. 终止条件即最优条件,再无显著自变量引进,也没有不显著自变量可以剔除,这也是最优回归方程的实质。

由此可知,它并没新的理论,只是多元回归分析基础上派生出的一种算法技巧。

1.4 污染物排放的统计方法

工业企业环境统计工作中对废气、废水和固体废物及所含污染物产生量、排放量的计算通常采用三种方法,即实测法、物料衡算法和产排污系数法。

1.4.1 实测法

实测法是通过监测手段或国家有关部门认定的连续计量设施,测量废气、废水的流速、流量和废气、废水中污染物的浓度,用环保部门认可的测量数据来计算各种污染物的产生量和排放总量的统计计算方法,即

$$G = KC_iQ$$

式中 G——污染物产生量或排放量;

Q——介质流量;

C_i——介质中 i 污染物浓度;

K——单位换算系数。

浓度和流量的单位不一致时,单位换算系数 K 取不同的值。废水中污染物的浓度单位常取 mg/L,系数 K 取 10^{-3};废气中污染物的浓度一般取 mg/L,系数 K 取 10^{-6}。

实测法的基础数据主要来自于环境监测站。监测数据是通过科学合理地采集样品、分析样品而获得的。监测采集的样品是对监测的环境要素的总体而言,如采集的样品缺乏代表性,尽管测试分析很准确,不具备代表性的数据也毫无意义。因受现有监测技术和监测条件的约束,实测法有一定的局限性。这主要是目前除了重点污染源有比较准确的监测数据外,其他多数非重点污染源不能得到有效的监测;而且很多重点污染源还未实现连续监测,监测结果的代表性有待提高。

【例 1-13】 某炼油厂年排废水 2×10^4t,废水中废油浓度 $C_{油}$ 为 500 mg/L,COD 浓度 C_{COD} 为 300 mg/L,水未处理直接排放。计算该厂废油和 COD 的年排放量。

解 $G_{油} = KC_{油}Q = 10^{-6}\times500\times2\times10^4 = 10$ t

$G_{COD} = KC_{COD}Q = 10^{-6} \times 300 \times 2 \times 10^4 = 6$ t

【例 1-14】 某冶炼厂排气筒截面 0.4 m^2，排气平均流速 12.5 m/s，实测所排废气中 SO_2 平均浓度 12 mg/m^3，粉尘浓度 8 mg/L。计算该排气筒每小时 SO_2 和粉尘的排放量。

解　每小时废气流量

$$Q = 12.5 \times 0.4 \times 3\,600 = 1.8 \times 10^4 \text{ m}^3/\text{h}$$

每小时 SO_2 排放量

$$G_{SO_2} = 10^{-6} \times 12 \times 1.8 \times 10^4 = 0.216 \text{ kg/h}$$

每小时粉尘排放量

$$G_{粉尘} = 10^{-6} \times 8 \times 1.8 \times 10^4 = 0.144 \text{ kg/h}$$

1.4.2　物料衡算法

物料衡算法是指根据物质质量守恒原理，对生产过程中使用的物料变化情况进行定量分析的一种方法。即：

投入物料量总和 = 产出物料量总和

= 主副产品和回收及综合利用的物质量总和 + 排出系统外的废物质量

这里的排出系统外的废物质量包括可控制与不可控制生产性废物及工艺过程的泄漏等物料流失。

物料衡算的实际计算常采用的主要方法有两种。

一种是采用一个生产周期的各种用料单据，作为投入的物料量，主副产品和回收及综合利用的各种产品量作为总产品量，两者之差是生产过程物料流失量，即污染物产生量或排放量。如某水泥厂一个班次投入各种原料 115 t，生产水泥 100 t，回收各种物料 12 t，则一个班次排放粉尘 3 t，每生产 1 t 水泥排放 30 kg 粉尘。

另一种是把生产过程的物料守恒关系，用一个公式表示，即

流失量 = 投入物料量 − 回收物料量

这就需要建立各种生产条件下的物料衡算公式，如燃料燃烧废气量公式、SO_2 产生量公式、烟气量公式、各种治理设施的去除量公式等。

采用物料衡算法计算污染物的产生量和排放量时，关键是确定守恒公式两边的参数，但这些参数的确定有时也是比较困难的。统计人员只有在对企业进行充分了解的基础上，从物料平衡分析着手，对企业的原料、辅料、能源、水的消耗量、生产工艺过程甚至是管理水平进行综合分析，计算出的污染物产生量和排放量才能够比较真实地反映企业在生产过程中的实际情况。

【例 1-15】 某除尘系统每小时进入的烟气量为 10 000 m^3，含尘浓度 2 200 mg/L，每小时收集粉尘 18 kg，若不计漏气，求净化后废气含尘浓度。

解　每小时进入除尘系统的烟尘量

$$10\,000 \times 2\,200 \times 10^{-6} = 22 \text{ kg}$$

净化后每小时排出的气体中残留烟尘量

$$22 - 18 = 4 \text{ kg}$$

净化后废气含尘浓度

$$4 \times 10^6 / 10\,000 = 400 \text{ mg/L}$$

【例 1-16】 某污水治理设施，每小时通过的污水量为 Q_t，进口 COD 浓度为 C_1，排放口 COD 浓度为 C_2，求该治理设施的去除率。

解　对该治理设施而言，每小时 COD 投入量为 KC_1Q_t，每小时 COD 排放量为 KC_2Q_t。

每小时 COD 去除量为

$$KC_1Q_t - KC_2Q_t$$

COD 去除率为

$$\eta = \frac{(KC_1Q_t - KC_2Q_t)}{KC_1Q_t} = \frac{(C_1 - C_2)}{C_1}$$

【例 1-17】 某火电厂月耗燃煤 B_t，检测燃煤中碳和灰分的含量分别为 C 和 A，若锅炉内碳的未燃烧系数为 K，每月炉渣出渣量为 $G_{渣}$，除尘器的除尘率为 η。求：用物料衡算法计算该电厂每月粉煤灰和烟尘排放量。

解 该厂燃料燃烧过程中炉渣、粉煤灰、烟尘的产生量为

$$B_t(A+KC)$$

烟尘产生量为

$$B_t(A+KC) - G_{渣}$$

烟尘排放量为

$$[B_t(A+KC) - G_{渣}](1-\eta)$$

烟尘的去除量，即粉煤灰的产生量为

$$[B_t(A+KC) - G_{渣}]\eta$$

1.4.3 产排污系数法

产排污系数是指在正常技术经济和管理条件下，生产单位产品所产生（或排放）的污染物数量的统计平均值。产排污系数实质是长期与反复实践的经验积累。产排污系数包含产污系数和排污系数。

（1）产污系数

它指在特定条件下，生产单位产品（使用单位原料）所产生的污染物量。

特定条件下，产污系数计算公式为

$$G_{产} = O_{产}/P$$

式中 $G_{产}$——产污系数；

$O_{产}$——污染物产生量；

P——产品（或原料）总量。根据不同行业生产特征或习惯表达方式。

一般按产品，也可按原料；计量单位根据行业特点和习惯用法，可以是长度、质量、体积、面积、台（套）等，但不能是产值。

（2）排污系数

它指在特定条件以及相同（类似）末端治理设施的条件下，生产单位产品（使用单位原料）所排放的污染物量。

特定条件下，排污系数计算公式为

$$G_{排} = O_{排}/P$$

式中 $G_{排}$——排污系数；

$O_{排}$——污染物排放量；

P——产品（或原料）总量；根据不同行业生产特征或习惯表达方式。

一般按产品，也可按原料；计量单位根据行业特点和习惯用法，可以是长度、质量、体积、面积、台（套）等，但不能是产值。

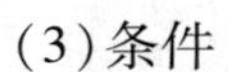
(3)条件

上述所说的特定条件是指“四同”条件,即在某一行业中,产品、原材料、生产工艺和生产规模四种因素的组合。一个四同组合(条件)代表生产相同(或类同)产品时,使用相同(类同)原材料、采用相同(相近)生产工艺、具有相同(相近)生产规模。不同行业需要根据本行业污染物产生和排放特点,识别影响污染物产生和排放的主要因素、次要因素、一般因素等进行四同的划分和组合。对于污染物产生和排放无显著影响的因素,不需要进行类别的划分。

第 2 章　环境微生物学实验

2.1　显微技术

显微技术(Microscopy)是利用光学系统或电子光学系统设备,观察肉眼所不能分辨的微小物体形态结构及其特性的技术。其包括各种显微镜的基本原理、操作和应用的技术;显微镜样品的制备技术;观察结果的记录、分析和处理的技术。显微技术是微生物检验技术中最常用的技术之一。我们都知道,微生物个体微小,其大小、形态用肉眼都是难以看清的,尤其是在研究其内部结构,只能借助显微放大系统才能进行观察和研究,这样就决定了显微技术是进行微生物研究的一项重要技术。正是由于显微技术的建立才使我们得以认识丰富多彩的微生物世界,并真正使对微生物的研究发展成为一门科学。

显微镜可以说是显微技术中最常用也是最重要的一项实验仪器,无论观察微生物的活性、繁殖或是其内部的结构都必须用显微镜来观察,可以说显微镜在微生物的应用中占据了主导地位。可以设想,如果没有显微镜的出现,就无所谓显微技术。简单地讲显微技术,就是在显微镜所能观察的范围内的一切实验操作和其产生的原理知识及方法技术。

显微镜(Microscope)是由一个透镜或几个透镜的组合构成的一种借助物理方法产生物体放大影像的光学仪器,是人类进入原子时代的标志。显微镜一词,是 1625 年由法布尔首先提出来并使用的,一直沿用至今,成为这类仪器的定名。但显微镜的使用时间,至今无确切的记载,因为它是古代透镜研磨工匠们的集体智慧和后人不断改进的产物。早在公元前 1 世纪,人们就已发现通过球形透明物体去观察微小物体时,可以使其放大成像。后来逐渐对球形玻璃表面能使物体放大成像的规律有了认识。显微镜最初的开拓者是英国的狄更斯(Digges)和荷兰的詹森父子(Hans and Zachrias Janssen)。詹森父子在 1590 年制造了世界上第一台放大率约 20 倍以内的原始显微镜。1611 年德国天文学家开普勒(Johannes Kepler)说明了显微镜的原理。1676 年微生物学的先驱安东尼·列文克(Antony van Leeuwenhoek)自制了单式显微镜,首次观察到了细菌,也首次将微生物世界展现在人类面前。在长期实践中,显微镜不断推陈出新。显微镜以显微原理进行分类可分为光学显微镜与电子显微镜。

光学显微镜由光学部分、照明部分和机械部分组成。无疑光学部分是最为关键的,它由目镜和物镜组成。早在 1590 年,荷兰和意大利的眼镜制造者已经造出类似显微镜的放大仪器。光学显微镜的种类很多,主要有明视野显微镜(普通光学显微镜)、暗视野显微镜、荧光显微镜、相差显微镜、激光扫描共聚焦显微镜、偏光显微镜、微分干涉差显微镜、倒置显微镜。下面给大家介绍一下实验中常用到的几种光学显微镜。

2.1.1　普通光学显微镜

2.1.1.1　普通光学显微镜的构造及原理

(1)构造

普通光学显微镜(Optical Microscope,OM)由机械装置和光学系统两大部分组成,如图 2 - 1 所示。普通光学显微镜的机械装置是显微镜的重要组成部分。其作用是固定与调节光学镜头,固定与移动标本等。主要由镜座、镜臂、载物台、镜筒、物镜转换器与调焦装置组成。

显微镜的光学系统主要包括物镜、目镜、反光镜、聚光器、滤光片和光源等部件。

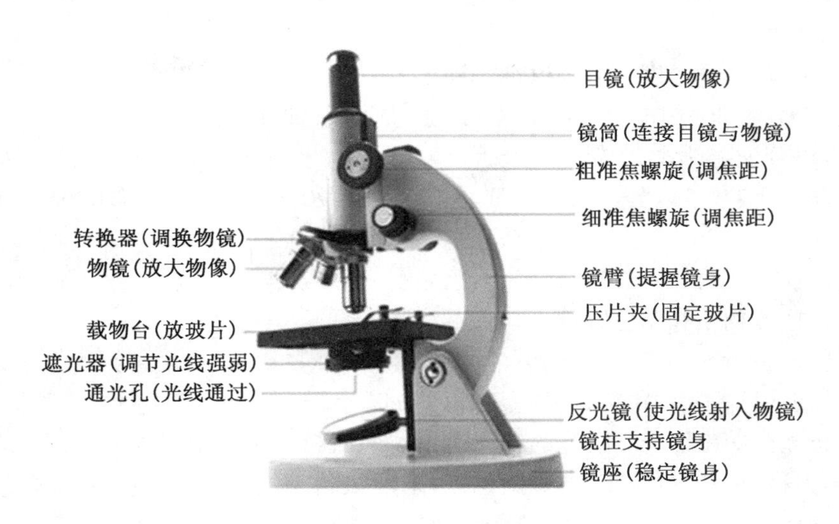

图 2－1 普通光学显微镜构造

①镜座(Base)和镜臂(Arm)

a. 镜座位于显微镜底部，呈马蹄形，作用是支撑整个显微镜，装有反光镜，有的还装有照明光源。

b. 镜臂作用是支撑镜筒和载物台，分固定式和活动式两种。

②载物台(Stage 又称工作台、镜台)

载物台作用是安放载玻片，形状有圆形和方形两种，其中方形的面积为120 mm×110 mm。中心有一个通光孔，通光孔后方左右两侧各有一个安装压片夹用的小孔。分为固定式与移动式两种。有的载物台的纵横坐标上都装有游标尺，一般读数为0.1 mm，游标尺可用来测定标本的大小，也可用来对被检部分做标记。

③镜筒(Body Tube)

镜筒上端放置目镜，下端连接物镜转换器。镜筒可分为固定式和可调节式两种。机械筒长(从目镜管上缘到物镜转换器螺旋口下端的距离称为镜筒长度或机械筒长)不能变更的叫作固定式镜筒，能变更的叫作调节式镜筒。由于物镜的放大率以及显微镜的成像质量都随镜筒长度的变化改变，因此在使用显微镜时，不能随意改变镜筒长度。新式显微镜也大多采用固定式镜筒，国产显微镜也大多采用固定式镜筒，国产显微镜的机械筒长通常是160 mm，该数字标在物镜的外壳上。

安装目镜的镜筒，有单筒和双筒两种。单筒又可分为直立式和倾斜式两种，双筒则都是倾斜式的。其中双筒显微镜，两眼可同时观察以减轻眼睛的疲劳。双筒之间的距离可以调节，而且其中有一个目镜有屈光度调节(即视力调节)装置，便于两眼视力不同的观察者使用。

④物镜转换器(Nosepiece)

物镜转换器固定在镜筒下端，有3～5个物镜螺旋口，物镜应按放大倍数高低顺序排列。旋转物镜转换器时，应用手指捏住旋转碟旋转，不要用手指推动物镜，因时间长容易使光轴歪斜，使成像质量变坏。

⑤调焦装置(Focussing Mechanism)

显微镜上装有粗准焦螺旋(Coarse Adjustment)和细准焦螺旋(Fine Adjustment)。有的显微镜粗准焦螺旋与细准焦螺旋装在同一轴上，大螺旋为粗准焦螺旋，小螺旋为细准焦螺旋；有的则分开安置，位于镜臂的上端较大的一对螺旋是粗准焦螺旋，其转动一周，镜筒上升或下降10 mm。位于粗准焦螺旋下方较小的一对螺旋为细准焦螺旋，其转动一周，镜筒升降值为0.1 mm，细准焦螺旋调焦范围不小于1.8 mm。

⑥物镜(Objective)

物镜是显微镜最重要的光学部件，安装在物镜转换器上，接近被观察的物体，故叫作物镜或接物镜。利用光线使被检物体第一次成像，因而直接关系和影响成像的质量及各项光学技术参数，是衡量一台显微镜质量的首要标准。

物镜的种类很多，从不同角度可分为以下几种。

按浸法特征可以分为非浸式（干式）、浸式（油浸、水浸、甘油浸及其他浸法）。

按光学装置可以分为透射式、反射式以及折反射式。

按数值孔径和放大倍数可以分为低倍（$NA \leqslant 0.2$ 与 $\beta \leqslant 10\times$），中倍（$NA \leqslant 0.65$ 与 $\beta \leqslant 40\times$）和高倍（$NA > 0.65$ 与 $\beta > 40\times$）。

按校正像差和色差的情况不同，通常分为消色差物镜、半复消色差物镜、复消色差物镜、平视场消色差物镜、平视场复消色差物镜和单色物镜。

a. 消色差物镜（Achromatic）

消色差物镜是较常见的一种物镜，外壳上标有“Ach”字样，由若干组曲面半径不同的一正一负胶合透镜组成，只能矫正光谱线中红光和蓝光的轴向色差。同时校正了轴上点球差和近轴点色差，这种物镜不能消除二级光谱，只校正黄、绿波区的球差、色差，未消除剩余色差和其他波区的球差、色差，并且像场弯曲仍很大，也就是说，只能得到视场中间范围清晰的像。使用时宜以黄绿光做照明光源，或在光程中插入黄绿色滤光片。此类物镜结构简单，经济实用，常和福根目镜、校正目镜配合使用，被广泛地应用在中、低倍显微镜上。在黑白照相时，可采用绿色滤色片减少残余的轴向色差，获得对比度好的相片。

b. 复消色差物镜（Apochromatic）

由多组特殊光学玻璃和萤石制成的高级透镜组组合而成。将红、蓝、黄光校正了轴向色差，消除了二级光谱，因此像质很好，但镜片多、加工和装校都较困难。色差的校正在可见光的全部波区。若加入蓝色或黄色滤光片效果更佳。它是显微镜中最优良的物镜，对球面差、色差都有较好的校正，适用于高倍放大。但仍需与补偿目镜配合使用，以消除残余色差。

c. 平面消色差物镜（Plana Chromatic）

采用多镜片组合的复杂光学结构，较好地校正像散和像场弯曲，使整个视场都能显示清晰，适用于显微摄影。该物镜对球差和色差的校正仍限于黄绿波区，且还存在剩余色差。

d. 平面复消色差物镜（PF，Planapochromat）

除进一步做像场弯曲校正外，其他像差校正程度均与复消色差物镜相同，使映像清晰、平坦；但结构复杂，制造困难。

e. 半复消色差物镜（Halfapochromatic）

部分镜片用萤石制成，故又称萤石物镜，性能比消色差物镜好，价格比复消色差物镜便宜。校正像差程度介于消色差与复消色差两种物镜之间，但其他光学性质都与后者相近；价格低廉，最好与补偿目镜配合使用。

f. 特种物镜

所谓特种物镜就是在上述物镜的基础上，专门为达到某些效果而设计。根据用途主要有以下几种：相差物镜（PHase Contrast Objective）、带校正环物镜（Correction Collar Objective）、带虹彩光阑物镜（Iris DiaPHragm Objective）、无应变物镜（Strain – free Objective）、无荧光物镜（Non – fluorescing Objective）和无盖片物镜（No cover Objective）等。

物镜主要参数包括：放大倍数、数值孔径和工作距离，如图 2 – 2 所示。

a. 放大倍数是指眼睛看到像的大小与对应标本大小的比值。它指的是长度的比值而不是面积的比值。例：放大倍数为 100×，指的是长度是 1 μm 的标本，放大后像的长度是 100 μm，要是以面积计算，则放大了 10 000 倍。显微镜的总放大倍数等于物镜和目镜放大倍数的乘积。

b. 数值孔径也叫镜口率，简写 NA，是物镜和聚光器的主要参数，与显微镜的分辨率成正比。

c. 工作距离是指当所观察的标本最清楚时物镜的前端透镜下面到标本的盖玻片上面的距离。物镜的工作距离与物镜的焦距有关，物镜的焦距越长，放大倍数越低，其工作距离越长。例：10 倍物镜上标有

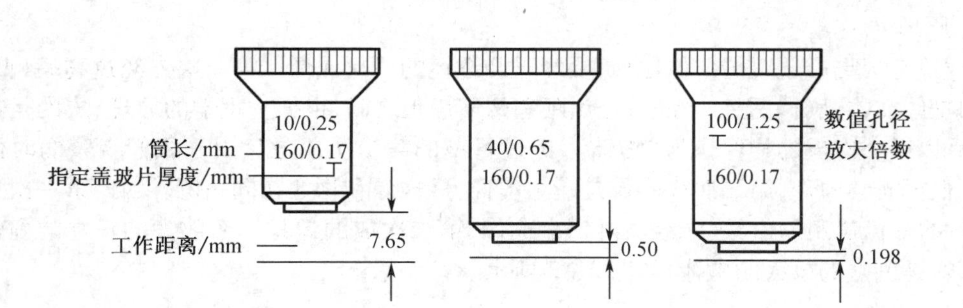

图 2-2 显微镜物镜参数

10/0.25 和 160/0.17，其中 10 为物镜的放大倍数；0.25 为数值孔径；160 为镜筒长度（单位 mm）；0.17 为盖玻片的标准厚度（单位 mm）。10 倍物镜有效工作距离为 6.5 mm，40 倍物镜有效工作距离为 0.48 mm。

⑦目镜（Ocular Lens）

因为它靠近观察者的眼睛，因此也叫接目镜。安装在镜筒的上端。通常目镜由上下两组透镜组成，上面的透镜叫作接目透镜，下面的透镜叫作会聚透镜或场镜。上下透镜之间或场镜下面装有一个光阑（它的大小决定了视场的大小），因为标本正好在光阑面上成像，可在这个光阑上粘一小段毛发作为指针，用来指示某个特定的目标。也可在其上面放置目镜测微尺，用来测量所观察标本的大小。目镜的作用是将已被物镜放大的，分辨清晰的实像进一步放大，达到人眼能容易分辨清楚的程度。常用目镜的放大倍数为 5~16 倍。

⑧聚光器（Condenser）

聚光器也叫集光器，位于标本下方的聚光器支架上，其作用是将光源经反光镜反射来的光线聚焦于样品上，增强透明度，然后经过标本射入物镜中去。这样在观察标本时，就能得到充足的光线使物像更清晰。聚光器主要由聚光镜和可变光阑组成，其中，聚光镜可分为明视场聚光镜（普通显微镜配置）和暗视场聚光镜。

聚光镜的作用相当于凸透镜，起会聚光线的作用，以增强标本的照明。一般地把聚光镜的聚光焦点设计在它上端透镜平面上方约 1.25 mm 处。数值孔径（*NA*）是聚光镜的主要参数，最大数值孔径一般是 1.2~1.4，数值孔径有一定的可变范围，通常刻在上方透镜边框上的数字是代表最大的数值孔径，通过调节下部可变光阑的开放程度，可得到此数字以下的各种不同的数值孔径，以适应不同物镜的需要。

可变光阑也叫光圈，位于聚光镜的下方，由十几张金属薄片组成，中心部分形成圆孔。其作用是调节光强度和使聚光镜的数值孔径与物镜的数值孔径相适应。可变光阑开得越大，数值孔径越大（观察完毕后，应将光圈调至最大）。

⑨反光镜（Reflector）

反光镜是一个可以随意转动的双面镜，直径为 50 mm，一面为平面，一面为凹面，其作用是将从任何方向射来的光线经通光孔反射上来。平面镜反射光线的能力较弱，是在光线较强时使用，凹面镜反射光线的能力较强，是在光线较弱时使用。反光镜装在聚光器下面，可以在水平与垂直两个方向上任意旋转。反光镜的作用是使由光源发出的光线或天然光射向聚光器。当用聚光器时一般用平面镜，不用时用凹面镜；当光线强时用平面镜，弱时用凹面镜。观察完毕后，应将反光镜垂直放置。

⑩光源（Light Source）

较新式的显微镜其光源通常安装在显微镜的镜座内，通过按钮开关来控制。

⑪滤光片（Filter）

滤光片有红、橙、黄、绿、青、蓝、紫等各种颜色，可根据标本本身的颜色，在聚光器下加相应的滤光片，以提高分辨力，增加影像的反差和清晰度。

(2)成像原理

光学显微镜是根据凸透镜的成像原理,要经过凸透镜的两次成像。第一次先经过物镜(凸透镜1)成像,这时候的物体在物镜(凸透镜1)的一倍焦距和两倍焦距之间,根据物理学的原理,成的是放大的倒立的实像。而后以第一次成的物像作为"物体",经过目镜的第二次成像。由于我们观察的时候是在目镜的另外一侧,根据光学原理,第二次成的像是一个虚像,这样像和物才在同一侧。因此第一次成的像在目镜(凸透镜2)的一倍焦距以内,这样经过第二次成像,第二次成的像是一个放大的正立的虚像。如果相对实物说的话,是倒立的放大的虚像,如图2-3所示。

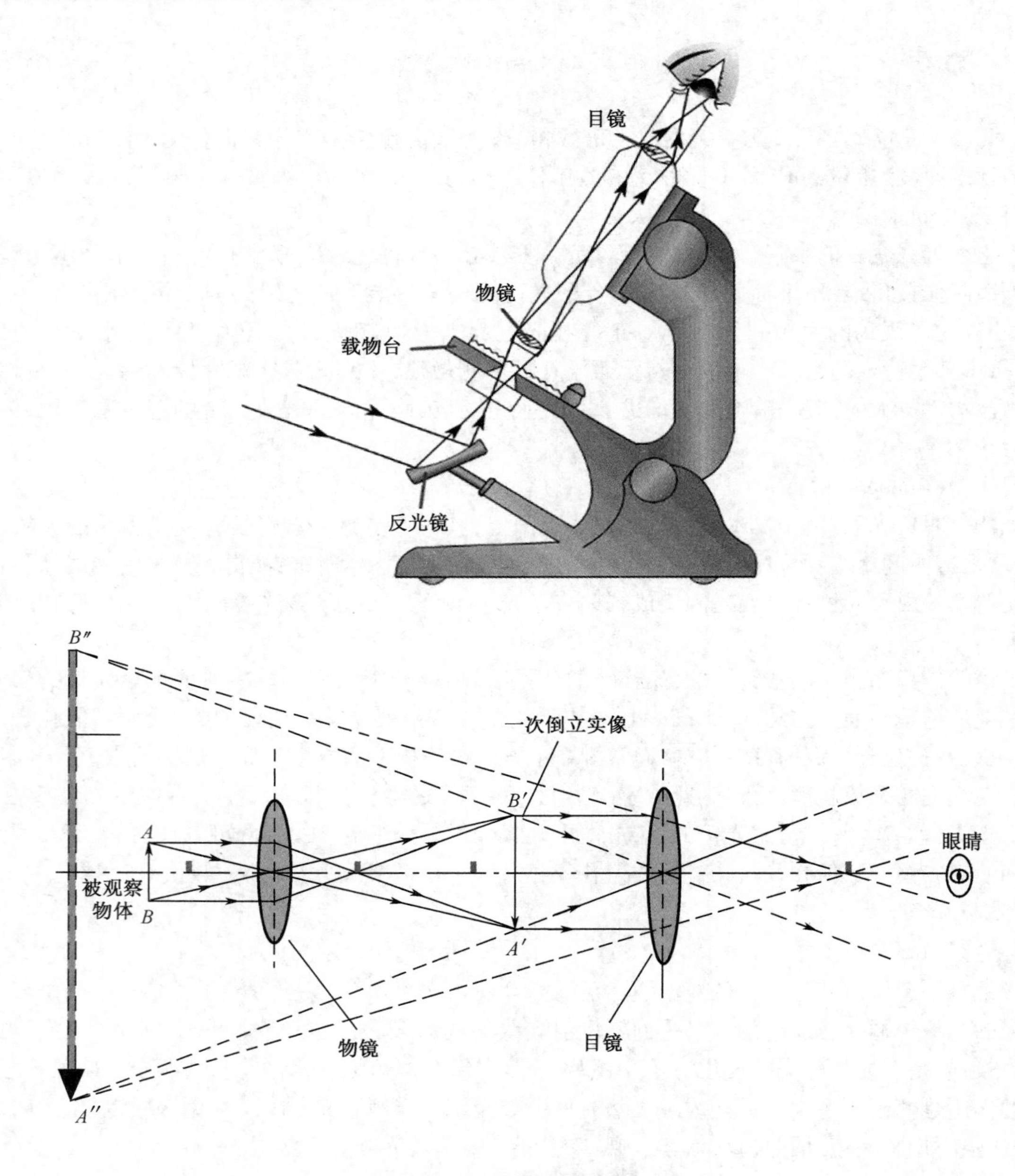

图2-3 普通光学显微镜成像原理图

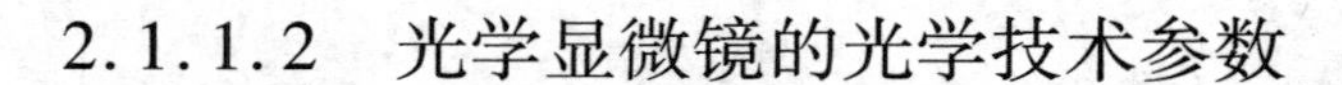

2.1.1.2 光学显微镜的光学技术参数

显微镜的光学技术参数包括：数值孔径、分辨率、放大率、焦深、焦距、视场直径、镜像亮度、覆盖差和工作距离等等。这些参数并不都是越高越好，它们之间是相互联系又相互制约的，在使用时，应根据镜检的目的和实际情况来协调参数间的关系，但应以保证分辨率为准。

(1)数值孔径(Numerical Aperture)

数值孔径也叫作镜口率(或开口率)，简写为 *NA*，在物镜和聚光器上都标有它们的数值孔径，数值孔径是物镜和聚光器的主要参数，也是判断它们性能的最重要指标。数值孔径和显微镜的各种性能有密切的关系，它与显微镜的分辨力成正比，与焦深成反比，与镜像亮度的平方根成正比。

数值孔径可用下式表示，即

$$NA = n * \sin(\alpha/2)$$

式中 n——物镜与标本之间的介质折射率；

α——物镜的镜口角。

所谓镜口角是指从物镜光轴上的物点发出的光线与物镜前透镜有效直径的边缘所张的角度，如图2－4所示。

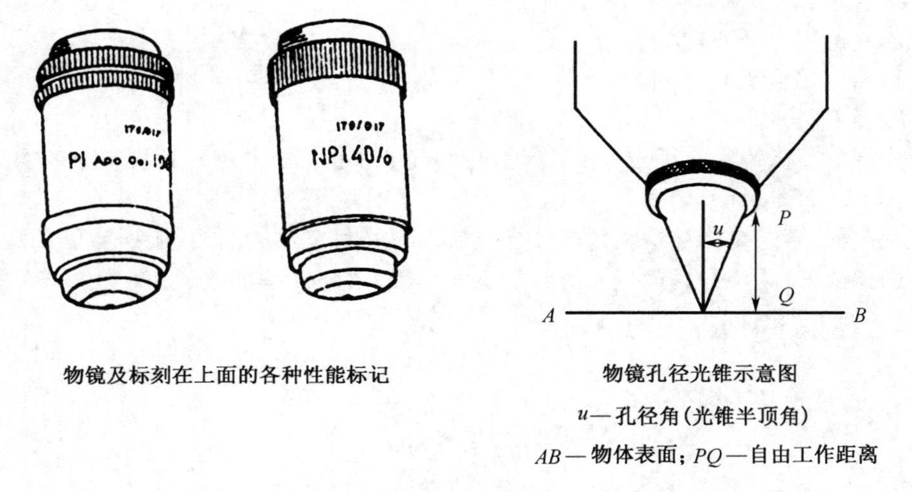

物镜及标刻在上面的各种性能标记

物镜孔径光锥示意图

u— 孔径角(光锥半顶角)

AB— 物体表面；PQ— 自由工作距离

图2－4 物镜标记及孔径角示意图

镜口角 α 总是小于180°。因为空气的折射率为1，所以干燥物镜的数值孔径总是小于1。

干燥物镜的数值孔径为0.05～0.95，油浸物镜(香柏油)的数值孔径为1.52，如图2－5所示。

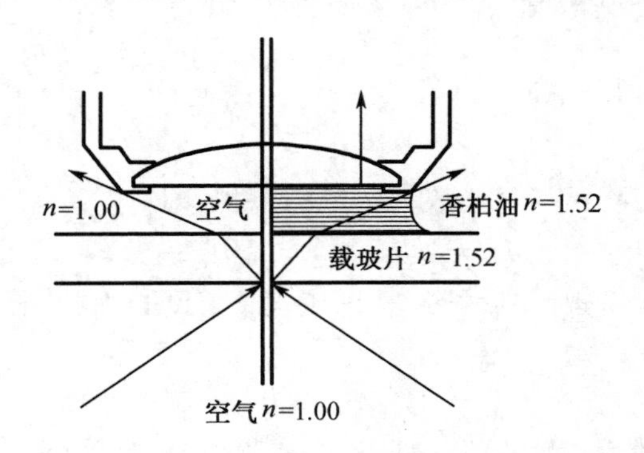

图2－5 油镜物镜和干燥物镜光线通路

几种物质的介质的折射率如下：

空气为1.0，水为1.33，玻璃为1.5，甘油为1.47，香柏油为1.52。

(2)分辨率(Resolving power)

显微镜的分辨率是指能被显微镜清晰区分的两个物点的最小间距，又称"鉴别率"，是衡量显微镜性能的又一个重要技术参数。

其计算公式为

$$\sigma = \lambda / NA$$

式中 σ——最小分辨距离；

λ——光线的波长；

NA——物镜的数值孔径。

可见光的波长为0.4~0.7 μm，亮度最大而且对人眼最敏感的波长为0.55 μm。若用数值孔为0.65的物镜，则 $\sigma = 0.55\ \mu m / 2 \times 0.65 = 0.42\ \mu m$。这表示被检物体在0.42 μm以上时可被观察到，若小于0.42 μm就不能视见。

可见物镜的分辨率是由物镜的 NA 值与照明光源的波长两个因素决定。NA 值越大，照明光线波长越短，则 σ 值越小，分辨率就越高，物像越清晰。要提高分辨率，即减小 σ 值，可采取以下措施：

①降低波长 λ 值，使用短波长光源；

②增大介质 n 值以提高 NA 值；

③增大孔径角 α 值以提高 NA 值；

④增加明暗反差。

紫外线作光源的显微镜和电子显微镜就是利用短光波来提高分辨率以检视较小的物体的。

(3)放大率(Magnification)

放大率就是放大倍数，是指被检验物体经物镜放大再经目镜放大后，人眼所看到的最终图像的大小对原物体大小的比值，是物镜和目镜放大倍数的乘积。因此，显微镜的放大率(V)等于物镜放大率(V_1)和目镜放大率(V_2)的乘积，即

$$V = V_1 \times V_2$$

比较精确的计算方法，可从下列公式求得，即

$$M = \triangle \times D$$

物镜的放大倍数可由下式得出，即

$$M_{物} = L / F_1$$

式中 L——显微镜的光学筒长度(即物镜后焦点与目镜前焦点的距离)；

F_1——物镜焦距。

而再经目镜放大后的放大倍数则可由以下公式计算，即

$$M_{目} = D / F_2$$

式中 D——人眼明视距离(250 mm)；

F_2——目镜焦距。

显微镜的总放大倍数应为物镜与目镜放大倍数的乘积，即：

$$M_{总} = M_{物} \times M_{目} = 250L / F_1 \times F_2$$

在使用中如选用另一台显微镜的物镜时，其机械镜筒长度必须相同，这时倍数才有效。否则，显微镜的放大倍数应予以修正，应为

$$M = M_{物} \times M_{目} \times C$$

式中，C 为修正系数。修正系数可用物镜测微尺和目镜测微尺度量出来。

放大倍数用符号"×"表示，例如物镜的放大倍数为25×，目镜的放大倍数为10×，则显微镜的放大

倍数为 $25\times10=250\times$。放大倍数均分别标注在物镜与目镜的镜筒上。在使用显微镜观察物体时,应根据其组织的粗细情况,选择适当的放大倍数。以细节部分观察得清晰为准,盲目追求过高的放大倍数,会带来许多缺陷。因为放大倍数与透镜的焦距有关,放大倍数越大,焦距越小,同时所看到物体的区域也越小。

(4)焦深(Depth of Focus)

焦深为焦点深度的简称,即在使用显微镜时,当焦点对准某一物体时,不仅位于该点平面上的各点都可以看清楚,而且在此平面的上下一定厚度内,也能看得清楚,这个清楚部分的厚度就是焦深。焦深大,可以看到被检物体的全层,而焦深小,则只能看到被检物体的一薄层,焦深与其他技术参数有以下关系:

①焦深与总放大倍数及物镜的数值孔径成反比。

②焦深大,分辨率降低。

(5)焦距(Focal Length)

焦距是指平行光线经过单一透镜后集中于一点,由这一点到透镜中心的距离。一个物镜通常是由几个不同性质的透镜组成。因此,它的焦距的测定比较复杂。一般显微镜的物镜上都注明焦距的长度。

(6)视场直径(Field of View)

观察显微镜时,所看到的明亮的圆形范围叫视场,它的大小,是由目镜里的视场光阑决定的。

视场直径也称视场宽度,是指在显微镜下看到的圆形视场内所能容纳被检物体的实际范围。视场直径越大,越便于观察。其计算公式为

$$F=FN/M_{物}$$

式中　F——视场直径;

FN——视场数;

$M_{物}$——物镜放大率。

视场数(Field Number,FN),标刻在目镜的镜筒外侧。由公式可看出:

①视场直径与视场数成正比;

②增大物镜的倍数,则视场直径减小。因此,若在低倍镜下可以看到被检物体的全貌,而换成高倍物镜,就只能看到被检物体的很小一部分。

(7)镜像亮度(Lightsomnes)

镜像亮度是指显微镜中所看到的物像的亮暗程度。为了便于观察,我们希望所成的像亮一些。在外部光线不变的情况下,镜像亮度与数值孔径的平方成正比,而与总放大率的平方成反比。要想使镜像亮度大些,应使用大数值孔径的物镜,配以低放大率的目镜。例如,在物镜相同的情况下,使用5倍的目镜与使用10倍的目镜相比,其镜像亮度要大4倍。使用电光源的显微镜,其镜像亮度可以通过调节照明灯的亮度来控制。

(8)覆盖差显微镜的光学系统

由于盖玻片的厚度不标准,光线从盖玻片进入空气产生折射后的光路发生了改变,从而产生了像差,这就是覆盖差。覆盖差的产生影响了显微镜的成像质量。

国际上规定,盖玻片的标准厚度为0.17 mm,许可范围在0.16~0.18 mm,在物镜的制造上已将此厚度范围的像差计算在内。物镜外壳上标记的0.17,即表明该物镜要求盖玻片的厚度。

(9)工作距离(Work Distance)

工作距离也叫物距,即指物镜前透镜的表面到被检物体之间的距离。镜检时,被检物体应处在物镜的一倍至二倍焦距之间。因此,它与焦距是两个概念,平时习惯所说的调焦,实际上是调节工作距离。在物镜数值孔径一定的情况下,工作距离短孔径角则大。数值孔径大的高倍物镜,其工作距离小。

2.1.1.3 普通光学显微镜的操作步骤和注意事项

(1)安放

右手握住镜臂,左手托住镜座,使镜体保持直立。桌面要清洁、平稳,要选择临窗或光线充足的地方。单筒的一般放在左侧,距离桌边 3 ~4 cm 处。

(2)清洁

检查显微镜是否有毛病,是否清洁,镜身机械部分可用干净软布擦拭。透镜要用擦镜纸擦拭,如有胶或油的沾污,可用少量二甲苯清洁。

(3)对光

镜筒升至距载物台 1 ~2 cm 处,低倍镜对准通光孔。调节光圈和反光镜,光线强时用平面镜,光线弱时用凹面镜,反光镜要用双手转动。若使用的为带有光源的显微镜,可省去此步骤,但需要调节光亮度的旋钮。

(4)安装标本

将玻片放在载物台上,注意有盖玻片的一面一定朝上。用弹簧夹将玻片固定,转动平台移动器的旋钮,使要观察的材料对准通光孔中央。

(5)调焦

调焦时,先旋转粗调焦旋钮慢慢降低镜筒,并从侧面仔细观察,直到物镜贴近玻片标本,然后左眼自目镜观察,左手旋转粗调焦旋钮抬升镜筒,直到看清标本物像时停止,再用细调焦旋钮回调清晰。

操作注意:不应在高倍镜下直接调焦;镜筒下降时,应从侧面观察镜筒和标本间的间距;要了解物距的临界值。

若使用双筒显微镜,如观察者双眼视度有差异,可靠视度调节圈调节。另外双筒可相对平移以适应操作者两眼间距。

(6)观察

若使用单筒显微镜,两眼自然张开,左眼观察标本,右眼观察记录及绘图,同时左手调节焦距,使物像清晰并移动标本视野,右手记录、绘图。

镜检时应将标本按一定方向移动视野,直至整个标本观察完毕,以便不漏检,不重复。

光强的调节:一般情况下,染色标本光线宜强,无色或未染色标本光线宜弱;低倍镜观察光线宜弱,高倍镜观察光线宜强。除调节反光镜或光源灯以外,虹彩光圈的调节也十分重要。

①低倍镜观察

观察任何标本时,都必须先使用低倍镜,因为其视野大,易发现目标和确定要观察的部位。

②高倍镜观察

从低倍镜转至高倍时,只需略微调动细调焦旋钮,即可使物像清晰。使用高倍镜时切勿使用粗调焦旋钮,否则易压碎盖玻片并损伤镜头。转动物镜转换器时,不可用手指直接推转物镜,这样容易使物镜的光轴发生偏斜,转换器螺纹受力不均匀而破坏,最后导致转换器报废。

③油镜的使用方法

a. 在使用油镜之前,必须先经低、高倍镜观察,然后将需进一步放大的部分移到视野的中心。

b. 将集光器上升到最高位置,光圈开到最大。

c. 转动转换器,使高倍镜头离开通光孔,在需观察部位的玻片上滴加一滴香柏油,然后慢慢转动油镜,在转换油镜时,从侧面水平注视镜头与玻片的距离,使镜头浸入油中而又不以压破载玻片为宜。

d. 用左眼观察目镜,并慢慢转动细调节器至物像清晰为止。如果不出现物像或者目标不理想要重找,在加油区之外重找时应按:低倍→高倍→油镜程序。在加油区内重找应按:低倍→油镜程序,不得经高倍镜,以免油沾污镜头。

e. 油镜使用完毕，先用擦镜纸蘸少许二甲苯将镜头上和标本上的香柏油擦去，然后再用干擦镜纸擦干净。

(7)结束操作

观察完毕，移去样品，扭转转换器，使镜头V字形偏于两旁，反光镜要竖立，降下镜筒，擦抹干净，并套上镜套。若使用的是带有光源的显微镜，需要调节亮度旋钮将光亮度调至最暗，再关闭电源按钮，以防止下次开机时瞬间过强电流烧坏光源灯。

2.1.1.4 普通光学显微镜的维护

(1)必须熟练掌握并严格执行使用规程，按照严格的流程和说明书来操作显微镜。

(2)取送显微镜时一定要一手握住弯臂，另一手托住底座。显微镜不能倾斜，以免目镜从镜筒上端滑出。取送显微镜时要轻拿轻放。

(3)观察时，不能随便移动显微镜的位置。

(4)凡是显微镜的光学部分，只能用特殊的擦镜头纸擦拭，不能乱用他物擦拭，更不能用手指触摸透镜，以免汗液沾污透镜。

(5)保持显微镜的干燥、清洁，避免灰尘、水及化学试剂的沾污。

(6)转换物镜镜头时，不要搬动物镜镜头，只能转动转换器。

(7)切勿随意转动调焦手轮。使用微动调焦旋钮时，用力要轻，转动要慢，转不动时不要硬转。

(8)不得任意拆卸显微镜上的零件，严禁随意拆卸物镜镜头，以免损伤转换器螺口，或螺口松动后使低高倍物镜转换时不齐焦。

(9)使用高倍物镜时，勿用粗动调焦手轮调节焦距，以免移动距离过大，损伤物镜和玻片。

(10)用毕送还前，必须检查物镜镜头上是否沾有水或试剂，如有则要擦拭干净，并且要把载物台擦拭干净，然后将显微镜放入箱内，并注意锁箱。

(11)显微镜的保存最好在干燥、清洁的环境中，避免灰尘以及化学品沾污。

2.1.2 相差显微镜

2.1.2.1 特点

相差显微镜是荷兰科学家Zernike于1935年发明的，用于观察未染色标本的显微镜。相差显微镜是一种将光线通过透明标本细节时所产生的光程差（即相位差）转化为光强差的特种显微镜。相差显微镜如图2－6所示。

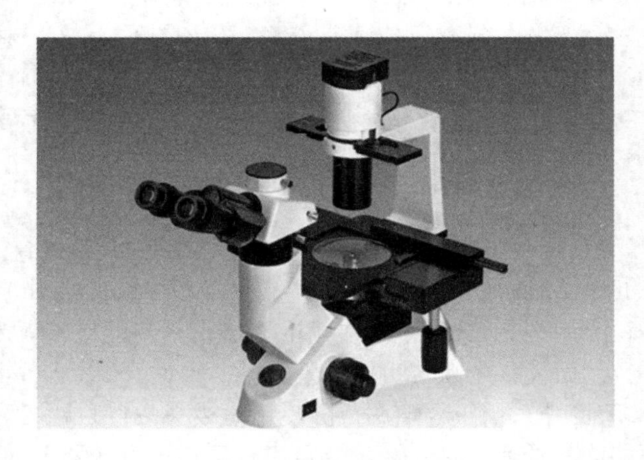

图2－6 相差显微镜

光线通过比较透明的标本时，光的波长（颜色）和振幅（亮度）都没有明显的变化。因此，用普通光学显微镜观察未经染色的标本（如活的细胞）时，其形态和内部结构往往难以分辨。然而，由于细胞各部分的折射率和厚度的不同，光线通过这种标本时，直射光和衍射光的光程就会有差别。随着光程的增加或减少，加快或落后的光波的相位会发生改变（产生相位差）。人的肉眼感觉不到光的相位差，但相差显微镜能通过其特殊装置——环状光阑和相板，利用光的干涉现象，将光的相位差转变为人眼可以察觉的振幅差（明暗差），从而使原来透明的物体表现出明显的明暗差异，对比度增强，使我们能比较清楚地观察到普通光学显微镜和暗视野显微镜下都看不到或看不清的活细胞及细胞内的某些细微结构。

2.1.2.2 结构和装置

相差显微镜与普通光学显微镜的基本结构是相同的，所不同的是它具有四部分特殊结构，即环状光阑、相板、合轴调节望远镜及绿色滤光片。

（1）环状光阑

环状光阑就是具有环形开孔的光阑，位于聚光器的前焦点平面上。光阑的直径大小是与物镜的放大倍数相匹配的，并有一个明视场光阑，与聚焦器一起组成转盘聚光器。在使用时只要把相应的光阑转到光路即可。

（2）相板

相板位于物镜内部的后焦平面上。相板上有两个区域，直射光通过的部分叫"共轭面"，衍射光通过的部分叫"补偿面"。带有相板的物镜叫相差物镜，常以"pH"字样标在物镜外壳上。相板上镀有两种不同的金属膜：吸收膜和相位膜。吸收膜常为铬、银等金属在真空中蒸发而镀成的薄膜，它能把通过的光线吸收掉60%～93%，相位膜为氟化镁等在真空中蒸发镀成，它能把通过的光线相位推迟（1/4）波长。

根据需要，两种膜有不同的镀法，从而制造出不同类型的相差物镜。如果吸收膜和相位膜都镀在相反的共轭面上，通过共轭面的直射光不但振幅减弱，而且相位也被推迟（1/4）λ，衍射光因通过物体时相位也被推迟（1/4）λ，这样就使得直射光与衍射光维持在同一个相位上。根据相"长干涉原理"，合成光等于直射光与衍射光振幅之和，因背景只有直射光的照明，所以通过被检物体的合成光就比背景明亮。这样的效果叫负相差，镜检效果是暗中之明（背景暗，被检物体明亮）。

如果吸收膜镀在共轭面，相位膜镀在补偿面上，直射光仅被吸收，振幅减少，但相位未被推迟，而通过补偿面的衍射光的相位，则被推迟了两个（1/4）λ，因此衍射光的相位要比直射光相位落后（1/2）λ。根据"相消干涉原理"，这样通过被检物体的合成光要比背景暗，这种效果叫正相差，即镜检效果是明中之暗（背景明亮，被检物体暗）。

负相差物镜（Negative contrast）用缩写字母"N"表示，正相差物镜（Positive contrast）用缩写字母"P"表示，由于吸收膜对通过它的光线的透过率不同，可分为高（High 略写为 H），中（Medium 略写为 M），低（Low 略写为 L）及低低（Low—Low 略写成 LL）四类，构成了负高（NH）、负中（NM）、正低（PL）和正低低（PLL）四种类型相差物镜，这些字符号都写在相差物镜的外壳上。可根据被检物体的特性来选择使用不同类型的相差物镜。

（3）合轴调节望远镜

合轴调节望远镜是相差显微镜一个极为重要的结构。环状光阑的像必须与相板共轭面完全吻合，才能实现对直射光和衍射光的特殊处理，如图 2－7 所示。否则应被吸收的直射光被泄掉，而不该吸收的衍射光反被吸收，应推迟的相位有的不能被推迟，这样就不能达到相差镜检的效果。由于环状光阑是通过转盘聚光器与物镜相匹配的，因而环状光阑与相板常不同轴。为此，相差显微镜配备有一个合轴调节望远镜（在镜的外壳上标有"CT"符号），用于合轴调节。使用时拔去一侧目镜，插入合轴调节望远镜，旋转合轴调节望远镜的焦点，便能清楚看到一明一暗两个圆环。再转动聚光器上的环状光阑的两个调节钮，使明亮的环状光阑圆环与暗的相板上共轭面暗环完全重叠。如明亮的光环过小或过大，可调节聚光器的升降旋钮，使两环完全吻合。如果聚光器已升到最高点或降到最低点而仍不能矫正，说明玻片太厚了，应更换。调好后取下望远镜，换上目镜即可进行镜检观察，如图 2－7 所示。

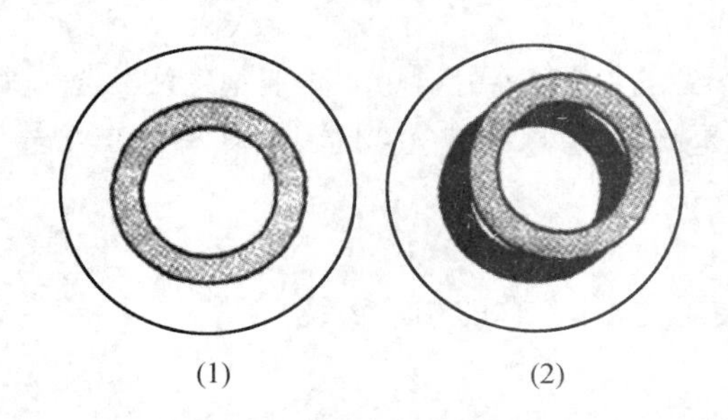

图 2－7　调焦使两圈重合示意图

（1）调节正确，两圈完全重合；（2）调解不正确，两圈未重合

（4）绿色滤光片

由于使用的照明光线的波长不同，常引起相位的变化，为了获得良好的相差效果，相差显微镜要求使用波长范围比较窄的单色光，通常是用绿色滤光片来调整光源的波长。

2.1.2.3　相差显微镜的成像原理

镜检时光源只能通过环状光阑的透明环，经聚光器后聚成光束，这束光线通过被检物体时，因各部分的光程不同，光线发生不同程度的偏斜（衍射）。由于透明圆环所成的像恰好落在物镜后焦点平面和相板上的共轭面重合。因此，未发生偏斜的直射光便通过共轭面，而发生偏斜的衍射光则经补偿面通过。由于相板上的共轭面和补偿面的性质不同，它们分别将通过这两部分的光线产生一定的相位差和强度的减弱，两组光线再经后透镜的会聚，又复在同一光路上行进，而使直射光和衍射光产生光的干涉，变相位差为振幅差。这样在相差显微镜镜检时，通过无色透明体的光线使人眼不可分辨的相位差转化为人眼可以分辨的振幅差（明暗差）。相差显微镜的成像原理如图 2－8 所示。

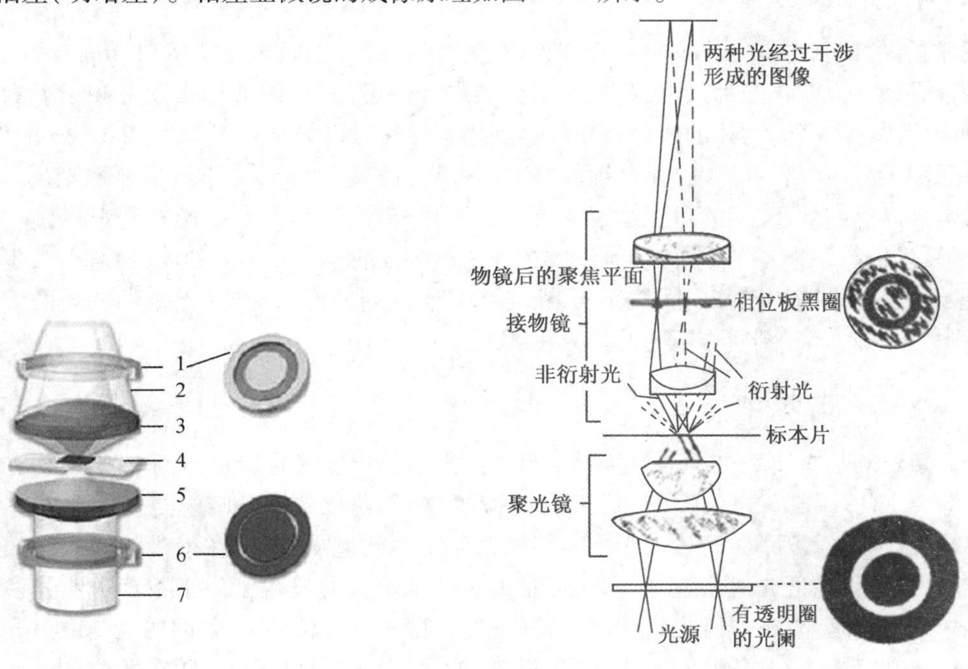

图 2－8　相差显微镜结构和原理示意图

1—相位板；2—发生偏离的光；3—物镜；4—样本；5—聚光器；6—环形光阑；7—光源

2.1.2.4 使用范围、操作步骤及注意事项

(1)使用范围

相差显微镜能观察到透明样品的细节,适用于对活体细胞生活状态下的生长、运动、增殖情况及细微结构的观察。因此,相差显微镜是微生物学、细胞生物学、细胞和组织培养、细胞工程等现代生物学研究的必备工具。

(2)操作步骤

①根据观察标本的性质及要求,挑选适合的相差物镜。

②将标本片放到载物台上。

③进行光轴中心的调整。

④取下一侧目镜,换上合轴调节望远镜,调整环状光阑与相位板上的共轭面圆环完全重叠吻合,然后取下合轴调节望远镜,换回目镜。在使用中,如需要更换物镜倍数时,必须重新进行环状光阑与相板共轭面圆环吻合的调整。

⑤放上绿色滤光片,即可进行镜检,镜检操作与普通光学显微镜方法相同。

(3)注意事项

①视场光阑与聚光器的孔径光阑必须全部开大,而且光源要强。因环状光阑遮掉大部分光,物镜相板上共轭面又吸收大部分光。

②不同型号的光学部件不能互换使用。

③载玻片、盖玻片的厚度应遵循标准,不能过薄或过厚。

④切片不能太厚,一般以 5 ~ 10 μm 为宜,否则会引起其他光学现象,影响成像质量。

2.1.3 暗视野显微镜

2.1.3.1 概念与结构

暗视野显微镜(Dark field microscope)是光学显微镜的一种,也叫超显微镜(Ultramicroscope)。暗视野显微镜的聚光镜中央有挡光片,使照明光线不直接进入物镜,只允许被标本反射和衍射的光线进入物镜,因而视野的背景是黑的,物体的边缘是亮的。利用这种显微镜能见到小至 4 ~ 200 nm 的微粒子,分辨率可比普通显微镜高 50 倍。暗视野显微镜的基本结构是将普通显微镜光学组加上挡光片。普通显微镜只要聚光器是可以拆卸的,支架的口径适于安装暗视野聚光器,即可改装成暗视野显微镜。在无暗视野聚光时,可用厚黑纸片制作一个中央遮光板,放在普通显微镜的聚光器下方的滤光片框上,也能得到暗视野效果。挡光片是用来挡住光源中间的光线,让光线只能从周围射入标本,大小约和光圈大小相同。不同倍率用不同的光圈,所以要制作不同的挡光片。

2.1.3.2 应用原理

暗视野显微镜的基本原理是丁达尔效应。当一束光线透过黑暗的房间,从垂直于入射光的方向可以观察到空气里出现的一条光亮的灰尘“通路”,这种现象即丁达尔效应。暗视野显微镜在普通的光学显微镜上换装暗视野聚光镜后,由于该聚光器内部抛物面结构的遮挡,照射在待检物体表面的光线不能直接进入物镜和目镜,仅散射光能通过,因而视野是黑暗的。暗视野显微镜由于不将透明光射入直接观察系统,无物体时,视野暗黑,不可能观察到任何物体;当有物体时,以物体衍射回的光与散射光等在暗的背景中明亮可见。在暗视野观察物体,照明光大部分被折回,由于物体(标本)所在的位置结构,厚度不同,光的散射性,折光等都有很大的变化。由于反差增大了,可以在暗示野中看到明亮的物体,如图 2 - 9 所示。

暗视野显微镜常用来观察未染色的透明样品。这些样品因为具有和周围环境相似的折射率，不易在一般明视野之下看得清楚，于是利用暗视野提高样品本身与背景之间的对比。暗视野显微镜常用来观察细菌的运动性，但只能看到菌体的存在、运动和表面特征，不能辨清菌体的细微结构。

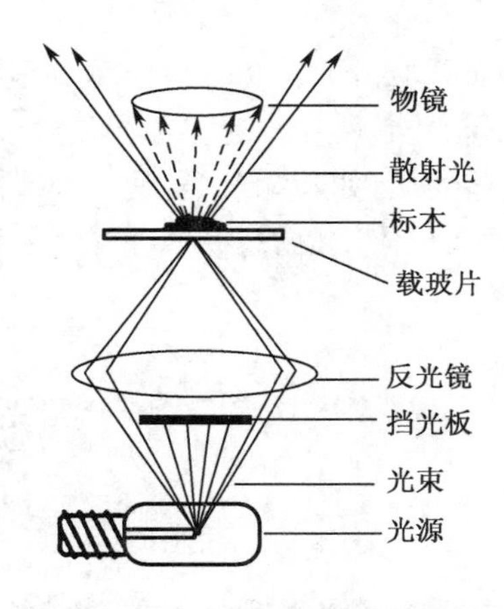

图2-9 暗示野显微镜原理

2.1.3.3 使用方法

(1) 把暗视野聚光器装在显微镜的聚光器支架上。

(2) 选用强的光源，但又要防止直射光线进入物镜，所以一般用显微镜灯照明。

(3) 在聚光器和标本片之间要加一滴香柏油，目的是不使照明光线于聚光镜上面进行全反射，达不到被检物体，而得不到暗视野照明。

(4) 升降聚光器，将聚光镜的焦点对准被检物体，即以圆锥光束的顶点照射被检物。如果聚光器能水平移动并附有中心调节装置，则应首先进行中心调节，使聚光器的光轴与显微镜的光轴严格位于一直线上。

(5) 选用与聚光器相应的物镜，调节焦距，找到所需观察的物像，如图2-10所示。

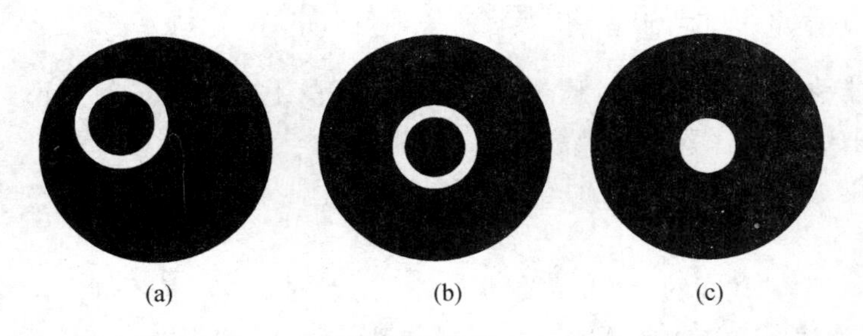

图2-10 暗视野聚光器的中心调节及调焦

(a)聚光器光轴与显微镜光轴不一致时的情况；

(b)虽然经过中心调节，但聚光器焦点仍与被检标本不一致时的情况；

(c)聚光器升降焦点与被检标本一致时的情况

2.1.4 荧光显微镜

2.1.4.1 概念

荧光显微镜(Fluorescence microscope)(如图2－11)是以紫外线为光源,用以照射被检物体,使之发出荧光,然后在显微镜下观察物体的形状及其所在位置。荧光显微镜用于研究细胞内物质的吸收、运输、化学物质的分布及定位等。细胞中有些物质,如叶绿素等,受紫外线照射后可发荧光;另有一些物质本身虽不能发荧光,但如果用荧光染料或荧光抗体染色后,经紫外线照射也可发荧光,荧光显微镜就是对这类物质进行定性和定量研究的工具之一。

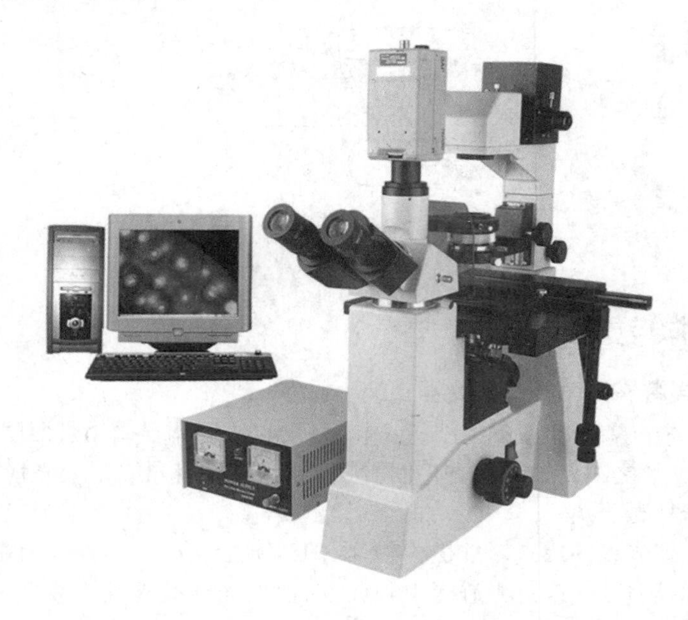

图2－11 荧光显微镜

2.1.4.2 荧光显微镜和普通显微镜的区别

(1)照明方式通常为落射式,即光源通过物镜投射于样品上;

(2)光源为紫外光,波长较短,分辨力高于普通显微镜;

(3)有两个特殊的滤光片,光源前的滤光片用以滤除可见光,目镜和物镜之间的滤光片用于滤除紫外线,用以保护人眼。

荧光显微镜也是光学显微镜的一种,主要的区别是二者的激发波长不同。由此决定了荧光显微镜与普通光学显微镜结构和使用方法上的不同。荧光显微镜是免疫荧光细胞化学的基本工具。它是由光源、滤色系统和光学系统等主要部件组成,是利用一定波长的光激发标本发射荧光,通过物镜和目镜系统放大以观察标本的荧光图像。

2.1.4.3 构造

荧光显微镜的基本构造是由普通光学显微镜加上一些附件(如荧光光源、激发滤片、双色束分离器和阻断滤片等)的基础上组成的,如图2－12所示。

(1)光源

现在多采用200 W的超高压汞灯做光源,它是用石英玻璃制作,中间呈球形,内充一定数量的汞,工

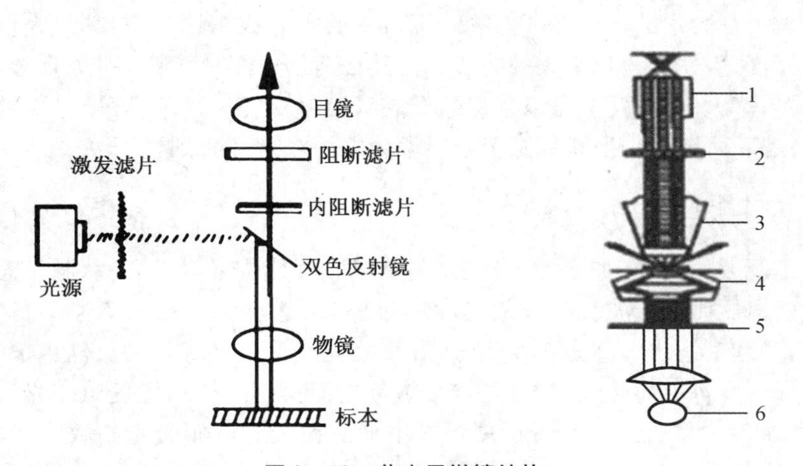

图 2-12 荧光显微镜结构

1—目镜;2—滤片;3—物镜;4—暗视野聚光镜;5—激发滤片;6—光源

作时由两个电极间放电,引起水银蒸发,球内气压迅速升高,当水银完全蒸发时,可达 50 ~ 70 个标准大气压力,这一过程一般约需 5 ~ 15 min。超高压汞灯的发光是电极间放电使水银分子不断解离和还原过程中发射光量子的结果。它发射很强的紫外线和蓝紫光,足以激发各类荧光物质,因此,为荧光显微镜普遍采用。由于超高压汞灯会散发大量热量,因此,灯室必须有良好的散热条件,工作环境温度不宜太高。

(2)滤色系统

滤色系统是荧光显微镜的重要部位,由激发滤板和压制滤板组成。滤板型号,各厂家名称常不统一。滤板一般都以基本色调命名,前面字母代表色调,后面字母代表玻璃,数字代表型号特点。如德国产品(Schott)BG12,就是一种蓝色玻璃,B 是蓝色的第一个字母,G 是玻璃的第一个字母;我国产品的名称已统一用拼音字母表示,如相当于 BG12 的蓝色滤板名为 QB24,Q 是青色(蓝色)拼音的第一个字母,B 是玻璃拼音的第一个字母。不过有的滤板也以透光分界滤长命名,如 K530,就是表示压制滤长 530 nm 以下的光而透过 530 nm 以上的光。

①激发滤板

根据光源和荧光色素的特点,可选用以下三类激发滤板,提供一定波长范围的激发光。紫外光激发滤板:此滤板可使 400 nm 以下的紫外光透过,阻挡 400 nm 以上的可见光通过。紫外蓝光激发滤板:此滤板可使 300 ~ 450 nm 范围内的光通过。紫蓝光激发滤板:它可使 350 ~ 490 nm 的光通过。最大吸收峰在 500 nm 以上者的荧光素(如罗达明色素)可用蓝绿滤板激发。

激发滤板分薄厚两种,一般暗视野选用薄滤板,亮视野荧光显微镜选用厚一些。基本要求是以获得最明亮的荧光和最好的背景为准。

②压制滤板

压制滤板的作用是完全阻挡激发光通过,提供相应波长范围的荧光。与激发滤板相对应,常用以下 3 种压制滤板:紫外光压制滤板,可通过可见光、阻挡紫外光通过;紫蓝光压制滤板,能通过 510 nm 以上波长的光(绿到红);紫外紫光压制滤板,能通过 460 nm 以上波长的光(蓝到红)。

(3)反光镜和聚光镜

反光镜的反光层一般是镀铝的,因为铝对紫外光和可见光的蓝紫区吸收少,反射率达 90% 以上。专为荧光显微镜设计制作的聚光器是用石英玻璃或其他透紫外光的玻璃制成。分明视野聚光器和暗视野聚光器两种。

(4)物镜和目镜

各种物镜均可应用,但最好用消色差的物镜,因其自体荧光极微且透光性能(波长范围)适合于荧光。由于图像在显微镜视野中的荧光亮度与物镜镜口率的平方成正比,而与其放大倍数成反比,所以为了提高荧光图像的亮度,应使用镜口率大的物镜。尤其在高倍放大时其影响非常明显。因此对荧光不够强的标本,应使用镜口率大的物镜,配合以尽可能低的目镜(4×,5×,6.3×等)。以前多用单筒目镜,因为其亮度比双筒目镜高一倍以上,但研究型荧光显微镜多用双筒目镜,观察很方便。

2.1.4.4 基本原理

某些物质在一定短波长的光(如紫外光)的照射下吸收光能进入激发态,从激发态回到基态时,就能在极短的时间内放射出比照射光波长更长的光(如可见光),这种光就称为荧光。有些生物体内的物质受激发光照射后可直接产生荧光,称为自发荧光(或直接荧光),如叶绿素的火红色荧光和木质素的黄色荧光等。有的生物材料本身不能产生荧光,但它吸收荧光染料后同样却能发出荧光,这种荧光称为次生荧光(或间接荧光),如叶绿体吸附吖啶橙后便可发出橘红色荧光。而荧光显微镜就是利用一个高发光效率的点光源,经过滤色系统发出一定波长的光(如紫外光 365 nm 或紫蓝光 420 nm)作为激发光、激发标本内的荧光物质发射出各种不同颜色的荧光后,再通过物镜和目镜的放大进行观察。这样在强烈的对称背景下,即使荧光很微弱也易辨认,敏感性高,主要用于细胞结构和功能以及化学成分等的研究。荧光显微镜的基本构造是由普通光学显微镜加上一些附件(如荧光光源、激发滤片、双色束分离器和阻断滤片等)的基础上组成的。荧光光源——一般采用超高压汞灯(50~200 W),它可发出各种波长的光,但每种荧光物质都有一个产生最强荧光的激发光波长,所以需加用激发滤片(一般有紫外、紫色、蓝色和绿色激发滤片),仅使一定波长的激发光透过照射到标本上,而将其他光都吸收掉。每种物质被激发光照射后,在极短时间内发射出较照射波长更长的可见荧光。荧光具有专一性,一般都比激发光弱,为能观察到专一的荧光,在物镜后面需加阻断(或压制)滤光片。它的作用有二:一是吸收和阻挡激发光进入目镜以免干扰荧光和损伤眼睛;二是选择并让特异的荧光透过,表现出专一的荧光色彩。两种滤光片必须选择配合使用。

2.1.4.5 种类

根据照明方式的不同,荧光显微镜分为落射式荧光显微镜和透射式荧光显微镜两种,如图 2-13 所示。

(1)透射式荧光显微镜

激发光源是通过聚光镜穿过标本材料来激发荧光的。常用暗视野集光器,也可用普通集光器,调节反光镜使激发光转射和旁射到标本上。这是比较旧式的荧光显微镜。其优点是低倍镜时荧光强,而缺点是随放大倍数增加其荧光减弱,所以对观察较大的标本材料较好。

(2)落射式荧光微镜

这是近代发展起来的新式荧光显微镜,与旧式的荧光显微镜不同处是激发光从物镜向下落射到标本表面,即用同一物镜作为照明聚光器和收集荧光的物镜。光路中需加上一个双色束分离器,它与光轴呈45°角,激发光被反射到物镜中,并聚集在样品上,样品所产生的荧光以及由物镜透镜表面、盖玻片表面反射的激发光同时进入物镜,返回到双色束分离器,使激发光和荧光分开,残余激发光再被阻断滤片吸收。如换用不同的激发滤片、双色束分离器、阻断滤片的组合插块,可满足不同荧光反应产物的需要。此种荧光显微镜的优点是视野照明均匀,成像清晰,放大倍数越大荧光越强。

2.1.4.6 使用方法

(1)打开灯源,超高压汞灯要预热 15 min 才能达到最亮点。

(2)透射式荧光显微镜需在光源与暗视野聚光器之间装上所要求的激发滤片,在物镜的后面装上相应的压制滤片。落射式荧光显微镜需在光路的插槽中插入所要求的激发滤片、双色束分离器、压制滤片

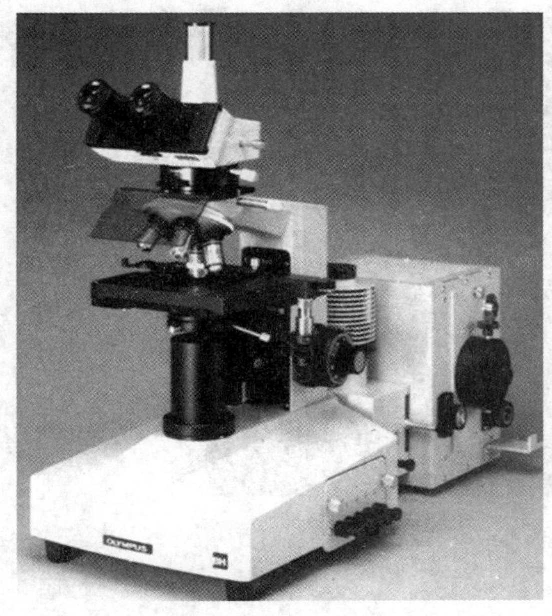
透射式荧光显微镜

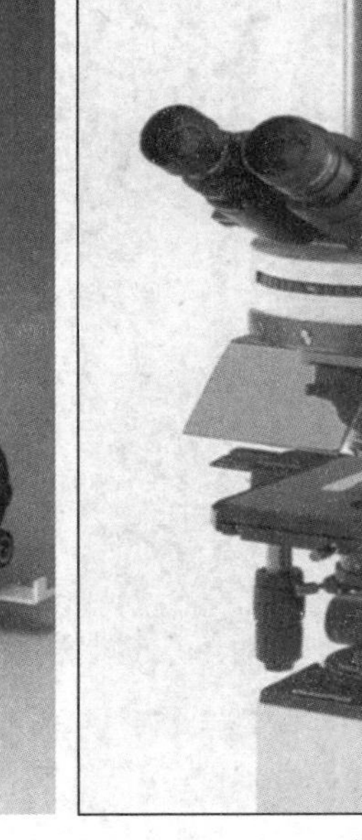
落射式荧光显微镜

图 2－13 荧光显微镜的种类

的插块。

(3)用低倍镜观察,根据不同型号荧光显微镜的调节装置,调整光源中心,使其位于整个照明光斑的中央。

(4)放置标本片,调焦后即可观察。使用中应注意:未装滤光片不要用眼直接观察,以免引起眼的损伤;用油镜观察标本时,必须用无荧光的特殊镜油;高压汞灯关闭后不能立即重新打开,需待汞灯完全冷却后才能再启动,否则会不稳定,影响汞灯寿命。

(5)观察。例如:在荧光显微镜下用蓝紫光滤光片,观察到经 0.01% 吖啶橙荧光染料染色的细胞,细胞核和细胞质被激发产生两种不同颜色的荧光(暗绿色和橙红色)。

2.1.5 电子显微镜

电子显微镜简称电镜,英文名 Electron Microscope,简称 EM,经过 50 多年的发展已成为现代科学技术中不可缺少的重要工具。电子显微镜与光学显微镜有相似的基本结构特征,但它有着比光学显微镜高得多的对物体的放大及分辨本领,它将电子流作为一种新的光源,使物体成像。电子显微镜按结构和用途可分为透射式电子显微镜、扫描式电子显微镜、反射式电子显微镜和发射式电子显微镜等。

2.1.5.1 扫描电子显微镜

(1)概念与特点

扫描电子显微镜的简称为扫描电镜,英文缩写为 SEM(Scanning Electron Microscope)。扫描电子显微镜(SEM)是 1965 年发明的较现代的细胞生物学研究工具。SEM 与电子探针(EPMA)的功能和结构基本相同,但 SEM 一般不带波谱仪(WDS)。它是用细聚焦的电子束轰击样品表面,通过电子与样品相互作用产生二次电子、背散射电子等对样品表面或断口形貌进行观察和分析。现在扫描电子显微镜都与能谱(EDS)组合,可以进行成分分析。所以,扫描电子显微镜也是显微结构分析的主要仪器,已广泛应用于材料、冶金、矿物、生物学等领域,如图 2－14 所示。

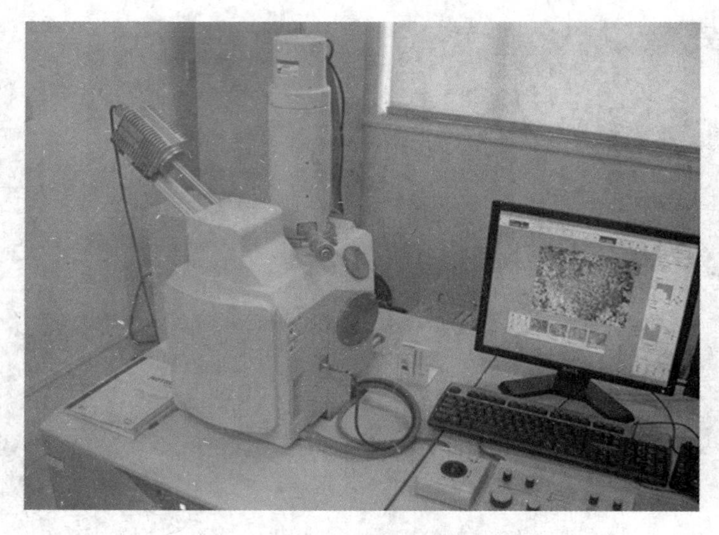

图 2 - 14　扫描电子显微镜

扫描电镜的特点：

①有较高的放大倍数,15 ~ 20 万倍之间连续可调。

②有很大的景深,视野大,成像富有立体感,可直接观察各种试样凹凸不平表面的细微结构。

③可观测直径 10 ~ 30 mm 大块试样,试样制备简单。

④较高的分辨率。由于超高真空技术的发展,场发射电子枪的应用得到普及。二次电子像分辨本领可达 1.0 nm(场发射)。

⑤目前的扫描电镜都配有 X 射线能谱仪装置,这样可以同时进行显微组织性貌的观察和微区成分分析,因此它是当今十分有用的科学研究仪器。

⑥装上不同类型的试样台和检测器,可以直接观察处于不同环境中的试样显微结构形态的动态变化过程。

(2)工作原理

扫描电镜的成像原理,是逐点逐行扫描成像。由电子枪发射出来的电子束,在加速电压作用下,经过 2 ~ 3 个电磁透镜聚焦后,会聚成一个细的电子束。在末级透镜上边装有扫描线圈,在它的作用下电子束在样品表面按顺序逐行进行扫描。高能电子束与样品物质的交互作用,激发样品产生各种物理信号,如二次电子、背散射电子、吸收电子、X 射线、俄歇电子和透射电子等。其强度随样品表面特征而变化。这些物理信号分别被相应的收集器接收,经放大器按顺序、成比例地放大后,送到显像管,调制显像管的亮度。

供给电子光学系统使电子束偏向的扫描线圈的电源也是供给阴极射线显像管的扫描线圈的电源,此电源发出的锯齿波信号同时控制两束电子束做同步扫描。因此,样品上电子束的位置与显像管荧光屏上电子束的位置是一一对应的。

扫描电镜就是这样采用逐点成像的方法,把样品表面不同的特征,按顺序、成比例地转换为视频信号,完成一帧图像,从而使我们在荧光屏上得到与样品表面特征相对应的图像——某种信息图,如二次电子像、背散射电子像等。画面上亮度的疏密程度表示该信息的强弱分布。其原理如图 2 - 15 所示。

(3)结构

扫描电子显微镜由电子光学系统,信号收集及显示系统,真空系统及电源系统组成。

①真空系统和电源系统

真空系统主要包括真空泵和真空柱两部分。真空柱是一个密封的柱形容器。

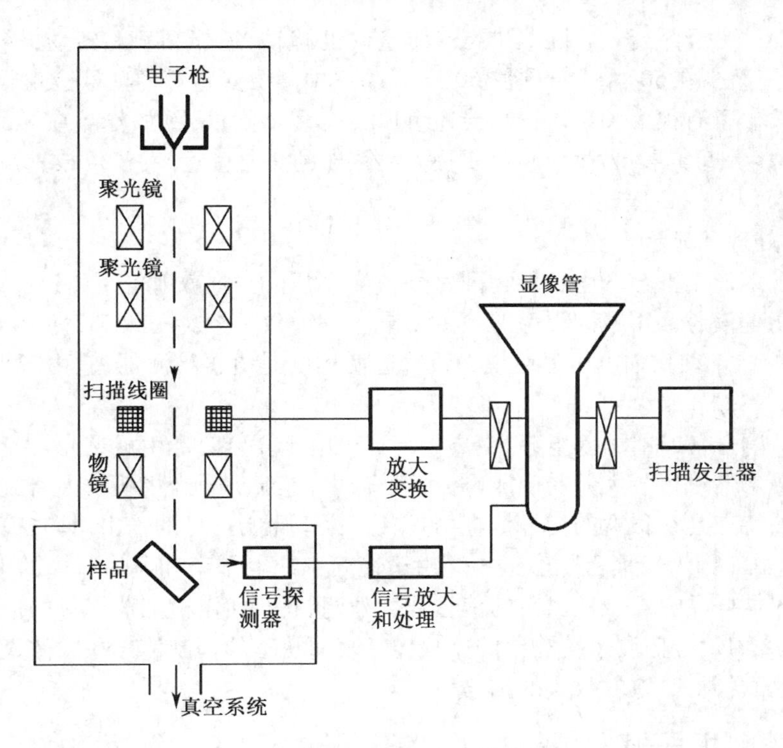

图2-15 扫描电子显微镜的原理

真空泵用来在真空柱内产生真空，有机械泵、油扩散泵以及涡轮分子泵三大类。机械泵加扩散泵的组合可以满足配置钨枪的SEM的真空要求，但对于装置了场致发射枪或六硼化镧枪的SEM，则需要机械泵加涡轮分子泵的组合。成像系统和电子束系统均内置在真空柱中。

之所以要用真空，主要基于以下两点原因：

a. 电子束系统中的灯丝在普通大气中会迅速氧化而失效，所以除了在使用SEM时需要用真空以外，平时还需要以纯氮气或惰性气体充满整个真空柱。

b. 为了增大电子的平均自由程，从而使得用于成像的电子更多。

②电子光学系统

电子光学系统由电子枪、电磁透镜、扫描线圈和样品室等部件组成。其作用是用来获得扫描电子束，作为产生物理信号的激发源。为了获得较高的信号强度和图像分辨率，扫描电子束应具有较高的亮度和尽可能小的束斑直径。

电子枪的作用是利用阴极与阳极灯丝间的高压产生高能量的电子束。目前大多数扫描电镜采用热阴极电子枪。其优点是灯丝价格较便宜，对真空度要求不高，缺点是钨丝热电子发射效率低，发射源直径较大，即使经过二级或三级聚光镜，在样品表面上的电子束斑直径也在5～7 nm，因此仪器分辨率受到限制。现在，高等级扫描电镜采用六硼化镧（LaB_6）或场发射电子枪，使二次电子像的分辨率达到2 nm。但这种电子枪要求很高的真空度。

电磁透镜的作用主要是把电子枪的束斑逐渐缩小，使原来直径约为50 mm的束斑缩小成一个只有数纳米的细小束斑。扫描电镜一般有三个聚光镜，前两个透镜是强透镜，用来缩小电子束光斑尺寸。第三个聚光镜是弱透镜，具有较长的焦距，在该透镜下方放置样品可避免磁场对二次电子轨迹的干扰。

扫描线圈的作用是提供入射电子束在样品表面上以及阴极射线管内电子束在荧光屏上的同步扫描信号。改变入射电子束在样品表面扫描振幅，以获得所需放大倍率的扫描像。扫描线圈是扫描电镜的一个重要组件，它一般放在最后二透镜之间，也有的放在末级透镜的空间内。

样品室中主要部件是样品台。它除能进行三维空间的移动，还能倾斜和转动，样品台移动范围一般可达40 mm，倾斜范围至少在50°左右，转动360°。样品室中还要安置各种型号检测器。信号的收集效率和相应检测器的安放位置有很大关系。样品台还可以带有多种附件，例如样品在样品台上加热、冷却或拉伸，可进行动态观察。近年来，为适应断口实物等大零件的需要，还开发了可放置尺寸在ϕ125 mm以上的大样品台。

③信号的收集、处理和显示系统

样品在入射电子束作用下会产生各种物理信号，有二次电子、背散射电子、特征 X 射线、阴极荧光和透射电子。不同的物理信号要用不同类型的检测系统。它大致可分为三大类，即电子检测器、阴极荧光检测器和 X 射线检测器。在扫描电子显微镜中最普遍使用的是电子检测器，它由闪烁体，光导管和光电倍增器所组成。

当信号电子进入闪烁体时将引起电离；当离子与自由电子复合时产生可见光。光子沿着没有吸收的光导管传送到光电倍增器进行放大并转变成电流信号输出，电流信号经视频放大器放大后就成为调制信号。这种检测系统的特点是在很宽的信号范围内具有正比于原始信号的输出，具有很宽的频带（10 Hz ~ 1 MHz）和高的增益（$10^5 \sim 10^6$），而且噪音很小。由于镜筒中的电子束和显像管中的电子束是同步扫描，荧光屏上的亮度是根据样品上被激发出来的信号强度来调制的，而由检测器接收的信号强度随样品表面状况不同而变化，那么由信号监测系统输出的反映样品表面状态的调制信号在图像显示和记录系统中就转换成一幅与样品表面特征一致的放大的扫描像。

2.1.5.2 透射电子显微镜

透射电子显微镜（Transmission Electron Microscope，TEM），可以看到在光学显微镜下无法看清的小于0.2 μm 的细微结构，这些结构称为亚显微结构或超微结构。要想看清这些结构，就必须选择波长更短的光源，以提高显微镜的分辨率。1932 年，Ruska 发明了以电子束为光源的透射电子显微镜，电子束的波长要比可见光和紫外光短得多，并且电子束的波长与发射电子束的电压平方根成反比，也就是说电压越高波长越短。目前 TEM 的分辨力可达 0.2 nm，如图 2 - 16 所示。

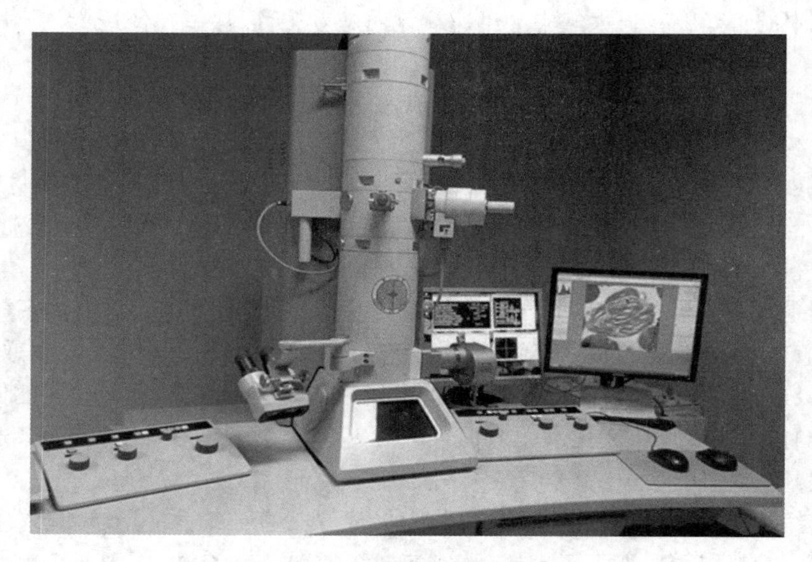

图 2 - 16　透射电子显微镜

(1)结构原理

透射电镜的总体工作原理是:由电子枪发射出来的电子束,在真空通道中沿着镜体光轴穿越聚光镜,通过聚光镜将之会聚成一束尖细、明亮而又均匀的光斑,照射在样品室内的样品上;透过样品后的电子束携带有样品内部的结构信息,样品内致密处透过的电子量少,稀疏处透过的电子量多;经过物镜的会聚调焦和初级放大后,电子束进入下级的中间透镜和第一、第二投影镜进行综合放大成像,最终被放大了的电子影像投射在观察室内的荧光屏板上;荧光屏将电子影像转化为可见光影像以供使用者观察。

(2)结构

透射电子显微镜由电子照明系统、电磁透镜成像系统、真空系统、调校系统和电源系统等5部分构成。

①照明系统

照明系统包括电子枪和聚光镜两个主要部件,它的功能主要在于向样品及成像系统提供亮度足够的光源、电子束流。对它的要求是输出的电子束波长单一稳定,亮度均匀一致,调整方便,像散小。

电子枪(Electronic Gun)由阴极(Cathode)、阳极(Anode)和栅极(Grid)组成。

a. 阴极是产生自由电子的源头,一般有直热式和旁热式两种。旁热式阴极是将加热体和阴极分离,各自保持独立。在电镜中通常由加热灯丝(Filament)兼做阴极称为直热式阴极,材料多用金属钨丝制成,其特点是成本低,但亮度低,寿命也较短。

b. 阳极为一中心有孔的金属圆筒,处在阴极下方。当阳极上加有数十千伏或上百千伏的正高压,加速电压时,将对阴极受热发射出来的自由电子产生强烈的引力作用,并使之从杂乱无章的状态变为有序的定向运动,同时把自由电子加速到一定的运动速度,形成一股束流射向阳极靶面。凡在轴心运动的电子束流,将穿过阳极中心的圆孔射出电子枪外,成为照射样品的光源。

c. 栅极位于阴、阳极之间,靠近灯丝顶端,为形似帽状的金属物,中心也有一小孔供电子束通过。

聚光镜处在电子枪的下方,一般由2~3级组成,从上至下依次称为第1、第2聚光镜。电镜中设置聚光镜的用途是将电子枪发射出来的电子束流会聚成亮度均匀且照射范围可调的光斑,投射在下面的样品上。工作原理是通过改变聚光透镜线圈中的电流,来达到改变透镜所形成的磁场强度的变化,磁场强度的变化(即折射率发生变化)能使电子束的会聚点上下移动。在样品表面上电子束斑会聚得越小,能量越集中,亮度也越大;反之束斑发散,照射区域变大则亮度就减小。

②成像系统

样品室(Specimen Room)处在聚光镜之下,内有载放样品的样品台。样品台必须能做水平面上X,Y方向的移动,以选择、移动观察视野,相对应地配备了两个操纵杆或者旋转手轮,这是一个精密的调节机构,每一个操纵杆旋转10圈时,样品台才能沿着某个方向移动3 mm左右。现代高档电镜可配有由计算机控制的马达驱动的样品台,力求样品在移动时精确,固定时稳定;并能由计算机对样品做出标签式定位标记,以便使用者在需要做回顾性对照时依靠计算机定位查找,这是在手动选区操作中很难实现的。

物镜(Object Lens)处于样品室下面,紧贴样品台,是电镜中的第1个成像元件。在物镜上产生哪怕是极微小的误差,都会经过多级高倍率放大而明显地暴露出来,所以这是电镜的一个最重要部件,决定了一台电镜的分辨本领,可看作是电镜的心脏。

中间镜(Intemediate Lens)和投影镜(Projection Lens)在物镜下方,依次设有中间镜和第1投影镜、第2投影镜,以共同完成对物镜成像的进一步放大任务。从结构上看,它们都是相类似的电磁透镜,但由于各自的位置和作用不尽相同,故其工作参数、励磁电流和焦距的长短也不相同。

③真空系统

电镜镜筒内的电子束通道对真空度要求很高,电镜工作必须保持在$1.33\times10^{-7}\sim1.33\times10^{-5}$ kPa以上的真空度,因为镜筒中的残留气体分子如果与高速电子碰撞,就会产生电离放电和散射电子,从而引起电子束不稳定,增加像差,污染样品,并且残留气体将加速高热灯丝的氧化,缩短灯丝寿命。获得高真空是由各种真空泵来共同配合抽取的。

④调校系统

消像散器由围绕光轴对称环状均匀分布的 8 个小电磁线圈构成，用以消除（或减小）电磁透镜因材料、加工、污染等因素造成的像散。其中每 4 个互相垂直的线圈为 1 组，在任一直径方向上的 2 个线圈产生的磁场方向相反，用 2 组控制电路来分别调节这 2 组线圈中的直流电流的大小和方向，即能产生 1 个强度和方向可变的合成磁场，以补偿透镜中所原有的不均匀磁场缺陷（图中椭圆形实线），以达到消除或降低轴上像散的效果。

光阑电镜上常设 3 个活动光阑供操作者变换选用：

a. 聚光镜光阑，孔径约在 20 ~ 200 μm 左右，用于改变照射孔径角，避免大面积照射对样品产生不必要的热损伤。光阑孔的变换会影响光束斑点的大小和照明亮度。

b. 物镜光阑，能显著改变成像反差。孔径约在 10 ~ 100 μm 左右，光阑孔越小，反差就越大，亮度和视场也越小（低倍观察时才能看到视场的变化）。若选择的物镜光阑孔径太小时，虽能提高影像反差，但会因电子线衍射增大而影响分辨能力，且易受到照射污染。如果真空油脂等非导电杂质沉积在上面，就可能在电子束的轰击下充放电，形成的小电场会干扰电子束成像，引起像散，所以物镜光阑孔径的选择也应适当。

c. 中间镜光阑，也称选区衍射光阑，孔径约在 50 ~ 400 μm 左右，应用于衍射成像等特殊的观察之中。

⑤电源系统

透射电子显微镜的电源系统一般有两种电源，一是使成像电子加速的小电流高电压电源，二是电子束聚焦与成像的磁透镜的大电流低电压电源。

2.2 微生物菌落形态的观察

2.2.1 菌落

菌落（Colony）由单个细菌（或其他微生物）细胞或一堆同种细胞在适宜固体培养基表面或内部生长繁殖到一定程度，形成肉眼可见的子细胞群落。通常是细菌在固体培养基上（内）生长发育，形成以母细胞为中心的一团肉眼可见的、有一定形态和构造等特征的子细胞的集团，称之为菌落。

菌落的培养，根据标准要求或对污染情况的估计，选择 2 ~ 3 个适宜稀释度，分别在制 10 倍递增稀释的同时，以吸取该稀释度的吸管移取 1 mL 稀释液于灭菌平皿中，每个稀释度做两个平皿。将凉至 46 ℃的营养琼脂培养基注入平皿约 15 mL，并转动平皿，混合均匀。同时将营养琼脂培养基倾入加有 1 mL 稀释液（不含样品）的灭菌平皿内做空白对照。待琼脂凝固后，翻转平板，置 36 ℃ ±1 ℃温箱内培养 48 ℃ ±2 h，取出计算平板内菌落数目，乘以稀释倍数，即得每克（每毫升）样品所含菌落总数。

菌落是由某一微生物的少数细胞或孢子在固体培养基表面繁殖后所形成的子细胞群体，因此，菌落形态在一定程度上是个体细胞形态和结构在宏观上的反映。由于每一大类微生物都有其独特的细胞形态，因而其菌落形态特征也各异。在四大类微生物的菌落中，细菌和酵母菌的形态较接近，放线菌和霉菌形态较相似。

2.2.2 细菌和酵母菌菌落形态特征的异同点

2.2.2.1 相同点

细菌和多数酵母菌都是单细胞微生物。菌落中各细胞间都充满毛细管水、养料和某些代谢产物，因此，细菌和酵母菌的菌落形态具有相似的特征，如湿润、较光滑、较透明、易挑起、菌落正反面及边缘、中央

部位的颜色一致，且菌落质地较均匀等。

2.2.2.2 不同点

(1)细菌

由于细胞小，故形成的菌落也较小、较薄、较透明且有“细腻”感。不同的细菌会产生不同的色素，因此常会出现五颜六色的菌落。此外，有些细菌具有特殊的细胞结构，因此，在菌落形态上也有所反映，如无鞭毛不能运动的细菌其菌落外形较圆而凸起；有鞭毛能运动的细菌其菌落往往大而扁平，周缘不整齐，而运动能力特强的细菌则出现更大、更扁平的菌落，其边缘从不规则、缺刻状直至出现迁居性的菌落，例如变形杆菌属和菌种。具有荚膜的细菌其菌落更黏稠、光滑、透明。荚膜较厚的细菌其菌落甚至呈透明的水珠状。有芽孢的细菌常因其折光率和其他原因而使菌落呈粗糙、不透明、多皱褶等特征。细菌还常因分解含氮有机物而产生臭味，这也有助于菌落的识别。

(2)酵母菌

由于细胞较大(直径约比细菌大10倍)且不能运动，故其菌落一般比细菌大、厚而且透明度较差。酵母菌产生色素较为单一，通常呈矿蜡色，少数为橙红色，个别是黑色。但也有例外，如假丝酵母因形成籍节状的假菌丝，故细胞易向外圈蔓延，造成菌落大而扁平和边缘不整齐等特有形态。酵母菌因普遍能发酵含碳有机物而产生醇类，故其菌落常伴有酒香味。

2.2.3 放线菌和霉菌菌落形态特征的异同点

放线菌和霉菌的细胞都是丝状的，当生长于固体培养基上时有营养菌丝(或基内菌丝)和气生菌丝的分化。气生菌丝向空间生长，菌丝之间无毛细管水，因此菌落外观呈干燥、不透明的丝状、绒毛状或皮革状等特征。由于营养菌丝伸入培养基中使菌落和培养基连接紧密，故菌丝不易被挑起。由于气生菌丝、孢子和营养菌丝颜色不同，常使菌落正反面呈不同颜色。丝状菌是以菌丝顶端延长的方式进行生长的，越近菌落中心的气生菌丝其生理年龄越大，也越早分化出子实器官或分生孢子，从而反映在菌落颜色上的变化。一般情况下，菌落中心的颜色常比边缘深。有些菌的气生菌丝还会分泌出水溶性色素并扩散到培养基中而使培养基变色。有些菌的气生菌丝在生长后期还会分泌水滴，因此，在菌落上出现“水珠”。

放线菌：放线菌属原核生物，其菌丝纤细，生长较慢，气生菌丝生长后期逐渐分化出孢子丝，形成大量的孢子，因此菌落较小，表面呈紧密的绒状或粉状等特征。由于菌丝伸入培养基中常使菌落边缘的培养基呈凹状。不少放线菌还产生特殊的土腥味或冰片味。霉菌：霉菌属真核生物，它们的菌丝一般较放线菌粗(几倍)且长(几倍至几十倍)，其生长速度比放线菌快，故菌落大而疏松或大而紧密。由于气生菌丝会形成一定形状、构造和色泽的子实器官，所以菌落表面往往有肉眼可见的构造和颜色。

2.2.3.1 细胞结构

根据上述特征可将细菌、酵母菌、霉菌、放线菌菌落的识别要点进行归纳，如表2-1所示。

表2-1 细菌、酵母菌、霉菌、放线菌细胞结构、群体特征及繁殖方式异同表

	细胞结构	群体特征	繁殖方式
细菌	原核细胞	菌落光滑，湿润 有些透明	二分裂
放线菌	原核细胞	菌落表面丝绒状，干燥 不透明	孢子生殖
霉菌	真核细胞	菌落较大，干燥不透明，有颜色	孢子生殖
酵母菌	真核细胞	与细菌菌落相似	出芽、孢子生殖

原核生物没有成形的细胞核，细胞质中只有核糖体。真核生物有细胞核，见表2-1。

2.2.3.2 菌落特征

细菌:湿润,黏稠,易挑起。

放线菌:干燥,多皱,难挑起,菌落较小,多有色。

酵母菌:湿润,黏稠,易挑起,表面光滑,比细菌的菌落大而厚。

霉菌:菌丝细长,菌落疏松,成绒毛状、蜘蛛网状、棉絮状,无固定大小,多有光泽,不易挑起。

2.2.3.3 细胞壁成分

细胞壁成分见表2-2。

表2-2 细胞壁成分

细菌	肽聚糖	磷壁酸	类脂质	蛋白质
G^+	含量高	含量较高	一般无	不含
G^-	含量低	不含	含量较高	含量高

细菌分为革兰氏阳性 G^+ 和革兰氏阴性 G^-。G^+ 肽聚糖含量高,G^- 含量低;G^+ 磷壁酸含量较高,而 G^- 不含磷壁酸;G^+ 一般无类脂质,而 G^- 含量较高;G^+ 不含蛋白质,G^- 含量较高。

放线菌为 G^-,其细胞壁具有 G^- 所具有的特点。

酵母菌的细胞壁外层为甘露聚糖,内层为葡聚糖;霉菌的细胞壁成分为几丁质、蛋白质、葡聚糖。

2.2.3.4 原生质体制备方法

原生质体(protoplast):脱去细胞壁的细胞叫原生质体,是生物工程学的概念。动物细胞也可算作原生质体。原生质体由原生质分化形成,具体包括细胞膜和膜内细胞质及其他具有生命活性的细胞器。植物和动物的如细胞核、线粒体和高尔基体等,而细菌如核糖体、拟核等。(指细胞核,细菌为原核微生物无完整细胞核,只有拟核)。

病原生物学意义上严格地说,原生质体指在人为条件下,去除原有细胞壁或抑制新生细胞壁后所得到的仅有一层细胞膜包裹着的圆球状对渗透敏感的细菌。革兰阳性菌最易形成原生质体。

原生质球指革兰阴性菌肽聚糖层受损后尚保留有外膜的原生质体。

原生质体,是细胞进行各类代谢的主要场所,是细胞中重要的部分。原生质体可分为质膜、细胞器、胞基质三部分。

2.2.3.5 大小比较

细菌:大小一般在0.5~5 μm。

放线菌:菌丝纤细,宽度近于杆状细菌,约0.5~1 μm,但是比较长。

酵母菌:比细菌的单细胞个体要大得多,一般为1~5 μm或5~20 μm。

霉菌:构成霉菌体的基本单位称为菌丝,呈长管状,宽度2~10 μm,长度最长。

噬菌体:是病毒,在细胞内,比细菌小得多,一个细菌内可以有数百个噬菌体。

所以从小到大的顺序是:噬菌体、细菌、放线菌、酵母菌、霉菌。

2.2.3.6 适宜生长的pH

细菌,pH6.5~7.5;放线菌,pH=7.5~8.0;酵母菌和霉菌,pH=6.0~6.5,酵母菌渗透压较高。

2.3 培养基的配制与灭菌

2.3.1 培养基的种类

培养基(Medium)是供微生物、植物组织和动物组织生长及维持用的人工配制的养料,一般都含有碳水化合物、含氮物质、无机盐(包括微量元素)以及维生素和水等。不同培养基可根据实际需要,添加一些自身无法合成的化合物,即生长因子(维生素、氨基酸、碱基、抗菌素、色素、激素和血清等)。有些微生物,如自养型微生物,不需要碳源,所以上述物质只具有一般性。

2.3.1.1 按对培养基成分的了解分类

(1)天然培养基(Complex Medium)

天然培养基是一类利用动、植物或微生物体包括用其提取物制成的培养基,这是一类营养成分既复杂又丰富、难以说出其确切化学组成的培养基。此类培养基比较经济,除实验室经常使用外,更适宜于在生产上用来大规模地培养微生物和生产微生物产品。

常用的天然有机营养物质包括牛肉浸膏、蛋白胨、酵母浸膏、豆芽汁、玉米粉、土壤浸液、麸皮、牛奶、血清、稻草浸汁、羽毛浸汁、胡萝卜汁、椰子汁等,嗜粪微生物(Copro PHilous Microorganisms)可以利用粪水作为营养物质。天然培养基成本较低,除在实验室经常使用外,也适于用来进行工业上大规模的微生物发酵生产。

(2)合成(组合)培养基(Synthetic Medium)

合成(组合)培养基是一类按微生物的营养要求精确设计后用多种高纯化学试剂配制成的培养基。该类培养基的组成成分精确、清楚,重复性强,但微生物生长较慢,且价格昂贵,故一般适于在实验室范围内有关生物营养需要、代谢、分类鉴定、生物测定以及菌种选育、遗传分析等方面的研究工作。如高氏培养基、察氏培养基等。

(3)半组合培养基(Semi-defined Medium)

半组合培养基指一类主要由化学试剂配制,同时还添加某些天然成分的培养基。其能更有效地满足微生物对营养物的需要,如马铃薯蔗糖培养基。

2.3.1.2 按培养基外观的物理状态来分类

(1)液体培养基(Liquid Medium)

液体培养基是一类呈液体状态的培养基,在实验室和生产实践中用途广泛,尤其适用于大规模地培养微生物。液体培养基不含任何凝固剂,菌体与培养基充分接触,操作方便。可据培养后的浊度判断微生物的生长程度。

(2)固体培养基(Solid Medium)

天然固体营养基质制成的培养基,或液体培养基中加入一定量凝固剂(琼脂1.5%~2%)而呈固体状态的培养基,为微生物的生长提供营养表面,常用于微生物的分离、纯化、计数等方面的研究。固体培养基根据固态的性质可分为四种,即固化培养基、非可逆性固化培养基、天然固态培养基和d.滤膜。

(3)半固体培养基(Semi-solid Medium)

半固体培养基指在液体培养基中加入少量的凝固剂而配制成的半固体状态培养基,例如“稀琼脂”,

理想凝固剂应具备的条件见表2-3。此类培养基常用来观察细菌运动的特征，以进行菌种鉴定和噬菌体效价滴定等方面的实验工作。

(4)脱水培养基(Dehydrated Culture Media)

只含有除水以外的一切成分的培养基，使用时只需要加入少量水分并加以灭菌即可，是一类既有成分精确又有使用方法方便等优点的现代化培养基。

表2-3　理想凝固剂应具备的条件

理想凝固剂应具备	1. 不被微生物分解、利用、液化
	2. 不因消毒灭菌而被破坏
	3. 在微生物的生长温度内保持固态
	4. 凝固点的温度对微生物无害
	5. 透明度好，黏着力强

2.3.1.3　按培养基对微生物的功能来分类

(1)选择性培养基(Selective Medium)

选择性培养基是一类根据某微生物的特殊营养要求或其对某化学、物理因素的抗性而设计的培养基。利用这种培养基可用来将某种或某类微生物从混杂的微生物群体中分离出来，广泛应用于菌种的筛选等领域。

(2)加富性选择培养基(Enriched Medium)

在普通培养基中加入某些特殊的营养物，如血、血清、动植物组织液或其他营养物质(或生长因子)的一类营养丰富的培养基。用来培养营养要求苛刻的微生物，或用以富集(数量上占优势)和分离某种微生物。

(3)抑制性选择培养基(Inhibited Selected Media)

在筛选的培养基中加入某种制菌物质，经培养后，使原有试样中对此抑制剂表现敏感的优势菌的生长大受抑制，而原先处于劣势的分离对象却趁机大量增殖，最终在数量上占了优势。用作抑制的营养物主要是一些特殊的氮源或碳源。

(4)鉴别性培养基(Differential Medium)

用于鉴别不同类型微生物的培养基，在普通培养基中加入能与某种代谢产物发生反应的指示剂或化学药品，从而产生某种明显的特征性变化，以区别不同的微生物。最常见的鉴别性培养基是伊红美蓝乳糖培养基即EMB(Eosin Methylene Blue)。

2.3.1.4　按用途划分

(1) 基础培养基(Minimum Medium)

尽管不同微生物的营养需求各不相同，但大多数微生物所需的基本营养物质是相同的。基础培养基是含有一般微生物生长繁殖所需的基本营养物质的培养基。牛肉膏蛋白胨培养基是最常用的基础培养基。基础培养基也可以作为一些特殊培养基的基础成分，再根据某种微生物的特殊营养需求，在基础培养基中加入所需营养物质。

(2) 加富培养基(Enrichment Medium)

加富培养基也称营养培养基，即在基础培养基中加入某些特殊营养物质制成的一类营养丰富的培养基，这些特殊营养物质包括血液、血清、酵母浸膏、动植物组织液等。加富培养基一般用来培养营养要求比较苛刻的异养型微生物，如培养百日咳博德氏菌(Bordetella pertussis)需要含有血液的加富培养基。加

富培养基还可以用来富集和分离某种微生物，这是因为加富培养基含有某种微生物所需的特殊营养物质，该种微生物在这种培养基中较其他微生物生长速度快，并逐渐富集而占优势，逐步淘汰其他微生物，从而容易达到分离该种微生物的目的。从某种意义上讲，加富培养基类似选择培养基，两者区别在于：加富培养基是用来增加所要分离的微生物的数量，使其形成生长优势，从而分离到该种微生物；选择培养基则一般是抑制不需要的微生物的生长，使所需要的微生物增殖，从而达到分离所需微生物的目的。

(3) 鉴别培养基(Differential Medium)

鉴别培养基是用于鉴别不同类型微生物的培养基。在培养基中加入某种特殊化学物质，某种微生物在培养基中生长后能产生某种代谢产物，而这种代谢产物可以与培养基中的特殊化学物质发生特定的化学反应，产生明显的特征性变化，根据这种特征性变化，可将该种微生物与其他微生物区分开来。鉴别培养基主要用于微生物的快速分类鉴定，以及分离和筛选产生某种代谢产物的微生物菌种。

(4)选择培养基(Selective Medium)

选择培养基是用来将某种或某类微生物从混杂的微生物群体中分离出来的培养基。根据不同种类微生物的特殊营养需求或对某种化学物质的敏感性不同，在培养基中加入相应的特殊营养物质或化学物质，抑制不需要的微生物的生长，有利于所需微生物的生长。一种类型选择培养基是依据某些微生物的特殊营养需求设计的，例如，利用以纤维素或石蜡油作为唯一碳源的选择培养基，可以从混杂的微生物群体中分离出能分解纤维素或石蜡油的微生物；利用以蛋白质作为唯一碳源的选择培养基，可以分离产胞外蛋白酶的微生物；缺乏氮源的选择培养基可用来分离固氮微生物。另一类选择培养基是在培养基中加入某种化学物质，这种化学物质没有营养作用，对所需分离的微生物无害，但可以抑制或杀死其他微生物。例如，在培养基中加入数滴10%酚可以抑制细菌和霉菌的生长，从而由混杂的微生物群体中分离出放线菌；在培养基中加入亚硫酸铋，可以抑制革兰氏阳性细菌和绝大多数革兰氏阴性细菌的生长，而革兰氏阴性的伤寒沙门氏菌(Salmonella TyPHi)可以在这种培养基上生长；在培养基中加入染料亮绿(Brilliant Green)或结晶紫(Crystal Violet)，可以抑制革兰氏阳性细菌的生长，从而达到分离革兰氏阴性细菌的目的；在培养基中加入青霉素、四环素或链霉素，可以抑制细菌和放线菌生长，而将酵母菌和霉菌分离出来。现代基因克隆技术中也常用选择培养基，在筛选含有重组质粒的基因工程菌株过程中，利用质粒上具有的对某种(些)抗生素的抗性选择标记，在培养基中加入相应抗生素，就能比较方便地淘汰非重组菌株，以减少筛选目标菌株的工作量。

在实际应用中，有时需要配制既有选择作用又有鉴别作用的培养基。例如，当要分离金黄色葡萄球菌时，在培养基中加入7.5% NaCl、甘露糖醇和酸碱指示剂，金黄色葡萄球菌可耐高浓度NaCl，且能利用甘露糖醇产酸，因此，能在上述培养基生长，而且菌落周围培养基颜色发生变化，则该菌落有可能是金黄色葡萄球菌，再通过进一步鉴定加以确定。

除上述四种主要类型外，培养基按用途划分还有很多种，比如：分析培养基(Assay Medium)，常用来分析某些化学物质(抗生素、维生素)的浓度，还可用来分析微生物的营养需求；还原性培养基(Reduced Medium)，专门用来培养厌氧型微生物；组织培养物培养基(Tissue - culture Midium)，含有动、植物细胞，用来培养病毒、衣原体(Chlamydia)、立克次氏体(Rickettsia)及某些螺旋体(Spirochete)等专性活细胞寄生的微生物。尽管如此，有些病毒和立克次氏体目前还不能利用人工培养基来培养，需要接种在动植物体内或动植物组织中才能增殖。常用的培养病毒与立克次氏体的动物有小白鼠、家鼠和豚鼠，鸡胚也是培养某些病毒与立克次氏体的良好营养基质，鸡瘟病毒、牛痘病毒、天花病毒、狂犬病毒等十几种病毒也可用鸡胚培养。

2.3.2 培养基的配制

2.3.2.1 配制溶液

向容器内加入所需水量的一部分，按照培养基的配方，称取各种原料，依次加入使其溶解，最后补足所需水分。对蛋白胨、肉膏等物质，需加热溶解，加热过程所蒸发的水分，应在全部原料溶解后加水补足。

配制固体培养基时，先将上述已配好的液体培养基煮沸，再将称好的琼脂加入，继续加热至完全溶熔，并不断搅拌，以免琼脂糊底烧焦。

2.3.2.2 调节 pH 值

用 pH 试纸（或 pH 电位计、氢离子浓度比色计）测试培养基的 pH 值，如不符合需要，可用 10% HCl 或 10% NaOH 进行调节，直到调节到配方要求的 pH 值为止。

2.3.2.3 过滤

用滤纸、纱布或棉花趁热将已配好的培养基过滤。用纱布过滤时，最好折叠成六层，用滤纸过滤时，可将滤纸折叠成瓦棱形，铺在漏斗上过滤。

2.3.2.4 分装

已过滤的培养基应进行分装。如果要制作斜面培养基，须将培养基分装于试管中。如果要制作平板培养基或液体、半固体培养基，则须将培养基分装于锥形瓶内。

分装时，一手捏松弹簧夹，使培养基流出，另一只手握住几支试管或锥形瓶，依次接取培养基。分装时，注意不要使培养基黏附管口或瓶口，以免浸湿棉塞引起杂菌污染。

装入试管的培养基量，视试管和锥形瓶的大小及需要而定。一般制作斜面培养基时，每只 15 mm × 150 mm 的试管，约装 3 ~ 4 mL（1/4 ~ 1/3 试管高度），如制作深层培养基，每只 20 mm × 220 mm 的试管约装 12 ~ 15 mL。每只锥形瓶装入的培养基，一般以其容积的一半为宜。

2.3.2.5 加棉塞

分装完毕后，需要用棉塞堵住管口或瓶口。此外还可使用市售的硅胶塞或聚丙烯塑料试管帽，如图 2 – 17所示。堵棉塞的主要目的是保护试管内物质不受外界微生物污染并能保障管内气体的需要。

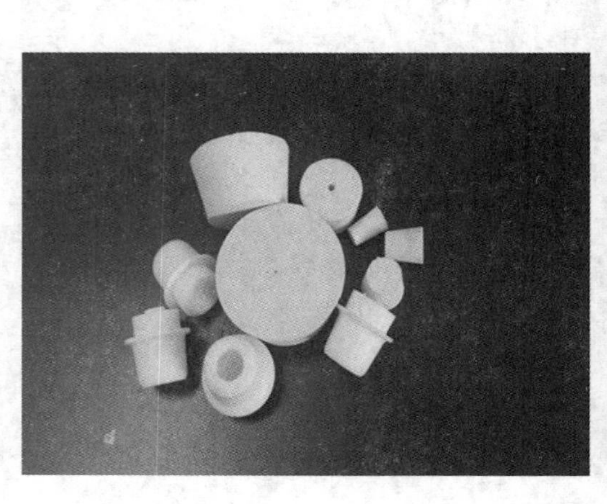
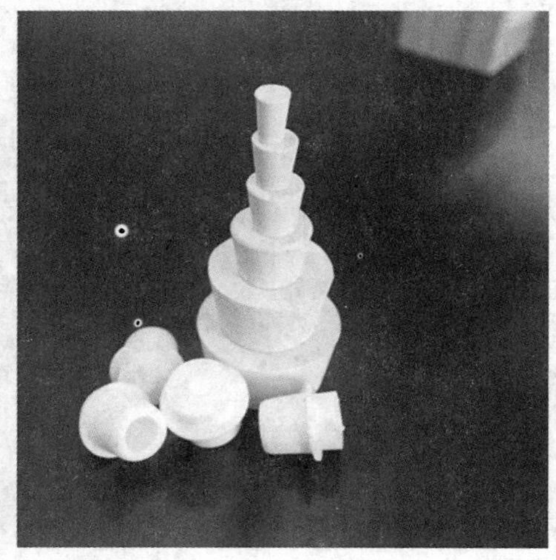

图 2 – 17 不同类型的硅胶塞

棉塞的制作方法如图 2－18 所示。棉塞应采用新鲜、干燥的普通棉花制作，不要用脱脂棉，以免因脱脂棉吸水使棉塞无法使用。制作棉塞时，要根据棉塞大小将棉花铺展成适当厚度，揪取手掌心大小一块，铺在左手拇指与食指圈成的圆孔中，用右手食指插入棉花中部，同时左手食指与拇指稍稍紧握，就会形成 1 个长棒形的棉塞。棉塞制作完成后，应迅速塞入管口或瓶口中，棉塞应紧贴内壁不留缝隙，以防空气中微生物沿皱褶侵入。棉塞不要过紧过松，塞好后，以手提棉塞、管、瓶不下落为合适。棉塞的 2/3 应在管内或瓶内，上端露出少许棉花便于拔取。塞好棉塞的试管和锥形瓶应盖上厚纸并用绳捆扎，准备灭菌。

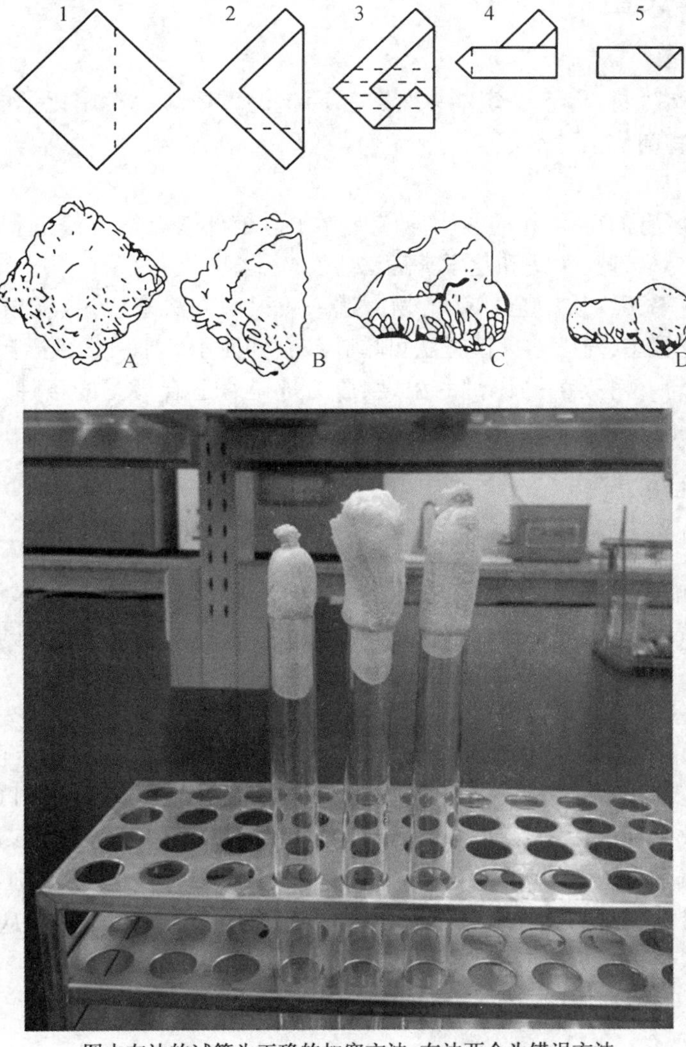

图中左边的试管为正确的加塞方法 右边两个为错误方法

图 2－18 棉塞的制作和正确加塞的方法

A—正方块棉花，上面再放一块小棉花；B—将一个角向上折；
C—压紧后从另一侧用力卷搓；D—在棉花外围包裹双层的纱布

2.3.2.6 制作斜面培养基和平板培养基

培养基灭菌后，如制作斜面培养基和平板培养基，须趁培养基未凝固时进行。

(1) 制作斜面培养基

在实验台上放 1 支长 0.5～1 m 左右的木条，厚度为 1 cm 左右。将试管头部枕在木条上，使管内培养基自然倾斜,凝固后即成斜面培养基。

(2)制作平板培养基

将刚刚灭过菌的盛有培养基的锥形瓶和培养皿放在实验台上,点燃酒精灯,右手托起锥形瓶瓶底,左手拔下棉塞,将瓶口在酒精灯上稍加灼烧,左手打开培养皿盖,右手迅速将培养基倒入培养皿中,每皿约倒入 10 mL,以铺满皿底为宜。铺放培养基后放置 15 min 左右,待培养基凝固后,再将 5 个培养皿一叠,倒置过来,平放在恒温箱里,24 h 后检查,如培养基未长杂菌,即可用来培养微生物。

2.3.3 消毒与灭菌

(1)消毒

消毒是指杀死病原微生物、但不一定能杀死细菌芽孢的方法。通常用化学的方法来达到消毒的作用。用于消毒的化学药物叫作消毒剂。

(2)灭菌

灭菌是指把物体上所有的微生物(包括细菌芽孢在内)全部杀死的方法,通常用物理方法来达到灭菌的目的。灭菌方法分为物理灭菌法和化学灭菌法。

灭菌,可称为除去或杀灭物质中全部微生物。就一般灭菌方法来说,应根据微生物的种类、污染状况、被污染物品的性质与状态,对下述灭菌方法可单独或合并使用。是否达到灭菌的目的,通常情况下要采用无菌试验法进行判定。对灭菌操作时的温度、压力等是否适合灭菌的条件,必须得到十分的确认。在灭菌条件选定后,还要进行灭菌效果的确认,以保证使用的各种灭菌条件适合于要杀灭的目标菌。

2.3.3.1 湿热灭菌

(1)湿热灭菌原理

湿热灭菌法是指用饱和水蒸气、沸水或流通蒸汽进行灭菌的方法。以高温高压水蒸气为介质,由于蒸汽潜热大,穿透力强,容易使蛋白质变性或凝固,最终导致微生物的死亡,所以该法的灭菌效率比干热灭菌法高,是药物制剂生产过程中最常用的灭菌方法。

湿热灭菌的原理是使微生物的蛋白质及核酸变形导致其死亡。这种变形首先是分子中的氢键分裂,当氢键断裂时,蛋白质及核酸内部结构被破坏,进而丧失了原有功能。蛋白质及核酸的这种变形可以是可逆的,也可以是不可逆的。若氢键破裂的数量未达到微生物死亡的临界值,则其分子很可能恢复到它原有的形式,微生物就没有被杀死。为有效地使蛋白质变形,如采用高压蒸汽灭菌时,就需要水蒸气有足够的温度和持续时间,这对灭菌效果十分重要。高温饱和水蒸气可迅速使蛋白质变形,在规定操作条件下,蛋白质发生变形的过程即微生物死亡的过程,是可预见和重复的。微生物的灭活符合一级动力学方程,微生物死亡速率是微生物耐热参数 D 和杀灭时间的函数。即在给定的时间下被灭活的微生物与仍然存活数成正比。

(2)湿热灭菌的方法

①高压蒸汽灭菌

高压蒸汽灭菌为湿热灭菌方法的一种,是微生物培养中最重要的灭菌方法。这种灭菌方法是基于水在煮沸时所形成的蒸汽不能扩散到外面去,而聚集在密封的容器中,在密闭的情况下,随着水的煮沸,蒸汽压力升高,温度也相应增高。高压蒸汽是最有效的灭菌法,能迅速地达到完全彻底灭菌。一般在 6.98 kPa压力下(121.6 ℃),15~30 min,所有微生物包括芽孢在内都可杀死。它适用于对一般培养基和玻璃器皿的灭菌。

进行高压蒸汽灭菌的容器是高压蒸汽灭菌锅。高压蒸汽灭菌锅是一个既耐压又密闭的金属锅,有立式和卧式两种。锅上装有压力表,有的还装有温度计,能及时了解锅内压力及温度。锅上还设有排气口,其作用是在密闭之前,利用蒸汽将锅内的冷空气排净,另外还装有安全活门,如果压力超过一定限度,门

即可自动打开,放出过多的蒸汽。

②间歇灭菌

各种微生物的营养体在100 ℃温度下半小时即可被杀死,而其芽孢和孢子在这种条件下却不会失去活力。间歇灭菌就是根据这一原理进行的。

间歇灭菌的方法是用100 ℃、30 min杀死培养基内杂菌的营养体,然后将这种含有芽孢和孢子的培养基在温箱内或室温下放置24 h,使芽孢和孢子萌发成为营养体。这时再以100 ℃处理半小时,再放置24 h。如此连续灭菌3次,即可达到完全灭菌的目的。

间歇灭菌通常在流动蒸汽的灭菌锅中进行,也可用普通铝锅代替。这种灭菌方法多用于明胶、牛乳等物质的灭菌,这类物质在100 ℃以上的温度下处理较长时间,会被破坏,而用间歇灭菌法既起到了杀菌作用,又使被处理的物质免遭破坏。

2.3.3.2 干热灭菌

微生物培养中常用的干热灭菌是指热空气灭菌。一般在电烘箱中进行。干热灭菌所需温度较湿热灭菌高,时间也较湿热灭菌长。这是因为蛋白质在干燥无水的情况下不容易凝固。一般须在160 ℃左右保持恒温3~4 h,方能达到灭菌的目的。

(1)火焰灭菌法

火焰灭菌法是指用火焰直接烧灼的灭菌方法。该方法灭菌迅速、可靠、简便,适合于耐火焰材料(如金属、玻璃及瓷器等)物品与用具的灭菌,不适合药品的灭菌。

(2)干热空气灭菌法

干热空气灭菌法是指用高温干热空气灭菌的方法。该法适用于耐高温的玻璃和金属制品以及不允许湿热气体穿透的油脂(如油性软膏机制、注射用油等)和耐高温的粉末化学药品的灭菌,不适合橡胶、塑料及大部分药品的灭菌。

2.3.3.3 紫外灭菌

紫外线杀菌力最强的是波长1~10 nm的部分。无菌室缓冲间和接种箱常用紫外线灯做空气灭菌。无菌室和缓冲间的照射时间为20~50 min(视房间大小而定),接种箱照射10~15 min即可。

为了加强紫外线灭菌的效果,在照射前,可在无菌室、缓冲间或接种箱内喷洒5%石碳酸,以使空气中附着有微生物的尘埃降落,同时也可以杀死一部分微生物。无菌室的工作台的台面和椅子,可用2%~3%的来苏儿擦洗。然后再照射紫外线。由于紫外线对人体有伤害作用,所以人不要直视正在照射的紫外线灯,也不要在照射情况下进行工作。

灭菌后,为了检验紫外线的灭菌效果,可以在无菌室、缓冲间或接种箱内放一套盛有培养基的培养皿,将皿盖打开5~10 min,盖好后,放入温箱中培养。如果只有一两个菌落,可认为灭菌效果良好。如杂菌丛生,则需延长照射时间或同时加强其他灭菌措施。

2.3.3.4 过滤灭菌

过滤灭菌法,即用筛除或滤材吸附等物理方式除去微生物,是一种常用的灭菌方法。过滤法不是将微生物杀死,而是把它们排除出去。

过滤灭菌法是指采用过滤法除去微生物的方法。该法适合对热不稳定的药物溶液、气体、水等物品的灭菌。灭菌用过滤器应有较高的过滤效率,能有效地除尽物料中的微生物,滤材与滤液中的成分不发生相互交换,滤器易清洗,操作方便等。

除菌滤器的种类很多，主要有如下几种。

(1)空气滤菌器

空气滤菌器常用棉纤维或玻璃纤维做介质，棉纤维直径为 16 ~ 20 μm，形成的棉花网格大约为 20 ~ 50 μm，属于深层过滤器。实验中常用的空气滤器是棉滤管过滤器，长 10 ~ 15 cm，直径 2 cm，两端在煤气灯上吹成球形。

(2)液体滤菌器

①赛氏(Seitz)滤菌器

赛氏滤菌器由三部分组成：上部的金属圆筒，用以盛装将要滤过的液体；下部的金属托盘及漏斗，用以接受滤出的液体；上下两部分中间放石棉滤板。滤板按孔径大小可分为三种：K 滤孔最大，供澄清液体之用；EK 滤孔较小，供滤过除菌；EK - S 滤孔更小，可阻止一部分较大的病毒通过。滤板依靠侧面附带的紧固螺旋拧紧固定。

②玻璃滤菌器

玻璃滤菌器由玻璃制成。滤板采用细玻璃砂在一定高温下加压制成。孔径有 0.15 ~ 250 μm 不等，分为 G1，G2，G3，G4，G5，G6 六种规格，后两种规格均能阻挡细菌通过。

③薄膜滤菌器

薄膜滤菌器由塑料制成，滤菌器薄膜采用优质纤维滤纸，用一定工艺加压制成。孔径为 200 nm，能阻挡细菌通过。

a. 滤菌器用法

将清洁的滤菌器(赛氏滤菌器和薄膜滤菌器须先将石棉板或滤菌薄膜放好，拧牢螺旋)和滤瓶分别用纸或布包装好，用高压蒸汽灭菌器灭菌。再以无菌操作把滤菌器与滤瓶装好，并使滤瓶的侧管与缓冲瓶相连，再使缓冲瓶与抽气机相连。将待滤液体倒入滤菌器内，开动抽气机使滤瓶中压力减低，滤液则徐徐流入滤瓶中。滤毕，迅速按无菌操作将滤瓶中的滤液放到无菌容器内保存。滤器经高压灭菌后，洗净备用。

b. 滤菌器用途

用于除去混杂在不耐热液体(如血清、腹水、糖溶液、某些药物等)中的细菌。

2.4 接种与无菌操作技术

2.4.1 接种概念

将微生物接到适于它生长繁殖的人工培养基上或活的生物体内的过程叫作接种。微生物学上所指的接种(inoculation)，是指按无菌操作技术要求将目的微生物移接到培养基质中的过程。

微生物接种技术是进行微生物工作和有关生物科学研究中最基本的操作技术。无论微生物的分离、培养、纯化或鉴定以及有关微生物的形态观察及生理研究都必须进行接种。由于实验目的、培养基种类及容器等不同，所用接种方法不同，如斜面接种、液体接种、固体接种和穿刺接种等，以获得生长良好的纯种微生物。为此，接种的关键是必须在一个无杂菌污染的环境中进行严格的无菌操作；同时，因接种方法的不同，常采用不同的接种工具，如接种针、接种环、移液管和玻璃刮铲等，如操作不慎引起污染，则实验结果就不可靠，影响下一步工作的进行。

2.4.2 接种工具

接种工具(Inoculation Tools)是微生物培养接种所用到的工具，用于移植和挑取微生物。常用的接种工具有接种针(Inoculating Needle)、接种环(Inoculating Loop)、接种钩(Inoculating hook)、涂布棒(Glass

Spreader)、接种圈(Inoculating Circle)及接种锄(Inoculating Hoe)等,如图2-19所示。

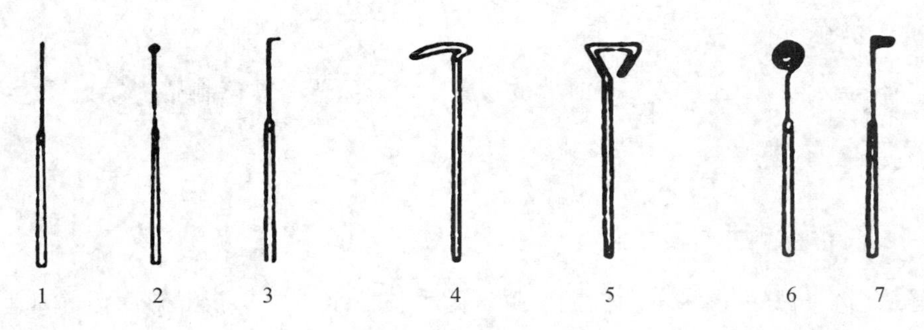

图2-19 接种工具

1—接种针;2—接种环;3—接种钩;4.5—涂布棒;6—接种圈;7—接种锄

2.4.2.1 接种环

接种环是细菌培养时常用的一种接种工具,广泛应用在微生物检测、细胞微生物、分子生物学等众多学科领域。接种环按材质不同一般可分为一次性的塑料接种环(塑料制成的)和金属接种环(钢、铂金或者镍铬合金)。接种环的使用有以下几种:

(1)划线法

用接种环蘸取含菌材料,在固体培养基表面划线。

(2)点植法

用接种环在固体培养基表面接触几点。

(3)倾注法

取少许含菌材料放入无菌培养皿中,倾注已融化的48℃左右的琼脂培养基,摇匀冷却。

(4)穿刺法

用接种环蘸取微生物穿刺而进入半固体培养基深层培养。

(5)侵洗法

用接种环挑去含菌材料,在液体培养基中冲洗。

2.4.2.2 接种针

接种针是接种时挑取菌丝块的必备工具,通常是在铅棒的前端,附加一段镍铬合金的接种钩制成,手持的一端包上胶木。接种针的长度一般为5~8 cm,固定在长约20~22 cm的金属或胶木柄上。做固体培养基的穿刺接种时,用的接种工具就是接种针。

2.4.2.3 接种钩

把接种针的一端弯成一顶边长约3 mm的直角,多用于移植微小菌落的培养物、放线菌及霉菌的接种。

2.4.2.4 接种圈

将接种针的末端卷起数圈成为盘状。专用于沙土管中移植菌种。

2.4.2.5 接种铲或接种锄

用不锈钢细丝将末端砸扁成刀刃,即成接种铲,用来切取真菌菌丝,如食用真菌的接种,效果最佳。接种锄是将接种针的末端弯曲双折如接种钩,双折部分再弯成直角,然后把内侧砸扁磨薄,即成扁锄形,常用于刮取真菌的菌丝和孢子等。

2.4.2.6 涂布棒

涂布棒是直径 3 ~ 5 mm，长约 20 cm，前端被弯成三角形的普通玻璃制品，多用于微生物涂布接种。

2.4.3 接种方法

2.4.3.1 斜面接种

斜面接种是从已生长好的菌种斜面上挑取少量菌种移植至另一支新鲜斜面培养基上的一种接种方法。具体操作如下：

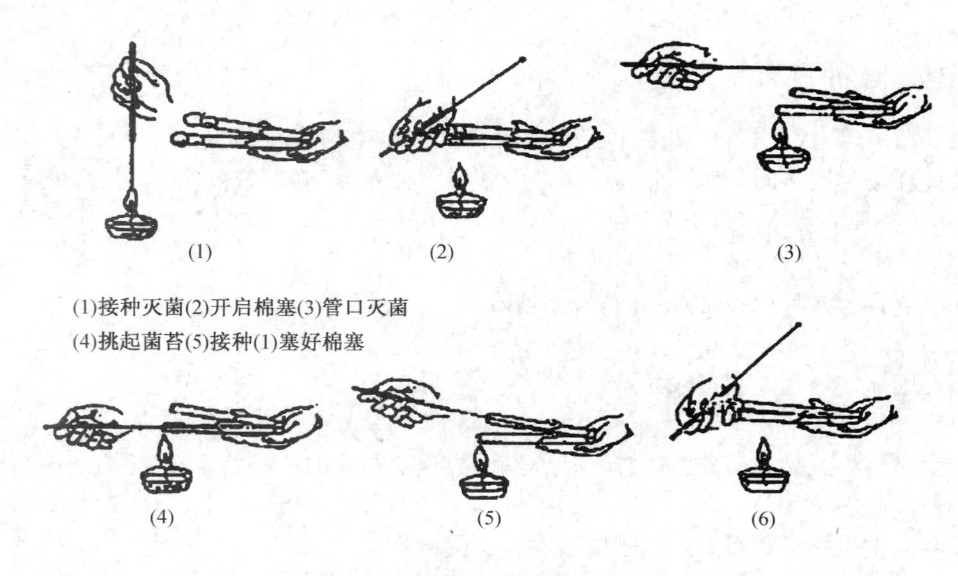

图 2 – 20 斜面接种

(1)接种前在试管上贴上标签，注明菌名、接种日期、接种人姓名等。标签贴在距试管口约 2 ~ 3 cm 的位置。(若用记号笔标记则不需标签)

(2)操作前，先用 75% 酒精擦手，待酒精挥发后点燃酒精灯。

(3)将菌种管和斜面握在左手大拇指和其他四指之间，使斜面和有菌种的一面向上，并处于水平位置。

(4)先将菌种和斜面的棉塞旋转一下，以便接种时便于拔出。

(5)左手拿接种环或接种针(如握钢笔一样)，在火焰上先将环或针金属端烧红灭菌，然后将有可能伸入试管其余部位也过火灭菌。

(6)用右手的无名指、小指和手掌将菌种管和待接斜面试管的棉花塞或试管帽同时拔出，然后让试管口缓缓过火灭菌(切勿烧过烫)。

(7)将灼烧过的接种环伸入菌种管内，接种环在试管内壁或未长菌苔的培养基上接触一下，让其充分冷却，然后轻轻刮取少许菌苔，再从菌种管内抽出接种环，抽出时切勿碰管壁，也勿通过火焰。

(8)迅速将蘸有菌种的接种环伸入另一支待接斜面试管。从斜面底部向上做“Z”形来回密集划线，划线时要平放，勿用力，否则会将培养基表面划破。有时也可用接种针仅在培养基的中央拉一条线来做斜面接种，以便观察菌种的生长特点。

(9)接种完毕后抽出接种环灼烧管口，塞上棉塞或硅胶塞。注意塞棉塞时不要用试管口去迎棉塞，以免杂菌侵入造成污染。

(10)将接种环烧红灭菌。放下接种环,再将棉花塞旋紧。最后将已接种好的斜面试管放在试管架上。

2.4.3.2 穿刺接种

穿刺接种技术是一种用接种针从菌种斜面上挑取少量菌体并把它穿刺到固体或半固体的深层培养基中的接种方法。经穿刺接种后的菌种常作为保藏菌种的一种形式,同时也是检查细菌运动能力的一种方法,它只适宜于细菌和酵母的接种培养。具体操作如下:

(1)贴标签。

(2)点燃酒精灯。

(3)手持试管。

(4)旋松棉塞。

(5)右手拿接种针在火焰上将针端灼烧灭菌接着把在穿刺中可能伸入试管的其他部位,也灼烧灭菌。

(6)用右手的小指和手掌边拔出棉塞。接种针先在培养基部分冷却,再用接种针的针尖蘸取少量菌种。

(7)接种有两种手持操作法:一种是水平法,它类似于斜面接种法;另一种是垂直法,如图 2-21 所示。尽管穿刺时手持方法不同,但穿刺时所用接种针都必须挺直,将接种针自培养基中心垂直地刺入培养基中。穿刺时要做到手稳、动作轻巧快速,并且要将接种针穿刺到接近试管的底部,然后沿着接种线将针拔出。最后,塞上棉塞,再将接种针上残留的菌在火焰上烧掉。

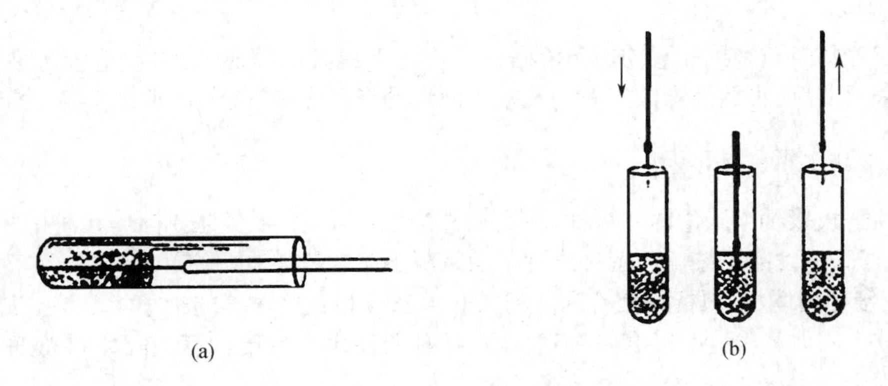

图 2-21 穿刺接种的两种手持方法

(a)水平法;(b)垂直法

(8)将接种过的试管直立于试管架上,放在 37 ℃或 28 ℃恒温箱中培养。24 h 后观察结果(注意:若具有运动能力的细菌,它能沿着接种线向外运动而弥散,故形成的穿刺线较粗而散、反之则细而密)。

2.4.3.3 平板接种

将菌种接至培养皿的方法,平板接种的目的是观察菌落形态、分离纯化菌种,活菌计数以及在平板上进行各种试验时采用的一种接种方法,可分为下面几种:

(1)划线法

最简单的分离微生物的方法是平板划线分离法。用无菌的接种环取培养物少许在平板上进行划线。划线的方法很多,常见的比较容易出现单个菌落的划线方法有斜线法、曲线法、方格法、放射法、四格法等。当接种环在培养基表面上往后移动时,接种环上的菌液逐渐稀释,最后在所划的线上分散着单个细胞,经培养,每一个细胞长成一个菌落。

(2)点种法

一般用于观察霉菌和酵母细胞,可以用接种针从原菌种斜面上挑取少量的细菌细胞或霉菌孢子,轻轻点种在平板的表面适当位置(根霉点1点,曲霉、酵母可点3~4点)即可。但要注意的是点与点之间不能相聚太近,以免得不到理想的单个菌落。接种后将培养皿倒置,在适宜温度下培养。

(3)涂布法

首先把微生物悬液通过适当的稀释,取一定量的稀释液放在无菌的已经凝固的营养琼脂平板上,然后用无菌的玻璃刮刀把稀释液均匀地涂布在培养基表面上,经恒温培养便可以得到单个菌落。

2.4.3.4 液体接种

将菌液接种到液体培养基(如试管或三角瓶等)中的方法,一般用移液管、滴管或接种环等接种工具接种。多用于增菌液的增菌培养,观察细菌、酵母菌的生长特性,也可用纯培养菌接种液体培养基进行生化试验。其操作方法与注意事项与斜面接种法基本相同,只是在将接种环送入液体培养基中时使环在液体与管壁接触的地方轻轻摩擦,使菌体分散,然后塞上棉塞,再轻轻摇动均匀,即可培养。根据原培养基的不同,可以分为以下两种方法:

(1)由斜面培养物接种至液体培养基时,用接种环从斜面上蘸取少许菌苔,接至液体培养基时应在管内靠近液面试管壁上将菌苔轻轻研磨并轻轻振荡,或将接种环在液体内振摇几次即可。如接种霉菌菌种时,若用接种环不易挑起培养物时,可用接种钩或接种铲进行。

(2)由液体培养物接种至液体培养基时,可用接种环或接种针蘸取少许液体移至新液体培养基即可。也可根据需要用无菌吸管、滴管或注射器吸取培养液移至新液体培养基,或者直接把菌液摇匀后倒入液体培养基中。

接种液体培养物时应特别注意勿使菌液溅在工作台上或其他器皿上,以免造成污染。如有溅污,可用酒精棉球灼烧灭菌后,再用消毒液擦净。凡吸过菌液的吸管或滴管,应立即放入盛有消毒液的容器内。

2.4.3.5 固体接种法

普通斜面和平板接种均属于固体接种,斜面接种法已讲了,不再赘述。固体接种的另一种形式是接种固体曲料,进行固体发酵。按所用菌种或种子菌来源不同可分为:

(1)用菌液接种固体料,包括用菌苔刮洗制成的菌悬液和直接培养的种子发酵液。接种时按无菌操作将菌液直接倒入固体料中,搅拌均匀。但要注意接种所用水容量要计算在固体料总加水量之内,否则会使接种后含水量加大,影响培养效果。

(2)用固体种子接种固体料,包括用孢子粉、菌丝孢子混合种子菌或其他固体培养的种子菌。将种子菌于无菌条件下直接倒入无菌的固体料中即可,但必须充分搅拌使之混合均匀。一般是先把种子菌和少部分固体料混匀后再拌大堆料。

2.4.4 无菌与无菌操作前的准备工作

2.4.4.1 无菌

无菌是指没有活菌的意思。所谓的无菌环境,是指在环境中一切有生命活动的微生物的营养细胞及其芽孢或孢子都不存在。无菌是生物技术中的一个重要概念。只有在培养基、发酵设备等处于无菌的前提下,微生物接种后,才能实现纯种培养,最终得到所需的产品。培养基经高压灭菌后,用经过灭菌的工具(如接种针或吸管等)在无菌条件下接种含菌材料(如样品、菌苔或菌悬液等)于培养基上,这个过程叫作无菌接种操作。在实验室检验中的各种接种必须是无菌操作。

2.4.4.2 无菌操作前的准备工作

(1)无菌室的布局要求

无菌室总体要求:无菌室空气净化级别为10万级,整体布局应合理,使用操作方便,各功能间分区明确,能够满足实验室认证认可的要求。

①无菌室要求严密、避光、避免潮湿、远离厕所及污染区隔板,以采用玻璃为佳。无菌室内应六面光滑平整,能耐受清洗消毒。墙壁与地面、天花板连接处应呈凹弧形,无缝隙,不留死角。但为了使用后排湿通风,应安装独立的送排风系统以控制无菌室气流方向和压力梯度,应确保在无菌室时气流经操作区流向排风口。送风口和排风口的布置应该是对面分布,上送下排,应使无菌室内的气流死角和涡流降至最低程度。无菌室的外部排风口应远离送风口并设置在主导风的下风向,应有防雨、防鼠、防虫设计,但不影响气体直接向上空排放。在送风和排风总管处应安装气密型密闭阀,必要时可完全关闭以进行室内化学熏蒸消毒。

②无菌室一般由1~2个缓冲间、操作间组成(操作间和缓冲间的门不应直对),操作间和缓冲间之间应具备灭菌功能的样品传递箱。缓冲区内应满足将普通工作服与实验室工作服分开挂放的要求,鞋、帽、口罩、消毒用药物、废物桶等应放置妥当。

③无菌室应安装拉门,以减少空气流动。无菌室、缓冲走廊及缓冲间均设有日光灯及供消毒空气用紫外灯,杀菌紫外灯离工作台以1 m为宜,其电源开关均应设在室外。

④无菌室内仅存放必需的接种用具如酒精灯、酒精棉、火柴、镊子、接种针、接种环、玻璃铅笔等,不要放与检测无关的物品。

(2)无菌室的使用和管理

①无菌室应保持清洁整齐,室内检验用具及凳桌等保持固定位置,不随便移动。

②每2~3周用2%石炭酸水溶液擦拭工作台、门、窗、桌、椅及地面,然后用5%石碳酸水溶液喷雾消毒空气,最后紫外灯杀菌半小时。

③定期检查室内空气无菌状况,发现不符合要求时,应立即彻底消毒灭菌。无菌室无菌程度的测定方法:取普通牛肉膏琼脂和马铃薯蔗糖琼脂培养基的平板各3个(平板直径均9 cm),置无菌室各工作位置上,开盖曝露半小时,然后倒置进行培养。另有一份不打开的做对照。一并置37 ℃温箱培养,48 h后检验有无杂菌生长及杂菌数量的多少。根据检验结果,采取相应的灭菌措施。

④无菌室杀菌前,应将所有物品置于操作部位(待检物例外),然后打开紫外灯杀菌30 min,时间一到,关闭紫外灯待用。

⑤检验用的有关器材,搬入无菌室前必须分别进行灭菌消毒。

(3)操作过程注意事项

①操作人员必须将手清洗消毒,穿戴好无菌工作衣、帽和鞋,才能进入无菌室,进入无菌室后再一次消毒手部,然后才能进行检验操作。

②操作过程中动作要轻,不能太快,以免搅动空气增加污染;玻璃器皿也应轻取轻放,以免破损污染环境,操作应严格按照无菌操作规定进行,操作中少说话,不喧哗,以保持环境的无菌状态。

③接种环、接种针等金属器材使用前后均需灼烧,灼烧时先通过内焰,使残物烘干后再灼烧灭菌。使用吸管时,切勿用嘴直接吸、吹吸管,必须用吸耳球操作。

④观察平板时不能开盖,如欲蘸取菌落检查时,必需靠近火焰区操作,平皿盖也不能大开,而是上下盖适当开缝。

⑤进行可疑致病菌涂片染色时,应使用夹子夹持玻片,切勿用手直接拿玻片,以免造成污染,用过的玻片也应置于消毒液中浸泡消毒,然后再洗涤。

⑥工作结束,收拾好工作台上的样品及器材,最后用消毒液擦拭工作台。

2.5 微生物的分离与纯化技术

自然界中的微生物是杂居混生的，从混杂微生物群体中获得只含有某一种或某一株微生物的过程称为微生物的分离与纯化。人们要想观察、研究和利用某一种微生物，或者大量培养某一种微生物，就必须事先将它从各种微生物混生的环境中分离开来，获得纯培养物。所以，微生物的分离纯化技术是一项十分重要的技术，是进行微生物学研究的基础。分离、纯化工作一般可以从两个方面同时着手，一方面是限制培养条件，使培养条件具有一定的选择性，有利于所需菌的生长，而不利于其他菌的生长，由此可以富集所需的微生物，减少其他微生物的干扰；另一方面，通过各种稀释方法，使微生物细胞得到高度分散，在固体培养基表面形成由单个细胞或孢子发展起来的菌落，而获得纯培养。纯种分离和选育技术是揭开微生物奥秘的重要手段，要揭示在自然条件下杂居混生状态中某一种微生物的特点，必须采用无菌技术基础上的纯种分离方法。

常用分离纯化的方法有：

(1)固体培养基分离和纯化，包括稀释混合倒平板法、稀释涂布平板法、平板划线分离法、稀释摇管法；

(2)液体培养基分离法；

(3)单细胞分离法；

(4)选择培养分离法等。

2.5.1 用固体培养基分离和纯化

单个微生物在适宜的固体培养基表面或内部生长、繁殖到一定程度可以形成肉眼可见的、有一定形态结构的子细胞生长群体，称为菌落。当固体培养基表面众多菌落连成一片时，便成为菌苔。不同微生物在特定培养基上生长形成的菌落或菌苔一般都具有稳定的特征，可以成为对该微生物进行分类、鉴定的重要依据。大多数细菌、酵母菌以及许多真菌和单细胞藻类能在固体培养基上形成孤立的菌落，采用适宜的平板分离法很容易得到纯培养。所谓平板，即培养平板的简称，它是指固体培养基倒入无菌平皿，冷却凝固后，盛固体培养基的平皿。这方法包括将单个微生物分离和固定在固体培养基表面或里面。固体培养基用琼脂或其他凝胶物质固化的培养基，每个孤立的活微生物体生长、繁殖形成菌落，形成的菌落便于移植。最常用的分离、培养微生物的固体培养基是琼脂固体培养基平板。

2.5.1.1 稀释混合倒平板法

该法是先将待分离的含菌样品，用无菌生理盐水进行一系列的稀释（常用十倍稀释法，稀释倍数要适当），然后分别取不同稀释液少许（0.5～1.0 mL）于无菌培养皿中，倾入已熔化并冷却至 50 ℃左右的琼脂培养基，迅速旋摇，充分混匀。待琼脂凝固后，即成为可能含菌的琼脂平板。于恒温箱中倒置培养一定时间后，在琼脂平板表面或培养基中即可出现分散的单个菌落，如图 2－22 所示。每个菌落可能是由一个细胞繁殖形成的。挑取单一个菌落，一般再重复该法 1～2 次，结合显微镜检测个体形态特征，便可得到真正的纯培养物。若样品稀释时能充分混匀，取样量和稀释倍数准确，则该法还可用于活菌数测定。

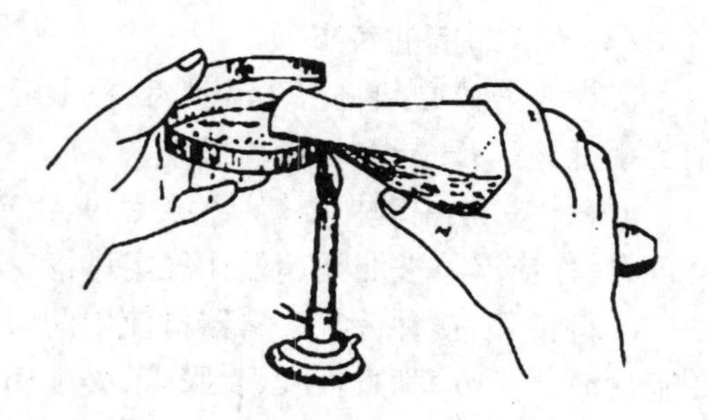

图 2－22　混合倒平板操作法示意图

2.5.1.2 稀释涂布平板法

采用上述稀释混合倒平板法有两个缺点：一是会使一些严格好氧菌因被固定在琼脂中间，缺乏溶氧而生长受影响，形成的菌落微小难于挑取；二是在倾入熔化琼脂培养基时，若温度控制过高，易烫死某些热敏感菌，过低则会引起琼脂太快凝固，不能充分混匀。

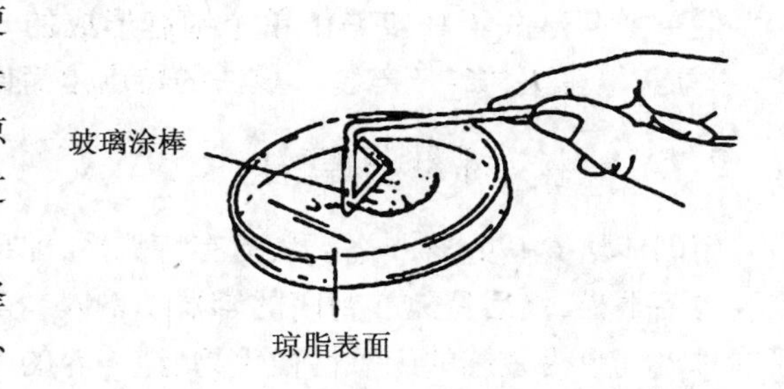

图2－23 涂布平板操作法示意图

在微生物学研究中，更常用的纯种分离方法是稀释涂布平板法。该法是将已熔化并冷却至约50 ℃（减少冷凝水）的琼脂培养基，先倒入无菌培养皿中，制成无菌平板。待充分冷却凝固后，将一定量（约0.1 mL）的某一稀释度的样品悬液滴加在平板表面，再用三角形无菌玻璃涂棒涂布，使菌液均匀分散在整个平板表面，倒置温箱培养后挑取单个菌落，如图2－23所示。

另一种简单快速有效的涂布平板法，可省去含菌样品悬液的稀释，直接吸取经振荡分散的样品悬浮液1滴加入1号琼脂平板上，用一支三角形无菌玻璃涂棒均匀涂布，用此涂棒再连续涂布2号、3号、4号平板（连续涂布起逐渐稀释作用，涂布平板数视样品浓度而定），翻转此涂棒再涂布5号、6号平板，经适温倒置培养后挑取单个菌落。该法可称之为玻璃涂棒连续涂布分离法。

2.5.1.3 平板划线分离法

（1）倒平板

按稀释涂布平板倒平板，并用记号标明培养基名称，样品编号和实验日期。

（2）划线

在近火焰处，左手拿皿底，右手拿接种环，挑取上述的土壤悬液一环在平板上划线。划线的方法很多，有连续划线、平行划线、扇形划线或其他形式的划线，如图2－24所示。但无论采用哪种方法，其目的都是通过划线将样品在平板上进行稀释，使之形成单个菌落。

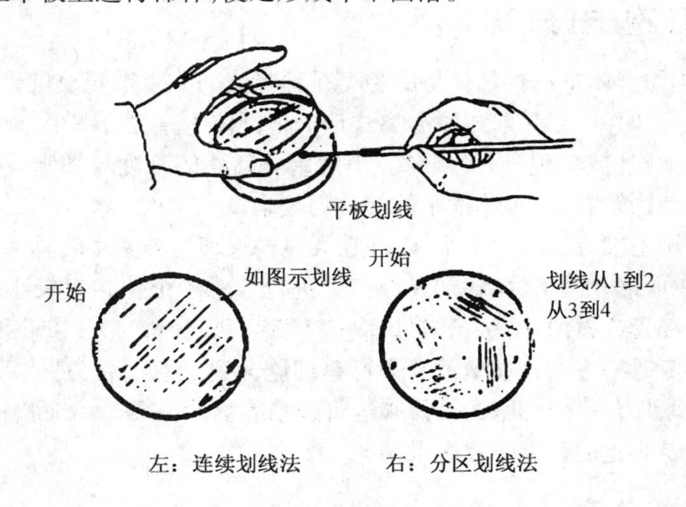

图2－24 平板划线分离的划线方法

左：连续划线法；右：分区划线法

(3)挑菌落

同稀释涂布平板法,一直到分离的微生物认为纯化为止。

但单个菌落并不一定是由单个细胞形成的,需再重复划线1~2次,并结合显微镜检测个体形态特征,才可获得真正的纯培养物。该法的特点是简便快速。

2.5.1.4 稀释摇管法

用固体培养基分离严格厌氧菌有特殊性,如果该微生物暴露于空气中不立即死亡,可以采用通常的方法制备平板,然后置放在封闭的容器中培养,容器中的氧气可采用化学、物理或生物的方法清除。对于那些对氧气更为敏感的厌氧性微生物,纯培养的分离则可采用稀释摇管培养法进行,它是稀释倒平板法的一种变通形式。先将一系列盛无菌琼脂培养基的试管加热使琼脂熔化后冷却并保持在50 ℃左右,将待分离的材料用这些试管进行梯度稀释,试管迅速摇动均匀,冷凝后,在琼脂柱表面倾倒一层灭菌液体石蜡和固体石蜡的混合物,将培养基和空气隔开。培养后,菌落形成在琼脂柱的中间。进行单菌落的挑取和移植,需先用一只灭菌针将液体石蜡——石蜡盖取出,再用一只毛细管插入琼脂和管壁之间,吹入无菌无氧气体,将琼脂柱吸出,置放在培养皿中,用无菌刀将琼脂柱切成薄片进行观察和菌落的移植。

2.5.2 用液体培养基分离和纯化

大多数细菌和真菌,用平板法分离通常是满意的,因为它们的大多数种类在固体培养基上长得很好。然而迄今为止并不是所有的微生物都能在固体培养基上生长,例如一些细胞大的细菌、许多原生动物和藻类等,这些微生物仍需要用液体培养基分离来获得纯培养。

稀释法是液体培养基分离纯化常用的方法。接种物在液体培养基中进行顺序稀释,以得到高度稀释的效果,使一支试管中分配不到一个微生物。如果经稀释后的大多数试管中没有微生物生长,那么有微生物生长的试管得到的培养物可能就是纯培养物。如果经稀释后的试管中有微生物生长的比例提高了,得到纯培养物的概率就会急剧下降。因此,采用稀释法进行液体分离,必须在同一个稀释度的许多平行试管中,大多数(一般应超过95%)表现为不生长。

2.5.3 单细胞(孢子)分离

只能分离出混杂微生物群体中占数量优势的种类是稀释法的一个重要缺点。在自然界,很多微生物在混杂群体中都是少数。这时,可以采取显微分离法从混杂群体中直接分离单个细胞或单个个体进行培养以获得纯培养,称为单细胞(或单孢子)分离法。单细胞分离法的难度与细胞或个体的大小成反比,较大的微生物如藻类、原生动物较容易,个体很小的细菌则较难。

较大的微生物,可采用毛细管提取单个个体,并在大量的灭菌培养基中转移清洗几次,除去较小微生物的污染。这项操作可在低倍显微镜,如解剖显微镜下进行。对于个体相对较小的微生物,需采用显微操作仪,在显微镜下用毛细管或显微针、钩、环等挑取单个微生物细胞或孢子以获得纯培养。在没有显微操作仪时,也可采用一些变通的方法在显微镜下进行单细胞分离,例如将经适当稀释后的样品制备成小液滴在显微镜下观察,选取只含一个细胞的液体来进行纯培养物的分离。单细胞分离法对操作技术有比较高的要求,多限于高度专业化的科学研究中采用。

2.5.4 选择培养分离

没有一种培养基或一种培养条件能够满足一切微生物生长的需要,在一定程度上所有的培养基都是选择性的。如果某种微生物的生长需要是已知的,也可以设计特定环境使之适合这种微生物的生长,因而能够从混杂的微生物群体中把这种微生物选择培养出来,尽管在混杂的微生物群体中这种微生物可能只占少数。这种通过选择培养进行微生物纯培养分离的技术称为选择培养分离,特别适用于从自然界中分离、寻找有用的微生物。自然界中,在大多数场合微生物群落是由多种微生物组成的,从中分离出所需的特定微生物是十分困难的,尤其当某一种微生物所存在的数量与其他微生物相比非常少时,单采用一般的平板稀释法几乎是不可能的。要分离这种微生物,必须根据该微生物的特点,包括营养、生理、生长条件等,采用选择培养分离的方法。或抑制使大多数微生物不能生长,或造成有利于该菌生长的环境,经过一定时间培养后使该菌在群落中的数量上升,再通过平板稀释等方法对它进行纯培养分离。

2.5.4.1　利用选择平板进行直接分离

根据待分离微生物的特点选择不同的培养条件,有多种方法可以采用。例如要分离高温菌,可在高温条件下进行培养;要分离某种抗菌素抗性菌株,可在加有抗菌素的平板上进行分离;有些微生物如螺旋体、黏细菌、蓝细菌等能在琼脂平板表面或里面滑行,可以利用它们的滑动特点进行分离纯化,因为滑行能使它们自己和其他不能移动的微生物分开。可将微生物群落点种到平板上,让微生物滑行,从滑行前沿挑取接种物接种,反复进行,得到纯培养物。

2.5.4.2　富集培养

富集培养法原理和方法非常简单,利用不同微生物间生命活动特点的不同,制定特定的环境条件,使仅适应于该条件的微生物旺盛生长,从而使其在群落中的数量大大增加,很容易地分离到所需的特定微生物。富集条件可根据所需分离的微生物的特点从物理、化学、生物及综合多个方面进行选择,如温度、pH、紫外线、高压、光照、氧气、营养等等许多方面。在相同的培养基和培养条件下,经过多次重复移种,最后富集的菌株很容易在固体培养基上长出单菌落。如果要分离一些专性寄生菌,就必须把样品接种到相应敏感宿主细胞群体中,使其大量生长。通过多次重复移种便可以得到纯的寄生菌。

2.6　微生物的染色与制片技术

由于微生物细胞含有大量水分(一般在80%甚至90%以上),对光线的吸收和反射与水溶液的差别不大,与周围背景没有明显的明暗差。所以,除了观察活体微生物细胞的运动性和直接计算菌数外,绝大多数情况下都必须经过染色后,才能在显微镜下进行观察。但是,任何一项技术都不是完美无缺的。染色后的微生物标本是死的,在染色过程中微生物的形态与结构均会发生一些变化,不能完全代表其生活细胞的真实情况,染色观察时必须注意。利用显微镜对微生物细胞形态、结构、大小和排列进行观察前,需要根据不同微生物的特点采取不同的制片及染色方法。

2.6.1　微生物染色的基本原理

微生物染色的基本原理,是借助物理因素和化学因素的作用而进行的。物理因素如细胞及细胞物质对染料的毛细现象、渗透、吸附作用等。化学因素则是根据细胞物质和染料的不同性质而发生的各种化学反应。酸性物质对于碱性染料较易吸附,且吸附作用稳固;同样,碱性物质对酸性染料较易于吸附。如酸性物质细胞核对于碱性染料就有化学亲和力,易于吸附。但是,要使酸性物质染上酸性材料,必须把它们的物理形式加以改变(如改变pH值),才利于吸附作用的发生。相反,碱性物质(如细胞质)通常仅能染上酸性染料,若把它们变为适宜的物理形式,也同样能与碱性染料发生吸附作用。

影响染色的因素有菌体细胞的构造和其外膜的通透性,如细胞膜的通透性、膜孔的大小和细胞结构完整与否,在染色上都起一定作用。此外,培养基的组成、菌龄、染色液中的电介质含量和pH、温度、药物的作用等,也都能影响细菌的染色。

2.6.2 染料的种类和选择

染料分为天然染料和人工染料两种。天然染料有胭脂虫红、地衣素、石蕊和苏木素等,它们多从植物体中提取得到,其成分复杂,有些至今还未搞清楚。目前主要采用人工染料,也称煤焦油染料,多从煤焦油中提取获得,是苯的衍生物。多数染料为带色的有机酸或碱类,难溶于水,而易溶于有机溶剂中。为使它们易溶于水,通常制成盐类。

染料可按其电离后染料离子所带电荷的性质,分为酸性染料、碱性染料、中性(复合)染料和单纯染料四大类。

(1)酸性染料

这类染料电离后染料离子带负电,如伊红、刚果红、藻红、苯胺黑、苦味酸和酸性复红等,可与碱性物质结合成盐。当培养基因糖类分解产酸使 pH 值下降时,细菌所带的正电荷增加,这时选择酸性染料,易被染色。

(2)碱性染料

这类染料电离后染料离子带正电,可与酸性物质结合成盐。微生物实验室一般常用的碱性染料有美兰、甲基紫、结晶紫、碱性复红、中性红、孔雀绿和蕃红等,在一般的情况下,细菌易被碱性染料染色。

(3)中性(复合)染料

酸性染料与碱性染料的结合物叫作中性(复合)染料,如瑞脱氏(Wright)染料和基姆萨氏(Gimsa)染料等,后者常用于细胞核的染色。

(4)单纯染料

这类染料的化学亲和力低,不能和被染的物质生成盐,其染色能力视其是否溶于被染物而定,因为它们大多数都属于偶氮化合物,不溶于水,但溶于脂肪溶剂中,如紫丹类(Sudanb)的染料。

2.6.3 制片和染色的基本程序

微生物的染色方法很多,各种方法应用的染料也不尽相同,但是一般染色都要通过制片及一套染色操作程序。

2.6.3.1 制片

在干净的载玻片上滴上一滴蒸馏水,用接种环进行无菌操作,挑取培养物少许,置载玻片的水滴中,与水混合做成悬液并涂成直径约 1cm 的薄层,为避免因菌数过多聚成集团,不利观察个体形态,可在载玻片一侧再加一滴水,从已涂布的菌液中再取一环于此水滴中进行稀释,涂布成薄层,若材料为液体培养物或固体培养物中洗下制备的菌液,则直接涂布于载玻片上即可。

2.6.3.2 自然干燥

涂片最好在室温下使其自然干燥,有时为了使之干得更快些,可将标本面向上,手持载玻片一端的两侧,小心地在酒精灯上高处微微加热,使水分蒸发,但切勿紧靠火焰或加热时间过长,以防标本烤枯而变形。

2.6.3.3 固定

标本干燥后即进行固定,固定的目的有三个:

(1)杀死微生物,固定细胞结构;

(2)保证菌体能更牢地黏附在载玻片上,防止标本被水冲洗掉;

(3)改变染料对细胞的通透性,因为死的原生质比活的原生质易于染色。

固定常常利用高温，手执载玻片的一端（涂有标本的远端），标本向上，在酒精灯火焰外层尽快地来回通过3~4次，共约2~3 s，并不时以载玻片背面加热触及皮肤，不觉过烫为宜（不超过60 ℃），放置待冷后，进行染色。

以上这种固定法在微生物实验室中虽然应用较为普遍，但是应当指出，在研究微生物细胞结构时不适用，应采用化学固定法。化学固定法最常用的固定剂有：酒精（95%），酒精和醚各半的混合物，丙酮，1%~2%的锇酸等。锇酸能很快固定细胞但不改变其结构，故较常用。应用锇酸固定细胞的技术如下：在培养皿中放一玻璃，在玻璃上放置玻璃毛细管，在毛细管中注入少量的1%~2%锇酸溶液，同时在玻璃上再放置湿标本涂片的载玻片，然后把培养皿盖上，经过1~2 min后把标本从培养皿中取出，并使之干燥。

2.6.3.4 染色

标本固定后，滴加染色液。染色的时间各不相同，视标本与染料的性质而定，有时染色时还要加热。染料作用标本的时间平均约1~3 min，而所有的染色时间内，整个涂片（或有标本的部分）应该浸在染料之中。

若做复合染色，在媒染处理时，媒染剂与染料形成不溶性化合物，可增加染料和细菌的亲和力。一般固定后媒染，但也可以结合固定或染色同时进行。

2.6.3.5 脱色

用醇类或酸类处理染色的细胞，使之脱色。可检查染料与细胞结合的稳定程度，鉴别不同种类的细菌。常用的脱色剂是95%酒精和3%盐酸溶液。

2.6.3.6 复染

脱色后再用一种染色剂进行染色，与不被脱色部位形成鲜明的对照，便于观察。革氏染色在酒精脱色后用番红，石碳酸复红最后进行染色，就是复染。

2.6.3.7 水洗

染色到一定的时候，用细小的水流从标本的背面把多余的染料冲洗掉，被菌体吸附的染料则保留。

2.6.3.8 干燥

着色标本洗净后，将标本晾干，或用吸水纸把多余的水吸去，然后晾干或微热烘干，用吸水纸时，切勿使载玻片翻转，以免将菌体擦掉。

2.6.3.9 镜检

干燥后的标本可用显微镜观察。

综上所述，染色的基本程序如下：

制片→固定→媒染→染色→脱色→复染→水洗→干燥→镜检

2.6.4 染色方法

微生物染色方法一般分为单染色法和复染色法两种。前者用一种染料使微生物染色，但不能鉴别微生物。复染色法是用两种或两种以上染料，有协助鉴别微生物的作用，故亦称鉴别染色法。常用的复染色法有革兰氏染色法和抗酸性染色法，此外还有鉴别细胞各部分结构的（如芽孢、鞭毛、细胞核等）特殊染色法。常用的方法如单染色法和革兰氏染色法。

2.6.4.1 单染色法

用一种染色剂对涂片进行染色,简便易行,适于进行微生物的形态观察。在一般情况下,细菌菌体多带负电荷,易于和带正电荷的碱性染料结合而被染色。因此,常用碱性染料进行单染色,如美兰、孔雀绿、碱性复红、结晶紫和中性红等。若使用酸性染料,多用刚果红、伊红、藻红和酸性品红等。使用酸性染料时,必须降低染液的 pH 值,使其呈现强酸性(低于细菌菌体等电点),让菌体带正电荷,才易于被酸性染料染色。

单染色一般要经过涂片、固定、染色、水洗和干燥五个步骤。

染色结果依染料不同而不同:

石碳酸复红染色液:着色快,时间短,菌体呈红色。

美兰染色液:着色慢,时间长,效果清晰,菌体呈蓝色。

草酸铵结晶染色液:染色迅速,着色深,菌体呈紫色。

2.6.4.2 革兰氏染色法

革兰氏染色法是细菌学中广泛使用的一种鉴别染色法,1884 年由丹麦医师 Gram 创立。细菌先经碱性染料结晶染色,而经碘液媒染后,用酒精脱色,在一定条件下有的细菌此色不被脱去,有的可被脱去,因此可把细菌分为两大类,前者叫作革兰氏阳性菌(G^+),后者为革兰氏阴性菌(G^-)。为观察方便,脱色后再用一种红色染料如碱性蕃红等进行复染。阳性菌仍带紫色,阴性菌则被染上红色。有芽孢的杆菌和绝大多数和球菌,以及所有的放线菌和真菌都呈革兰氏正反应;弧菌,螺旋体和大多数致病性的无芽孢杆菌都呈现负反应。

革兰氏阳性菌和革兰氏阴性菌在化学组成和生理性质上有很多差别,染色反应不一样。现在一般认为革兰氏阳性菌体内含有特殊的核蛋白质镁盐与多糖的复合物,它与碘和结晶紫的复合物结合很牢,不易脱色,阴性菌复合物结合程度低,吸附染料差,易脱色,这是染色反应的主要依据。另外,阳性菌菌体等电点较阴性菌低,在相同 pH 条件下进行染色,阳性菌吸附碱性染料很多,因此不易脱去,阴性菌则相反。所以染色时的条件要严格控制。例如,在强碱的条件下进行染色,两类菌吸附碱性染料都多,都可呈正反应;pH 很低时,则可都呈负反应。此外,两类菌的细胞壁等对结晶紫——碘复合物的通透性也不一致,阳性菌透性小,故不易被脱色,阴性菌透性大,易脱色。所以脱色时间,脱色方法也应严格控制。

革兰氏染色要点:

(1)待检菌菌龄应为 18 ~ 24 h。一般情况下,革兰氏阴性菌的染色反应较为稳定,不易受菌龄的长短影响;而革兰氏阳性菌,有的在幼龄时呈阳性,超过 24 h 可变为阴性。

(2)涂片以匀薄为佳,切不可浓厚。过于密集的菌体,因洗脱不匀常呈假阳性。镜检革兰氏染色反应时,要以分散开的细菌着色为准。涂片后不宜用火焰烤干,宜自然干燥;若经火焰固定时,应以不烫手为宜,以免菌体受损,致使染色反应不准。

(3) 革兰染色操作的关键步骤是对脱色的掌握,脱色时间不足,革兰氏阴性菌可染成阳性菌;脱色过度,革兰阳性菌会染成阴性菌。故应注意掌握,以无紫色脱出时立即水洗。脱色时间按涂抹厚薄、涂片含水量多少适当掌握,涂抹厚、涂片含水少(水洗后沥干水分)时,脱色时间稍长;涂抹薄、涂片含水量多(未沥干)时,脱色时间稍短,在 20 ~ 30 s 内调整。

(4) 碘液配制后,应装在密闭的暗色瓶内储存。如因储存不当,部分碘将被挥发或被还原,试液由原来的红棕色变为淡黄色,以至影响固定甲紫的作用,故不宜再用。

(5)革兰氏染色能否获得满意的结果,与操作者的经验有很大关系。操作没有把握或对染液有怀疑时,应以对照菌同时染色。

革兰氏染色法具体操作方法:

(1)涂片固定;
(2)草酸铵结晶紫染 1 min;
(3)自来水冲洗;
(4)加碘液覆盖涂面染 1 min;
(5)水洗,用吸水纸吸去水分;
(6)加 95% 酒精数滴,并轻轻摇动进行脱色,30 s 后水洗,吸去水分;
(7)蕃红梁色液(稀)染 10 s 后,自来水冲洗。干燥,镜检。

2.7 常用器皿的洗涤及其包装

环境工程微生物学实验室常用的玻璃器皿有培养皿、容量瓶、玻璃比色皿、试管、移液管、三角瓶、烧杯,量筒、滴定管、锥形瓶、烧瓶等等。

2.7.1 培养皿

培养皿(如图 2-25)是一种用于微生物或细胞培养的实验室器皿,由一个平面圆盘状的底和一个盖组成,一般用玻璃或塑料制成。它最初由在德国生物学家罗伯特·科赫手下工作的细菌学家朱利斯·理查德·佩特里(Julius Richard Petri,1852~1921)于 1887 年设计,故又称为"佩特里皿"。培养皿质地脆弱、易碎,故在清洗及拿放时应小心谨慎、轻拿轻放。使用完毕的培养皿最好及时清洗干净,存放在安全、固定的位置,防止损坏、摔坏。

2.7.1.1 培养皿的种类及规格

培养皿材质基本上分为两类,主要材料为塑料和玻璃的。玻璃的可以用于植物材料、微生物培养,动物细胞的贴壁培养也可能用到;塑料的可能是聚乙烯材料的,有一次性和多次使用的,适合实验室接种、划线、分离细菌的操作,可以用于植物材料的培养。

培养皿的规格较多,有 60 mm(内径)×10 mm(皿高)、120 mm×20 mm、90 mm×15 mm 等规格。其中 90 mm×15 mm 的皿为常用培养皿,如图 2-25 所示。

图 2-25 培养皿

2.7.1.2　培养皿的洗涤

一般经过浸泡、刷洗、浸酸和清洗四个步骤。

(1)浸泡:新的或用过的玻璃器皿要先用清水浸泡,软化和溶解附着物。新玻璃器皿使用前得先用自来水简单刷洗,然后用5%盐酸浸泡过夜;用过的玻璃器皿往往附有大量蛋白质和油脂,干涸后不易刷洗掉,故用后应立即浸入清水中备刷洗。

(2)刷洗:将浸泡后的玻璃器皿放到洗涤剂水中,用软毛刷反复刷洗。不要留死角,并防止破坏器皿表面的光洁度。将刷洗干净的玻璃器皿洗净、晾干,备浸酸。

(3)浸酸:浸酸是将上述器皿浸泡到清洁酸液中,通过酸液的强氧化作用清除器皿表面的可能残留物质。浸酸不应少于6 h,一般过夜或更长。放取器皿要小心。

(4)冲洗:刷洗和浸酸后的器皿都必须用水充分冲洗,浸酸后器皿是否冲洗得干净,直接影响到细胞培养的成败。手工洗涤浸酸后的器皿,每件器皿至少要反复“注水－倒空”15次以上,最后用重蒸水浸洗2～3次,晾干或烘干后包装备用。

2.7.1.3　培养皿的包装

培养皿常用旧报纸紧紧包裹,一包6～10套,包好后干热或湿热灭菌。也可用金属筒包装,如图2－26所示。

第一步 找来旧报纸将6~10套培养皿摞在一起

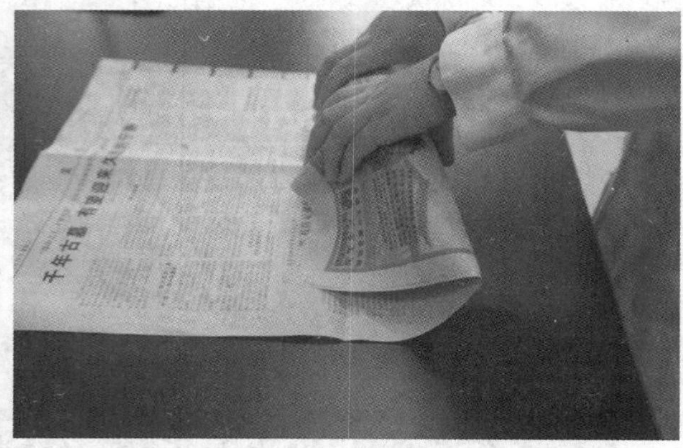

第二步 将摞好的培养皿顺着报纸宽度方向放倒、两手用力挤紧顺着报纸长度方向向前卷裹

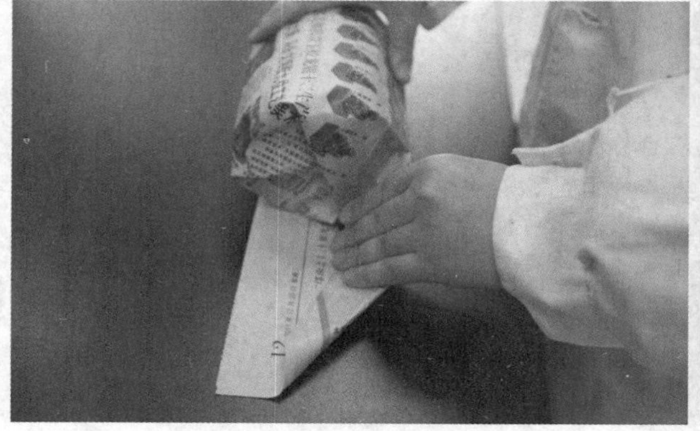

第三步 一边向前卷裹，一边压折两边的报纸

第四步 卷好后将一端继续压折

图2－26　培养皿的包装

第五步 压折好后的样子

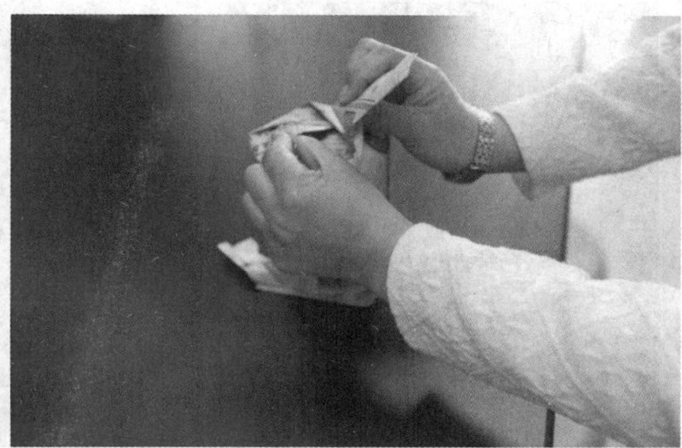

第六步 将压折的纸塞进其他空隙部分压紧

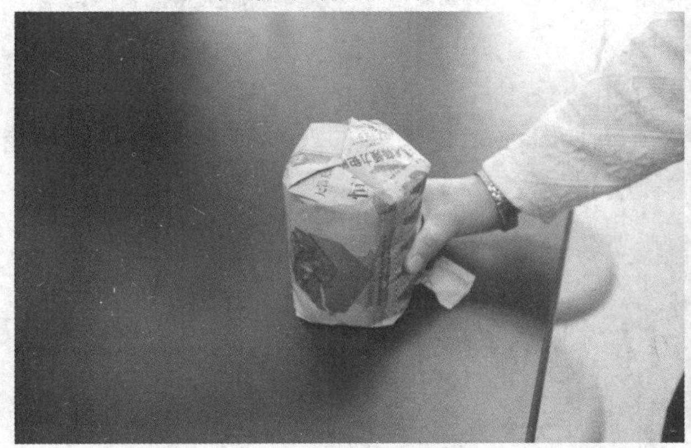

第七步 一端完成

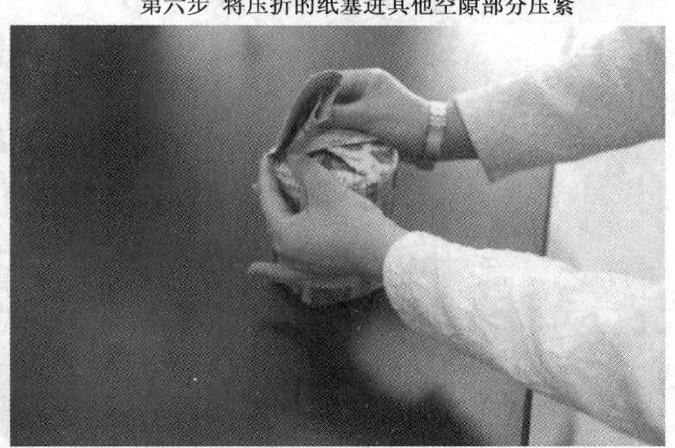

第八步 同样的方法把另一端压紧

第九步 完成包装

图 2-26 (续)

2.7.2 载玻片与盖玻片

载玻片(如图 2-27)是用显微镜观察东西时用来放东西的玻璃片或石英片,制作样本时,将细胞或组织切片放在载玻片上,将盖玻片(如图 2-28)放置其上,用作观察。材质:载玻片是在实验时用来放置实验材料的玻璃片,呈长方形,大小为 76 mm×26 mm,较厚,透光性较好;盖玻片是盖在材料上,避免液体和物镜相接触,以免污染物镜,呈正方形,大小为 10 mm×10 mm 或 20 mm×20 mm,较薄,透光性较好。

图 2－27　载玻片

图 2－28　盖玻片

清理方法:用清水洗或用酒精洗,然后再用棉花或纱布擦干净(最好用如图 2－29 所示擦镜纸,手指避免接触载玻片,以免在其上留下指纹,影响下次观察使用)。

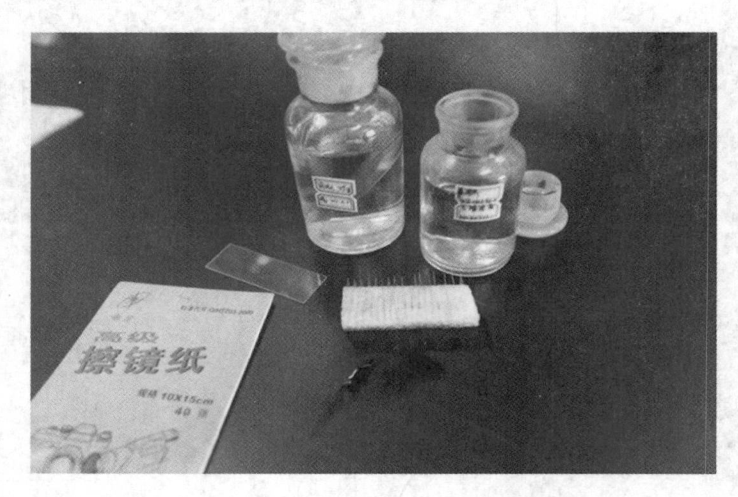

图 2－29　载玻片与盖玻片需用擦镜纸擦干净

2.7.3　试管

2.7.3.1　试管的规格与用途

试管(如图 2－30 所示)是一种实验室常用的玻璃器皿,是由玻璃构成的如同手指形状的管子,顶端开口,通常是光滑的,底部呈“U”形。试管的长度从几厘米到 20 cm 不等,直径在几厘米到数厘米之间。试管被设计为能通过控制火焰对样品进行简易加热的产品,所以通常由膨胀率大的玻璃制成,如硼硅酸玻璃。当多种微量化学或生物样品需要操作或储藏时,试管通常比烧杯更好用。在生物和化学实验中,试管的使用是非常普遍的。

常用的试管按规格可分为三种:大试管(18 mm×180 mm)、中试管((13～15)mm×(100～150)mm)和小试管((10～12)mm×100 mm)。前两种均可用作制备斜面、稀释悬液或用于微生物的振荡培养;后一种可用于糖发酵试验等。

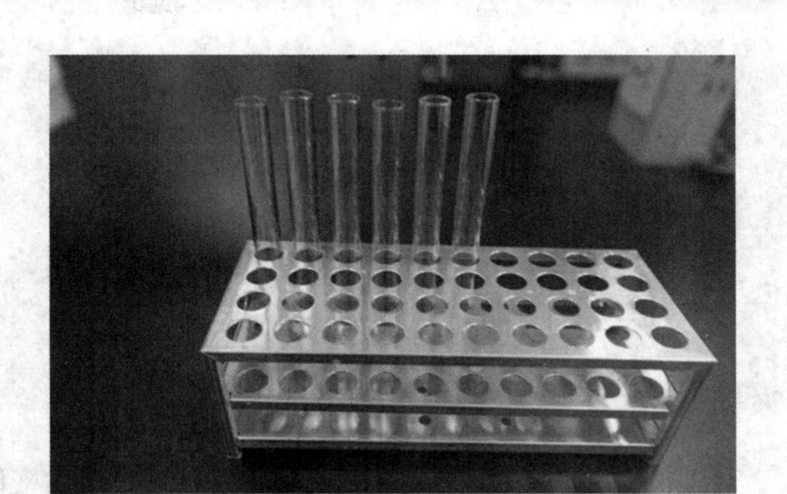

图 2－30 试管

另外，还有一种杜氏小管，又称德汉氏小管或发酵小套管观察细菌在糖发酵培养基内产气情况。如测定大肠杆菌时用的小导管。一般在小试管内再套一倒置的小套管（约 6 mm×3 mm ）。

2.7.3.2 试管的洗涤

为了排除杂质对实验的不良影响，使用的试管必须洗涤干净。在化学实验中，盛放反应物的试管经过化学反应后，往往有残留物附着在试管的内壁，一些经过高温加热或放置反应物时间较长的试管，还不易洗涤干净。使用不干净试管，会影响实验效果，甚至让实验者观察到错误现象，归纳、推理出错误结论。所以，实验之前必须将试管洗涤干净。

（1）洗涤试管的步骤

先用试管刷蘸洗涤剂（如肥皂水）刷洗或用特殊试剂洗涤，再用水冲洗，最后用蒸馏水清洗。

（2）洗净试管的标准

玻璃仪器洗涤后，如果内外无水滴聚集，也无水滴成股流下，即已洗刷干净。

（3）洗涤试管的试剂

及时洗涤试管有利于选择合适的洗涤剂，因为在当时容易判断残留物的性质；有些化学实验，及时倒去反应后的残液，试管内壁不会留有难去除的残留物，但搁置一段时间后，挥发性溶剂逸去，就有残留物附着到试管内壁，使洗涤变得更加困难。

（4）洗涤试管的原理

水溶性残留物用清水洗；特殊残留物如残留物为碱性物质，可用稀盐酸或稀硫酸洗，使残留物发生反应而溶解；如残留物为酸性物质，可用氢氧化钠溶液洗，使残留物发生反应而溶解；若残留物为不易溶于酸或碱的物质，但易溶于某些有机溶剂，则选用这类有机溶剂做洗涤剂，使残留物溶解掉或反应掉。

2.7.3.3 试管的包装

试管的包装步骤（如图 2－31 和图 2－32）

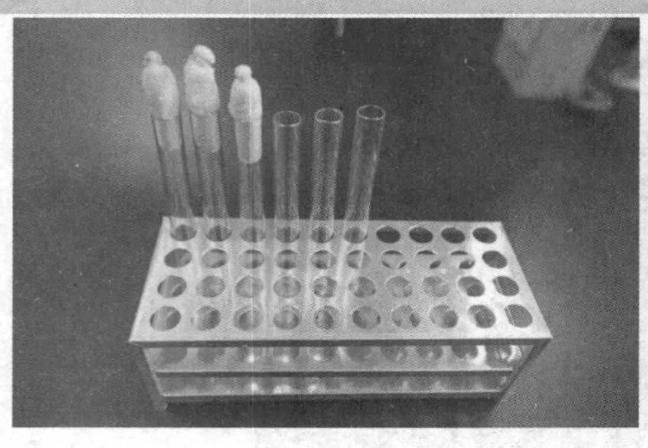

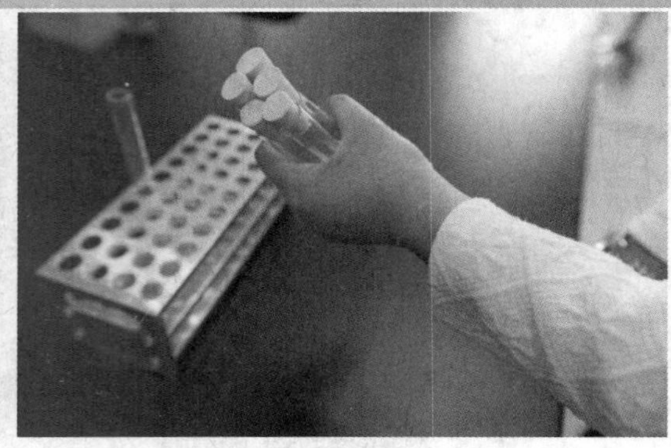

第一步 加塞 一种是棉塞，另一种是橡胶塞或硅胶塞

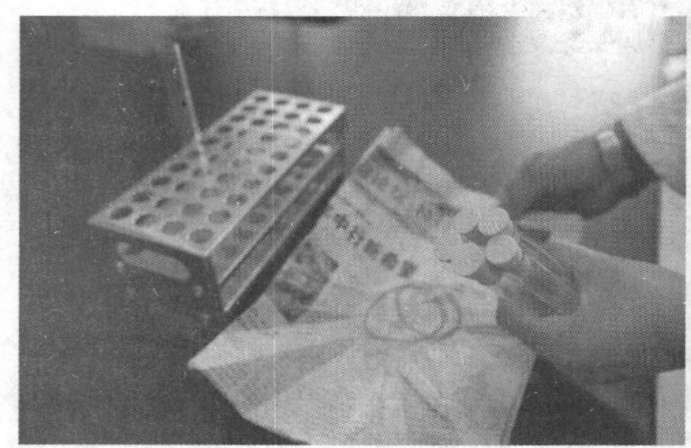

第二步 准备好报纸和橡皮筋

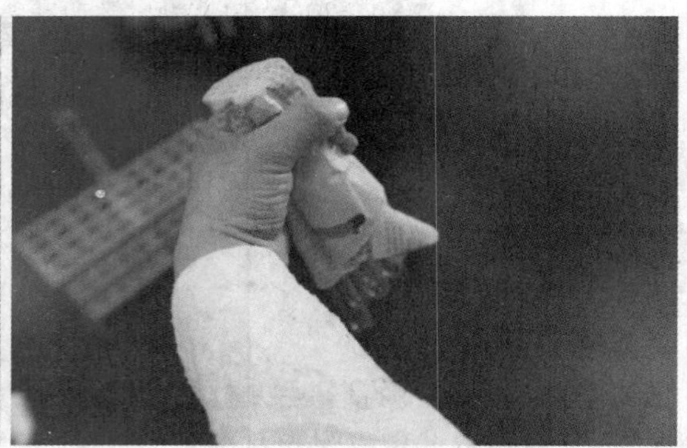

第三步 在试管的管口外面包上2-3层的报纸

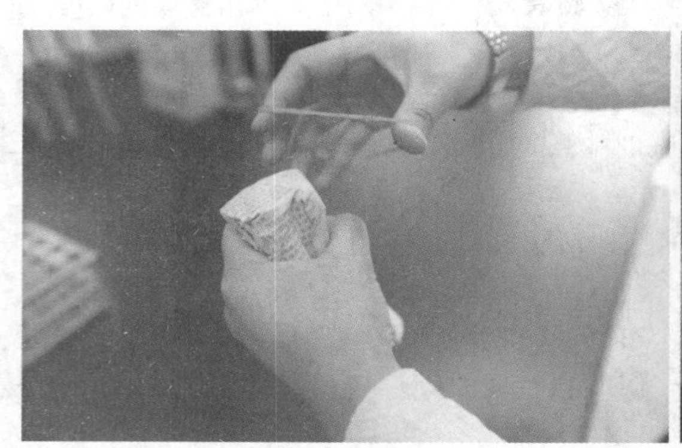

第四步 用橡皮筋扎上

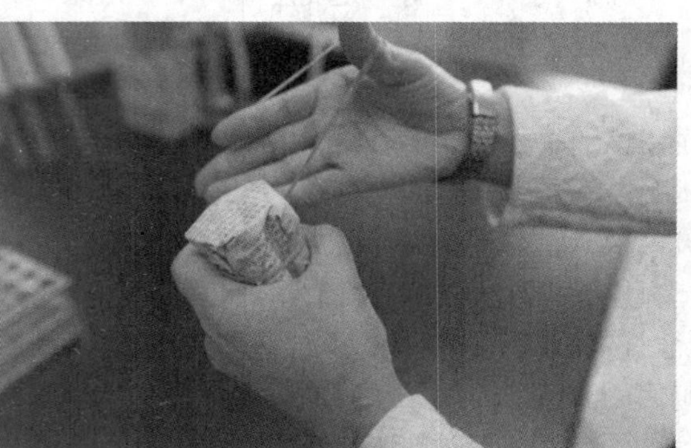

第五步 橡皮筋绕几圈扎紧

第六步 完成包装

图 2-31 用报纸包装试管

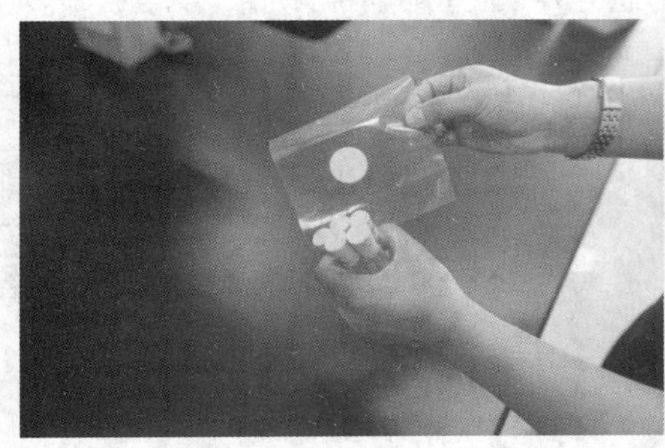

第一步 加好塞的试管和封瓶膜

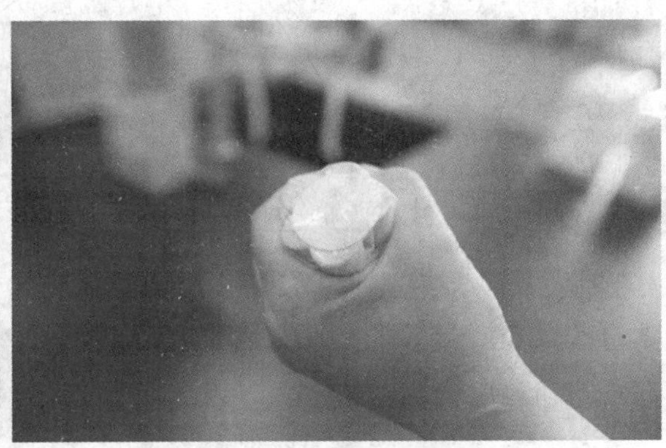

第二步 用封瓶膜包裹试管管口外面

第三步 在试管的管口外面包上1层的封瓶膜即可

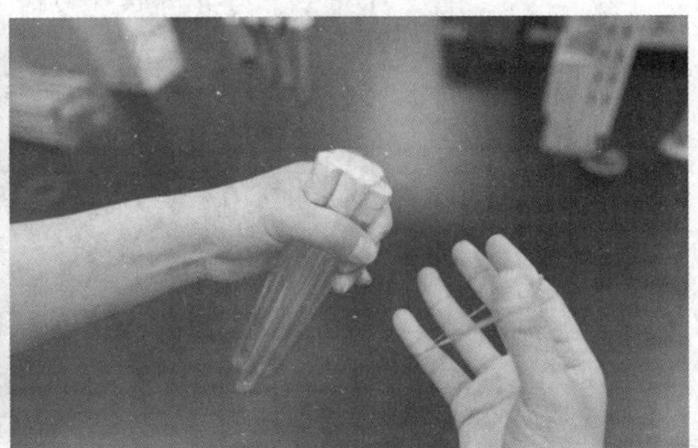

第四步 用橡皮筋扎上

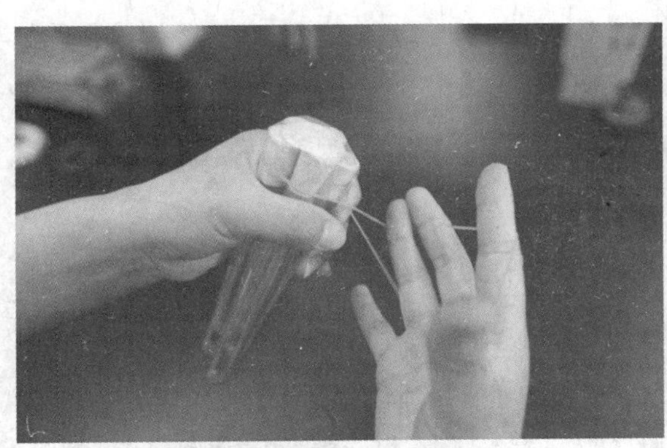

第五步 橡皮筋绕几圈扎紧

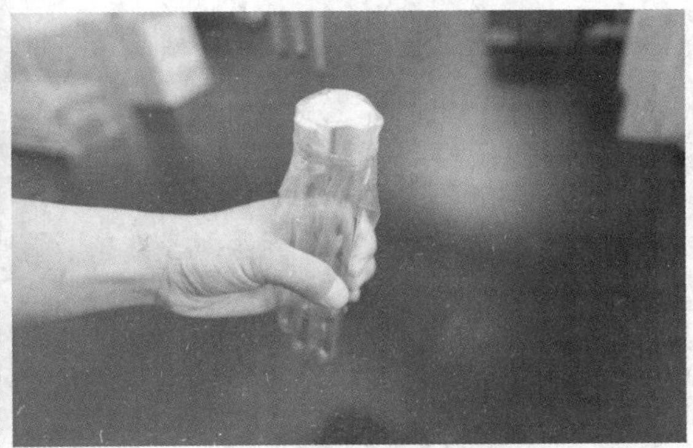

第六步 完成包装

图 2－32　用封瓶膜包装试管

2.7.4　烧杯

烧杯用作常温或加热情况下配制溶液、溶解物质和较大量物质的反应容器。在环境工程中主要用于称量药品和配制培养基。

使用注意事项：

(1)给烧杯加热时要垫上石棉网，不能用火焰直接加热烧杯，因为烧杯底面大，用火焰直接加热，只可烧到局部，使玻璃受热不匀而引起炸裂；

(2)溶解物质搅拌时，玻璃棒不能触及杯壁或杯底；

(3)用烧杯加热液体时,液体的量以不超过烧杯容积的1/3为宜,以防沸腾时液体外溢。加热时,烧杯外壁需擦干。

2.7.5 三角瓶

2.7.5.1 微生物实验常用的三角瓶

如图2-33所示,三角瓶有100 mL,250 mL,300 mL,500 mL,2 000 mL等不同规格,主要用于盛无菌水、培养基及摇瓶发酵液等。

图2-33 三角瓶

2.7.5.2 三角瓶的洗涤

三角瓶的洗涤同试管。

2.7.5.3 三角瓶的包装

三角瓶的包装如图2-34和图2-35所示。

第一步 将三角瓶加塞

第二步 准备好报纸和线绳

图2-34 用报纸包装三角瓶

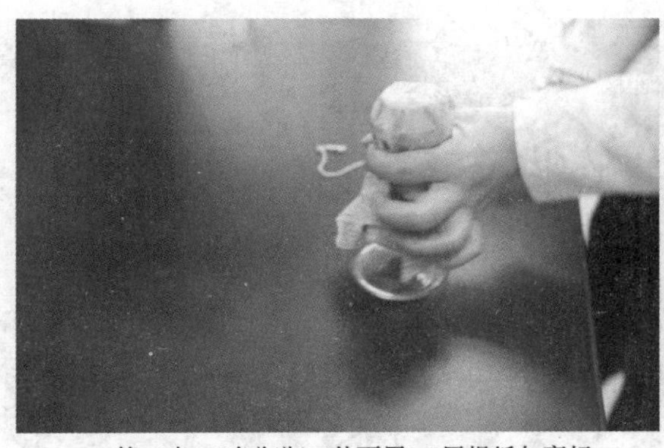

第三步　三角瓶瓶口外面用2-3层报纸包裹好

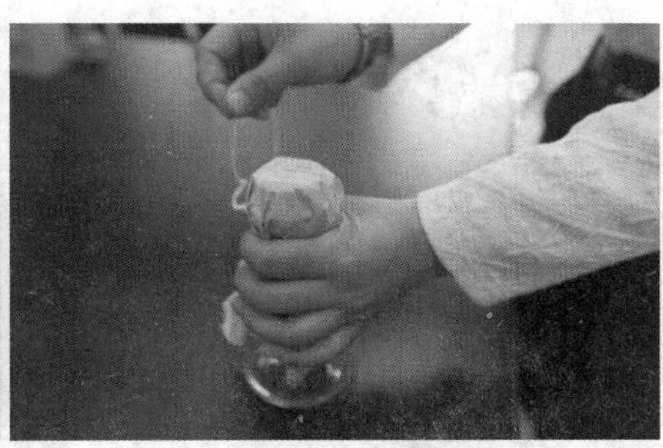

第四步　用线绳缠绕

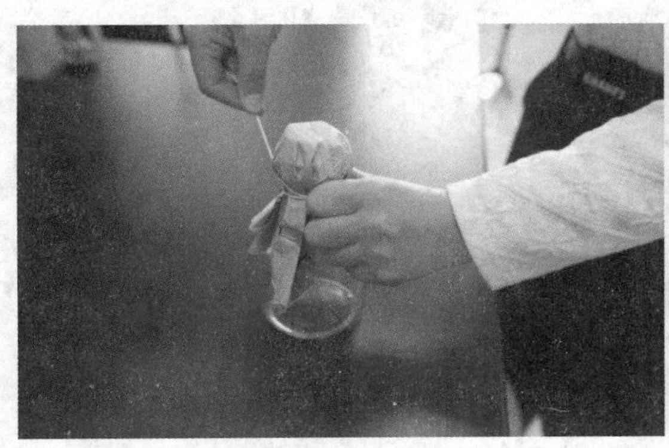

第五步　用力绕紧

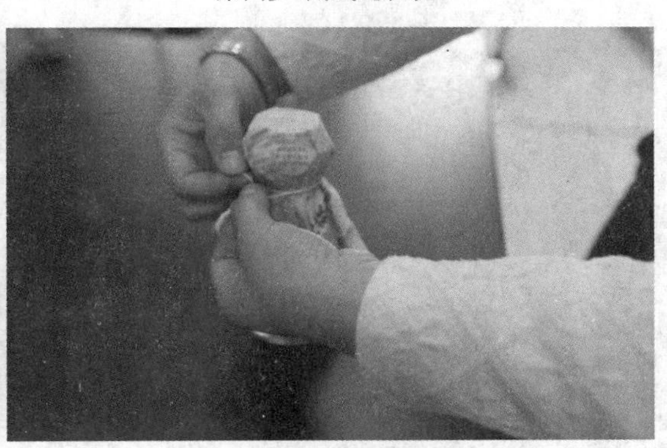

第六步　最后打好结

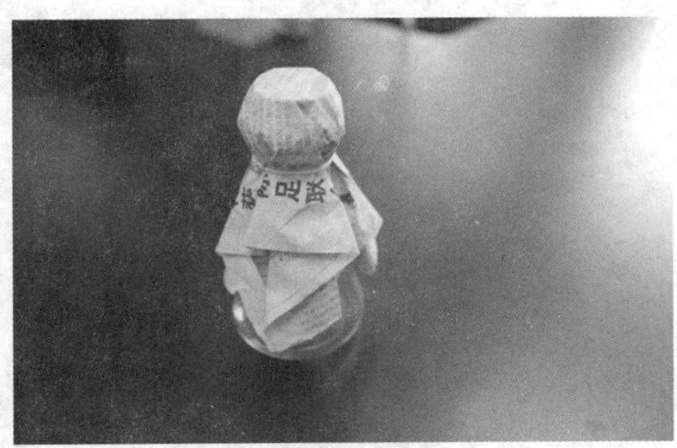

第七步　完成包装

图 2－34(续)

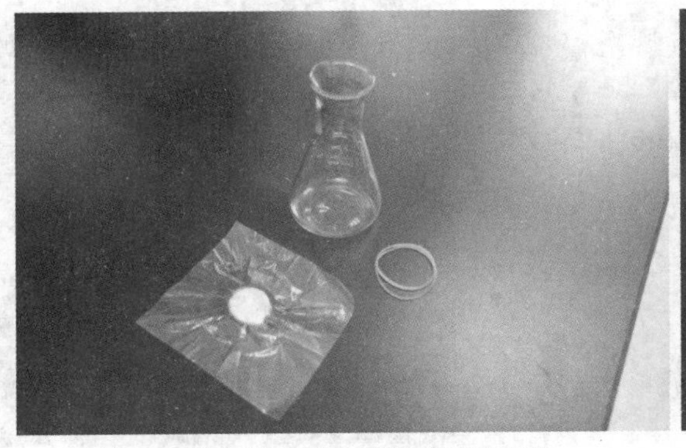

第一步　准备好三角瓶、封瓶膜和橡皮筋

第二步　三角瓶不需加塞，可直接用封瓶膜封住包好

图 2－35　用封瓶膜包装三角瓶

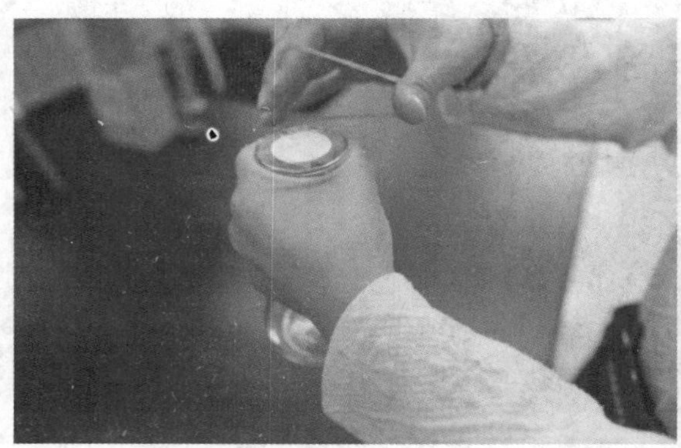

第三步 用橡皮筋扎上

第四步 橡皮筋绕几圈扎紧

第五步 完成包装

图 2-35(续)

2.7.6 移液管

2.7.6.1 移液管的种类

(1)普通移液管

如图 2-36 所示,普通移液管用来准确移取一定体积的溶液的量器。移液管是一种量出式仪器,只用来测量它所放出溶液的体积。它是一根中间有一膨大部分的细长玻璃管。其下端为尖嘴状,上端管颈处刻有一条标线,是所移取的准确体积的标志。

常用的移液管有 5 mL,10 mL,25 mL 和 50 mL 等规格。通常又把具有刻度的直形玻璃管称为吸量管。常用的吸量管有 1 mL,2 mL,5 mL 和 10 mL 等规格。移液管和吸量管所移取的体积通常可精确到 0.01 mL。

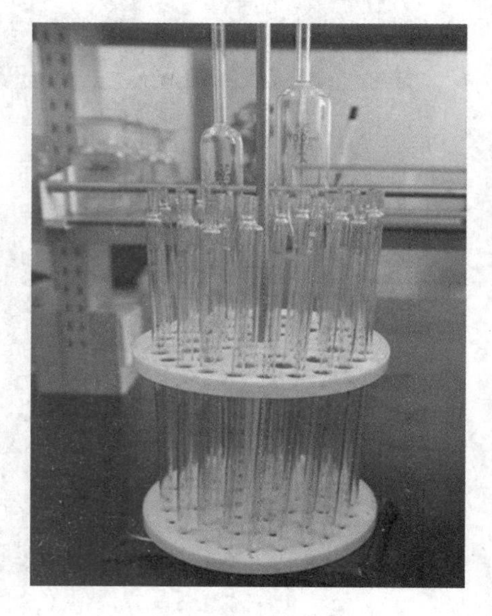

图 2-36 移液管

2.7.6.2 移液管使用的注意事项

(1)移液管(吸量管)不应在烘箱中烘干;

(2)移液管(吸量管)不能移取太热或太冷的溶液;

(3)同一实验中应尽可能使用同一支移液管;

(4)移液管在使用完毕后,应立即用自来水及蒸馏水冲洗干净,置于移液管架上;

(5)移液管和容量瓶常配合使用,因此在使用前常做两者的相对体积校准;

(6)在使用吸量管时,为了减少测量误差,每次都应从最上面刻度(0 刻度)处为起始点,往下放出所需体积的溶液,而不是需要多少体积就吸取多少体积;

(7)移液管有老式和新式,老式管身标有“吹”字样,需要用洗耳球吹出管口残余液体。新式的没有,千万不要吹出管口残余,否则会使量取液体过多。

2.7.6.3 移液管的包装

(1)移液管的包装如图 2-37 所示。

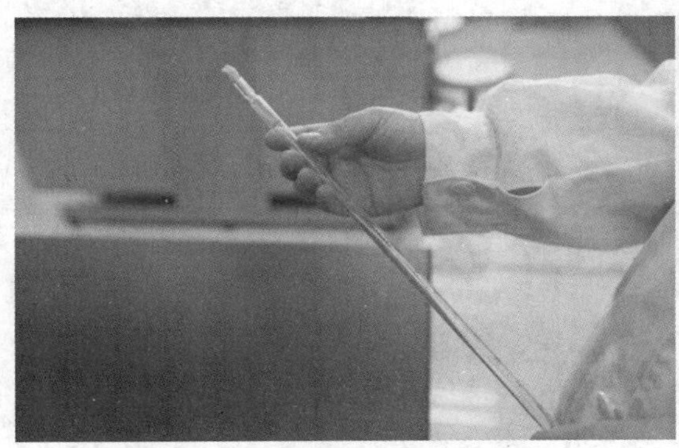

第一步 将移液管的平头端用脱脂棉塞好

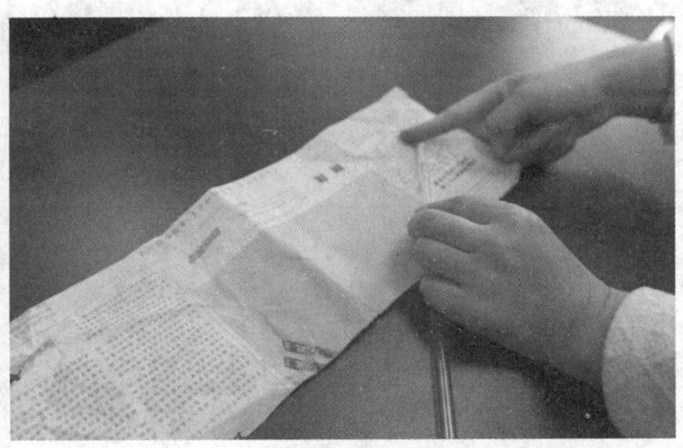

第二步 准备好6~8 cm宽的报纸条,将塞好脱脂棉的移液管的尖端放在报纸的一端,与纸条成一定角度

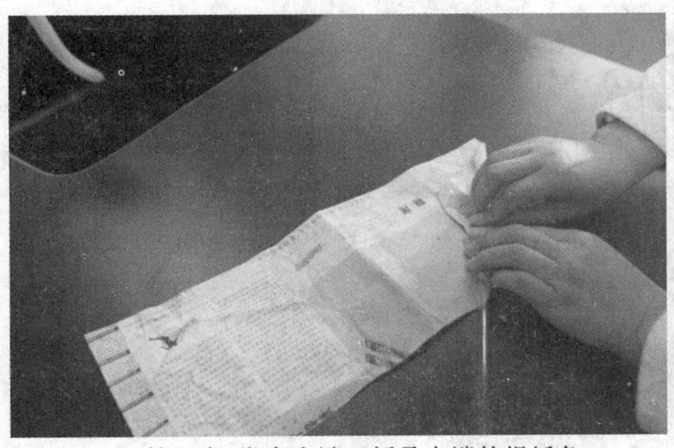

第三步 卷裹尖端,折叠尖端的报纸角

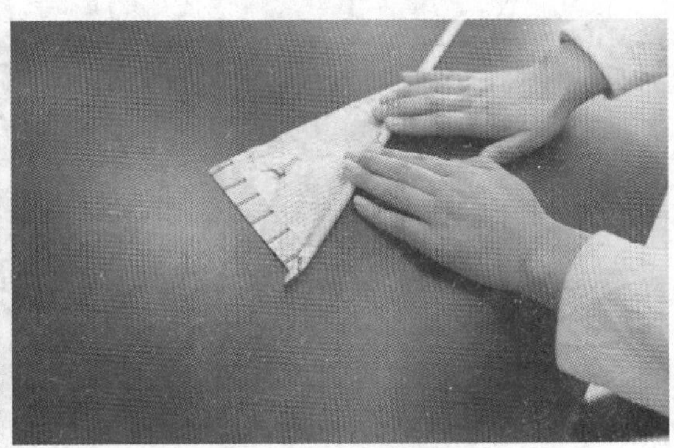

第四步 用力向前卷搓

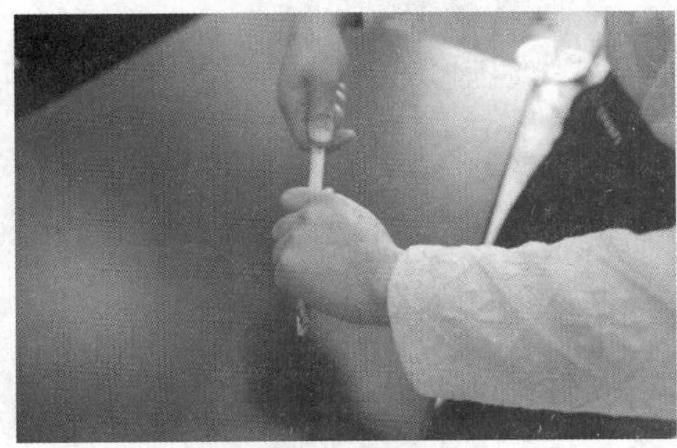

第五步 将移液管完全包裹住

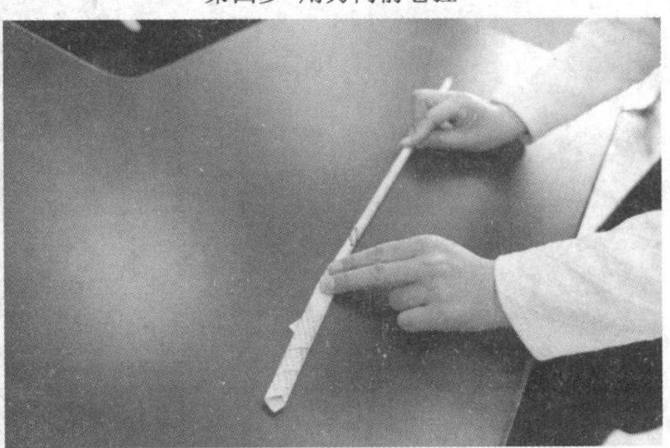

第六步 将剩下的报纸尾压平

图 2-37 移液管的包装

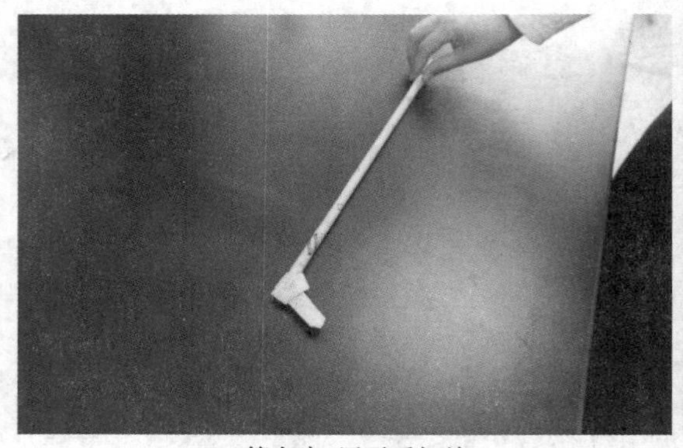

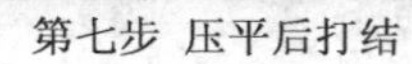
第七步 压平后打结

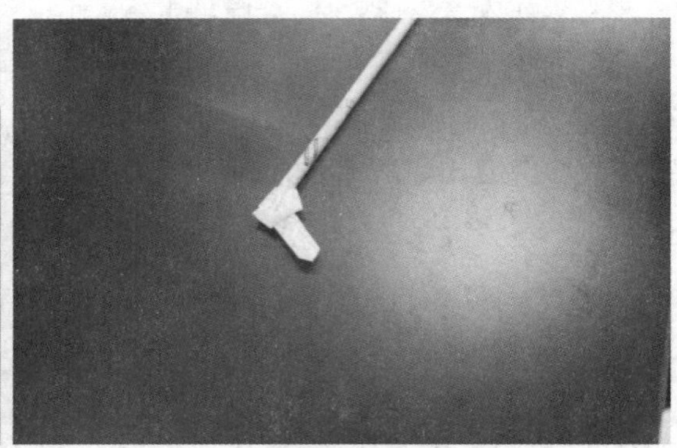

第八步 完成包装

图 2－37(续)

(2)移液枪(如图 2－38),主要用来吸取微量液体。

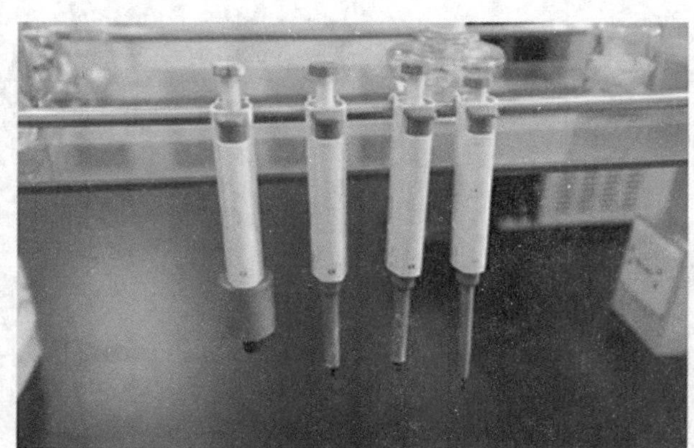

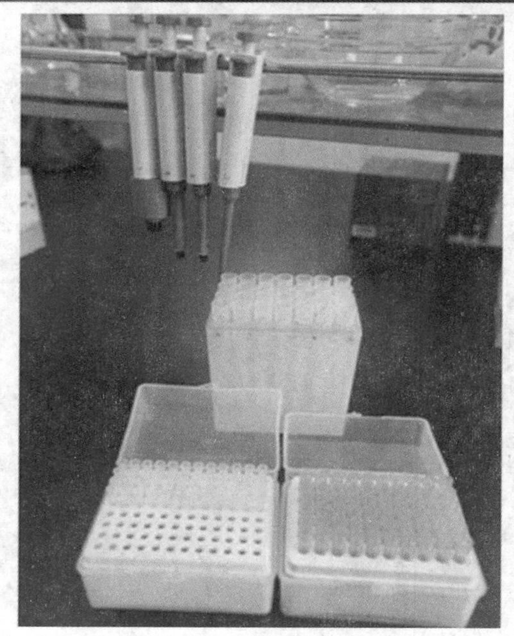

图 2－38 移液枪及枪头

2.7.7 双层瓶

双层瓶(如图2-39)由内外两个玻璃瓶组成。内层为小的上粗下细的圆柱瓶,用于盛放香柏油,供油浸物镜观察微生物时使用;外层为锥形瓶,用于盛放二甲苯,清洁油浸物镜时使用。

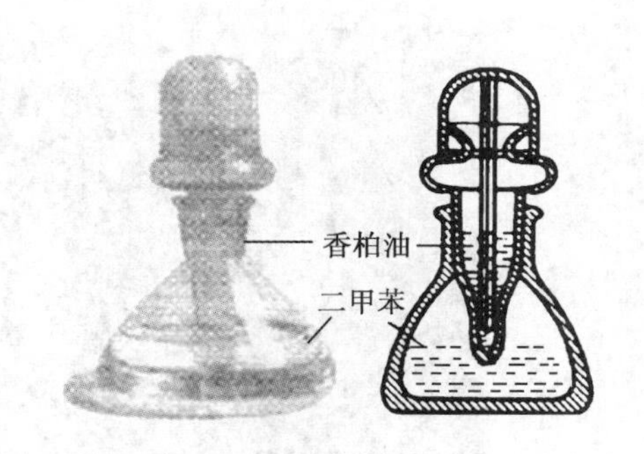

图2-39 双层瓶

2.7.8 滴瓶

当使用的液体化学药品每次的用量很少,或者是很容易发生危险时,则多会选用滴瓶来盛装该溶液。通常液态的酸碱指示剂都是装在滴瓶中使用。滴瓶瓶口内侧磨砂,与细口瓶类似,瓶盖部分用滴管取代。用来装使用量很小的液体的容器,大多数在实验室内使用。

2.8 环境工程微生物常用仪器

2.8.1 高压蒸汽灭菌器

高压蒸汽灭菌器是利用饱和压力蒸汽对物品进行迅速而可靠的消毒灭菌设备,适用于医疗卫生事业、科研、农业等单位。对医疗器械、敷料、玻璃器皿、溶液培养基等进行消毒灭菌,也适用高原地区做蒸餐设备和企事业单位制取高质量饮用水,也可作为制取高温蒸汽源设备。

高压蒸汽灭菌器,按照样式大小可以分为手提式高压灭菌器(如图2-40所示)、立式压力蒸汽灭菌器(如图2-41所示)、卧式高压蒸汽灭菌器(如图2-42)等。蒸汽灭菌锅锅盖上安装有压力表、安全阀、排气阀和软管,锅内配有铝桶、搁架,锅底侧面有排水口。其操作步骤如下:

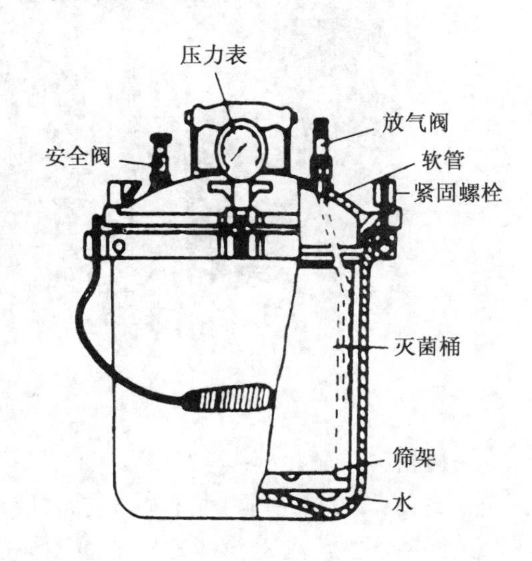

图2-40 手提式高压蒸汽灭菌锅

(1)首先将内层灭菌桶取出,再向外层锅内加入适量的水,使水面与三角搁架相平为宜。

(2)放回灭菌桶,并装入待灭菌物品。注意不要装得太挤,以免妨碍蒸汽流通而影响灭菌效果。三角烧瓶与试管口端均不要与桶壁接触,以免冷凝水淋湿包口的纸而透入棉塞。

(3)加盖,并将盖上的排气软管插入内层灭菌桶的排气槽内。再以两两对称的方式同时旋紧相对的

图 2-41 立式高压蒸汽灭菌锅(两种)

图 2-42 卧式灭菌锅

两个螺栓,使螺栓松紧一致,勿使漏气。

(4)用电炉或煤气加热,并同时打开排气阀,使水沸腾以排除锅内的冷空气。待冷空气完全排尽后,关上排气阀,让锅内的温度随蒸汽压力增加而逐渐上升。当锅内压力升到所需压力时,控制热源,维持压力至所需时间。本实验用 1.05 kPa,121.3 ℃,20 min 灭菌。

(5)灭菌所需时间达到后,切断电源或关闭煤气,让灭菌锅内温度自然下降,当压力表的压力降至 0 时,打开排气阀,旋松螺栓,打开盖子,取出灭菌物品。如果压力未降到 0 时,打开排气阀,就会因锅内压力突然下降,使容器内的培养基由于内外压力不平衡而冲出烧瓶口或试管口,造成棉塞沾染培养基而发生污染。

(6)将取出的灭菌培养基放入 37 ℃温箱培养 24 h,经检查若无杂菌生长,即可待用。

2.8.2 干燥箱

干燥箱(如图2-43所示)根据干燥物质的不同,分为电热鼓风干燥箱和真空干燥箱两大类,现今已被广泛应用于化工、电子通信、塑料、电缆、电镀、五金、汽车、光电、橡胶制品、模具、喷涂、印刷、医疗、航天及高等院校等行业。

图2-43 电热鼓风干燥箱

电热鼓风干燥箱又名"烘箱",顾名思义,采用电加热方式进行鼓风循环干燥试验,分为鼓风干燥和真空干燥两种。鼓风干燥就是通过循环风机吹出热风,保证箱内温度平衡,真空干燥是采用真空泵将箱内的空气抽出,让箱内大气压低于常压,使产品在一个很干净的状态下做试验,是一种常用的仪器设备,主要用来干燥样品,也可以提供实验所需的温度环境。

2.8.3 培养箱

目前应用最为广泛的主要有生化培养箱、二氧化碳培养箱、直接电热式培养箱、隔水电热式培养箱,光照培养箱和微生物培养箱和植物培养箱、人工气候室及恒温恒湿箱,每种类型都有其特点和独特的功用,用于不同的科研及教学领域。

2.8.3.1 生化培养箱

生化培养箱的应用最为普遍,这种培养箱同时装有电热丝加热和压缩机制冷。其可适应范围很大,一年四季均可保持在恒定温度,因而逐渐普及,被广泛应用于细菌、霉菌、微生物、组织细胞的培养保存以及水质分析与BOD测试,适合育种试验、植物栽培等,在高校所开设的如环境保护、卫生防疫、药检、农畜、水产等专业都有使用。

2.8.3.2 二氧化碳培养箱

二氧化碳培养箱是在普通培养的基础上加以改进,通过对周围环境条件的控制制造出一个能使细胞/组织更好地生长的环境,条件控制的结果就会形成一个稳定的条件:如恒定的酸碱度(pH值:7.2~7.4)、稳定的温度(37 ℃)、较高的相对湿度(95%)、稳定的CO_2水平(5%),这就是为什么上述领域的研究员如此热衷于使用方便稳定可靠的二氧化碳培养箱。此外,由于增加了二氧化碳浓度控制,并且使用微控制器对培养箱温度进行精确控制,使生物细胞、组织等的培养成功率、效率都得到改善。总之,二氧化碳培养箱是普通电热恒温培养箱不可替代的新型培养箱。

2.8.3.3 直接电热式和隔水式电热式培养箱

电热式和隔水式培养箱的外壳通常用石棉板或铁皮喷漆制成，隔水式培养箱内层为紫铜皮制的储水夹层，电热式培养箱的夹层是用石棉或玻璃棉等绝热材料制成，以增强保温效果，培养箱顶部设有温度计，用温度控制器自动控制，使箱内温度恒定。隔水式培养箱采用电热管加热水的方式加温，电热式培养箱采用的是用电热丝直接加热，利用空气对流，使箱内温度均匀。

2.8.3.4 光照培养箱

光照培养箱是具有光照功能的高精度恒温设备。光照培养箱是细菌、霉菌、微生物的培养及育种试验的专用恒温培养装置，特别适用于生物工程、医学研究、农林科学、水产、畜牧等领域从事科研和生产使用的理想的设备。

2.8.3.5 微生物培养箱

微生物培养箱主要适用于环境保护、卫生防疫、农畜、药检、水产等科研、院校实验和生产部门。是水体分析和 BOD 测定细菌、霉菌、微生物的培养、保存、植物栽培、育种实验的专用恒温，恒温振荡设备。

2.8.3.6 植物培养箱

植物培养箱实际就是一个有光照的带湿度恒温培养箱，其中的光照、温度、湿度等条件能够满足植物的生长需求。植物培养箱原理是几组灯管和一套控温装置（通常 5 ~ 50 ℃）。如果高级点的还有光照设置比如几点开灯几点关灯，什么时候光照强一些等。

2.8.3.7 人工气候室

可人工控制光照、温度、湿度、气压和气体成分等因素的密闭隔离设备小型的称“人工气候箱”。

2.8.3.8 恒温恒湿箱

恒温恒温箱（如图 2 – 44 所示），可以准确地模拟恒温、恒湿等复杂的自然状环境的，有着精确的温度和湿度控制系统的一种箱体，实验室一般用在植物培养、育种试验；细菌、微生物培养，用作育种、发酵、微生物培养、各种恒温试验、环境试验、物质变性试验和培养基、血清、药物等物品的储存等。恒温恒湿箱可广泛适用于药物、纺织、食品加工等无菌试验、广泛应用于医疗卫生、生物制药、农业科研、环境保护等研究应用领域。

图 2 – 44 恒温培养箱

恒温恒湿箱在工业方面一般用在适用于电工电子、家用电器、汽车、仪器仪表、电子化工、零部件、原材料及涂层、镀层进行高低温或高低湿的实验，在航天、航空、船舶、兵器、电子、石化、邮电、通讯、汽车，等领域备受青睐。

2.8.4 超净工作台

超净工作台原理是在在特定的空间内,室内空气经预过滤器初滤,由小型离心风机压入静压箱,再经空气高效过滤器二级过滤,从空气高效过滤器出风面吹出的洁净气流具有一定的和均匀的断面风速,可以排除工作区原来的空气,将尘埃颗粒和生物颗粒带走,以形成无菌的高洁净的工作环境。

2.8.4.1 超净工作台工作原理

①超净工作台内配备紫外杀菌灯管,用于杀灭微生物;

②超净工作台内变速离心机可将经过高效过滤器过滤的空气以水平或者垂直的单向气流吹出,并能以一定的均匀断面风速吹过工作区,带走尘埃颗粒和微生物颗粒,形成无尘、无菌的工作环境。

2.8.4.2 超净工作台操作方法

①接通电源。将电源插入插座,并打开整个超净工作台的总开关后,可以看到按钮面板各个电源指示灯亮,表示电源处于接通状态。(通常,实验室的超净工作台总电源开关一直是处于打开状态)

②清理台面,拉下防尘玻璃挡板,紫外杀菌。若超净工作台内堆放与本实验无关的物品,可先移出,用酒精棉球清洁台面后可预先放入实验相关的且能以紫外照射的材料进行紫外灭菌。拉下工作台前面的玻璃挡板,并关严。找到按键板,按下标有“杀菌”字样的按钮即可开启紫外灯管(再次按下该按钮则会闭紫外灯)进行杀菌,一般照射 30 min 即可。

注意:可将操作台面大致分为废物回收区、物品放置区和操作区。操作区内尽量不要堆放物品;不要在杀菌的同时开启风机。

③开启风机和照明系统,开始实验。紫外杀菌结束前应先开启风机,再关闭紫外灯,最后掀起玻璃挡板开始实验。按钮板面上面标记“开启/停止”字样的按钮是风机的开启和关闭的按钮。正常情况下,风机的最低挡在出厂时候已经满足风速要求。使用时可多次按下“风量调节”按钮选择需要的风速大小。按动风量调节按钮后,风速的变化为:“低→高→低”的不断循环,并且有相应的灯指示风量状态。标有“照明”字样的按钮是超净工作台内照明灯的开关,可根据需要开启。

注意:a. 试验操作时候尽量避免快速且大幅度移动,以减少对超净工作台内气流的扰乱,避免外界细菌进入。b. 有的超净台同时具有正压和负压系统,一般情况下使用正压系统;当试验的试剂可能有气体逸出,对人员造成刺激性伤害时候,可使用负压风道系统,使所有的气体只在超净台内部循环。

④结束试验,清理台面,关闭风机,拉下防尘玻璃挡板。试验后,清理台面废弃物后,用酒精棉球擦拭台面。关闭风机后拉下防尘玻璃挡板。若接下来还有试验,可打开紫外灯,为接下来再次使用做好准备。

2.8.4.3 超净工作台(见图 2-45)的维护

①根据环境洁净度,定期更换滤布;定期对超净台内外进行清洁;

②照明灯和紫外灯达到使用寿命后更换相同规格灯管。

图 2-45 超净工作台

2.8.5 接种箱

接种箱(如图 2-46 所示)是一种无菌操作箱,一般为木质结构,有各种形状和规格。分双人操作箱和单人操作箱两种。

图 2-46 接种箱

2.8.5.1 操作方法

双人操作箱,四个侧面均装玻璃;单人操作箱,三个侧面装玻璃。接种箱要求关闭严密、无缝,便于密闭熏蒸消毒,进行无菌操作。接种箱的正面开两个圆洞(双人接种箱的正反面均开两个圆洞),洞口上装上布袖套,双手由此伸入操作。圆洞外设有推门,不操作时关闭,保持接种箱内清洁。箱内一般放置接种用的酒精灯、点燃物和常用接种工具如接种针、接种匙等。菌种和被接瓶、袋接种前才放入。由于接种箱的空间小、箱内空气容量少、接种时间长、火焰容易熄灭。因此,可在箱顶两侧开一个直径 10 cm 左右的圆孔,并用数层纱布覆盖,以便利内外空气交换。接种箱内要安装紫外灯、杀菌灯进行空间消毒。紫外灯是由灯管、镇流器、启动器、灯座等组成。紫外灯管有多种形状和规格,用于箱内空气消毒的一般采用直形灯管,电压为 220 V、波长 2 537 nm、功率 30 W 的杀菌效果最好。不同功率的灯管配用不同的镇流器和启动器,紫外灯管直接装在箱子顶部。紫外线的穿透力很弱,即使一层很薄的玻璃也能够滤掉大部分射线。因此,紫外线灯适用于空气和物体表面的消毒。消毒时,可把菌种和被接物一起置于接种箱的紫外线下,不会影响其成活率。紫外线对人的眼黏膜及视神经有损伤作用,要关灭后,再打开接在箱内的日光灯进行接种操作,必须避免直接在紫外灯下工作,也不能直视灯管。但只要正确操作,紫外线消毒时间短、效果好,对人体无多大影响,是一种较好的消毒方法。当然,也可采用成本低的福尔马林熏蒸法进行消毒,但时间长,产生的刺激性气体对人体有不良作用,必须引起注意。目前也有改用气雾消毒等方法进行消毒。接种箱的无菌程度高,效果好,而且可自行制造,成本低,体积小,使用方便。大规模生产时,可用多个接种箱同时接种。

2.8.5.2 注意事项

①要求接种箱密闭性好,接种时要严格遵守无菌操作规程。

②接种前应准备好接种工具、菌种和已经灭菌的培养基等,接种数量不宜过多,否则操作不便。

③接种前应先用2% ~3%煤酚皂水溶液喷雾消毒,然后再点燃气雾消毒盒熏蒸,用量是2 ~4 g/m^3,半小时后方可使用。

④由于操作人员多而管理不当会使污染率提高,只适合小规模生产使用,不适合大规模生产使用。

2.8.6 恒温摇床

空气恒温摇床(如图2 -47所示),是一种温度可控的恒温培养箱和振荡器相结合的生化仪器,主要适用于各大中院校、医疗、石油化工、卫生防疫、环境监测等科研部门做生物、生化、细胞、菌种等各种液态、固态化合物的振荡培养。其主要特点是:

(1)温控精确数字显示;

(2)开设有补氧孔、恒温工作腔补氧充足;

(3)设有机械定时;

(4)万能弹簧试瓶架特别适合做多种对比试验的生物样品的培养制备;

(5)无级调速,运转平稳,操作简便安全;

(6)内腔采用不锈钢制作,抗腐蚀性能良好。

图2 -47 恒温摇床

2.8.7 分光光度计

分光光度计(如图2 -48所示)已经成为现代分子生物实验室常规仪器。常用于核酸,蛋白定量以及细菌生长浓度的定量。仪器主要由光源、单色器、样品室、检测器、信号处理器和显示与存储系统组成。

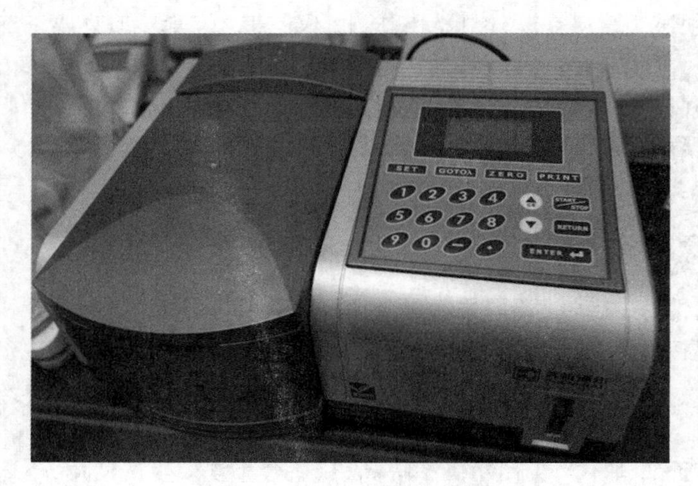

图 2-48　分光光度计

2.8.7.1　操作方法

(1)接通电源,打开仪器开关,掀开样品室暗箱盖,预热 10 min;

(2)将灵敏度开关调至“1”挡(若零点调节器调不到“0”时,需选用较高挡);

(3)根据所需波长转动波长选择钮;

(4)将空白液及测定液分别倒入比色杯 3/4 处,用擦镜纸擦清外壁,放入样品室内,使空白管对准光路;

(5)在暗箱盖开启状态下调节零点调节器,使读数盘指针指向 $t=0$ 处;

(6)盖上暗箱盖,调节“100”调节器,使空白管的 $t=100$,指针稳定后逐步拉出样品滑竿,分别读出测定管的光密度值,并记录;

(7)比色完毕,关上电源,取出比色皿洗净,样品室用软布或软纸擦净。

2.8.7.2　注意事项

(1)该仪器应放在干燥的房间内,使用时放置在坚固平稳的工作台上,室内照明不宜太强。热天时不能用电扇直接向仪器吹风,防止灯泡灯丝发亮不稳定。

(2)使用本仪器前,使用者应该首先了解本仪器的结构和工作原理,以及各个操纵旋钮的功能。在未按通电源之前,应该对仪器的安全性能进行检查,电源接线应牢固,通电也要良好,各个调节旋钮的起始位置应该正确,然后再按通电源开关。

(3)在仪器尚未接通电源时,电表指针必须于“0”刻线上,若不是这种情况,则可以用电表上的校正螺丝进行调节。

2.9　环境微生物学课程实验

实验一　微生物大小的测定

一.实验目的

1.了解显微镜测定微生物大小的原理。

2.学习并掌握显微镜下测定微生物细胞大小的技术,包括目镜测微尺、镜台测微尺的校正技术与测定细胞大小的技术。

二、实验原理

微生物细胞大小,是微生物的形态特征之一,也是分类鉴定的依据之一。由于菌体很小,只能在显微镜下测量。用来测量微生物细胞大小的工具有目镜测微尺和镜台测微尺。

镜台测微尺(图2-49(a))是中央部分刻有精确等分线的载玻片。一般将1 mm等分为100格,每格长度等于0.01 mm(即10 μm)。镜台测微尺并不直接用来测量细胞的大小,而是专用于校正目镜测微尺每格的相对长度。

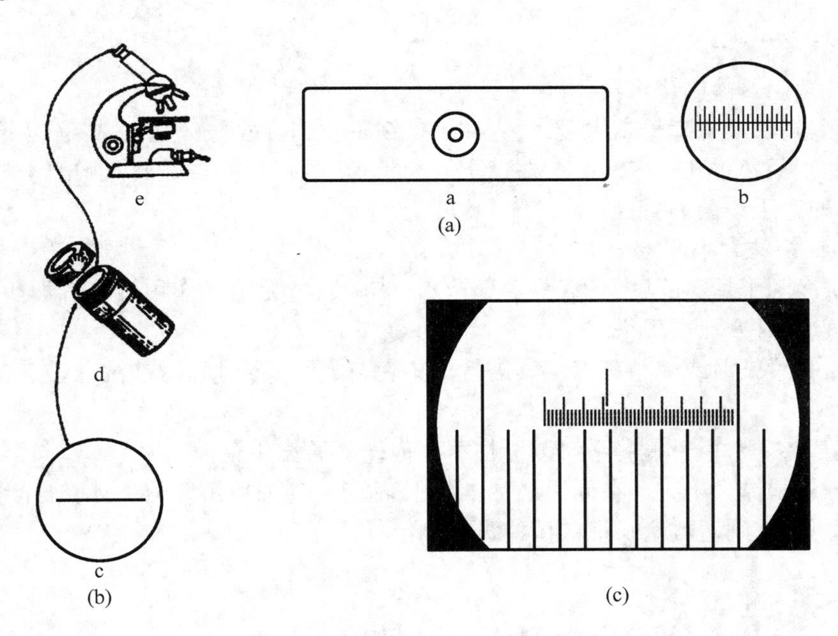

图2-49　测微尺及其安装和校正

目镜测微尺(图2-49(b))是一块可放在接目镜内的隔板上的圆形小玻片,其中央刻有精确的刻度,有等分50小格或100小格两种,每5小格间有一长线相隔。由于所用目镜放大倍数和物镜放大倍数的不同,目镜测微尺每小格所代表的实际长度也就不同。因此,目镜测微尺不能直接用来测量微生物的大小。在使用前必须用镜台测微尺进行校正,以求得在一定放大倍数的接目镜和接物镜下该目镜测微尺每小格的相对值,然后才可用来测量微生物的大小。

三、实验仪器和材料

1. 仪器：目测微尺、物测微尺、光学显微镜。
2. 菌种：酵母菌液，枯草芽孢杆菌斜面培养物。
3. 试剂：美蓝染液，结晶紫，蒸馏水等。

四、实验步骤及内容

1. 目镜测微尺的校正

将目镜的上透镜旋下，将目镜测微尺的刻度朝下轻轻地装入目镜的隔板上，把镜台测微尺置于载物台上，刻度朝上。先用低倍镜观察，对准焦距，视野中看清镜台测微尺的刻度后，转动目镜，使目镜测微尺与镜台测微尺的刻度平行，移动推动器，使两尺重叠，再使两尺的“0”刻度完全重合，定位后，仔细寻找两尺第二个完全重合的刻度，计数两重合刻度之间目镜测微尺的格数和镜台测微尺的格数。因为镜台测微尺的刻度每小格长 10 μm，所以由下列公式可以算出目镜测微尺每小格所代表的长度。

$$\text{目镜测微尺每小格长度}=\frac{\text{两对重合线间镜台测微尺格数}\times 10}{\text{两对重合线间目镜测微尺格数}}$$

用此法分别校正在物镜倍数为 10×，40×，100×下目镜测微尺每小格所代表的长度。

注意事项　由于不同显微镜及附件的放大倍数不同，因此校正目镜测微尺必须针对特定的显微镜和附件（特定的物镜、目镜、镜筒长度）进行，而且只能在特定的情况下重复使用，当更换不同放大倍数的目镜或物镜时，必须重新校正目镜测微尺每一格所代表的长度。

2. 细胞大小的测定

（1）酵母菌的大小测定

①取一滴酵母菌菌悬液制成水浸片。

②移去镜台测微尺，换上酵母菌水浸片，先在低倍镜下找到目的物，然后在高倍镜下用目镜测微尺来测量酵母菌菌体的直径各占几格（不足一格的部分估计到小数点后一位数）。测出的格数乘上目镜测微尺每格的校正值，即等于该菌的直径。

（2）枯草芽孢杆菌的大小测定

①将载玻片洗净晾干后，在其中央滴一滴蒸馏水，然后通过无菌操作用接种针取少量枯草芽孢杆菌的斜面培养物于蒸馏水中，然后干燥。

②单染色用结晶紫染液或美兰染液对其进行单染色，染色一定时间后冲洗载玻片的背面，将染液冲洗掉。

③置于显微镜下镜检，用目镜测微尺测量枯草芽孢杆菌的长和宽。

注意事项　测量菌体大小时要在同一个标本片上测定 3 个大小相近的菌体，求出平均值，才能代表该菌的大小，而且一般是用对数生长期的菌体进行测定。

五、实验结果

1. 将目镜测微尺校正结果填入表 2-4。

表 2-4　目镜测微尺校正结果

物镜倍数	目镜测微尺格数	镜台测微尺格数	目镜测微尺每格代表的长度

2. 将测定结果填入表 2－5 和表 2－6 中。

表 2－5　酵母菌大小测量结果

菌号	1	2	3	4	5	6	7	8	9	10	平均
长/μm											
宽/μm											

表 2－6　枯草芽孢杆菌大小测量结果

菌号	1	2	3	4	5	6	7	8	9	10	平均
长/μm											
宽/μm											

结果计算：长（μm）＝平均格数×校正值

宽（μm）＝平均格数×校正值

大小表示：宽（μm）×长（μm）

六、思考题

1. 不改变目镜和目镜测微尺，而改用不同倍数的物镜来测定同一细菌的大小，目镜测微尺上所量的物镜上物体的实际长度是否相同，为什么？

2. 为什么更换不同放大倍数的目镜或物镜时，必须用镜台测微尺重新对目镜测微尺进行校正？

实验二　微生物的显微镜直接计数法

一、实验目的

1. 明确血细胞计数板计数的原理。

2. 掌握使用血细胞计数板进行微生物计数的方法。

二、实验内容

1. 酵母菌细胞数的测定。

2. 酵母菌出芽率的测定。

三、实验原理

显微镜直接计数法是将小量待测样品的悬浮液置于一种特别的具有确定面积和容积的载玻片上，于显微镜下直接计数的一种简便、快速、直观的方法。

用血细胞计数板在显微镜下直接计数是一种常用的微生物计数方法。血球计数板是一块特制的载玻片，其上由四条槽构成三个平台；中间较宽的平台又被一短槽隔成两半，每一边的平台上各自刻有一个方格网，每个方格网共分为九个大格，中间的大方格即为计数室。血细胞计数板构造如图 2－50 和图 2－51所示。计数室的刻度一般有两种规格，一种是一个大方格分成 25 个中方格，而每个中方格又分成 16 个小方格；另一种是一个大方格分成 16 个中方格，而每个中方格又分成 25 个小方格，但无论是哪一种规格的计数板，每一个大方格中的小方格都是400个。每一个大方格边长为1 mm，则每一个大方格的面积为1 mm^2，盖上盖玻片后，盖玻片与载玻片之间的高度为0.1 mm，所以计数室的容积为0.1 mm^3。

计数时，通常数五个中方格的总菌数，然后求得每个中方格的平均数，再乘上25或16，就得出一个大方格中的总菌数，然后再换算成1 mL菌液中的总菌数。

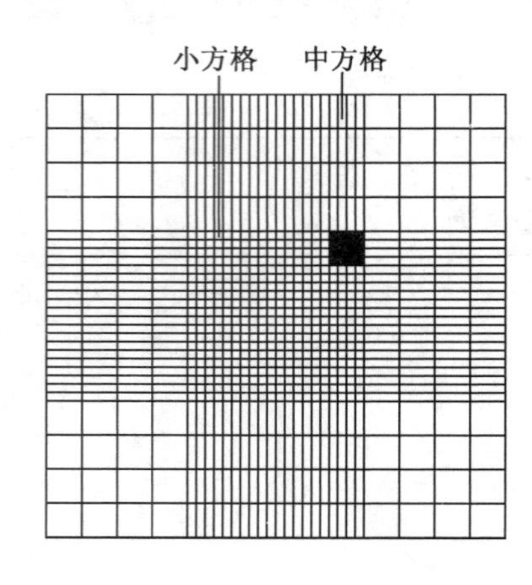

图2-50 血球计数板构造(一)

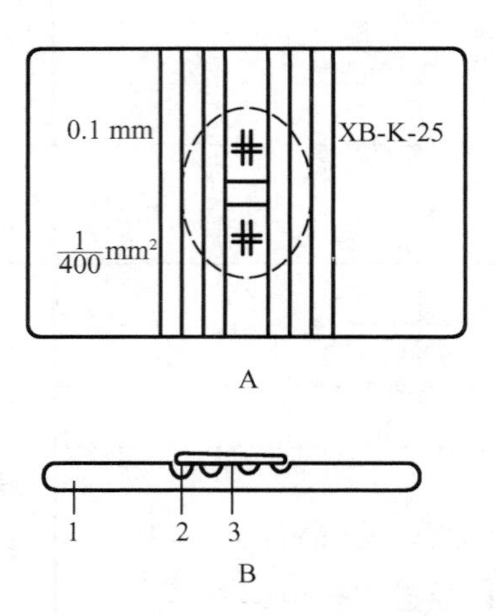

图2-51 血球计数板构造(二)

1—血细胞计数板；2—盖玻片；3—计数室

四、实验器材

酿酒酵母、血细胞计数平板、显微镜、盖玻片和无菌毛细管等。

五、实验步骤

1. 酵母菌细胞数的测定

(1)菌悬液制备：以无菌生理盐水将酿酒酵母制成浓度适当的菌悬液。

(2)镜检计数室：在加样前，先对计数板的计数室进行镜检。若有污物，则需清洗，吹干后才能进行计数。

(3)加样品：将清洁干燥的血细胞计数板盖上盖玻片，再用无菌的毛细滴管将摇匀的酿酒酵母菌悬液由盖玻片边缘滴一小滴，让菌液沿缝隙靠毛细渗透作用自动进入计数室，一般计数室均能充满菌液。

(4)显微镜计数：加样后静止5 min，然后将血细胞计数板置于显微镜载物台上，先用低倍镜找到计数室所在位置，然后换成高倍镜进行计数。

若计数区是由16个中方格组成，按对角线方位，数左上、左下、右上、右下的4个中方格(即100小格)的菌数；如果是25个中方格组成的计数区，除数上述四个中方格外，还需数中央1个中方格的菌数(即80个小格)；如菌体位于中方格的双线上，计数时则数上线不数下线，数左线不数右线，以减少误差；如遇酵母出芽，芽体大小达到母细胞的一半时，即作为两个菌体计数。计数一个样品要从两个计数室中计得的平均数值来计算样品的含菌量。

16×25型血细胞计数板的计算公式

$$酵母菌细胞数=\frac{100个小格内酵母细胞数}{100}\times 400\times 10\ 000\times 菌液稀释倍数(mL)$$

25×16型血细胞计数板的计算公式

$$酵母菌细胞数=\frac{80个小格内酵母细胞数}{80}\times 400\times 10\ 000\times 菌液稀释倍数(mL)$$

(5)清洗血细胞计数板：使用完毕后，将血细胞计数板在水龙头上用水冲洗干净，切勿用硬物洗刷，

洗完后自行晾干或用吹风机吹干。镜检，观察每小格内是否残留菌体或其他沉淀物。若不干净，则必须重复洗涤至干净为止。

2. 酵母菌出芽率的测定

（1）方法步骤基本同上：观察酵母菌出芽率并计数时，如遇到菌体大小超过细胞本身50%时，不做芽体计数而做酵母细胞计数。

（2）计算：

$$酵母菌出芽率=\frac{芽体数}{总酵母细胞数}\times 100\%$$

六、实验结果及讨论

1. 实验结果记录在表2－7和表2－8中。

表2－7　酵母菌细胞数的测定

	各中格中菌数					中格中总菌数	稀释倍数	二室平均数	菌数/mL
	1	2	3	4	5				
第一室									
第二室									

表2－8　酵母菌出芽率的测定

	总酵母菌数	芽体数	出芽率/%	平均数
第一室				
第二室				

2. 讨论

针对实验原理、步骤、现象进行讨论。

七、思考

根据你的体会，说明用血细胞计数板计数的误差主要来自哪些方面？应如何尽量减少误差、力求准确？

实验三　相差、暗视野和荧光偏光显微镜的示范观察

一、实验目的与要求

1. 了解相差、暗视野及荧光显微镜的工作原理。
2. 学习并掌握使用上述三种偏光显微镜观察微生物样品的基本方法。

二、实验的原理

使用普通明视野显微镜进行微生物样品的观察时，通常需要对样品进行染色处理，以提高反差。这

是因为明视野偏光显微镜的照明光线直接进入视野，属透射照明，透明的活菌在明视野中会由于与明亮的背景间反差过小而不易看清细节。本实验介绍的相差、暗视野及荧光显微镜，都是通过在成像原理上的改进，提高了显微观察时样品的反差，可以实现对微生物活细胞的直接观察。

三、实验的仪器与材料

1. 菌种：大肠杆菌和酿酒酵母的水浸片。

2. 溶液和试剂：无菌水、香柏油、二甲苯、吖啶橙和蒸馏水等。

3. 仪器和其他用品：相差显微镜、暗视野聚光器、荧光显微镜、合轴调节望远镜、滤光片、擦镜纸、载玻片和盖玻片、接种环、酒精灯等。

四、实验步骤

1. 相差显微镜的观察步骤

(1)将显微镜的聚光器和接物镜换成相差聚光器和相差物镜，在光路上加绿色滤光片。

(2)聚光器转盘刻度置“0”，调节光源使视野亮度均匀。

(3)将酿酒酵母水浸片置于载物台上，将相应于10×相差物镜的聚光器环状光阑移入光路中，完全打开聚光器孔径光阑。

(4)将样品置于载物台上，聚焦样品。

(5)调节聚光器。

(6)观察物镜后焦面，调节环状光阑的像和相板中圆环互相吻合。具体方法：取下一个目镜，插入聚焦望远镜，转动望远镜的接目镜，直到在望远镜中观察到清晰的环状光阑和相板的像。

(7)如果换用高倍相差物镜观察，需要移入相应的高倍聚光器环状光阑，重复以上调节步骤。

2. 暗视野显微镜的观察步骤

(1)取下原有聚光器，换上暗视野聚光器。

(2)选用干净适当厚薄的载玻片(通常为1.0~1.2 mm)及盖玻片(通常为0.17 mm)。在载玻片上滴上大肠杆菌悬液后加盖玻片，制成水浸片。

(3)光源的光圈孔调至最大。

(4)在聚光器上放一大滴香柏油，将标本置载物台上，旋上聚光器使香柏油与载玻片接触(不能有气泡发生)。

(5)用低倍物镜及10×目镜进行配光并聚焦样品。调节聚光器的高度，首先在黑暗视野中出现一亮光环，通过调节聚光器对中螺旋使光环位于视野中心，最后使光环变成为一光亮的光点，光点越小越好，由此点将聚光器上下移动时均使光点增大，并略大于视野。

(6)换上所需目镜和高倍镜，缓慢上升物镜进行调焦，至视野中心出现发光的样品，进行观察。

(7)观察完毕，擦去聚光器上的香柏油，按要求妥善清洁镜头及其他部件。

3. 荧光显微镜的观察步骤

(1)将一滴新配制的0.01%吖啶橙溶液滴加到干净的载玻片上，用接种环刮取少量酿酒酵母与之混匀，制成菌悬液，然后加盖玻片。

(2)打开灯源，超高压汞灯要预热15 min才能达到最亮点。

(3)透射式荧光显微镜需在光源与暗视野聚光器之间装上所要求的激发滤片，在物镜的后面装上相应的压制滤片。落射式荧光显微镜需在光路的插槽中插入所要求的激发滤片、双色束分离器、压制滤片的插块。根据使用需要选择显微镜种类。

(4)用低倍镜观察，根据不同型号荧光显微镜的调节装置，调整光源中心，使其位于整个照明光斑的中央。

(5)放置标本片,调焦后即可观察。使用中应注意:未装滤光片不要用眼直接观察,以免引起眼的损伤;用油镜观察标本时,必须用无荧光的特殊镜油;高压汞灯关闭后不能立即重新打开,需待汞灯完全冷却后才能再启动,否则会不稳定,影响汞灯寿命。

(6)使用完毕后,做好镜头和载物台的清洁工作,待灯室冷却至室温后再加显微镜防尘罩。

五、实验结果

1. 准确记录结果。
2. 描述并绘出在三种显微镜下观察到的酿酒酵母和大肠杆菌的运动情况及形态特点。

六、思考

比较三种显微镜各自的特点,各自的用途。

实验四 透射与扫描电子显微镜微生物样品的制备实验

一、实验目的

1. 了解透射电子显微镜和扫描电子显微镜的构造及原理。
2. 学习并掌握制备微生物电镜样品的基本方法。

二、实验原理

1. 电子显微镜与光学显微镜的主要区别

电子显微镜的分辨率取决于所用光的波长,1933 年开始出现的电子显微镜正是由于使用了波长比可见光短得多的电子束作为光源,使其所能达到的分辨率较光学显微镜大大提高。而光源的不同,也决定了电子显微镜与光学显微镜的一系列差异。

根据电子束作用于样品的方式的不同及成像原理的差异,现代电子显微镜已发展形成了许多种类型,目前最常用的是透射电子显微镜(Transmission Electron Microscope)和扫描电子显微镜(Scanning Electron Microscope)。前者总放大倍数可在 1 000 ~ 1 000 000 倍范围内变化,后者总放大倍数可在 20 ~ 300 000 倍之间变化。本实验主要介绍这两种显微镜样品的制备。

2. 透射电子显微镜的结构及其原理

透射电子显微镜主要由电子光学系统、真空系统和电源系统组成。真空系统由机械泵和扩散泵组成,任务是保证镜筒内电子束经过部分的真空度至少在 $1.33\times10^{-7}\sim1.33\times10^{-5}$ kPa,以减少高速运动的电子受气体分子散射的机会和气体分子受高速电子撞击时的电离放电现象,以及样品对电子枪灯丝的污染等等,提高图像质量,延长灯丝寿命。

电器系统包括高压电源、透镜电源、真空系统电源和其他电器部件。为了保持电子枪发射电子波长的单一性,电子枪加速电压必须配有稳压器,而且要求输出电压的稳定性在 $10^{-6}\sim10^{-5}$以上。

透射电镜的电子光学系统包括照明系统和成像系统。

在实际电镜观察中,为了寻找样品中的最佳成像区域,通常先在低倍模式下大视域观察,再转换到高倍成像模式进一步观察。它的成像原理有质量厚度衬度原理、电子衍射原理、衍射衬度成像原理。

3. 扫描电子显微镜结构及其工作原理

扫描电子显微镜除了电子光学系统、真空系统、电器系统三部分外，还有信号检测系统。一般扫描电镜的电子光学部分由电子枪、电磁透镜、扫描线圈和样品室等部件组成。

在扫描电镜中，样品较厚，电子束与样品表面的作用很复杂，引起非弹性散射的原因也很多，由于每个高能电子入射到样品后的境遇不同，激发多种物理信号。如果在样品附近配置不同的信号检测器，就可获得反映样品不同性质的信息。二次电子像的分辨率等于扫描电镜的极限分辨率。

三、实验器材

1. 菌种

大肠杆菌（大肠埃希氏菌，Escherichia Coli）斜面。

2. 溶液或试剂

醋酸戊酯，浓硫酸，无水乙醇，无菌水，2%磷钨酸钠（pH：6.5～8.0）水溶液，0.3%聚乙烯醇缩甲醛（溶于三氯甲烷）溶液，细胞色素 c，醋酸铵，质粒 pBR322，醋酸铀乙醇，丙酮，2%戊二醛溶液，1%锇酸，0.1 mol/L、pH7.2 磷酸缓冲液，醋酸异戊酯，液体二氧化碳，导电胶。

3. 仪器或其他用具

透射电镜，扫描电镜，普通光学显微镜，真空镀膜机，临界点干燥仪，铜网，瓷漏斗，烧杯，平皿，无菌滴管，无菌镊子，大头针，载玻片，细菌计数板，脱脂棉，培养皿等。

四、实验步骤

1. 透射电镜的样品制备及观察

（1）金属网的处理

光学显微镜的样品是放置在载玻片上进行观察，而在透射电镜中，由于电子不能穿透玻璃，只能采用网状材料作为载物，通常称为载网。载网因材料及形状的不同可分为多种不同的规格，其中最常用的是200～400目（孔数）的铜网。铜网在使用前要处理，除去其上的污物，否则会影响支持膜的质量及标本照片的清晰度。本实验选用的是400目的铜网，可用如下方法进行处理：首先用醋酸戊酯浸漂几小时，再用蒸馏水冲洗数次，然后再将铜网浸漂在无水乙醇中进行脱水。如果铜网经以上方法处理仍不干净时，可用稀释的浓硫酸（1∶1）处理1～2 min，或在1% NaOH 溶液中煮沸数分钟，然后立即用无菌蒸馏水冲洗数次后，放入无水乙醇中脱水，待用。

（2）支持膜的制备

在进行样品观察时，在载网上还应覆盖一层无结构、均匀的薄膜，否则细小的样品会从载网的孔中漏出去，这层薄膜通常称为支持膜或载膜。支持膜应对电子透明，其厚度一般应低于20 nm；在电子束的冲击下，该膜还应有一定的机械强度，能保持结构的稳定，并拥有良好的导热性；此外，支持网在电镜下应无可见的结构，且不与承载的样品发生化学反应，不干扰对样品的观察，其厚度一般为15 nm左右。支持膜可用塑料膜（如火棉膜、聚乙烯甲醛膜等），也可以用碳膜或者金属膜（如铍膜等）。常规工作条件下，用塑料膜就可以达到要求，而塑料膜中火棉胶膜的制备相对容易，但强度不如聚乙烯甲醛膜。

①火棉胶棉的制备

在一干净容器（烧杯、平皿或下带止水夹的瓷漏斗）中放入一定量的无菌水，用无菌滴管吸2%火棉胶醋酸戊酯溶液，滴一滴于水面中央，勿振动，待醋酸戊酯蒸发，火棉胶则由于水的张力随即在水面上形成一层薄膜。用镊子将它除掉，再重复一次此操作，主要是为了清除水面上的杂质。然后适量滴一滴火棉胶液于水面，火棉胶液滴加量的多少与形成膜的厚薄有关，待膜形成后，检查是否有皱褶，如有，则除去一直待膜制好。所用溶液中不能有水分及杂质，否则形成的膜的质量较差。待膜成形后，可以侧面对光检查所形成的膜是否平整及是否有杂质。

②聚乙烯甲醛膜(Formvar 膜)的制备

洗干净的玻璃板插入0.3% Formvar 溶液中静置片刻(时间视所要求的膜的厚度而定),然后取出稍稍晾干便会在玻璃板上便形成一层薄膜;用锋利的刀片或针头将膜刻一矩形;将玻璃板轻轻斜插进盛满无菌水的容器中,借助水的表面张力作用使膜与玻璃片分离并漂浮在水面上。所使用的玻璃片一定要干净,否则膜难以从上面脱落;漂浮膜时,动作要轻,手不能发抖,否则膜将发皱;同时,操作时应注意防风避尘,环境要干燥,所用溶剂也必须有足够的纯度,否则都将对膜的质量产生不良影响。

(3)转移支持膜到载网上

将洗净的网放入瓷漏斗中,漏斗下套上乳胶管,用止水夹控制水流,缓缓向漏斗内加入无菌水,其量约高1 cm;用无菌镊子尖轻轻排除铜网上的气泡,并将其均匀地摆在漏斗中心区域;按(2)所述方法在水面上制备支持膜,然后松开水夹,使膜缓缓下沉,紧紧贴在铜网上;将一清洁的滤纸覆盖在漏斗上防尘,自然干燥或红外线灯下烤干。干燥后的膜,用大头针尖在铜网周围划一下,用无菌镊子小心将铜网膜移到载玻片上,置光学显微镜下用低倍镜挑选完整无缺、厚薄均匀的铜网膜备用。

(4)制片

透射电镜样品的制备方法很多,如超薄切片法、复型法、冰冻蚀刻法、滴液法等。其中滴液法,或在滴液法基础上发展出来的其他类似方法如直接贴印法、喷雾法等主要被用于观察病毒粒子、细菌的形态及生物大分子等。而由于生物样品主要由碳、氢、氧、氮等元素组成,散射电子的能力很低,在电镜下反差小,所以在进行电镜的生物样品制备时通常还须采用重金属盐染色或金属喷镀等方法来增加样品的反差,提高观察效果。例如负染色法就是用电子密度高,本身不显示结构且与样品几乎不反应的物质(如磷钨酸钠或磷钨酸钾)来对样品进行“染色”。由于这些重金属盐不被样品成分所吸附而是沉积到样品四周,如果样品具有表面结构,这种物质还能穿透进表面上凹陷的部分,因而在样品四周有染液沉积的地方,散射电子的能力强,表现为暗区,而在有样品的地方散射电子的能力弱,表现为亮区。这样便能把样品的外形与表面结构清楚地衬托出来。负染色法由于操作简单,目前在进行透射电镜生物样品制片时比较常用。本实验将主要介绍采用滴液法结合负染色技术观察细菌及核酸分子的形态。

①细菌的电镜样品制备

a. 将适量无菌水加入生长良好的细菌斜面内,用吸管轻轻拨动菌体制成菌悬液。用无菌滤纸过滤,并调整滤液中的细胞浓度为$10^8 \sim 10^9$个/毫升。

b. 取等量的上述菌悬液与等量的2%的磷钨酸钠水溶液混合,制成混合菌悬液。

c. 用无菌毛细吸管吸取混合菌悬液滴在铜网膜上。

d. 经3~5 min后,用滤纸吸去余水,待样品干燥后,置低倍光学显微镜下检查,挑选膜完整、菌体分布均匀的铜网。

有时为了保持菌体的原有形状,常用戊二醛、甲醛、锇酸蒸气等试剂小心固定后再进行染色。其方法是将用无菌水制备好的菌悬液经过过滤,然后向滤液中加几滴固定液(如pH7.2,0.15%的戊二醛磷酸缓冲液),经这样预先稍加固定后,离心,收集菌体,再用无菌水制成菌悬液,并调整细胞浓度为$10^8 \sim 10^9$个/毫升。然后按上述方法染色。

②核酸分子的电镜样品制备

核酸分子链一般较长,采用普通的滴液或喷雾法易使其结构受到破坏,因此目前多采用蛋白质单分子膜技术来进行核酸分子样品的制备。其原理是:很多球状蛋白均能在水溶液或盐溶液的表面形成不溶的变性薄膜,在适当的条件下这一薄膜可以成为单分子层,由伸展的肽链构成一个分子网。当核酸分子与该蛋白质单分子膜作用时,会由于蛋白质的氨基酸碱性侧链基团的作用,使得核酸从三维空间结构的溶液构型吸附于肽链网而转化为二维空间的构型,并从形态到结构均能保持一定程度的完整性。最后将吸附有核酸分子的蛋白质单分子膜转移到载膜上,用负染等方法增加样品的反差后置电镜观察。可用展开法、扩散法、一步稀释法等使核酸吸附到蛋白质单分子膜上,本实验采用展开法。

a. 将质粒 pBR322 与一碱性球状蛋白溶液(一般为细胞色素 c)混合,使浓度分别达到 0.5 ~ 2 g/L 和 0.1 g/L,并加入终浓度为 0.5 ~ 1 mol/L 的醋酸铵和 1 mmol/L 的乙二胺四乙酸二钠,成为展开溶液,pH 为 7.5。

b. 在一干净的平皿中注入一定下相溶液(蒸馏水或 0.1 ~ 0.5 mol/L 的醋酸铵溶液),并在液面上加入少量滑石粉。将一干净载玻片斜放于平皿中,用微量注射器或移液枪吸取 50 μL 的展开溶液,在离下相溶液表面约 1 cm 左右的载玻片上前后摆动,滴于载玻片的表面,此时可看到滑石粉层后退,说明蛋白质单分子膜逐渐形成,整个过程约需 2 ~ 3 min。载玻片倾斜的角度决定了展开液下滑至下相溶液的速度,并对单分子膜的形成质量有影响,经验证明倾斜度以 15°左右为宜。在蛋白形成单分子膜时,溶液中的核酸分子也同时分布于蛋白质基膜中间,并略受蛋白质肽链的包裹。理论计算及实验证明,当 1 mg 的蛋白质展开成良好的单分子膜时,其面积约为 1 cm^2,因而可根据最后形成的单分子膜面积的大小估计其好坏程度。如果面积过小,说明形成的膜并非单分子层,因而核酸就有局部或全部被膜包裹的危险,使整个核酸分子消失或反差变坏。在单分子膜形成时整个装置最好用玻璃罩等物盖住,以防操作人员的呼吸和旁人走动等引起气流的影响以及灰尘等脏物的污染。另外,在展开溶液中可适量加入一些与核酸量相差不过悬殊的指示标本,如烟草花叶病毒等,以利于鉴定单分子膜的展开及后面转移的好坏。

c. 单分子膜形成后,用电镜镊子取一覆有支持膜的载网,使支持膜朝下,放置于离单分子膜前沿 1 cm 或距载玻片 0.5 cm 的膜表面上,并用镊子即刻捞起,单分子膜即吸附于支持膜上。多余的液体可用小片滤纸吸去,也可将载网直接漂浮于无水乙醇中 10 ~ 30 s。

d. 将载有单分子膜的载网置于 10^{-5} ~ 10^{-3} mol/L 的醋酸铀乙醇(也叫乙酸铀乙醇溶液)溶液中染色约 30 s(此步可在用乙醇脱水时同时进行),或用旋转投影的方法将金属喷镀于核酸样品的表面。也可将两种方法结合起来,在染色后再进行投影,其效果有时比单独使用一种方法更好一些。

(5) 观察

将载有样品的铜网置于透射电镜中进行观察。

2. 扫描电镜微生物样品的制备及观察

扫描电镜观察时要求样品必须干燥,并且表面能够导电。因此,在进行扫描电镜微生物样品制备时一般都需采用固定、脱水、干燥及表面镀金等处理步骤。

(1) 固定及脱水

生物样品的精细结构易遭破坏,因此在进行制样处理和进行电镜观察前必须进行固定,以使其能最大限度地保持其生活时的形态。而采用水溶性、低表面张力的有机溶液如乙醇等对样品进行梯度脱水,也是为了在对样品进行干燥处理时尽量减少由表面张力引起的其自然形态的变化。

将处理好的、干净的盖玻片,切割成 4 ~ 6 mm^2的小块,将待检的较浓的大肠杆菌悬浮液滴加其上,或将菌苔直接涂上,也可用盖玻片小块粘贴于菌落表面,自然干燥后置光学显微镜下镜检,以菌体较密,但又不堆在一起为宜;标记盖玻片小块有样品的一面;将上述样品置于 1% ~ 2% 戊二醛磷酸缓冲液(pH7.2 左右)中,于 4 ℃冰箱中固定过夜。次日以 0.15% 的同一缓冲液冲洗,用 40%,70%,90% 和 100% 的乙醇分别依次脱水,每次 15 min。脱水后,用醋酸戊脂置换乙醇。

另一种与之类似的样品制备方法是采用离心洗涤的手段将菌体依次固定及脱水,最后涂布到玻片上。其优点是:

①在固定及脱水过程中可完全避免菌体与空气接触,从而可最大限度地减少因自然干燥而引起的菌体变形。

②可保证最后制成的样品中有足够的菌体浓度,因为涂在玻片上的菌体在固定及干燥过程中有时会从玻片上脱落。

③确保玻片上有样品的一面不会弄错。

(2)干燥

将上述制备的样品置于临界点干燥仪中,浸泡于液态二氧化碳中,加热到临界点温度(31.4 ℃,72.8个大气压)以上,使之汽化进行干燥。

样品经脱水后,有机溶剂排挤了水分,侵占了原来水的位置。水是脱掉了,但样品还是浸润在溶剂中,还必需在表面张力尽可能小的情况下将这些溶剂"请"出去,使样品真正得到干燥。目前采用最多、效果最好的方法是临界点干燥法。其原理是在一装有溶液的密闭容器中,随着温度的升高,蒸发速率加快,气相密度增加,液相密度下降。当温度增加到某一定值时,气、液二相密度相等,界面消失,表面张力也就不存在了。此时的温度及压力即称为临界点。将生物样品用临界点较低的物质置换出内部的脱水剂进行干燥,可以完全消除表面张力对样品结构的破坏。目前用得最多的置换剂是二氧化碳。由于二氧化碳与乙醇的互溶性不好,因此样品经乙醇分级脱水后还需用与这两种物质都能互溶的"媒介液"醋酸戊脂置换乙醇。

(3)喷镀及观察

将样品放在真空镀膜机内,把金喷镀到样品表面后,取出样品在扫描电镜中进行观察。

五、实验报告

1. 描述你所制备的细菌电镜制片在透射电子显微镜下所观察到的形态特点。
2. 描述你所制备的样品在扫描电子显微镜下所观察到的形态特点。

六、思考

利用透射电子显微镜来观察的样品为什么要放在以金属网作为支架的火胶膜(或其他膜)上?而扫描电子显微镜则可以将样品固定在盖玻片上?

实验五 微生物菌落特征的观察

一、实验目的和内容

目的:

1 熟悉四大类微生物菌落的主要特征。

2 掌握识别四大类微生物菌落形态的依据和要点,并应用于识别未知菌落。

内容:

1 观察已知的四大类微生物菌落特征。

2 辨认未知的四大类微生物菌落特征。

二、实验原理

掌握识别四大类微生物菌落形态的要点,对于从事菌种的筛选、杂菌的识别和菌种鉴定等项工作都有重要意义。

菌落是由某一微生物的少数细胞或孢子在固体培养基表面繁殖后所形成的子细胞群体,因此,菌落形态在一定程度上是个体细胞形态和结构在宏观上的反映。由于每一大类微生物都有其独特的细胞形态,因而其菌落形态特征也各异。在四大类微生物的菌落中,细菌和酵母菌的形态较接近,放线菌和霉菌形态较相似。

区分和识别各类微生物可从菌落形态(群体形态)和细胞形态(个体形态)两方面进行,菌落形态是无数细胞形态的集中反映,因此每一大类微生物都有其一定的菌落特征,可通过这些特征差异区分和识别。特征描述:形状、大小、颜色、边缘、隆起、光泽、质地等。

1. 细菌菌落特征:凝胶状、表面较光滑、湿润、与培养基结合不紧密,易挑取,正反颜色一致。

2. 酵母菌菌落特征(与细菌相似):比细菌大而厚,不透明,表面光滑、湿润、黏稠,易用针挑起。多呈乳白色,少数呈红色。

3. 霉菌的菌落特征:比细菌菌落大,由菌丝组成疏松的绒毛状、絮状或蜘蛛网状,有的无固定大小,延至整个培养基中,产色素,使菌落显色。

4. 放线菌菌落特征:干燥、多皱、难挑起、菌落较小、多有色素、菌落背面有同心圆形纹路。

三、实验材料和用具

已知菌落:细菌类(大肠杆菌、金黄色葡萄球菌、枯草杆菌),酵母(酿酒酵母),放线菌类(细黄链霉菌),霉菌类(产黄青霉、黑曲霉、黑根霉)。

未知菌落。

试剂:培养基(牛肉膏蛋白胨培养基、马铃薯培养基和高氏 1 号培养基)。

四、操作步骤

1. 制备已知菌的单菌落

通过平板划线法获得细菌、酵母菌和放线菌的单菌落。用三点接种法获得霉菌的单菌落。细菌平板放 37 ℃恒温培养 24 ~48 h。酵母菌平板置 28 ℃培养 2 ~3 天。霉菌和放线菌置 28 ℃培养 5 ~7 天。待长成菌落后,观察并记录四大类微生物菌落的形态特征。

2. 制备未知菌的菌落特征

从环境检测所获得的平板,挑取若干个菌落,逐个编号,作为识别四大类的未知菌落。

3 辨别未知菌落

(1)区分"干"或"湿":根据菌落是"干"或"湿"及菌落正反面颜色、中央与边缘颜色是否一致,首先判断某未知菌落是属于细菌、酵母菌类,还是属于放线菌、霉菌类。

(2) 细分菌落:根据上述要点进一步区分未知菌落是属于四大类中的哪一类菌,并将判断结果填入表中。

(3)结果记录。

五、注意事项

1 每张实验台上各有一套已知菌落和未知菌落,观察时请勿随意搬动,以免搞混菌号。

2 观察和判断菌落大小时,要注意单菌落在平板上分布疏密的情况,一般菌落密集处菌落小,分布稀少的部位菌落大。

实验六 微生物形态观察

一、实验目的

1. 认识细菌、放线菌、酵母菌及真菌的基本形态特征和特殊结构。

2. 巩固显微镜的使用方法,重点掌握油镜的使用方法。

3. 学习微生物画图法。

二、实验原理

1. 细菌基本形态:细菌是单细胞生物,一个细胞就是一个个体。细菌的基本形态有三种:球状、杆状和螺旋状,分别称为球菌、杆菌和螺旋菌。

2. 细菌的特殊结构:荚膜、鞭毛、菌毛、芽孢等。

3. 真菌的特征结构:菌丝和菌丝变态。

4. 放线菌的特征结构:孢子。

5. 微生物菌落:不同微生物的菌落有自己的特征,如大小、表面、透明度、外形、高度、边缘、光泽、乳化、硬度、气味等。

6. 显微镜的构造、原理、性能、操作和保养方法见前面的普通光学显微镜的介绍。

三、实验用品

实验仪器:普通光学显微镜、镜油、镜头纸、擦镜液。

装片:8 个细菌装片:金黄色葡萄球菌、八叠球菌、苏云金芽孢杆菌、巨大芽孢杆菌、枯草芽孢杆菌、破伤风梭菌、固氮菌、螺菌。

5 个霉菌装片:黑根霉、黑根霉接合孢子、曲霉、青霉、毛霉;1 个酵母菌装片:出芽酵母;1 个放线菌装片。

微生物单菌落划线平板:大肠杆菌、酵母菌、枯草芽孢杆菌、金黄色葡萄球菌、青霉菌。

四、实验步骤

1. 调节显微镜,熟悉显微镜使用方法,清楚显微镜使用规则。

2. 观察细菌、真菌等装片,手绘 6 幅图,注意选择拍照无法拍出较好效果的装片绘图,另外选择 6 张装片拍照。

3. 观察菌落平板并记录。

五、实验结果与讨论

1. 画一圆圈表示视野,选取一些有代表性的微生物画图,注意特殊结构、形状和排列。注意每份报告要统一放大倍数,注意不同菌之间的相对大小,用 2B 铅笔作图,标注所观察到的菌名,放大倍数和特殊结构。并按绘图顺序具体说明所观察到的实际情况。

2. 细菌、放线菌、霉菌、酵母菌在细胞大小、细胞结构上有何区别? 列表进行描述。

实验七　培养基的配制及灭菌

一、实验目的及要求

1. 掌握培养基的配制方法。

2. 了解高压蒸汽灭菌的基本原理。

3. 学习干热灭菌及高压蒸汽灭菌的操作方法。

4. 掌握微生物实验室常用玻璃器皿的清洗及包扎方法。

二、实验原理

1. 培养基的配制

培养基的种类有很多,按成分划分,可分为天然培养基和合成培养基;按状态划分,可分为固体培养基、半固体培养基和液体培养基;如果按用途划分,可分为基础培养基、选择培养基、附加培养基和鉴别培养基。多数微生物在中性偏碱的培养基中生长良好,少数在酸性或碱性培养基中生长良好。

2. 培养基的灭菌

培养基的灭菌方法有湿热灭菌法和过滤灭菌法,其中湿热灭菌法中的高压蒸汽灭菌是最常用的方法。高压蒸汽灭菌是在高压蒸汽灭菌器内进行,如图 2－52 所示。在密闭的灭菌器内,蒸汽不能外溢,压力不断上升,使水的沸点不断提高,从而使锅内的温度也随之增加。在 0.1 MPa 的压力下,锅内的温度达到 121 ℃,在此蒸汽温度下,可以很快杀死各种细菌及其高度耐热的芽孢。

图 2－52　高压蒸汽灭菌器

3. 用于无菌操作的器械采用灼烧灭菌

在无菌操作时,把镊子、剪刀、接种环等浸入 95% 的酒精中,使用之前取出在酒精灯火焰上灼烧灭菌。冷却后,立即使用。操作中可采用 250 mL 或 500 mL 的广口瓶,放入 95% 的酒精,以便插入工具。

4. 玻璃器皿及耐热用具采用干热灭菌

干热灭菌是利用烘箱加热到160～180 ℃的温度来杀死微生物。由于在干热条件下,细菌的营养细胞的抗热性大为提高,接近芽孢的抗热水平,通常采用 170 ℃持续 90 min 来灭菌。干热灭菌的物品要预先洗净并干燥,工具等要妥为包扎,以免灭菌后取用时重新污染。灭菌时应渐进升温,达到预定温度后记录时间。烘箱内放置的物品的数量不宜过多,以免妨碍热对流和穿透,到指定时间断电后,待充分冷凉,才能打开烘箱,以免因骤冷而使器皿破裂。干热灭菌能源消耗太大,浪费时间。

三、实验用仪器及材料

1. 玻璃器皿

(1)培养皿:12 套(ϕ9 cm);

(2)三角瓶:2 个(250 mL);

(3)移液枪:1 支(枪头一盒);

(4)三角涂布棒:2 支。

2. 培养基配制工具及仪器

(1)玻璃棒:1 个;

(2)药匙:(2 把);

(3)硫酸纸;

(4)封瓶膜;

(5)电子天平;

(6)高压蒸汽灭菌器。

3. 牛肉膏蛋白胨琼脂培养基实验材料

牛肉膏 3 g/L(0.6 g);

蛋白胨 10 g/L(2 g);

NaCl 5 g/L(1 g);

琼脂 17 g/L(3.4 g);

蒸馏水 200 mL。

四、实验步骤

1. 玻璃器皿的清洗与干热灭菌

(1)玻璃器皿的洗涤

玻璃器皿在使用前必须洗刷干净。将三角瓶、试管、培养皿、量筒等浸入含有洗涤剂的水中。用毛刷刷洗,然后用自来水及蒸馏水冲净。移液管先用含有洗涤剂的水浸泡,再用自来水及蒸馏水冲洗。洗刷干净的玻璃器皿置于烘箱中烘干后备用。

(2)灭菌前玻璃器皿的包装

①培养皿的包扎:培养皿由一盖一底组成一套,可用报纸将几套培养皿包成一包,或者将几套培养皿直接置于特制的铁皮圆筒内,加盖灭菌。包装后的培养皿须经灭菌之后才能使用。

②移液管的包扎:在移液管的上端塞入一小段棉花(勿用脱脂棉),它的作用是避免外界及口中杂菌进入管内,并防止菌液等吸入口中。塞入此小段棉花应距管口约 0.5 cm 左右,棉花自身长度约 1 ~ 1.5 cm。塞棉花时可用一外围拉直的曲别针、将少许棉花塞入管口内。棉花要塞得松紧适宜,吹气时以能通气而又不使棉花滑下为准。先将报纸裁成宽约 5 cm 左右的长纸条,然后将已塞好棉花的移液管尖端放在长条报纸的一端,约成 45 ℃角,折叠纸条包住尖端,用左手握住移液管身,有手将移液管压紧。在桌面上向前搓转,以螺旋式包扎起来。上端剩余纸条,折叠打结,准备灭菌将烘箱调节至 170 ℃持续 90 min 来进行干热灭菌。

2. 培养基的配制

(1)称量(假定配制 1 000 mL 培养基)

按培养基配方比例依次准确地称取牛肉膏、蛋白胨、NaCl 放入烧杯(或 1 000 mL 刻度搪瓷杯)中。牛肉膏常用玻棒挑取,放在小烧杯或表面皿中称量,用热水溶化后倒入烧杯。也可放在称量纸上,称量后直接放入水中,这时如稍微加热,牛肉膏便会与称量纸分离,然后立即取出纸片。

(2)溶化

在上述烧杯中先加入少于所需要的水量(如约 700 mL),用玻棒搅匀,然后,在石棉网上加热使其溶解,将药品完全溶解后,补充水到所需的总体积(1 000 mL);如果配制固体培养基时,将称好的琼脂放入已溶的药品中,再加热溶化,最后补足所损失的水分。

(3)调 pH

在未调 pH 前,先用精密 pH 试纸测量培养基的原始 pH。如果偏酸,用滴管向培养基中逐滴加入 1 mol/L NaOH,边加边搅拌,并随时用 pH 试纸测其 pH,直至 pH 达 7.4 ~ 7.6。反之,用 1 mol/L HCl 进行调节。

(4)过滤

趁热用滤纸或多层纱布过滤,以利某些实验结果的观察。可以省去(本实验无须过滤)。

(5)分装

①液体分装

分装高度以试管高度的 1/4 左右为宜。分装三角瓶的虽然根据需要而定,一般以不超过三角瓶容积的一半为宜,如果是用于振荡培养用,则根据通气量的要求酌情减少;有的液体培养基在灭菌后,需要补加一定量的其他无菌成分,如抗生素等,则装量一定要准确。

②固体分装

分装试管,其装量不超过管高的 1/5,灭菌后制成斜面。分装三角烧瓶的量以不超过三角烧瓶容积的一半为宜。

③半固体分装

一般以试管高度的1/3为宜,灭菌后垂直待凝。

(6)加塞

培养基分装完毕后,在试管口或三角瓶口上塞上棉塞(或硅胶塞、金属或高温塑料试管帽等),以阻止外界微生物进入培养基内面造成污染,并保证有良好的通气性能。

(7)包扎

加塞后,将全部试管放入铁丝筐或用麻绳捆好,再在棉塞外包一层牛皮纸,以防止灭菌时冷凝水润湿棉塞,其外再用一道麻绳捆扎好。三角烧瓶加塞后,外包牛皮纸,用麻绳以活结形式扎好,使用时容易解开,各组同学先将三角瓶写好标签,注明培养基名称、组别和日期,将标签写在离瓶口1/3瓶身处。

(8)灭菌

将上述培养基以0.103 MPa,121 ℃,20 min高压蒸气灭菌。

(9)灭菌结束后,将平皿和培养基取出,在培养基凝固之前,将培养基无菌操作分装到平皿中,每平皿约15 mL培养基,如图2-52所示。冷却之后形成平板。

(10)无菌检查

将灭菌培养基放入37 ℃的恒温箱中培养24~48 h。以检查灭菌是否彻底。

五、注意事项

1. 蛋白胨很容易吸湿,在称取时动作要迅速,另外,称量时严防药品混杂。一把牛角匙用于一种药品。或称取一种药品后,洗净—擦干—再称职另一药品—瓶盖也不要盖错。

2. 在琼脂溶化过程中。应控制火力,以免培养基因沸腾而溢出容器。同时,需不断搅拌,以防琼脂糊底烧焦,制培养基时,不可用铜或铁锅加热溶化,以免离子进入培养基中,影响细菌生长。

3. 对于有些要求pH较精确的微生物,其pH的调节可用酸度计进行(使用方法、可参考有关说明书)。pH不要调过头,以避免回调而影响培养基内各离子的浓度。配制pH低的琼脂培养基时。若预先记好pH并在高压蒸汽下灭菌,则琼脂因水解不能凝固。因此,应将培养基的成分和琼脂分开灭菌后再混合,或在中性pH条件下灭菌,再调整pH。

4. 分装过程中,注意不要使培养基沾在管(瓶)口上,以免沾污面塞而引起污染。

六、思考题

1. 在配制培养基的操作过程中应该注意什么?
2. 培养基配制后为什么要立即灭菌,如何检验培养基无菌?
3. 湿热灭菌的关键为什么是高温而不是高压?

实验八　微生物的分离与纯化

一、实验目的

1. 通过对几种培养基的配制,掌握配制培养基的一般方法和步骤。
2. 掌握倒平板的方法、接种和无菌操作技术。
3. 初步观察来自土壤中的几类微生物的菌落形态特征,并能判断菌的类型。
4. 学习平板菌落计数的基本原理和方法,并掌握其基本技能。

二、实验原理

1. 配制与灭菌

培养基是人工配制的适合微生物生长繁殖或积累代谢产物的营养基质，用以培养、分离、鉴别、保存各种微生物或积累代谢产物。一般的培养基应包含适合微生物生长的6大营养素，即水分、碳源、氮源、能源、无机盐和生长因子。不同微生物对pH要求不一样，霉菌和酵母菌的培养基的pH一般是偏酸的，而细菌和放线菌培养基的pH一般为中性或微碱性。所以配制培养基时还要根据不同微生物的要求将培养基的pH调到合适的范围。已配制好的培养基必须立即灭菌，如来不及灭菌，应暂存冰箱，以防止其中微生物生长繁殖而消耗养分和改变培养基酸碱度所带来不利影响。

2. 微生物的培养及鉴定

(1)接种：将微生物的培养物或含有微生物的样品移植到培养基上的操作技术称之为接种。接种是微生物实验及科学研究中的一项最基本的操作技术。接种的关键是要严格地进行无菌操作。

(2)鉴定：常见与常用的微生物中，根据它们的主要形态可分为细菌、放线菌、酵母菌和霉菌四大类。细菌菌落光滑，易于基质脱离；放线菌菌落质地致密，菌落较小，广泛延伸；酵母菌菌落较细菌菌落大而厚；霉菌形成的菌落较稀松，多成绒毛状，絮状。

3. 平板分离与活菌计数

(1)倒平板：按稀释涂布平板法倒平板，并用记号笔标明培养基名称、土样编号和实验日期等。

(2)划线：在近火焰处，左手拿皿底，右手拿接种环，菌种在平板上划线。通过划线将样品在平板上稀释，培养后能形成单独的菌落。平板计数法是将测菌液经适当稀释，涂布在平板上，经过培养后在平板上形成肉眼可见的菌落。统计并记录菌落数。

4. 细菌的分离与纯化

为了得到单一菌种，要对培养的菌分离和纯化。用接种环挑起培养基里少量菌在无菌条件下接种到新的培养基上，划线，继续进行培养，从而得到新的单一菌落。

三、实验器材

1. 器材

培养皿、载玻片、量筒、滴管、吸水纸、烧杯、三角瓶、酒精灯、玻璃棒、接种环、镊子、恒温培养箱、高温灭菌锅、无菌操作台、天平、滤纸、pH试纸等。

2. 试剂

配制牛肉膏蛋白胨培养基的原料(牛肉膏、NaCl、琼脂、蛋白胨)。

配置高氏Ⅰ号培养基的原料(可溶性淀粉、KNO_3、K_2HPO_4、$MgSO_4 \cdot 7H_2O$、NaCl、$FeSO_4 \cdot 7H_2O$、琼脂、pH = 7.4 ~ 7.6)。

配制查氏培养基的原料(硝酸钠、磷酸氢二钾、硫酸镁、氯化钾、硫酸亚铁、蔗糖、琼脂、蒸馏水)。

配制无氮培养基的原料(葡萄糖、K_2HPO_4、$MgSO_4 \cdot 7H_2O$、NaCl，$CaSO_4 \cdot 2H_2O$、$CaCO_3$、pH = 7.0 ~ 7.2)。

3. 菌种

土壤稀释液。

四、实验器材

1. 高氏培养基的配制

(1)培养基的配方

可溶性淀粉20.0 g、KNO_3 1.0 g、K_2HPO_4 0.5 g、$MgSO_4 \cdot 7H_2O$ 0.5 g、NaCl 0.5 g、$FeSO_4 \cdot 7H_2O$

0.01 g、琼脂 20 g、自来水 1 000 mL、pH = 7.4 ~ 7.6。

淀粉琼脂培养基(高氏一号),用于分离和培养放线菌,是一种合成培养基。

(2)操作流程

称量→溶解→分装→包扎→灭菌

调 pH 一步可以省略不做。

(3)操作步骤

①称量和溶解:按配方先称取可溶性淀粉,放入小烧杯中,并用少量冷水将淀粉调成糊状,再加入小于所需水量的沸水中,继续加热,使可溶性淀粉完全熔化。然后再称取其他各成分依次熔化。对微量成分 $FeSO_4 \cdot 7H_2O$ 可先配成高浓度的储备液,按比例换算后再加入,方法是先在 100 mL 水中加入 1 g 的 $FeSO_4 \cdot 7H_2O$,配成 0.01 g/mL,再在 1 000 mL 培养基中加入 1 mL 的 0.01 g/mL 的储备液即可。待所有药品完全溶解后补充水分都所需的总体积。将称好的琼脂放入上述已溶的药品中,加热使琼脂熔化,期间不断搅拌,最后补足加热过程中损失的水分。

注意:琼脂熔化过程中应控制火力,一面培养基因沸腾而溢出容器,同时,需不断搅拌,以防琼脂糊底烧焦。

②分装:将配好的液体培养基均匀装入 8 支试管,每支试管的液体量以倾斜试管液体恰好成对角线铺满试管为标准。剩余培养基液体分装入两个三角烧瓶。

③加塞包扎:培养基分装完毕后,在试管口或三角烧瓶口塞上棉塞,以阻止外界微生物进入培养基内造成污染。并用牛皮纸包住试管口和三角烧瓶口,皮筋固定。并在试管和三角烧瓶全身包上报纸。用记号笔标好培养基名称、组别、配制日期。

④灭菌:将上述培养基以 0.1 MPa,121 ℃,20 min 高压蒸汽灭菌。

2. 微生物的培养

(1)倒平板:将牛肉膏蛋白胨培养基、高氏Ⅰ号培养基、查氏培养基、无氮培养基加热融化,在无菌操作台上将其倒在 16 个培养皿中。其中牛肉膏蛋白胨培养倒 9 个平板、高氏Ⅰ号培养基倒 3 个平板、查氏培养基倒 3 个平板、无氮培养基倒 1 个平板。

倒平板的方法主要有两种:皿架法和手持法。

我们采用手持法倒平板,具体操作如下:

右手持三角瓶至于火焰旁边,用左手将瓶塞轻轻拔出,保持瓶口对准火焰,左手持培养皿并将皿盖在火焰旁打开一条缝,迅速倒入培养基约 15 mL,加盖后轻轻摇动培养皿是培养基铺平培养皿底部,然后平置于桌面上冷凝,如图 2 - 53 所示。

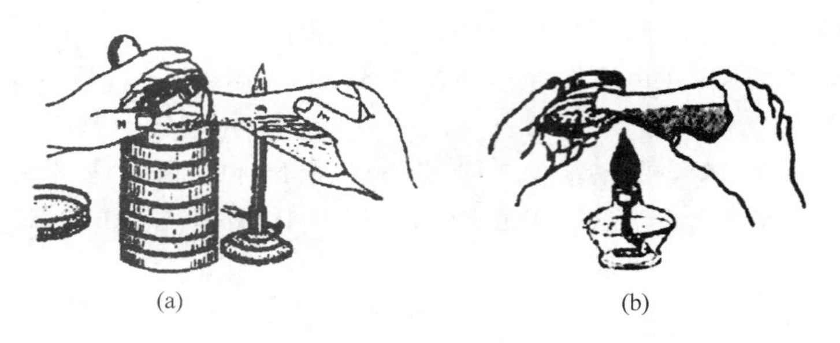

(a) (b)

图 2 - 53 手持法倒平板

(2)制备土壤稀释液

称取 1 g 花园土,无菌操作倒入 99 mL 无菌生理盐水中,在振荡器中振荡 20 min,使微生物细胞分散,静置 20 ~ 30 s,即成 10^{-2} 稀释液;再用1 mL移液器,吸取胞分散,静置 20 ~ 30 s,即成 10^{-2} 稀释液;再用 1 mL移液器,吸取 10^{-2} 稀释液 1 mL,移入装有 9 mL 无菌水的试管中,振荡,让菌液混合均匀,即成 10^{-3} 稀释液；再换一支无菌吸头吸取 10^{-3}稀释液 1 mL，移入装有 9 mL 无菌水的试管中，振荡，即成 10^{-4}稀释液；以此类推，连续稀释，制成 10^{-2}，10^{-3}，10^{-4}，10^{-5}，10^{-6}等一系列稀释菌液，如图 2－54 所示。

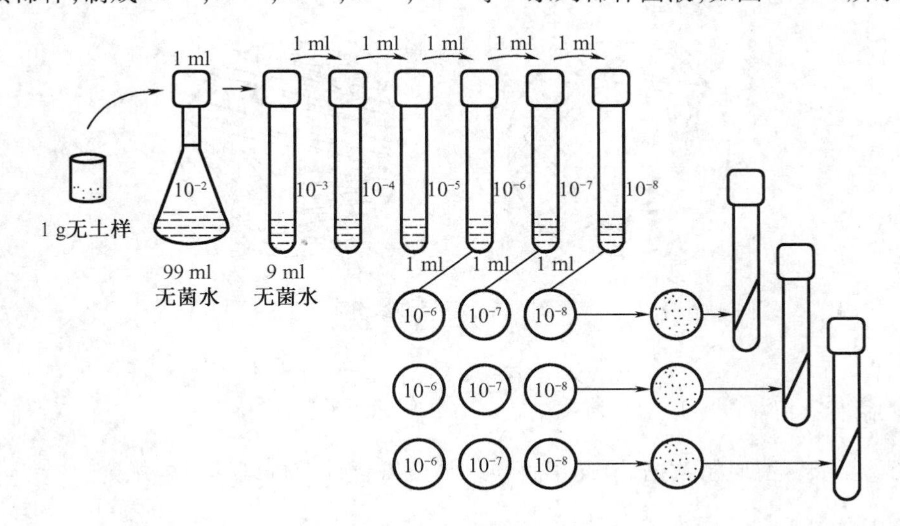

图 2－54　稀释分离过程示意图

(3)涂布

将培养基平板编号，然后用移液枪吸取 10^{-4}，10^{-5}，10^{-6}等一系列稀释菌液各 0.2 mL 对号接种在不同稀释度编号的琼脂平板上(牛肉膏蛋白胨培养基每个编号设三个重复，查氏、高氏各一个)。再用无菌涂布棒将菌液在平板上涂布均匀(如图 2－55 所示)，每个稀释度用一个灭菌涂布棒；更换稀释度时需将涂布棒灼烧灭菌。无氮培养基接种用点液法。

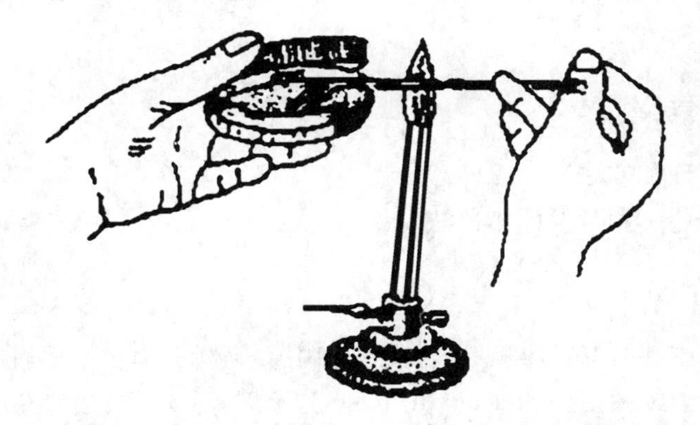

图 2－55　用无菌涂布棒将菌液在平板上涂布均匀

涂布方法：将菌液先沿一条直线轻轻地来回推动，使之分散均匀，然后改变方向 90 ℃沿另一直线来回推动，平板内边缘处可改变方向用涂布棒再涂布几次，室温下静置 5～10 min。

(4)培养

将涂布好的平板平放于桌上 10～20 min，使菌液渗透入培养基内，然后将平板倒转。牛肉膏蛋白胨培养皿置于 37 ℃培养箱中、高氏 I 号、查氏、无氮培养皿置于 28 ℃培养箱，两天后观察。

(5)记录

记录并观察各菌落的生长情况。

3. 平板划线分离微生物

连续划线分离：在近火焰处，左手拿皿底，右手拿接种环，使用接种环，从待纯化的菌落或待分离的斜面菌种中挑取少量菌样，在相应培养基平板划线分离（如图 2－56 所示），划线的方法多样，目的是获得单个菌落。

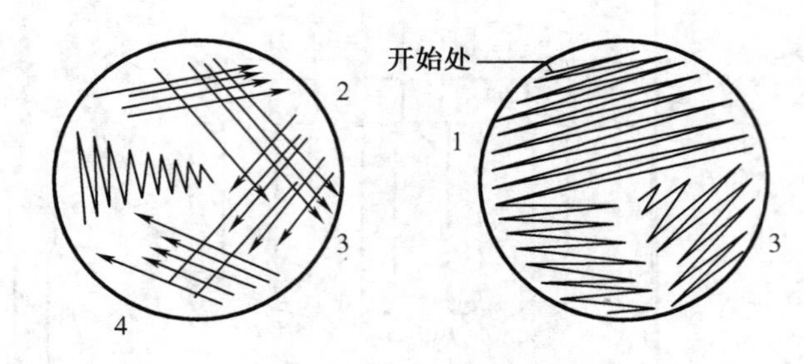

图 2－56　平板划线分离

五、实验结果

用表格表示，要求保留原始数据，以便了解结果是否符合计数规则和报告规则。

六、结果分析

1. 试讨论你的实验结果的准确性？
2. 试讨论几种分离方法（混合平板法、涂布平板法、平板划线法）的优缺点？
3. 试讨论样品微生物分离与纯化操作过程中要注意的事项？

实验九　细菌的简单染色与革兰氏染色法

一、实验目的及意义

1. 学习细菌染色的原理和方法。
2. 掌握细菌的简单染色法和革兰氏染色法。

二、实验原理

用于生物染色的染料主要有碱性染料、酸性染料和中性染料三大类。碱性染料的离子带正电荷，能和带负电荷的物质结合。因细菌蛋白（Bacterial Protein）质等电点较低，当它生长于中性、碱性或弱酸性的溶液中时常带负电荷，所以通常采用碱性染料（如美蓝、结晶紫、碱性复红或孔雀绿等）使其着色。酸性染料的离子带负电荷，能与带正电荷的物质结合。当细菌分解糖类产酸使培养基 pH 下降时，细菌所带正电荷增加，因此易被伊红、酸性复红或刚果红等酸性染料着色。中性染料是前两者的结合物又称复合染料，如伊红美蓝、伊红天青等。简单染色法是只用一种染料使细菌着色以显示其形态，简单染色不能辨别细菌细胞的构造。

革兰氏染色是细菌学中极为重要的鉴别染色法。其原理主要是因为细菌细胞结构的差异，导致对结晶紫－碘复合物的渗透性不同，产生革兰氏反应呈现出阴性或阳性。由此通过革兰氏染液可将细菌分为革兰氏阳性菌（G^{+}）和革兰氏阴性菌（G^{-}）。

三、实验仪器及材料

1. 实验仪器：接种环、载玻片、酒精灯、显微镜、滤纸、蒸馏水。

2. 染色剂;赫克尔(Hucker)氏结晶紫液、卢哥(Lugol)氏碘液,脱色液:95%乙醇,复染液:0.5%番红水溶液、香柏油、二甲苯。

四、实验步骤

1. 简单染色

(1)涂片:取干净载玻片一块,在载玻片的左、右各加一滴蒸馏水,按无菌操作法取菌涂片,左边涂苏云金杆菌,右边涂大肠杆菌(Escherichia coli),做成浓菌液。再取干净载玻片一块将刚制成的苏云金杆菌浓菌液挑2~3环涂在左边制成薄的涂面,将大肠杆菌(Escherichia coli)的浓菌液取2~3环涂在右边制成薄涂面。亦可直接在载玻片上制薄的涂面,注意取菌不要太多。

(2)晾干:让涂片自然晾干或者在酒精灯火焰上方文火烘干。

(3)固定:手执玻片一端,让菌膜朝上,通过火焰2~3次固定(以不烫手为宜)。

(4)染色:将固定过的涂片放在废液缸上的搁架上,加复红染色1~2 min。

(5)水洗:用水洗去涂片上的染色液。

(6)干燥:将洗过的涂片放在空气中晾干或用吸水纸吸干。

(7)镜检:先低倍观察,再高倍观察,并找出适当的视野后,将高倍镜转出,在涂片上加香柏油一滴,将油镜头浸入油滴中仔细调焦观察细菌的形态。

2. 革兰氏染色

革兰氏染色如图2-57所示。

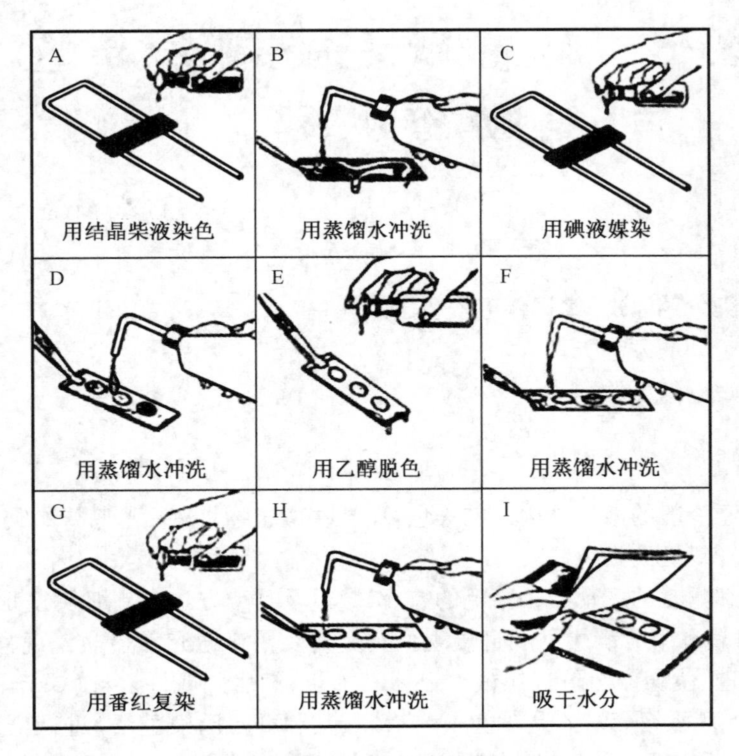

图2-57 革兰氏染色步骤

(1)编号:取出载玻片,在酒精灯上均匀加热去除残余乙醇。

(2)涂片:取一环菌液,薄而均匀地涂在载玻片上。

(3)干燥:自然风干。

(4)固定:在火焰上通过1~2次固定涂片。

(5)初染:滴加结晶紫液,覆盖约 1 min,然后用蒸馏水冲净结晶紫液。

(6)媒染:滴加碘液冲去残水,并覆盖约 1 min。用蒸馏水冲去碘液,将载玻片上的水用滤纸吸干。

(7)脱色:将载玻片倾斜,流滴 95% 乙醇约 20 ~ 30 s,立即用水冲净乙醇。

(8)复染:用番红液染 1 ~ 2 min,使已脱色的细胞重新着色,水洗,自然风干。

(9)镜检:用油镜观察,菌体呈蓝紫色者为 G^+,呈红色者为 G^-。

五、实验记录

将实验结果记录于表 2 - 9 中。

表 2 - 9　实验结果记录

编号	革兰氏染色结果

实验十　细菌鞭毛的制片染色及其运动的观察

一、实验目的

1. 了解细菌鞭毛染色的原理,掌握鞭毛染色法。
2. 学习观察细菌运动的方法。
3. 学习用压滴法观察细菌的运动。

二、实验原理

简单染色法适用于一般的微生物菌体的染色,而某些微生物具有一些特殊结构,如鞭毛,对它们进行观察之前需要进行有针对性的染色。

鞭毛是细菌的纤细丝状的运动器。鞭毛的有无,数量及其生方式也是细菌分类的重要指标。鞭毛直径一般为 10 ~ 30 nm,只有用电镜才可以直接观察到。若要用普通光学显微镜观察,必须使用鞭毛染色法。首先用媒染剂处理,使媒染剂附着在鞭毛上使其加粗,然后用碱性复红(Gray 氏染色法)、碱性复品红(Leifson 氏染色法)、硝酸银(West 氏染色法)或结晶紫(Difco 氏染色法)进行染色。细菌未染色时无色透明,在显微镜下主要靠细菌的折光率与周围环境的不同来进行观察。若想观察得更加清晰,可以滴加稀释美蓝水等染液进行染色。注意不要染色过重,以免影响观察,有鞭毛的细菌运动活泼,且不同时向一个方向运动,而无鞭毛的细菌则呈不规则运动。这样便可以在光学显微镜下观察到细菌的运动。

三、实验材料和仪器

普通变形菌、金黄色葡萄球菌。

牛肉膏蛋白胨培养基斜面、硝酸银染色液A液和B液、0.01%美蓝水溶液、香柏油、二甲苯、无菌水、凡士林;显微镜、擦镜纸、接种环、酒精灯、载玻片、凹载玻片、盖玻片、镊子、细玻棒、吸水纸。

四、实验操作步骤

1.细菌鞭毛染色

(1)活化菌种

将保存的变形菌在新制备的普通牛肉膏蛋白胨斜面培养基上连续移种2~3次,每次于30 ℃培养10~15 h。活化后,菌种备用。

(2)制片

在干净载玻片的一端滴一滴蒸馏水,用无菌操作法,用接种环从活化菌种中取少许菌苔(注意不要带培养基),在载玻片的水滴中轻蘸几下。将载玻片稍倾斜,使菌液随水滴缓缓流到另一端,然后平放,于空气中干燥。

(3)染色

①滴加鞭毛硝酸银染色液A液,染3~5 min。

②用蒸馏水充分洗净A液,使背景清洁。

③将残水沥干或用硝酸银染色液B液冲去残水。

④滴加B液,在微火上加热使微冒蒸汽,并随时补充染料以免干涸,染30~60 s。

⑤待冷却后,用蒸馏水轻轻冲洗干净,自然干燥或滤纸吸干。

(4)镜检

先用低倍镜和高倍镜找到典型区域,然后用油镜观察。菌体为深褐色,鞭毛为褐色。注意观察鞭毛着生位置(镜检时应多找几个视野,有时只在部分涂片上染出鞭毛)。

2.细菌运动的观察

(1)制备菌液:从幼龄菌斜面上,挑数环菌放在装有1~2 mL无菌水的试管中,制成轻度混浊的菌悬液。

(2)取2~3环稀释菌液于洁净载玻片中央,再加入一环0.01%的美蓝水溶液,混匀。

(3)用镊子夹一洁净的盖玻片,先使其一边接触菌液,然后慢慢地放下盖玻片,这样可防止产生气泡。

(4)镜检:将光线适当调暗,先用低倍镜找到观察部位,再用高倍镜观察。要区分细菌鞭毛运动和布朗运动,后者只是在原处左右摆动,细菌细胞间有明显位移者,才能判定为有运动性。

五、注意事项

1.鞭毛染色液最好当日配制当日用,次日使用则鞭毛染色浅,观察效果差。染色时一定要充分洗净A液后再加B液,否则背景不清晰。

2.观察细菌的运动,载玻片和盖玻片都要洁净无油,否则会影响细菌的运动。有些细菌,温度太低时不能运动。

六、实验报告

1.绘出你所观察到的细菌的形态及鞭毛着生情况。

2.试描述你所观察的细菌有无运动性,是如何运动的?

七、问题和思考

根据你的实验体会,哪些因素影响鞭毛染色的效果,如何控制?

实验十一　细菌芽孢、荚膜的染色及观察

一、实验目的

掌握细菌的芽孢及荚膜染色的原理和方法。

二、实验原理

1. 细菌的芽孢染色

芽孢通常指某些细菌在生长后期于细胞内形成的一种圆形、椭圆形或圆柱形的厚壁、折光性高、含水量极低而抗逆性极强的内生休眠体。

芽孢染色法是利用细菌的芽孢和菌体对染色剂亲和力不同的原理，用不同的染料进行着色，使芽孢和菌体呈现出不同的颜色而加以区别。芽孢通常具有厚而致密的壁，透性低，不易着色和脱色，当用着色力强的弱碱性染色剂孔雀绿在加热条件下染色时，芽孢和菌体同时着色，进入菌体的染色剂可经水洗脱色，而进入芽孢的染料则难以透出。经对比度大的复染液番红染色后，芽孢仍保留初染剂的颜色，呈绿色；而菌体被复染剂染成红色，易于区别。

2. 细菌的荚膜染色

荚膜是包围细菌细胞的一层黏液性物质，具有明确的外缘，牢固地附着在菌体细胞壁外；荚膜的主要成分是多糖，不易着色，其含水量高达90%以上，易变形。荚膜染色通常采用衬托染色法或称负染法，即将菌体和背景分别着色，从而把不着色且透明的荚膜给衬托出来。

三、实验材料和仪器

枯草芽孢杆菌、褐球固氮菌的斜面菌种。

二甲苯、香柏油、蒸馏水、5%孔雀绿水溶液、0.5%沙黄水溶液（或0.05%碱性复红）、绘图墨水（用滤纸过滤后备用）、95%乙醇、石炭酸复红染液。

显微镜、接种环、酒精灯、载玻片、盖玻片、小试管（1×6.5 cm）、烧杯（300 mL）、滴管、试管夹、擦镜纸、吸水纸。

四、实验操作步骤

1. 芽孢染色法

（1）方法1

①取37 ℃培养18～24 h的枯草芽孢杆菌做涂片，并干燥，固定。

②于涂片上滴入3～5滴5%孔雀绿水溶液。

③用试管夹夹住载玻片在火焰上用微火加热，自载玻片上出现蒸汽时，开始计算时间约4～5 min。加热过程中切勿使染料蒸干，必要时可添加少许染料。

④倾去染液，待玻片冷却后，用自来水冲洗至孔雀绿不再褪色为止。

⑤用0.5%沙黄水溶液（或0.05%碱性复红）复染1 min，水洗。

⑥制片干燥后用油镜观察。芽孢呈绿色，菌体呈红色。

（2）方法2

①加1～2滴自来水于小试管中，用接种环从斜面上挑取2～3环培养18～24 h的枯草芽孢杆菌菌苔于试管中，并充分混匀打散，制成浓稠的菌液。

②加5%孔雀绿水溶液2～3滴于小试管中，用接种环搅拌使染料与菌液充分混合。

③将此试管浸于沸水浴(烧杯)中，加热15～20 min。

④用接种环从试管底部挑数环菌于洁净的载玻片上，并涂成薄膜，将涂片通过微火3次固定。

⑤水洗，至流出的水中无孔雀绿颜色为止。

⑥加沙黄水溶液，染2～3 min后，倾去染液，不用水洗，直接用吸水纸吸干。

⑦干燥后用油镜观察。芽孢呈绿色，菌体呈红色。

2. 荚膜染色法

(1)石碳酸复红染色

①取培养了72 h的褐球固氮菌制成涂片，自然干燥(不可用火焰烘干)。

②滴入1～2滴95%乙醇固定(不可加热固定)。

③加石碳酸复红染液染色1～2 min，水洗，自然干燥。

④在载玻片一端加一滴墨汁，另取一块边缘光滑的载玻片与墨汁接触，再以匀速推向另一端，涂成均匀的一薄层，自然干燥。

⑤干燥后用油镜观察。菌体呈红色，荚膜无色，背景呈黑色。

(2)背景染色

①先加1滴墨水于洁净的玻片上，并挑少量褐球固氮菌与之充分混合均匀。

②放一清洁盖玻片于混合液上，然后在盖玻片上放一张滤纸，向下轻压，吸收多余的菌液。

③干燥后用油镜观察。背景灰色，菌体较暗，在其周围呈现一明亮的透明圈即荚膜。

五、注意事项

1. 荚膜染色涂片不要用加热固定，以免荚膜皱缩变形。

2. 供芽孢染色用的菌种应控制菌龄，使大部分芽孢仍保留在菌体上为宜。

六、实验报告

1. 绘图说明枯草芽孢杆菌及巨大芽孢杆菌的菌体及芽孢形态，芽孢的着生位置。

2. 绘图说明褐球固氮菌菌体及荚膜的形态。

七、思考

1. 为什么芽孢染色要加热？为什么芽孢及营养体能染成不同的颜色？

2. 组成荚膜的成分是什么？涂片一般用什么固定方法，为什么？

实验十二　放线菌和霉菌的制片及简单染色

一、实验目的

1. 学习并掌握放线菌和霉菌的制片及简单染色的基本技术。

2. 初步了解放线菌及霉菌的形态特征 。

3. 巩固显微镜操作技术及无菌操作技术。

二、实验原理

利用显微镜对微生物细胞形态、结构、大小和排列进行观察前，首先要将微生物样品置于载玻片上制片、染色。微生物的种类繁多，不同微生物细胞结构各异，对各类细胞染料的结合能力不同，研究者必须根据所要观察的微生物细胞的特点及观察目标，以及为观察到真实、完整的微生物形态结构，而采取不同的制片及染色方法。

放线菌菌丝体由基内菌丝、气生菌丝和孢子丝组成。制片时不采取涂片法，以免破坏细胞及菌丝体形态。通常采用插片法或玻璃纸法并结合菌丝体简单染色进行观察。在插片法中将灭菌盖玻片插入接种有放线菌的平板，使放线菌沿盖玻片和培养基交接处生长而附着在盖玻片上，取出盖玻片可直接在显微镜下观察放线菌在自然生长状态下的形态特征，这有利于对不同生长时期的放线菌形态进行观察。在玻璃纸法中，采用的玻璃纸是一种透明的半透膜，将放线菌菌种接种在覆盖在固体培养基表面的玻璃纸上，水分及小分子营养物质可透过玻璃纸被菌体吸收利用，而菌丝不能穿过玻璃纸而与培养基分离，观察时只要揭下玻璃纸转移到载玻片即可镜检观察。由于孢子丝形态、孢子排列及形状是放线菌重要的分类学指标，可采用印片法将放线菌菌落或菌苔表面的孢子丝印在载玻片上，经简单染色后观察。

霉菌菌丝体由基内菌丝、气生菌丝和繁殖菌丝组成，其菌丝比细菌及放线菌粗几倍到几十倍。可以采取直接制片和透明胶带法观察，也可以采取载玻片培养观察法，通过无菌操作将薄层培养基琼脂置于载玻片上，接种后盖上盖玻片培养，使菌丝体在盖玻片和载玻片之间的培养基中生长，将培养物直接置于显微镜下可观察到霉菌自然生长状态并可连续观察不同发育期的菌体结构特征变化。对霉菌可利用乳酸石碳酸棉蓝染液进行染色，盖上盖玻片后制成霉菌制片镜检。石碳酸可以杀死菌体及孢子并可以防腐，乳酸可以保持菌体不变形，棉蓝使菌体着色。同时，这种霉菌制片不易干燥，能防止孢子飞散，用树胶封固后可制成永久标本长期保存。

三、实验器材

1. 菌种

球孢链霉菌 3 ~ 5d 高氏 I 号培养基平板培养物，黑曲霉 48 h 马铃薯琼脂平板培养物，黑根霉 48 h 马铃薯琼脂平板培养物，青霉 48 h 马铃薯琼脂平板培养物。

2. 溶液和试剂

草酸铵结晶紫染液，齐氏石碳酸复红染液，吕氏碱性美蓝染液，革兰氏染色用碘液，乳酸石炭酸棉蓝染液。

3. 仪器和其他用品

酒精灯、载玻片、盖玻片、显微镜、香柏油、二甲苯、擦镜纸、接种环、镊子、载玻片夹子、载玻片支架、玻璃纸、平皿、U 形玻棒、滴管、高氏 I 号培养基平板、马铃薯琼脂薄层平板等。

四、实验步骤

1. 放线菌制片及简单染色

(1) 插片法

①接种：无菌操作分别由球孢链霉菌和华美链霉菌高氏 I 号培养基平板培养物挑取菌种在高氏 I 号培养基平板上密集划线接种。

②插片：无菌操作用镊子取灭菌盖玻片以约 45°角插入平板琼脂接种线上。

③培养：将平板倒置，于 28 ℃培养 3 ~ 5 天。

④镜检：用镊子小心取出盖玻片，用纸擦去背面培养物，有菌面朝上放在载玻片上，通过显微镜直接用低倍镜和高倍镜镜检观察（在盖玻片菌体附着部位滴加 0.1% 吕氏碱性美蓝染色后观察效果更好）。

(2) 玻璃纸法

①铺玻璃纸：无菌操作用镊子将已灭菌（155 ~ 160 ℃干热灭菌 2 h）玻璃纸片（盖玻片大小）平铺在高氏 I 号培养基平板表面，用接种铲或无菌玻璃涂棒将玻璃纸压平并去除气泡，每个平板可铺约 10 块玻

璃纸。

②接种:无菌操作分别由球孢链霉菌和华美链霉菌高氏Ⅰ号培养基平板培养物挑取菌种在玻璃纸上划线接种。

③培养:将平板倒置,于28 ℃培养3~5天。

④镜检:在载玻片中央滴一小滴水,用镊子从平板上取下玻璃纸片,菌面朝上放在水滴上,使其紧贴在载玻片上,勿留气泡,通过显微镜直接用低倍镜和高倍镜镜检。

(3)印片法

①印片:用解剖针分别由球孢链霉菌和华美链霉菌高氏Ⅰ号培养基平板培养物划一小块菌苔置于载玻片上,菌面朝上,用另一载玻片轻轻在菌苔表面按压,使孢子丝及气生菌丝附着在载玻片上。

②固定:将有印迹一面朝上,通过火焰2~3次固定。

③染色:用石炭酸复红染色1 min,水洗,晾干。

④镜检:用油镜观察孢子丝形态特征。

获得本实验成功的关键:

①在插片法和玻璃纸法操作过程中,注意在移动附着有菌体的盖玻片或玻璃纸时勿碰动菌丝体,必须菌面朝上,以免破坏菌丝体形态。

②在印片过程中,用力要轻,且不要错动,染色水洗时水流要缓,以免破坏孢子丝形态。

2. 霉菌制片及简单染色

(1)直接制片观察法

①在载玻片上滴加一滴乳酸石炭酸棉蓝染色液。

②用镊子从生长有霉菌的斜面上挑取霉菌菌丝。

③用50%的乙醇浸润,洗去脱落孢子再用蒸馏水将浸过的菌丝洗一下。

④放入载玻片上液滴中,仔细地用解剖针将菌丝分散开来。

⑤盖上盖玻片(勿使产生气泡,且不要再移动盖玻片)。

⑥镜检:先用低倍镜,再转换高倍镜镜检并记录观察结果。

(2)透明胶带法

①滴一滴乳酸石碳酸棉蓝染液于载玻片上。

②用食指与拇指站在一段透明胶带两端,使透明胶带呈U形,胶面朝下。

③将透明胶带胶面轻轻触及黑曲霉或黑根霉菌落表面。

④将黏在透明胶带上的菌体浸入载玻片上的乳酸石碳酸棉蓝染液中,并将透明胶带两端固定在载玻片两端,用低倍镜和高倍镜镜检。

五、实验报告

1. 绘图并说明球孢链霉菌和华美链霉菌基内菌丝、气生菌丝及孢子丝的形态和结构特征。
2. 绘图并说明黑曲霉、青霉和黑根霉的形态特征。

实验十三 水中细菌总数的测定

一、实验目的

1. 学习水样的采取方法和水样细菌总数测定的方法。
2. 了解不同水源水的平板菌落计数的原则。

二、实验基本原理

本实验应用平板菌落计数法测定水中细菌总数。在水质卫生学检验中，细菌菌落总数(CFU)是指1 mL水样在营养琼脂培养基中，于37 ℃培养24 h后所生长的腐生性细菌菌落总数。它是有机物污染指标，也是卫生指标。

三、实验用仪器及材料

1 实验仪器或其他用具

移液枪(200 μL～1 000 μL)、移液枪头(1 mL)、盛9.0 mL无菌水的试管、恒温培养箱、纱布、涂布棒、灭菌三角烧瓶、灭菌培养皿。

2 实验材料

牛肉膏蛋白胨琼脂培养基(12个平板)、75%乙醇。

四、实验步骤

1. 平板培养基的制备

(1)灭菌结束后，将平皿和培养基取出，在培养基凝固之前，将培养基无菌操作分装到平皿中，每平皿约15 mL培养基，如图2－58所示。

(2)冷却之后形成平板，每组制作12个平板。

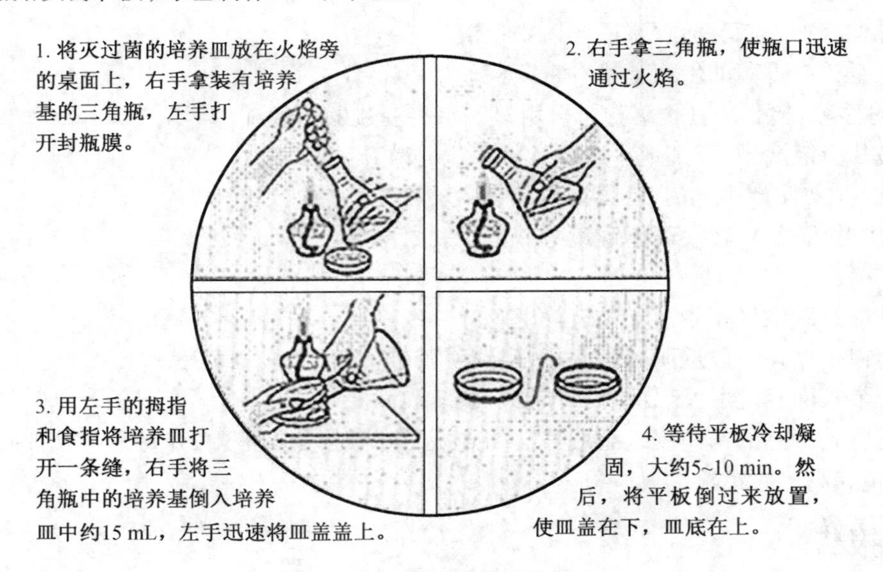

图2－58　平板培养基的制法

2. 自来水细菌总数的测定

(1)取水样

自来水，取时将自来水管用酒精棉擦拭消毒后，再开放水龙头使水流5 min后，以灭菌三角瓶接取水样，以待分析。

(2)自来水细菌总数的测定

①涂布棒蘸取75%乙醇溶液，就在酒精灯上灼烧灭菌。

②吸取1 mL自来水注入平板上，立刻用灼烧并退温的涂布棒将菌液均匀涂开。

③做3个平行样。注意，每次涂布后都要灼烧涂布棒。

④菌液渗透约20 min后，对培养皿进行封口。

(3)培养

倒置培养皿,在37 ℃恒温培养24 h。

3. 梦溪湖水细菌总数的测定

(1)取水样

梦溪湖水,取样时将灭菌后的取样瓶浸没在水面下15~20 cm处取样,取样后迅速带回实验室待分析。

(2)编号:在盛9.0 mL无菌水的试管上编上待稀释的稀释度号码。

(3)水样的稀释:用倍比稀释法将水样稀释3个稀释度,如图2-59所示。

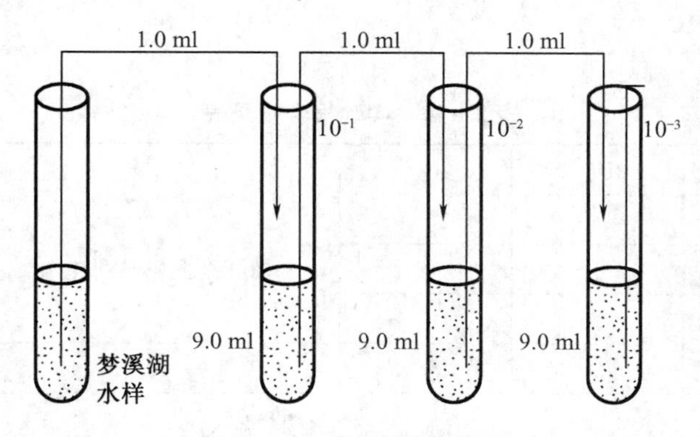

图2-59 倍比稀释示意图

具体操作如下:

①将水样充分振荡,使可能存在的细胞胶团得以分散。

②以无菌操作的方法吸取1 mL水样移入第一个稀释度的盛9.0 mL无菌水的试管,充分振荡。此试管即为10^{-1}的水样稀释液。

③用同样的方法将水样依次稀释为10^{-2}和10^{-3}两个稀释度。注意吸取不同浓度的稀释液时,必须更换移液枪头。

(4)涂布

①涂布棒蘸取75%乙醇溶液,就在酒精灯上灼烧灭菌。

②吸取1 mL充分混匀的三个稀释度的水样注入平板上,立刻用灼烧并退温的涂布棒将菌液均匀涂开。

③每一个稀释度做三个平行样。注意,每次涂布后都要灼烧涂布棒。

④菌液渗透约20 min后,对培养皿进行封口。

(5)培养:到过培养皿,在37 ℃恒温培养24 h。

五、实验记录

1. 算出同一稀释度三个平皿上的平均菌落数。

菌落计数原则:菌落的计数不宜采用片状生长的涂布平板,应采用无片状生长的培养皿菌落数作为该稀释度的菌落数。若片状菌落不到平皿的一半时,可计算半个平皿菌落数乘以2代表全皿的数值。

(1)择平均菌落数在30~300之间者进行计算。

(2)当只有一个稀释度的平均菌落数符合此范围时,则:

$$该平均菌落数 \times 稀释倍数 = 细菌总数$$

(3)若有两个稀释度的平均菌落数符合此范围时,则视二者菌落数之比来决定。若比值小于2,则:

$$两个菌落平均值 \times 稀释倍数 = 细菌总数$$

若比值大于 2,则选取总菌数较小的数值报告。

(4)若所有稀释度平均菌落数均大于 300,则:

稀释度高的 × 稀释倍数

(5)若所有稀释度平均菌落数均小于 30,则:

稀释度低的 × 稀释倍数

(6)若所有稀释度平均菌落数均不在 30 ~ 300 之间,则:

接近 30 或 300 的 × 稀释倍数

2. 报告

实验结果记录于表 2 – 10。

表 2 – 10　实验报告记录表

<table>
<tr><td rowspan="5">水样</td><td>例次</td><td>10^{-1}</td><td>10^{-2}</td><td>10^{-3}</td><td rowspan="4">个稀释度菌落成数之比</td><td rowspan="4">菌落总数/(cfu · mL^{-1})</td></tr>
<tr><td>1</td><td></td><td></td><td></td></tr>
<tr><td>2</td><td></td><td></td><td></td></tr>
<tr><td>3</td><td></td><td></td><td></td></tr>
<tr><td>平均</td><td></td><td></td><td></td><td></td><td></td></tr>
<tr><td rowspan="5">自来水</td><td>例次</td><td colspan="5">菌落数</td></tr>
<tr><td>1</td><td colspan="5"></td></tr>
<tr><td>2</td><td colspan="5"></td></tr>
<tr><td>3</td><td colspan="5"></td></tr>
<tr><td>总数</td><td colspan="5"></td></tr>
</table>

六、思考题

1. 从自来水细菌总数测定结果来看,是否符合饮用水水质标准?如不符合试分析原因。
2. 从梦溪湖细菌总数测定结果来看,试对梦溪湖水质状况进行评价。
3. 在用平板培养微生物时,为什么要将平板倒置放在培养箱中?

实验十四　水中大肠菌群的测定

一、实验目的

1. 了解大肠菌群数量与水质状况的关系。
2. 了解饮用水和水源水大肠菌群的原理和意义。
3. 掌握大肠菌群对人体健康的影响以及作为水体评价的指标和对象。
4. 学习检测水中大肠菌群的方法。

二、实验原理

1. 大肠菌群

大肠杆菌是人和许多动物肠道中最主要且数量最多的一种细菌,周身鞭毛,能运动,无芽孢。主要生活在大肠内。在肠道中大量繁殖,几乎占粪便干重的1/3。大肠杆菌的代谢类型是异养兼性厌氧型。所以在平常外界环境中不能正常存活很长。在环境卫生不良的情况下,常随粪便散布在周围环境中。若在水和食品中检出此菌,可认为是被粪便污染的指标,从而可能有肠道病原菌的存在。因此,大肠菌群数(或大肠菌值)常作为饮水和食物(或药物)的卫生学标准。(国家规定,每升饮用水中大肠杆菌数不应超过3个)

2. 初发酵试验

发酵管内装有乳糖蛋白胨液体培养基,并倒置杜氏小套管。乳糖能起选择作用,因为很多细菌不能发酵乳糖,而大肠菌群能发酵乳糖而产酸产气。为便于观察细菌的产酸情况,培养基内加有溴甲酚紫作为pH指示剂,细菌产酸后,培养基即由原来的紫色变为黄色。溴甲酚紫还有抑制其他细菌如芽孢菌生长的作用。

水样接种于发酵管内,37 ℃下培养:

(1)24 h内小套管中有气体形成,并且培养基混浊,颜色改变,说明水中存在大肠杆菌,疑为阳性结果;

(2)在量少的情况下,也可能延迟48 h后才产酸产气,此时应视为可疑结果。

以上两种结果均需继续做下面两部分实验,才能确定是否是大肠菌群。

(3)48 h后仍不产气的为阴性结果。

3. MPN概述

最大或然数(Most Probable Number,MPN)计数又称稀释培养计数,适用于测定在一个混杂的微生物群落中虽不占优势,但却具有特殊生理功能的类群。

其特点是利用待测微生物的特殊生理功能的选择性来摆脱其他微生物类群的干扰,并通过该生理功能的表现来判断该类群微生物的存在和丰度。本法特别适合于测定土壤微生物中的特定生理群(如氨化、硝化、纤维素分解、固氮、硫化和反硫化细菌等)的数量和检测污水、牛奶及其他食品中特殊微生物类群(如大肠菌群)的数量,缺点是只适于进行特殊生理类群的测定,结果也较粗放,只有在因某种原因不能使用平板计数时才采用。

三、实验方法

1. 实验流程图

采水样→初发酵试验→观察发酵管。

2. 实验步骤

(1)采水样:水源水。

(2)初发酵试验。取16支发酵管,其中10支用移液管接入10 mL一倍的乳酸蛋白胨培养液,5支加入5 mL三倍乳酸蛋白胨培养液,1支加入9 mL自然水。完成包装后,于121 ℃高压灭菌中灭菌30 min左右。冷却后,在无菌条件下,向装有三倍的乳酸蛋白胨培养液的5支试管中加入10 mL水样,向装有一倍的乳酸蛋白胨培养液的5支试管中加入1 mL的水样,向装有一倍的乳酸蛋白胨培养液的另5支试管中加入1 mL 10^{-1}水样。将各试管充分均匀,置于37 ℃恒温箱中培养24 h。

(3)录阳性管的数量,再根据初发酵试验的阳性管/瓶数查表,即得大肠菌群数。

四、实验结果

综合当天实验的几个小组的数据,查书上的表得每升水源水样中的大肠菌群数,得到结果。

五、思考题

1. 什么是大肠菌群?

2. 为什么要以大肠菌群作为水体安全评价的指标和对象?

实验十五　空气中细菌总数的测定

一、实验目的

1. 学习和掌握平皿暴露沉降法测定公共场所空气中细菌的总数。

2. 评价居室的卫生状况。

二、实验原理

室内空气中的微生物主要来源是人们在室内的生活和活动,使微生物随飞沫与悬浮颗粒物飞扬于空气中。所以室内空气中的微生物数量的多少取决于室内卫生状况、居住密度、居民健康情况、人们的活动情况、室内通风效果等。居住密度大、活动频繁、通风不良时,细菌总数就多。所以它可以代表居室一般卫生状况的意义;附着于室内悬浮颗粒物和唾液与痰液飞沫的微生物中含有一定数量的致病微生物(溶血性链球菌、结核杆菌、白喉杆菌、肺炎球菌、金黄色葡萄球菌、流感病菌等),可对人致病,在空气湿度大、通风不良、阳光不足的情况下,可保持较长的生存时间和致病性,因此,有必要对室内空气中的微生物数量做出限制。以病原体作为直接的评价指标,在技术上还有一定难度,所以目前仍多用细菌总数作为居室空气细菌学的评价指标。

空气中附着于尘埃或飞沫小滴上的细菌,经过一段时间,可自然沉降于培养基的表面上,经培养后,计数其生长的菌落数,再按公式推算出每立方米空气中的细菌数。

三、实验仪器与材料

1. 仪器与设备

高压蒸汽灭菌器、电热恒温干燥箱、恒温培养箱、电冰箱、玻璃平皿及制备培养基用的一般设备。

2. 试剂与材料

营养琼脂培养基,其成分为:蛋白胨 10 g、牛肉浸膏 3 g、氯化钠 5 g、磷酸二氢钠 1 g、琼脂 15 ~ 20 g、蒸馏水 1 000 mL。

四、实验步骤

1. 营养琼脂培养基制法

将上述成分混合后,加热溶解。调节 pH 值 7.8 ~ 8.0。过滤除去沉渣,分装于三角烧瓶中,经 121 ℃(103 kPa)高压蒸气灭菌 20 min,然后倾注适量(15 ~ 20 mL)于已灭菌处理的平皿内,制成营养琼脂平板备用。若当天不用,应置冰箱内保存。

2. 选择采样点的要求

(1)采样点的数量:根据监测室内面积大小和现场情况而确定,以期能正确反映室内空气污染物的水平。原则上小于 50 m^2 的房间应设 1 ~ 3 个点;50 ~ 100 m^2 设 3 ~ 5 个点;100 m^2 以上至少设 5 个点。在对角线上或梅花式均匀分布。

(2)采样点应避开通风口,离墙壁距离应大于 0.5 m。

(3)采样点的高度:原则上与人的呼吸带高度相一致。相对高度 0.5 ~ 1.5 m。

3. 采样方法

(1)选择好采样点后,将营养琼脂平板置于这些选测的部位,并将皿盖揭开,使平皿内营养琼脂培养

基表面暴露于空气中5 min。盖上皿盖,将平板倒转,置于37 ℃恒温培养箱中培养24 h后计数菌落数。

(2)计数营养琼脂培养基表面上所生长的菌落数,并求出全部采样点的平均菌落数。

五、结果与计算

1. 奥梅梁斯基公式:100 cm^2 的培养皿让空气沉降5 min,培养出的细菌数相当于10 L空气中的细菌数。

$$X = (N \times 100 \times 100)/\pi R^2$$

式中 X——每立方米空气中的细菌数;

N——平板直接计数的平均菌落数;

R——平皿的底面积半径(cm),9 cm。

2. 直接计数:CFU(菌落形成单位/皿),注明(沉降法,皿径9 cm)。

3. 将五个采样点的菌落数平均计算出室内平均的菌落数,见表2-11。

表2-11 采样点的菌落数

	1	2	3	4	5	平均
细菌数/(CFU/皿)						

六、注意事项

1. 若测定空气中的溶血性链球菌及绿色链球菌,则用血琼脂平板,其他操作及计算方法与细菌总数测定方法相同。

2. 平皿的底面积直径不宜小于9 cm。

3. 选择采样点时,应尽量避开空调、门窗等气流变化较大处。整个采样过程中,应动作轻缓,避免扬起灰尘,并要注意无菌操作。

4. 采样中打开皿盖时,可将皿盖向下,切忌血盖向上而暴露于空气中,影响采样结果。暴露5 min后,应按打开皿盖的顺序,盖上皿盖,带回实验室置培养箱,37 ℃、24 h培养后计数菌落。

实验十六 纤维素降解菌的分离及酶活性的测定

一、实验目的

1. 掌握纤维素降解菌的分离和筛选及酶活性的测定原理。

2. 掌握纤维素降解菌的分离和筛选的方法及酶活性测定。

二、实验原理

纤维素是地球上数量最大的可再生资源,占植物干重的35 %~50 %,它是地球上分布最广、含量最丰富的碳水化合物。对人类而言,它又是自然界中数量最大的可再生性物质。目前,对纤维素的降解利用主要采用生物手段,利用微生物可将纤维材料转化为饲料、化工原料等,具有广阔的应用前景,而这一应用前景的前提是要首先分离到能够有效分解纤维素的微生物菌种,但目前得到的纤维素酶无论是来自动物、植物还是微生物的，都不能满足大规模工业生产的需要。纤维素酶活力较低、生产周期长、纤维素酶复合物的相对分子质量十分庞大、单个酶组分没有水解纤维素的能力及菌株的纤维素酶活力仍然较低等原因，一直是阻碍纤维素酶大规模生产应用的瓶颈问题。为此，利用纤维素刚果红鉴别培养基从不同分离源分离筛选出对纤维素具有良好分解效果的纤维素分解菌，并将对其酶活力进行测定，筛选出纤维素降解能力较高的野生优良菌株。

三、实验材料与仪器

1. 实验材料

在堆放秸秆、腐叶、玉米地采集土壤样品，从土壤中分离纯化纤维素降解菌。

2. 试剂与仪器

(1)培养基

刚果红培养基 CMC－Na10 g，$MgSO_4$ 0.25 g，K_2HPO_4 0.5 g，NaCl 0.25 g，琼脂 11 g，蒸馏水 500 mL，刚果红 0.2 g，自然 pH，压力 105 kPa，灭菌 20 min。

产酶发酵培养基秸秆 120 g，KH_2PO_4 0.5 g，$(NH_4)_2SO_4$ 0.4 g，$MgSO_4$ 0.07 g，$CaCl_2$ 0.07 g，$FeSO_4$ 0.005 g，$ZnCl_2$ 0.001 g，蛋白胨 0.2 g，尿素 0.07 g，CMC－Na 0.1 g，蒸馏水 250 mL，搅拌均匀后装入圆口瓶，每瓶 20 g，封口膜封口，压力 105 kPa，灭菌 20 min。

(2) 试剂

醋酸缓冲液与 DNS(3,5－二硝基水杨酸)试剂。

(3)试验仪器

分光光度计、水浴锅、恒温培养箱、全温培养柜、pH 试纸、烘干箱、电子天平、控温摇床、全自动灭菌锅、电磁炉、离心机等。

四、实验步骤

1. 分离筛选

(1)采样

从堆放秸秆、腐叶、玉米地采集一定量的土壤各三份。

(2)样品的富集培养

将样品称 20 g，加入装有 300 mL 灭菌生理盐水的烧杯中，充分摇匀，静置，加 25 g 蔗糖。用封口膜包扎后 110 r/min，28 ℃ 摇床培养 5～7 天。

(3)初筛分离培养

将富集后的样品稀释到 10^{-2}，10^{-3}后，分别涂布到初筛分离平板培养基上，每个样品接 3 个平板，28 ℃ 培养 3～5 天。若没有看到产生透明圈的单个纯种菌落，则将产生透明圈的菌群用划线分离的方法接种到新的初筛分离平板培养基上培养，直到有单个纯种菌落的透明圈产生为止。

(4)复筛选分离培养

将初筛分离出的透明圈比较大的菌株点种到复筛平板培养基上，每个平板点 3 个点，28 ℃培养 3～5 天。观察并测量透明圈的直径，记录下其数据。

纯种菌培养：将透明圈较大的菌株蛇形划线到斜面培养基上进行扩大培养，以便后面的酶活力测定实验。

纤维素分解菌的发酵培养：

①将菌种分别接至装有 40 mL 以羧甲基纤维素钠为唯一碳源的发酵培养基中，28 ℃振荡培养 4 天。将菌种分别接至装有 50 mL 以滤纸为唯一碳源的发酵培养基中，28 ℃振荡培养 4 天。

②滤纸失重的测定用滤纸过滤发酵液，将残留物 80 ℃烘干称重，用减重法计算出滤纸失重率。

③纤维素分解率的计算，分解率根据下式计算：

$$\frac{\text{对照样品纤维素含量}\times\text{样品质量}-\text{残体纤维素含量}}{\text{对照样品纤维素含量}\times\text{样品重量}}\times 100\%$$

(2)酶活性测定

(1)酶液提取

初酶液的提取方法：将菌株接种到斜面上 37 ℃条件下培养 1 天，再加入 5 mL 无菌水，让斜面上的菌苔充分溶于无菌水制成菌悬液，取 1 mL 菌悬液接种于产酶发酵培养基中，摇床培养 5 天，取发酵后的菌液 10 mL，离心(4 200 r/min，15 min)，取上清液，即为初酶液。制备好酶液后，用 DNS(3,52 二硝基水杨酸)法测其 OD 值，再与标准曲线比对，求出该菌株的酶活。

(2)酶活测定

还原糖的测定为 DNS 试剂法：在 540 nm 处有最大光吸收，在一定范围内还原糖的量与反应液的颜色强度呈比例关系，利用比色法测定其还原糖生成量就可测定纤维素酶的活力。酶活定义：在 pH4.4，50 ℃条件下，每 1 mL 纤维素初酶液 1 min 内水解 CMC－Na(羧甲基纤维素钠)，生成 1 μg 的葡萄糖，称为一个 CMC 酶活力单位(μg/min)。酶活的测定方法是用 DNS 法测定还原糖含量，从还原糖量来求得酶活力的大小。

①葡萄糖标准曲线的绘制

准确称取 100 mg 分离纯的无水葡萄糖，用少量蒸馏水溶解后，定量转移到 100 mL 容量瓶中，再定容，摇匀，浓度为 1 mg/mL。取 8 支比色管，分别按设计表的顺序加入各种试剂，将各管溶液混匀后，在分光光度计上(540 nm)进行比色测定，用空白管溶液调零后，测定各管光密度值。根据设计表可绘制葡萄糖标准曲线。

②羧甲基纤维素钠盐(CMC－Na)酶活性测定

取 1.0 mL 待测液，加入已预热到 50 ℃、质量分数为 1% 的 CMC－Na(溶于 pH 4.4 醋酸缓冲液中) 1 mL，50 ℃保温 30 min，沸水浴灭活 5 min 冷却至室温，用 1 mL DNS 试剂显色后，稀释 3 倍(根据显色程度定稀释倍数)，测 OD 值(optical density 光密度)(540 nm)，值越大，说明该菌株的酶活力越强。

五、实验结果记录

将所得结果记录下来。

六、思考题

纤维素酶是一种复合酶，它包括哪些成分，各起什么作用？

实验十七 淀粉酶活性的测定

一、实验目的

通过实验，掌握淀粉酶活力测定的基本原理、方法和操作技能。

二、实验原理

酶活性的测定是通过测定一定量的酶在一定时间内催化得到的麦芽糖的量来实现的，淀粉酶水解淀粉生成的麦芽糖，可用 3,5－二硝基水杨酸试剂测定，由于麦芽糖能将后者还原生成硝基氨基水杨酸的显色基团，将其颜色的深浅与糖的含量成正比，故可求出麦芽糖的含量。常用单位时间内生成麦芽糖的毫克数表示淀粉酶活性的大小。然后利用同样的原理测得两种淀粉酶的总活性。实验中为了消除非酶促反应引起的麦芽糖的生成带来的误差，每组实验都做了相应的对照实验，在最终计算酶的活性时以测量组的值减去对照组的值加以校正。

在实验中要严格控制温度及时间，以减小误差。并且在酶的作用过程中，四支测定管及空白管不要混淆。

三、材料、试剂与仪器

1. 实验材料

萌发的小麦种子（芽长 1 cm 左右）。

2. 仪器

721 光栅分光光度计、DK－S24 型电热恒温水浴锅、离心机。

容量瓶（50 mL 和 100 mL）、天平、研钵、具塞刻度试管（15 mL×6）、试管（8 支）、移液器、烧杯。

3. 试剂

（1）1% 淀粉溶液（称取 1 g 可溶性淀粉，加入 80 mL 蒸馏水，加热熔解，冷却后定容至 100 mL）。

（2）pH5.6 的柠檬缓冲液：

A 液（称取柠檬酸 20.01 g，溶解后定容至 1L）。

B 液（称取柠檬酸钠 29.41 g，溶解后定容至 1L）。

取 A 液 5.5 mL、B 液 14.5 mL 混匀即为 pH5.5 柠檬酸缓冲液。

（3）3,5－二硝基水杨酸溶液：称取 3,5－二硝基水杨酸 1.00 g，溶于 20 mL，1 mol/L 氢氧化钠中，加入 50 mL 蒸馏水，再加入 30 g 酒石酸钠，待溶解后，用蒸馏水稀释至 100 mL，盖紧瓶盖保存。

（4）麦芽糖标准液：称取 0.100 g 麦芽糖，溶于少量蒸馏水中，小心移入 100 mL 容量瓶中定容。

（5）0.4 mol/L NaOH。

四、实验步骤

1. 酶液的制备

称取 2 g 萌发的小麦种子于研钵中，加少量石英砂，研磨至匀浆，转移到 50 mL 容量瓶中用蒸馏水定容至刻度，混匀后在室温下放置，每隔数分钟振荡一次，提取 15～20 min，然后于 3 500 r/min 离心20 min，取上清液备用。

2. α－淀粉酶活性的测定

（1）取 4 支管，注明 2 支为对照管，另 2 支为测定管。

（2）于每管中各加酶提取液 1 mL，在 70 ℃恒温水浴中（水浴温度的变化不应超过 ±0.5 ℃）准确加热 15 min，在此期间 β－淀粉酶钝化，取出后迅速在冰浴中彻底冷却。

（3）在试管中各加入 1 mL 柠檬酸缓冲液。

（4）向两支对照管中各加入 4 mL 0.4 mol/L NaOH，以钝化酶的活性。

（5）将测定管和对照管置于 40 ℃（±0.5 ℃）恒温水浴中准确保温 15 min 再向各管分别加入 40 ℃下预热的淀粉溶液 2 mL，摇匀，立即放入 40 ℃水浴中准确保温 5 min 后取出，向两支测定管分别迅速加入 4 mL 浓度为 0.4 mol/L 的 NaOH，以终止酶的活性，然后准备下步糖的测定。

3. 两种淀粉酶总活性的测定

取上述酶液 5 mL 于 100 mL 容量瓶中，用蒸馏水稀释至刻度（稀释倍数视样品酶活性大小而定，一般为 20 倍）。混合均匀后，取 4 支管，注明 2 支为对照管，另 2 支为测定管，各管加入 1 mL 稀释后的酶液及 pH5.6 柠檬酸缓冲液 1 mL，以下步骤重复 α－淀粉酶测定的第④及第⑤的操作。

4. 麦芽糖的测定

(1)标准曲线的制作

取15 mL具塞试管7支,编号,分别加入麦芽糖标准液(1 mg/mL)0 mL,0.1 mL,0.3 mL,0.5 mL,0.7 mL,0.9 mL,1.0 mL,用蒸馏水补充至1.0 mL,摇匀后再加入3,5-二硝基水杨酸1 mL,摇匀,沸水浴中准确保温5 min,取出冷却,用蒸馏水稀释至15 mL,摇匀后用分光光度计于520 nm波长下比色,记录消光值,以消光值为纵坐标,以麦芽糖含量为横坐标绘制标准曲线。

(2)样品的测定

取15 mL具塞试管8支,编号,分别加入步骤2和3中各管的溶液各1 mL,再加入3,5-二硝基水杨酸1 mL,摇匀,沸水浴中准确煮沸5 min,取出冷却,用蒸馏水稀释至15 mL,摇匀后用分光光度计于520 nm波长下比色,记录消光值,根据标准曲线进行结果计算。

五、数据整理及计算

实验结果记录见表2-12。

表2-12 实验结果记录表

麦芽糖标准液浓度/(g/L)	0	0.1	0.3	0.5	0.7	0.9	1.0	
OD_{520}								
项目	α(测)	α(测)	α(对)	α(对)	α+β(测)	α+β(测)	α+β(对)	α+β(对)
OD_{520}								
平行组数据均值 OD_{520}								
样品麦芽糖浓度/(g/L)								

表2-12中前4行数据为实验的原始数据。以表中前两行数据绘制标准曲线,计算上表中第4行数据(各样品的OD值)均值,填入上表第5行中,根据标准曲线的方程,计算第5行OD值所对应的麦芽糖浓度,填入最后一行。

根据以上的数据整理的结果,结合以下公式计算两种淀粉酶的活性:

$$\alpha^{-}\text{淀粉酶活性(毫克麦芽糖(mg)/样品 鲜重(g)min)} = \frac{(A-A')\times\text{样品稀释总体积}}{\text{样品重(g)}\times 5}$$

$$\alpha^{-+}\beta^{-}\text{淀粉酶活性(毫克麦芽糖(mg)/样品 鲜重(g)min)} = \frac{(B-B')\times\text{样品稀释总体积}}{\text{样品重(g)}\times 5}$$

A——α^{-}淀粉酶测定管中的麦芽糖浓度

A′——α^{-}淀粉酶对照管中的淀粉酶的浓度

B——($\alpha^{-+}\beta^{-}$)淀粉酶总活性测定管中的麦芽糖浓度

B′——($\alpha^{-+}\beta^{-}$)淀粉酶总活性对照管中的麦芽糖浓度

计算结果如下:

α^{-}淀粉酶活性=__________(毫克麦芽糖(mg)/鲜重(g))

($\alpha^{-+}\beta^{-}$)淀粉酶活性=__________(毫克麦芽糖(mg)/鲜重(g)

β^{-}淀粉酶活性=__________(毫克麦芽糖(mg)/鲜重(g)

六、结果分析

略。

七、思考题

1. 酶活力测定实验的总体设计思路是什么？实验设计的关键你认为是什么，为什么？

实验十八 聚合酶链式反应(PCR)技术

一、实验目的

了解 PCR 技术原理，掌握最基础的 PCR 实验步骤。学会使用 PCR 仪。

二、实验原理

PCR 全称聚合酶链反应，是体外快速扩增特定基因或 DNA 序列最常用的方法。

基本原理：首先将双链 DNA 分子在临近沸点的温度下加热分离成 2 条单链 DNA 分子，DNA 聚合酶以单链 DNA 为模板并利用反应混合物中的四种脱氧核苷三磷酸合成新的 DNA 互补链。PCR 反应时，只要在试管内加入模板 DNA，PCR 引物、四种核苷酸及适当浓度的 Mg^{2+}，DNA 聚合酶就能在数小时内将目标序列扩增 100 万倍以上。具体如下：

(1) 双链模板 DNA 分子首先在高温下解开成长的单链，短链引物分子立即与该模板 DNA 两端的特定序列相结合，产生双链区。

(2) DNA 聚合酶从引物处开始复制其互补链，迅速产生与目标序列完全相同的复制品。

(3) 在后续反应中，无论是起始模板 DNA 还是经复制的杂合 DNA 双链，都会在高温下解开成为单链，体系中的引物分子再次与其互补序列相结合，聚合酶也再度复制模板 DNA。

(4) 由于在 PCR 反应中选用的一对引物，是按照与扩增区域两端序列彼此互补的原则设计的，因此每一条新生链的合成都是从引物的退火结合位点开始并朝反方向延伸的，每一条新合成的 DNA 链上都有新的引物结合位点。

(5) 整个 PCR 的反应全过程，即 DNA 解链(变性)、引物与模板 DNA 结合(退火)、DNA 合成(链的延伸)三步可以被不断重复。经多次循环之后，反应混合物中所含有的双链 DNA 分子数，即两条引物结合位点之间的 DNA 区段的拷贝数，理论上的最高值应该是 2^n，能进一步满足遗传分析的需要。

三、实验器材与试剂

1. PCR 仪、台式离心机、微量取液器、硅烷化的 PCR 小管、琼脂糖凝胶电泳系统。

2. 模板 DNA，单、双链 DNA 均可作为 PCR 的样品，10 × PCR 缓冲液，$MgCl_2$ 15 mmol/L，dNTP 混合物：每种 2.5 mmol/L，Taq DNA 聚合酶：5 U/μL，引物 1 和引物 2：2 μmol/L，琼脂糖凝胶电泳试剂。

四、实验操作步骤

1. 在 0.2 mL Eppendorf 管内依次混匀下列试剂，配制 20 μL 反应体系，见表 2 – 13。

表 2-13

ddH_2O	7.8 μL
10×PCR 缓冲液	2 μL
$MgCl_2$(15 mmol/L)	2 μL
dNTP(2.5 mmol/L)	2 μL
引物 1(2 μmol/L)	2 μL
引物 2(2 μmol/L)	2 μL
模板 DNA	2 μL
Taq DNA 聚合酶(5U/μL)	0.2 μL
总体积	20 μL

2. 按表 2-14 循环程序进行扩增。

表 2-14

程序阶段	程序名称	温度	时间	循环数
1	预变性	94 ℃	3 min	1
2	变性	94 ℃	30 s	30
	退火	52℃	30 s	
	延伸	72 ℃	30 s	
3	保温	4 ℃	∞	1

3. 扩增结束后，取 10 μL 扩增产物进行电泳检测。

五、注意事项

1. 在 90~95 ℃下可使整个基因组的 DNA 变性为单链。一般 94~95 ℃下 30~60 s。时间过长使 TaqDNA 聚合酶失活。

2. 退火温度一般在 45~55 ℃。退火温度低，PCR 特异性差；退火温度高，PCR 特异性高，但扩增产量低。

3. 延伸温度一般在 70~75 ℃。此温度下 TaqDNA 聚合酶活性最高。一般扩增产物长度小于 1 kb，延伸时间 30 s 即可。当扩增产物长度大于 1 kb 时，可适当延长延伸时间。

4. 引物长度通常用 20 bp 左右。两个引物扩增的片段大小 300~500 bp 为宜。

六、思考题

1. PCR 反应的原理是什么？

2. 如何确定 PCR 反应中的退火温度和延伸时间？

实验十九　硝化细菌的分离与硝化作用强度的测定

一、实验目的

学习并掌握硝化细菌和亚硝化细菌的分离与鉴定的基本方法。

二、实验原理

硝化细菌是一类具有硝化作用的化能自养菌，包括硝化菌和亚硝化菌两个生理菌群，其主要特性是自养性、生长速率低、好氧性、依附性和产酸性等。在有氧的条件下，亚硝化细菌群将氨氮转化亚硝酸氮，硝化细菌群将亚硝酸氮转化硝酸氮，两者常生长在一起。硝化细菌分离比较困难，由于它生长缓慢，平均代时 10 ~ 20 h 以上，且不同菌株间差异较大。亚硝化菌单细胞杆状以单根极生鞭毛运动，无荚膜，革兰氏阴性严格好氧，在有机培养基不能生长，能利用 CO_2唯一碳源。菌落以小圆淡黄色为主，个别呈无色或乳白色。个别菌株为球状，无鞭毛，氨转化为亚硝酸盐过程中获得能量。硝化细菌单细胞杆状不运动，好氧，在有机培养基不能生长。欲分离生长劣势的硝化细菌，需用专门培养该菌的培养液使之富集培养，然后从富集培养液中分离、纯化。

将定量的土壤接种到硝化细菌培养基中，由于土壤中硝化细菌的作用，使亚硝酸氧化成硝酸。用培养基中亚硝酸的消失量占原始培养基中亚硝酸含量的百分率作为硝化作用强度指标。亚硝化细菌用格里斯试剂检测，呈现红色；硝化细菌用二苯胺检测，呈现蓝色。

此显色反应不受 NO_3-N 的干扰。因此可通过比色法测定出培养基中亚硝酸的含量。

三、实验器材与试剂

1. 分离的材料

池塘或污水出水口污泥、土壤。

2. 培养基

(1)富集培养基

亚硝化细菌培养基：

①硫酸铵 5 g/L、磷酸二氢钾 0.7 g/L 、硫酸镁 0.5 g/L 、氯化钙 0.5 g/L 、用5%碳酸钠调、pH8.0(硝化细菌用亚硝酸钾 2 g/L 代替硫酸铵 5 g/L)、蒸馏水 1 000 mL。

②硫酸铵 2 g/L、氯化钠 0.3 g/L、硫酸亚铁 0.03 g/L、磷酸氢二钾 1.0g/L、硫酸镁 0.03 g/L、碳酸氢钠 1.6 g/L、pH7.5 ~ 8.0 、蒸馏水 1 000 mL。

(2)分离培养基

亚硝化细菌培养基：

甲液：硫酸铵 11.0 g 、硫酸镁 1.4 g、硫酸亚铁 0.3 g、蒸馏水 100 mL。

乙液：磷酸二氢钾 1.36 g 、蒸馏水 100 mL。

甲：乙 =9:1，PH8.0 ~ 8.2。

硝化细菌培养基：

硫酸铵 2.0 g、磷酸氢二钾 1.0 g/L、硫酸镁 0.5 g/L、氯化钠 2.0 g/L、硫酸亚铁 0.4 g/L、碳酸钙 5.0 g/L、pH7.5 ~ 8.0，用亚硝酸铵 2.5 g 代替硫酸铵 11.0 g。为增加硝化细菌的分离效果，在培养液中添加1%粉状碳酸钙和0.04 mL/100 mL微量元素溶液。

(3)BPY(肉膏蛋白胨酵母膏培养基)

牛肉膏5 g/L、酵母膏5 g/L、蛋白胨10 g/L、氯化钠5 g/L、葡萄糖5 g/L、琼脂1%~2%、蒸馏水1 000 mL、pH7.0(检查硝化细菌纯度用)。

(4)硅胶平板:

①稀酸液制备:蒸馏水140 mL,加浓硫酸(密度1.84)5 mL,蒸馏水170 mL,加浓盐酸(密度1.19)20 mL,两者混合均匀。

②水玻璃制备:硅酸钠51.7 g,加蒸馏水313 mL溶解而成。

③稀酸液:水玻璃=2:1混合,几分钟后,就形成乳白色的硅胶板,放入水槽用流水浸洗至氯离子消除(用1%硝酸银检查浸洗水),用开水浸洗几次,无菌水洗几次,倒置稍干。

(5)格利斯试剂

溶液Ⅰ:称取磺胺酸0.5 g,溶于150 mL醋酸溶液(30%)中,保存于棕色瓶中。

溶液Ⅱ:称取α-萘胺0.5 g,加入50 mL蒸馏水中,煮沸后,缓缓加入30%的醋酸溶液150 mL中,保存于棕色瓶中。

(6)二苯胺试剂

称取二苯胺(DiPHenylamine)1.0 g,溶于20 mL蒸馏水中,徐徐加入100 mL浓硫酸(密度1.84)。保存在棕色瓶中备用。

(7)亚硝酸银标准溶液

称取1.5 g分析纯亚硝酸钠于烧杯中,加蒸馏水溶解后倒入1 000 mL容量瓶中,再加蒸馏水至刻度,摇匀。此溶液中亚硝酸根浓度为1 mg/mL。用时以此液配成稀的亚硝酸根标准溶液(每毫升含NO_2^- 0.01 mg)。

(8)2%醋酸钠溶液

3. 仪器用具

恒温培养箱、恒温振荡器、分光光度计、分析天平、移液管、三角瓶、涂布棒、培养皿、酒精灯、白瓷比色板等。

四、实验步骤

1. 亚硝化细菌的分离

(1)富集培养

取泥样1.0 g或1.0 mL活性污泥接入30 mL/250 mL三角瓶或10 mL/18 mm×180 mm试管中,28~30 ℃ 130 r/min振荡培养,每隔几天用格利斯试剂在白瓷板上检验亚硝酸根的生成,培养7~8天后培养液遇格利斯试剂呈红色,表明有亚硝酸盐存在。或检测硝酸根的存在,用二苯胺试剂遇培养液呈蓝色,说明有硝化细菌存在,表明亚硝酸氮氧化成硝酸氮。用显色深浅判断作用强弱,选出作用强的试管,吸两滴培养液接入新鲜培养液的试管(或1.0 mL于30 mL/250 mL三角瓶)中,继续培养并用同样方法测试,经几次反复操作不断淘汰其他异氧菌,在连续转管时补加亚硝酸钠,增加培养硝化细菌的数量。

(2)平板分离

培养平板制备:每个平皿需加分离培养基2.0 mL作为菌培养液和5%硫酸铵溶液1 mL,轻轻转动平板皿,使培养液分布均匀,打开皿盖,置于50~60 ℃温箱中,烘至表面无营养液流动为止。

分离前将富集培养液通二氧化碳或氮气30 min,取0.1~0.2 mL富集菌液滴入3~5个平板均匀涂布或划线,28~30 ℃培养,硅胶平板2~3周,为防止水分蒸发,避免平板干裂,倒置于盛有少量的水的干燥器中培养。当长出针状大小的菌落时,挑取10~15个菌落,分别接种于富集培养液中,经液体培养检验,在继续重复涂布,反复几次得到单菌株。

2. 硝化细菌的分离培养

（1）富集培养

取污泥或土壤少量，分别接种于硝酸细菌富集培养液中，混匀，30 ℃培养。在富集培养时要连续供给5%亚硝酸铵溶液数毫升，以代替硫酸铵，也有利于抑制其他菌的繁殖。

（2）平板分离

硝酸细菌的分离纯化方法，原则上与亚硝化细菌相同，可采用硅胶平板法。但在硅胶平板上要加5%亚硝酸铵溶液1 mL以替代硫酸铵溶液，还要投加硝酸细菌培养基2 mL。培养后，在硅胶平板深层形成针头状菌落。也可利用硝酸细菌富集培养基中投加1.5%～2%琼脂，制成固体平板，用此平板进行分离纯化。

3. 硝化作用强度的测定

（1）在150 mL三角瓶中盛30 mL硝化细菌培养基，灭菌。

（2）冷却后的培养基接种1/10土壤悬液1 mL，于28 ℃恒温箱中培养15天。取出三角瓶，过滤去除土壤颗粒，收集上清液。

（3）用比色法测定滤液中的亚硝酸含量。

①取滤液1 mL（取决于滤液中亚硝酸含量）于50 mL容量瓶中，稀释至约40 mL，加入1 mL格利斯试剂Ⅰ，放置10 min。再加入1 mL格利斯试剂Ⅱ和1 mL 2%醋酸钠溶液，显色后稀释至刻度，放置10 min后，用分光光度计比色测定波长520 nm吸光值。

②亚硝酸根标准曲线的绘制。吸取亚硝酸根标准液（每毫升含NO_2^- 0.01 mg）0 mL，1 mL，2 mL，3 mL，4 mL，5 mL，分别放入50 mL容量瓶中，每一容量瓶亚硝酸根浓度为0 μg/mL，0.2 μg/mL，0.4 μg/mL，0.6 μg/mL，0.8 μg/mL，1.0 μg/mL。与待测标本同样条件进行比色，以浓度为横坐标，以520 nm吸光值为纵坐标绘制标准曲线。

③用同一方法测定原始培养液中亚硝酸根含量。

五、结果计算

$$NO_2^- N(g/30\ L) = x(g/L) \times 比色体积 \times 稀释倍数 \times 10^{-3}$$

式中 $x(g/L)$——由标准曲线查知；

10^{-3}——换算为毫克。

土壤硝化强度公式：

$$硝化作用强度 = \frac{原始培养基中NO_2^-的量 - 培养后培养基中NO_2^-的量}{原始培养基中NO_2^-的量} \times 100\%$$

实验二十　土壤氨化细菌的分离

一、实验目的

掌握土壤中氨化细菌的分离原理，学习相关分离方法。

二、实验原理

土壤氨化作用，是指土壤中含氮有机物，经过微生物的各种分解作用，使大部分氮素转化为无机态氮（氨）的过程。参与这一过程的微生物很多，大部分异养微生物（包括细菌、真菌和放线菌）均有这种作用。土壤有机氮难于被植物直接吸收利用，需经微生物分解为氨的形式才能为植物所利用。因此，土壤氨化作用强度的变化,在一定程度上反映了土壤的供氮能力。

在培养基中加入一定量的有机氮化合物(蛋白胨或尿素),可分离出土壤中的氨化细菌。通过检测培养基内 NH_3 及 H_2S 的生成,证明氨化作用的产生。

三、实验器材

1. 培养基

(1)牛肉膏蛋白胨培养液

牛肉膏 3 g、蛋白胨 10 g 、NaCl5 g 、水 1 000 mL、pH = 7.0 ~ 7.2。

(2)牛肉膏蛋白胨培养基

上述培养液加入 2% 琼脂。

(3)产 H_2S 培养基 牛肉膏 7.5 g,蛋白胨 2.5 g,NaCl5 g,10% $FeCl_2$(培养基灭菌后无菌加入)5 mL,琼脂 15 g,pH = 7.0 ~ 7.2。分装 15 mm × 150 mm 试管,每管 8 ~ 10 mL。121 ℃灭菌 30 min。

2. 试剂及器皿

(1)奈氏试剂,无菌水,新鲜土样。

(2)无菌吸管,无菌平板,接种针,28 ℃温箱,比色板、染色用具及显微镜。

四、操作步骤

1. 接种

(1)取牛肉膏蛋白胨培养液,加入少量土样(约 0.5 g),或接入土壤悬液 1 mL,塞紧棉塞. 置 25 ~ 28 ℃温箱培养 3 ~ 5 天。用不接种的培养液作为对照。

(2)取产 H_2S 培养基试管,用土壤悬液穿刺接种后,置 28 ℃温箱培养 2 天。用不接种的培养基作为对照。

2. 检查

(1)化学检查

①NH_3 的产生 吸取少量培养液在白瓷比色板中,滴加奈氏试剂后出现红棕色或黄色沉淀,证明培养液中有氨化细菌的存在,将蛋白胨分解后产生 NH_3,对照管以同样方式检查。

②H_2S 的产生 接种处出现黑色,证明含硫氨基酸最终被分解产生的 H_2S,与培养基中铁离子反应,生成黑色的 FeS。即

$$H_2S + Fe^{2+} \rightarrow FeS \downarrow + 2H^+$$

(2)生物学检查 观察培养液中菌膜、混浊程度、沉淀、颜色、气味等变化。

(3)镜检 分别从培养液上、中、下三部取样制片,简单染色后观察主要菌体形态。

3. 分离及纯化

如需分离出单菌落,可吸取少量培养液按稀释平板培养法在牛肉膏蛋白胨琼脂平板上分离并进一步纯化。

五、结果记录

略。

六、思考题

试述实验中氨化细菌的形态特征及培养特征。

第3章　污染环境修复原理与技术课程实验

3.1　实验基础知识

3.1.1　湿地

3.1.1.1　湿地的基本概念

湿地的定义大体上可以分为广义和狭义两种。狭义定义一般认为湿地是陆地和水域之间的过渡地带，而广义定义则把地球上除海洋（水深6 m以上）外的所有水体都当作湿地。湿地公约对湿地的定义就是广义上的定义，即湿地系统指不问其为天然或人工、长久或暂时之沼泽地、泥炭地或水域地带，带有静止或流动、或为淡水、半咸水或咸水水体者，包括低潮时水深不超过6 m的水域。也可包括邻接湿地的河湖沿岸、沿海区域以及湿地范围的岛屿或低潮时水深超过6 m的水域。湿地作为陆地与水域的过渡地带，它不仅为野生动植物提供生长和繁殖的场所，同时还具有净化水质、降解污染物、调节气候，维持整个地球生命支持系统稳定等服务功能，因而被誉为"地球的肾脏"。

湿地是自然界最富生物多样性和生态功能最高的生态系统，为人类的生产、生活与休闲提供多种资源，是人类最重要的生存环境，水利文明及水生文明的建立与发展均以湿地为基础；湿地是重要的国土资源和自然资源，也是野生动植物，尤其是鸟类最重要的栖息地；湿地是重要的自然资源，如同森林、耕地、海洋一样具有多种功能。

湿地与人类的生存、繁衍、发展息息相关，是自然界最富生物多样性的生态景观和人类最重要的生存环境之一，它不仅为人类的生产、生活提供多种资源，而且具有巨大的环境功能和效益，在抵御洪水、调节径流、蓄洪防旱、控制污染、调节气候、控制土壤侵蚀、促淤造陆、美化环境等方面有其他系统不可替代的作用，受到了全世界范围的广泛关注。在世界自然资源保护联盟（IUCN）、联合国环境规划署（UNEP）和世界自然基金会（WWF）世界自然保护大纲中，湿地与森林、海洋一起并称为全球三大生态系统。

我国幅员辽阔，地理环境复杂，气候多样，造就了包括《关于特别是作为水禽栖息地的国际重要湿地公约》（简称《湿地公约》）列出的全部湿地类型，提供了巨大的经济效益、生态效益和社会效益。保护好我国的湿地具有特殊重要的意义。然而，随着人口的急剧增加，为解决农业用地的扩张和发展经济，对湿地的不合理开发利用导致我国天然湿地日益减少，功能和效益下降；捕捞、狩猎、砍伐、采挖等过量获取湿地生物资源，造成了湿地生物多样性逐渐丧失；湿地水资源过度开采利用，导致湿地水质碱化，湖泊萎缩；长期承泄工农业废水、生活污水，导致湿地水污染，严重危及湿地生物的生存环境；森林资源的过度砍伐，植被破坏，导致水土流失加剧，江河湖泊泥沙淤积等，使我国湿地资源已经遭受了严重破坏，其生态功能也严重受损。据统计，近40年来，全国湖泊围垦面积已超过五大淡水湖面积之和，失去调蓄容积325亿立方米，每年损失淡水资源约350亿立方米；沿海湿地围垦近1/2；我国最大的沼泽集中分布区——三江平原，已有300万公顷湿地变为农田，目前仅有沼泽104万公顷，如果不加以控制，这些沼泽湿地将丧失殆尽。因水资源利用不合理，我国西部玛纳斯湖、罗布泊、居延海已变成盐碱荒漠。水污染更加重了湿地的破坏，全国1/3以上的河段受到污染，在全国有监测的1 200多条河流中已有850条受到污染，鱼虾绝迹的河道长达5 322 km，90%以上城市水域污染严重，50%重点城镇水源地不符合饮用水标准，我国富营养化湖泊已占50%，不仅加重水资源紧张，而且对渔业、农业及人民的生活健康带来危害。

3.1.1.2 湿地的主要类型

虽然湿地在自然界的形式多种多样,归纳起来基本分为两大类,即天然湿地和人工湿地。

天然湿地是地球上水陆相互作用形成的独特生态系统,是重要的生存环境和自然界最富生物多样性的生态景观之一。在抵御洪水、调节径流,改善气候、控制污染、美化环境和维护区域生态平衡等方面有其他系统所不能替代的作用。人工湿地是人为创造的一个适宜于水生植物或湿生植物生长的、根据自然湿地模拟的人工生态系统。

3.1.2 天然湿地类型与分布

天然湿地的类型主要有:沼泽湿地、湖泊湿地、河流漫地、浅海和滩涂湿地。

3.1.2.1 沼泽湿地

沼泽湿地包括沼泽和沼泽化草甸(简称沼泽湿地),是最主要的湿地类型。沼泽的特点是地表经常或长期处于湿润状态,具有特殊的植被和成土过程,有的沼泽有泥炭积累,有的没有泥炭。我国的沼泽约1 197万公顷,主要分布于东北的三江平原、大小兴安岭、若尔盖高原及海滨、湖滨、河流沿岸等,山区多木本沼泽,平原为草本沼泽。三江平原位于黑龙江省东北部,是由黑龙江、松花江和乌苏里江冲积形成的低平原,是我国面积最大的淡水沼泽分布区,1990年尚存沼泽约113万公顷。三江平原无泥炭积累的潜育沼泽居多,泥炭沼泽较少。沼泽普遍有明显的草根层,呈海绵状,孔隙度大,保持水分能力强。本区资源利用以农业开垦,商品粮产出为主。大、小兴安岭沼泽分布广而集中,大兴安岭北段沼泽率为9%,小兴安岭沼泽率为6%,该区沼泽类型复杂,泥炭沼泽发育,以森林沼泽化、草甸沼泽化为主,是我国泥炭资源丰富地区之一。若尔盖高原位于青藏高原东北边缘,是我国面积最大、分布集中的泥炭沼泽区。特别是黑河中、下游闭流和伏流宽谷,沼泽布满整个谷底,泥炭层深厚,沼泽率达20%~30%。本区以富营养草本泥炭沼泽为主,复合沼泽体发育。若尔盖高原是我国重要的草场。海滨、湖滨、河流沿岸主要为芦苇沼泽分布区。滨海地区的芦苇沼泽,主要分布在长江以北至鸭绿江口的淤泥质海岸,集中分布在河流人海的冲积三角洲地区。我国较大湖泊周围,一般都有宽窄不等的芦苇沼泽分布。另外,无论是外流河还是内流河,在中下游河段往往有芦苇沼泽分布。

3.1.2.2 湖泊湿地

湖泊是在一定的地质历史和自然地理背景下形成的。具有调蓄洪水、生物多样性等生态价值和调节气候、供水(蓄水)、水产业、航运等经济价值。我国的湖泊具有多种多样的类型并显示出不同的区域特点。据统计,全国有大于1 km^2的天然湖泊2 711个,总面积约90 864 km^2。根据自然条件差异和资源利用、生态治理的区域特点,我国湖泊划分为五个自然区域。

(1)东部平原地区湖泊

主要指分布于长江及淮河中下游、黄河及海河下游和大运河沿岸的大小湖泊。该区有面积1 km^2以上的湖泊有696个,面积21 171.6 km^2,约占全国湖泊总面积的23.3%。著名的五大淡水湖——鄱阳湖、洞庭湖、太湖、洪泽湖和巢湖即位于该区。该区湖泊水情变化显著,生物生产力较高,人类活动影响强烈。资源利用以调蓄滞洪、供水、水产业、围垦种植和航运为主。

(2)蒙新高原地区湖泊

该区有面积1 km^2以上的湖泊724个,面积19 544.6 km^2,约占全国湖泊总面积的21.5%。该区气候干旱,湖泊蒸发超过湖水补给量,多为咸水湖和盐湖。资源利用以盐湖矿产为主。

(3)云贵高原地区湖泊

该区有面积1 km^2以上的湖泊60个,面积1 199.4 km^2,约占全国湖泊总面积的1.3%,全系淡水湖。

该区湖泊换水周期长,生态系统较脆弱。资源利用以灌溉、供水、航运、水产养殖、水电能源和旅游景观为主。

(4)青藏高原地区湖泊

该区有面积1 km^2 以上的湖泊1 091个,面积44 993.3 km^2,约占全国湖泊总面积的49.5%。该区为黄河、长江水系和雅鲁藏布江的河源区,湖泊补水以冰雪融水为主,湖水入不敷出,干化现象显著,近期多处于萎缩状态。该区以咸水湖和盐湖为主,资源利用以湖泊的盐、碱等矿产开发为主。

(5)东北平原地区与山区湖泊

面积1 km^2以上的湖泊140个,面积3 955.3 km^2,约占全国湖泊总面积的4.4%。该区湖泊汛期(6~9月)入湖水量为全年水量的70%~80%,水位高涨;冬季水位低枯,封冻期长。资源利用以灌溉、水产为主,并兼有航运发电和观光旅游之用。

3.1.2.3 河流漫地

我国流域面积在100 km^2以上的河流有50 000多条,流域面积在1 000 km^2以上的河流约1 500条。因受地形、气候影响,河流在地域上的分布很不均匀。绝大多数河流分布在东部气候湿润多雨的季风区,西北内陆气候干旱少雨,河流较少,并有大面积的无流区。从大兴安岭西麓起,沿东北、西南向,经阴山、贺兰山、祁连山、巴颜喀拉山、念青唐古拉山、冈底斯山,直到我国西端的国境,为我国外流河与内陆河的分界线。分界线以东以南,都是外流河,面积约占全国总面积的65.2%,其中流入太平洋的面积占全国总面积的58.2%,流入印度洋的占6.4%,流入北冰洋的占0.6%。分界线以西以北,除额尔齐斯河流入北冰洋外,均属内陆河,面积占全国总面积的34.8%。在外流河中,发源于青藏高原的河流,都是源远流长、水量很大、蕴藏巨大水资源的大江大河,主要有长江、黄河、澜沧江、怒江、雅鲁藏布江等;发源于内蒙古高原、黄土高原、豫西山地、云贵高原的河流,主要有黑龙江、辽河、滦海河、淮河、珠江、元江等;发源于东部沿海山地的河流,主要有图们江、鸭绿江、钱塘江、瓯江、闽江、赣江等,这些河流逼近海岸,流程短、落差大,水量和水力资源比较丰富。我国的内陆河划分为新疆内陆诸河、青海内陆诸河、河西内陆诸河、羌塘内陆诸河和内蒙古内陆诸河五大区域。内陆河的共同特点是径流产生于山区,消失于山前平原或流入内陆湖泊。在内陆河区内有大片的无流区,面积共约160万平方千米。我国的跨国境线河流有:额尔古纳河、黑龙江干流、乌苏里江流经中俄边境;图们江、鸭绿江流经中朝边境;黑龙江下游经俄罗斯流入鄂霍次克海;额尔齐斯河汇入俄罗斯境内的鄂毕河;伊犁河下游流入哈萨克斯坦境内的巴尔喀什湖;绥芬河下游流入俄罗斯境内经海参崴入海;西南地区的元江、李仙江和盘龙江等为越南红河的上源,澜沧江出境后称湄公河,怒江流入缅甸后称萨尔温江,雅鲁藏布江流入印度称布拉马普特拉河,藏西的朗钦藏布、森格藏布和新疆的奇普恰普河都是印度河的上源,流经印度、巴基斯坦入印度洋。还有上游不在我国境内的如克鲁伦河自蒙古境内流入我国的呼伦湖等。

3.1.2.4 浅海、滩涂湿地

我国滨海湿地主要分布于沿海的11个省区和港澳台地区。海域沿岸约有1 500多条大中河流入海,形成浅海滩涂生态系统、河口湾生态系统、海岸湿地生态系统、红树林生态系统、珊瑚礁生态系统、海岛生态系统六大类、30多个类型。滨海湿地以杭州湾为界,分成杭州湾以北和杭州湾以南两个部分。杭州湾以北的滨海湿地除山东半岛、辽东半岛的部分地区为岩石性海滩外,多为沙质和淤泥质型海滩,由环渤海滨海和江苏滨海湿地组成。黄河三角洲和辽河三角洲是环渤海的重要滨海湿地区域,其中辽河三角洲有集中分布的世界第二大苇田——盘锦苇田,面积约7万公顷。环渤海滨海尚有莱州湾湿地、马棚口湿地、北大港湿地和北塘湿地,环渤海湿地总面积约600万公顷。江苏滨海湿地主要由长江三角洲和黄河三角洲的一部分构成,仅海滩面积就达55万公顷,主要有盐城地区湿地、南通地区湿地和连云港地区湿地。杭州湾以南的滨海湿地以岩石性海滩为主。其主要河口及海湾有钱塘江口—杭州湾、晋江口—泉州湾、

珠江口河口湾和北部湾等。在海湾、河口的淤泥质海滩上分布有红树林，在海南至福建北部沿海滩涂及我国台湾岛西海岸都有天然红树林分布区。热带珊瑚礁主要分布在西沙和南沙群岛及我国台湾、海南沿海，其北缘可达北回归线附近。目前对浅海滩涂湿地开发利用的主要方式有滩涂湿地围垦、海水养殖、盐业生产和油气资源开发等。

3.1.3 人工湿地结构与类型

3.1.3.1 人工湿地结构

人工湿地由五部分组成，即具有透水性的基质，好氧和厌氧微生物，适应在经常处于水饱和状态的基质中生长的水生植物，无脊椎或脊椎动物，水体。

由基质、微生物、植物、动物及水体组成的人工湿地单元，各组成部分分别起着不同的作用，并且相互协同，使得整个湿地生态系统平衡运转，发挥良好的净化功能。

(1)人工湿地中的基质

人工湿地基质又称为填料。填料的选择应尽量就地取材，容易获得且价格便宜。目前常被应用于人工湿地的填料有砂子、碎石、鹅卵石、土壤、煤渣等。基质在人工湿地对污染物的去除效果上发挥着重要作用。朱夕珍等(2003)研究了不同基质垂直流人工湿地对城市污水的净化效果，结果表明，煤灰渣基质对化粪池出水中COD、BOD_5和TP的去除率分别达到71 % ~88%，80 % ~89%和70% ~85%。高炉渣基质对化粪池出水中COD和BOD_5的去除率分别为47 % ~57%和70% ~77%，但对总磷的去除率高达83 % ~90%。而石英砂基质虽然对化粪池出水中COD、BOD_5和TP的去除率分别为36% ~49%，65% ~75%和40% ~55%。徐丽花等(2002)研究沸石、沸石－石灰石、石灰石3种填料的人工湿地的净化能力，结果表明沸石和石灰石混合使用，不会降低沸石吸附氨氮的能力；沸石可以促进难溶性磷的释放，使得石灰石吸附磷被植物和微生物吸收利用；沸石和石灰石发生了协同作用对TN、TP的去除效果均好与其单独使用。由于受一些资源和技术条件因素的限制，目前人工湿地的填料大多数为黄沙和砾石。这些填料硅含量较高，氮、磷吸附能力低，净化效果差，选用高效吸附氮磷填料是提高人工湿地氮磷效率的重要措施之一。选择人工湿地填料一方面要考虑到氮、磷净化要求，另一方面还要考虑到填料的通透性和湿地植物生长的适应性。从通透性、植物生长的适应性和氮、磷吸附能力来看，沸石和蛭石可以直接作为潜流人工湿地的填料。矿渣和粉煤灰虽然磷素净化能力很强，但其碱性较高，不适合植物生长，不能直接作为人工湿地填料。砂子分布广泛，比较容易获得，就其通透性和植物生长的适应性来说比较适合作为潜流人工湿地的填料。但是其氮、磷吸附能力较差，需要添加氮、磷吸附能力较强的填料，可以直接掺加沸石颗粒以提高其氮素净化效果，或者在控制pH值前提下按一定的比例掺加矿渣或粉煤灰颗粒以提高其磷素的净化能力，也可以将沸石、蛭石等氮素吸附能力较强的填料和矿渣、粉煤灰等磷素吸附能力较强的填料，混合后按一定比例掺到黄沙层中间，作为人工湿地填料氮磷吸附层以提高整个系统氮磷净化能力。由此可见，充分利用当地条件，选用氮和磷素吸附能力较强的填料，是提高人工湿地氮磷吸附净化能力的重要措施。综上所述，每种填料性能各有优缺点，应根据具体原污水的水质和经济分析结论进行选择，以充分发挥填料的作用。

(2)人工湿地中的微生物

微生物作为人工湿地的重要组成部分，为污染物的分解提供了足够的分解者。人工湿地中的微生物非常丰富，不同的类群具有不同的功能，受到各种因素的影响，微生物的数量和种类在人工湿地的不同区域分布不相同。靖元孝等(2004)研究了风车草人工湿地系统中氨化细菌硝化和反硝化细菌数量明显高于无植物系统。张甲耀等(1999)研究表明在潜流型人工湿地系统中亚硝化细菌数量有植物系统高于无植物系统，前部高于后部，硝化细菌的数量有植物系统高于无植物系统，中后部高于前部。付融冰等(2005)利用混菌法和稀释法，研究了不同植物以及无植物潜流水平湿地基质中微生物状况与净化效果的关系，结果表明，微生物数量与 BOD，及 TN 的去除有显著的相关性，说明微生物的作用是去除它们的重要途径；基质微生物数量与 TP 的去除率相关性不明显；测定了湿地基质硝化速率，其硝化能力与亚硝化细菌的数量呈显著相关。由此可知人工湿地对污染物的去除效果受微生物的影响比较大。

（3）人工湿地中的植物

以湿地环境为栖息地的植物均可称为“湿地植物”。除了只在湿地环境中生长的植物之外，可同时生长于湿地和非湿地环境的植物，以及在部分地区中仅生长于湿地、在其他地区则湿地或非湿地均可见的植物种类，也被纳入湿地植物的范畴。

湿地植物是湿地净化环境的功效得以实现的决定性因素。例如芦苇和香蒲等湿地植物，就能大量吸收水域和泥土中的镉、铜、锌等重金属，因而被广泛应用于污水处理系统中。

湿地植物在人工湿地中的作用不可替代，主要包括以下几大方面。

①对污染物的控制作用

植物的种植可以提高人工湿地对污染物的去除效率。相关报道表明，在对 BOD 的去除效率上，种植植物的潜流型人工湿地系统为 70% ~75%，而不种植植物的人工湿地系统的为 63%，在对 TSS 的去除效率上，种植植物的潜流型人工湿地系统（88% ~90%）比无植物系统（46%）要高许多。污水进入人工湿地系统，植物能通过吸收、吸附和富集作用而去除污水中的氮、磷及重金属等污染物。植物吸收氮、磷是人工湿地去除氮磷的主要机理之一。靖元孝等（2005）通过对水翁在人工湿地的生长特性及其对污水的净化效果的研究表明，水翁对 N，P 的吸收量分别占人工湿地对 N，P 去除量的 16.4% 和 12.6 %。Tanner（1996）通过对潜流湿地系统中芦苇、香蒲的收割实验发现，每克干重芦苇、香蒲能净吸收污水中 15 ~32 mg氮。植物不仅能吸收污水中的氮、磷，同时还能吸收污水中的重金属。阳承胜等（2004）研究了重金属 Pb，Zn，Cu 和 Cd 在 4 种人工湿地优势植物宽叶香蒲、芦苇、茳芏和狗牙根体内的分布与积累规律，结果表明，4 种植物都具有极强的吸附和富集重金属的能力，且重金属主要富集在植物根部和地下茎。李卫平等（1995）应用水葫芦去除电镀废水中重金属，研究结果表明，水葫芦对 Cu，Zn，Ni，Cr 四种重金属的富集能力有显著差异，对重金属的富集能力依次为 Cr > Cu > Zn > Ni。

②分泌氧气作用

湿地环境对很多生物来说是严酷的逆境，最严酷的条件是湿地土壤缺氧。人工湿地中的氧主要来自大气自然复氧和植物根系输氧。人工湿地中植物能将光合作用产生的氧气通过气道输送至根系，在植物根区的还原态介质中形成氧化态的微环境。这种根区有氧区域和缺氧区域的共同存在为根区的好氧兼氧和厌氧微生物提供各自适宜的小环境，使不同的微生物各得其所，发挥相辅相成的作用。

③维护系统的稳定

维持人工湿地系统稳定运行的首要条件就是保证湿地系统的水力传输，水生植物在这方面起了重要作用。植物根和根系对介质具有穿透作用，从而在介质中形成了许多微小的气室或间隙，减小了介质的封闭性，增强了介质的疏松度，使得介质的水力传输得到加强和维持。据报道，即使较板结的土壤，在 2 ~5 月内，经过植物根系的穿透作用，其水力传输能力可与砂砾、碎石相当。成水平等（1997）进行的人工湿地处理污水的试验中发现，经过 3 ~5 个月的污水处理后，不种植物的对照土壤介质板结，发生淤积；而种有水烛和灯心草的人工湿地渗滤性能好，污水能很快地渗入介质。

（4）人工湿地中的动物

动物，作为人工湿地生态系统中必不可少的一部分，其在食物链与营养级的生态平衡中起到重要作用，进而对人工湿地污水处理系统的稳定性做出了重要贡献。目前关于人工湿地中动物参与污染物净化方面的研究很少，杨健等关于绿色生态快滤床的研究中提到了蚯蚓能起到清洁垃圾的作用，从而减少了拍泥次数。此外，许多研究表明，蚯蚓和沙蚕对重金属有富集作用，可以推测这些动物对水中的重金属去除也能起到一些作用。

3.1.3.2 人工湿地类型

按照污水的流动方式可以将人工湿地污水处理系统分为表面流人工湿地、水平潜流人工湿地和垂直流人工湿地三种主要类型。不同类型人工湿地对污染物的去除效果不同,并有各自的优缺点。

(1)表面流人工湿地

这种类型的人工湿地与天然湿地类似,污水在人工湿地的表层流动,水位较浅,一般在0.1~0.6 m,其对污染物的去除主要依靠位于水面以下植物根茎的拦截作用以及根茎上的生物膜的降解作用(表流人工湿地如图3-1所示)。但该湿地不能充分利用填料及植物根系的作用,去除污染物的能力有限,受季节影响较大,冬季水面会结冰,夏季易产生异味,蚊蝇滋生;同时存在占地面积大,水力负荷率小等缺点,但这种湿地造价低,操作简单,运行费用低。

(2)水平潜流人工湿地

这种类型的人工湿地因污水从一端水平流过填料床而得名。它由一个或多个填料床组成,床体填充基质,床底设防渗层,防止污染地下水体。在水平潜流型人工湿地中,污水在湿地床内部流动,一方面可以充分发挥基质及植物根系的作用,另一方面,由于污水在基质表层以下流动,因此该湿地保温效果好,很少有恶臭和滋生蚊蝇等现象。

(3)垂直流人工湿地

在垂直流人工湿地中,污水从湿地表面纵向流向填料床的底部,床体处于不饱和状态,氧气可以通过大气扩散和植物根系泌氧进入湿地系统,其硝化能力较强,可以处理氨氮较高的废水。但垂直流人工湿地对有机物的去除能力不如潜流型人工湿地。垂直流人工湿地由于具有较高的净化效率和相对较小的土地需求等优点而受到关注(垂直流人工湿地如图3-2所示)。

图3-1 表流人工湿地

图3-2 垂直流人工湿地

人工湿地简单的外观和自然功能,掩盖了污水处理机理的复杂性。与自然湿地不同,人工湿地的设计和运行要求其性能满足一定的标准。人工湿地建成和投入运行后,为了保证系统正常运行,需要定期进行监测。根据监测结果,对系统进行局部的调整,再加上日常管理,以维持系统处于最佳的运行状态。

3.1.4 人工湿地作用机理

3.1.4.1 人工湿地除氮机理

(1)人工湿地中氮的去除途径

进入湿地系统中的氮可以通过湿地排水、氨的挥发、植物吸收、微生物硝化/反硝化作用以及介质沉淀吸附等过程得到去除。人工湿地进水中氮的形态包括颗粒态氮、溶解性有机氮和无机氮。每种形态氮所占的比例与污水的类型和前处理有关。

①氨挥发

湿地地面氨挥发需要在系统 pH 大于 8.0 的情况下发生,一般人工湿地的 pH 在 7.5 ~ 8.0 之间,因此,通过湿地地面挥发损失的氨氮可以忽略不计。但是,当人工湿地中填充的是石灰石等介质时,湿地系统中的 pH 值会很高,此时通过挥发损失的氨氮需要考虑。

②介质吸附沉淀

污水中的氮以各种形式沉淀在湿地基质中,基质起到了拦截和过滤的作用,同时氮可以被植物摄取和微生物吸收。不同的基质吸附的氨态氮的能力是不同的,黏土、有机土有较大的阳离子交换能力,对氮、磷的去除有重要贡献,甚至可以提高硝化作用。粗沙、砾石一般不具有很大的阳离子交换容量,介质吸附所起到的作用不显著。

③硝化/反硝化作用

氨化(矿化)作用是指将有机氮转化为无机氮(尤其是 NH_4^+ - N)。有氧时利于氨化,而厌氧时氨化速度降低。湿地中氨化速度与温度、pH 值、系统的供氧能力、C/N 比、系统中的营养物以及土壤的质地与结构有关。温度升高 10 ℃,氨化速度提高 1 倍。氨化的最佳 pH 值为 6.5 ~ 8.5,一硝化作用是在好氧条件下,微生物将 NH_4^+ - N 氧化为 NO_2^+ - N 的过程。硝化作用分两步进行:第一步是 NH_4^+ - N 氧化为 NO_2^- - N 的过程,这一过程由严格好氧细菌完成,通过氨氧化作用,好氧细菌从中获得生长所必需的能量;第二步是 NO_2^- - N 进一步氧化为 NO_3^- - N 的过程,这一步由兼性化能自养细菌完成。氨化作用和硝化作用只是氮存在形态的变化,真正的脱氮作用并没有发生。反硝化作用是在厌氧条件下,微生物将 NO_3^- - N 转化为氮气并释放到大气中的过程。反硝化作用实质上是一个硝酸盐的生物还原过程,包括多步反应。一般在潜流型人工湿地中,主要是厌氧的环境,反硝化速率明显高于硝化速率,硝化作用是脱氮的限制步骤。因此,提高人工湿地的硝化能力是人工湿地脱氮的关键问题。

④植物吸收

氮是植物生长所必需的大量营养元素之一。废水中的有机氮被微生物分解后,成为无机氮,无机氮可以被植物直接摄取,合成蛋白质和有机氮,再通过植物的收割而从废水和湿地系统中除去。总之,由于植物吸收氮和基质吸附氮素数量有限,从人工湿地长期运行角度来看,湿地微生物的硝化和反硝化作用是其氮素净化的主要途径,湿地植被根系微生物能增强其作用,提高人工湿地的氮素净化效率。

(2)人工湿地脱氮的影响因素

严格地讲,构成人工湿地的所有因素都会影响湿地的脱氮效率。由于湿地脱氮的主要限制步骤是硝化作用,因此溶解氧((DO)、pH 和温度是影响硝化作用重要因素。硝化过程需要氧,pH 影响氨氮的形态,温度影响 DO 和氨氮的利用。偏离合适的温度会抑制硝化菌并影响硝化种群的变化。

①溶解氧

因为硝化过程需要氧,因此在硝化动力学中 DO 是一个极其重要的因素。DO 低于某一浓度硝化菌将被抑制,但是对这一浓度尚无统一的定论。一般认为当 DO 浓度小于 0.5 mg/L 时将会抑制硝化反应的进行。研究发现,进水中的 DO 浓度为 7.8 mg/L 时,经人工湿地处理 7 h DO 降为1.5 mg/L,处理 35 h DO降为 0.5 mg/L。35 h 后硝化反应开始受到强烈的抑制,硝化速率大大降低。硝化反应通常发生在湿地氧化层比较薄的一层，这一氧化层主要受水体中溶解氧短距离扩散和植物根际输送氧气的影响，也受到污水中有机物含量的影响，据 Cronk 报道(1996)当农业废水中 BOD 含量比较高时硝化反应受到抑制其主要原因是 BOD 消耗了大量氧气而使供给硝化反应的氧气减少。

②pH 值是影响微生物脱氮作用的一个重要因素，微生物的生命活动只有在一定的 pH 值条件下才能发生。一般地，硝化作用的最佳 pH 值范围是 7.5～18.6，而反硝化作用的最佳 pH 值范围是 7～8。

③温度对人工湿地脱氮性能的影响主要有两方面。一是温度对微生物硝化作用的影响，二是冬季温度降低植物枯萎死亡，植物停止吸收，并且逐渐向系统中释放氮，由于硝化能力降低，不能及时将植物和微生物释放出的氮降解掉，导致出水氮浓度升高甚至出水浓度大于进水浓度。微生物的硝化作用是一个最具温度敏感性的过程，对于微生物来说，温度降低世代期变长，或者说生长速率变慢。硝化作用的最佳温度是 25～35 ℃之间，当温度高于 40 ℃和低于 5 ℃时，硝化反应被抑制。

3.1.4.2 人工湿地除磷机理

(1)人工湿地中磷的去除途径

进入人工湿地中的磷主要有可溶性磷、颗粒态磷和有机态磷。人工湿地通过生物、化学和物理三重协调作用，实现对污水中磷的高效去除。

①生物除磷

磷和氮一样，都是植物的必需元素，污水中的无机磷在植物的吸收和同化作用下被合成 ATP 等有机成分，通过收割而从系统中去除。微生物对磷的去除作用包括微生物对磷的正常吸收和过量积累，湿地中某些细菌种类因从污水中吸收超过其生长所需的磷，而微生物细胞的内含物储存过量积累，可通过对湿地床的定期更换而将其从系统中去除。

②物理除磷

物理去除主要指的是污水中的颗粒态磷通过基质过滤和沉淀而去除，当污水进入人工湿地后，在湿地植物的作用下，污水的流速减慢，颗粒悬浮物就沉淀在湿地中，从而达到去除颗粒悬浮物的目的。

③化学除磷

化学去除主要是通过基质的吸附反应而去除磷。可溶性的无机磷易与 Fe，AI，Ca 和黏土矿物质发生吸附和沉淀反应而固定于土壤中，与 Ca 反应主要在碱性条件下，而与 Fe，A1 反应主要在酸性和中性土壤中。废水中的磷只是被吸附停留在土壤的表面，而且这种吸附作用有限，当吸附位点饱和时，吸附作用不再发生。与此同时研究还发现这种吸附沉淀反应也不是永久地沉积在土壤里，至少部分是可逆的。如果污水中磷的浓度较低，则土壤中就会有部分磷被重新释放到水中。土壤的作用在某种程度上是在作为一个“磷缓冲器”来调节水中磷的浓度，那些吸附磷最少的土壤最容易释放磷。但是磷通过沉淀在磷与金属及黏土矿物的络合物中固定下来，此过程则不存在饱和现象。在人工湿地去除磷的途径中，通过收割植物去除的磷仅仅占很少的一部分，基质对磷的吸附沉淀作用是人工湿地除磷的主要途径。

(2)人工湿地除磷的影响因素

影响人工湿地中磷去除的因素包括：基质的性质，进水中磷的负荷，水力停留时间，运行方式等。基质对磷素的吸附作用是最主要、最容易控制的除磷方式。富含钙和铁铝质的基质，去除污水中磷的能力较强，砂子、砾石和部分土壤等含硅质的基质，其净化磷素污染物能力较差水力停留时间影响废水中磷素向基质微孔表面扩散和向吸附点位靠近的机会，因而长的停留时间可提高磷的去除。湿地系统中的废水流型通常是连续的水平流。一些研究表明：间歇流比连续流更能有效地除磷。间歇运行可为湿地提供大气复氧，提高基质表面氧的输送，从而恢复基质表面的吸附点位及吸附性能，进而提高对磷的去除。但间歇流系统在建造、运行和维护上费用远高于连续流系统，而且在寒冷气候条件下可能会导致水流和设备的冰冻而变得不适宜。在达到吸附/沉淀平衡之前，高浓度的含磷废水能导致磷的去除，而低浓度的进水则导致土壤中磷的释放。对于吸附过程，这取决于进水和土壤间隙水中磷的浓度梯度。当进水中磷的浓度低于土壤间隙水中磷的浓度时，由于存在负浓度梯度，废水中的磷便不能扩散到土壤微孔表面从而被吸附。对于沉淀过程，则取决于土壤间隙水中磷化合物的溶解/沉淀平衡。当进水中磷酸根离子的浓度大大超过与其反应的金属离子的浓度时，可促进磷化合物的沉淀，从而增加对磷的去除。然而高磷浓度的进水容易导致基质过快达到吸附饱和，从而缩短湿地使用的年限，因而在实际应用中应尽量降低废水磷负荷。

3.1.5　人工湿地应用实例

3.1.5.1　饶平县城镇水资源保护人工湿地工程

黄冈河是广东省饶平县主要的淡水资源，全县主要的工农业生产用水和饮用水约80%来自黄冈河，县城水厂的取水点位于黄冈河的下游。随着人口的增长、农业生产方式的改变和工业的发展，黄冈河水质逐年恶化。对此省环境保护局、地方政府等相当重视，保护黄冈河饮用水源已刻不容缓。三饶镇位于黄冈河上游地区，目前镇内尚未修建任何污水处理设施，镇内生活污水及工业废水未经处理直接进入了黄冈河，黄冈河水质受到一定程度的污染。为了改善黄冈河水质，保护人民身体健康，三饶镇人民政府委托我所采用高效垂直流人工湿地就新丰镇及三饶镇生活污水进行处理。

三饶镇污水处理设计规模为日均处理5 000 m^3，工程已于2006年8月竣工验收，系统运行稳定。工程投资200万元，吨运行费用0.5元。本工程针对近期削减黄冈河污染负荷，改善黄冈水库水质，同时考虑饶平县经济欠发达，因此近期工程设计中以考虑最有效地削减污染负荷为目的，系统出水水质执行DB44/26—2001中的二级标准。

3.1.5.2　珠海市三灶镇人工湿地污水处理应急工程

三灶镇位于珠海市西南部，是珠海市的中心镇之一，是珠海市发展工业的战略要地。近些年来，三灶镇水污染问题随着经济的迅猛发展而日益严重，根据取样监测和调查分析，该镇的北排河已属于严重污染河流。为缓解经济发展与水环境污染之间的矛盾，改善北排河流域水体水质，珠海市规划在金湾区的阳光咀建设一座日处理能力为46万吨的污水处理厂，处理整个金湾区的城市污水。但污水处理厂建设周期较长，而北排河目前的污染问题已十分严重，为了控制北排河的污染问题，适应三灶镇社会经济发展的需要，经专家多方论证与分析，结合市政管网建设现状，在阳光咀污水处理厂规划与建设期间，先建设三灶镇城市污水处理应急工程，以减轻下游河道污染。该工程设计污水处理规模为日均处理20 000 m^3。工程出水达到《城镇污水处理厂污染物排放标准》(GB18918—2002)中的二级标准。该工程现已竣工，目前运行效果稳定。

该工程从发展的角度进行设计，根据社会经济和环境的发展要求，可在工程现有设施基础上投入较少量资金进行改造与扩容建设。工程投资570万元，吨运行费用0.18元。

3.1.5.3　城镇风景区人工湿地污水处理工程

武夷山星村镇地处武夷山风景名胜区中心地带，为武夷山市旅游重镇，其生态环境的保护和污染治理关系到武夷山景区的整体形象。目前，星村镇区污水都未经处理直接排入江墩溪，最后进入九江溪，影响了九江溪景观。本工程处理规模为日均处理能力1 500 m^3，出水达到《城镇污水处理厂污染物排放标准》(GB18918—2002)中一级标准中的B标准。该工程2006年4月建成使用，目前运行稳定，出水水质良好。

3.1.5.4 新农村建设示范镇—“天津华明镇”小区湿地公园工程

为加快社会主义新农村建设，天津市华明镇成为天津社会主义新农村建设“以宅基地换房”的首个示范小城镇试点。新建的华明镇小区旁建设湿地公园。为了满足公园内的人工湖的补水需要，同时做到污水利用资源化、节约化，改善农村的生态环境，深圳市环境科学研究所受天津市宾丽公司委托，就华明镇人工湿地系统进行了设计。人工湿地处理规模为日均处理200 m^3，采用人工湿地工艺对小区生活污水进行深度处理回用，出水水质满足《城市污水再生利用 景观环境用水水质》(GB/T 18921—2002)中的观赏性景观用水水质标准，湿地出水作为人工湖的渗漏蒸发损失补水。该工程结合公园景观，使污水得到再生利用，在新农村建设中有典型的示范意义。

3.2 超滤技术

3.2.1 超滤膜的基本概念

超滤膜，是一种孔径规格一致，额定孔径范围为0.01 μm以下的微孔过滤膜。在膜的一侧施以适当压力，就能筛出小于孔径的溶质分子，以分离相对分子质量大于500、粒径大于10 nm的颗粒。超滤膜是最早开发的高分子分离膜之一，在20世纪60年代超滤装置就实现了工业化。

超滤法在水处理及其他工业净化、浓缩、分离过程中，可以作为工艺过程的预处理，也可以作为工艺过程的深度处理。在广泛应用的水处理工艺过程中，常作为深度净化的手段。根据中空纤维超滤膜的特性，有一定的供水前处理要求。因为水中的悬浮物、胶体、微生物和其他杂质会附于膜表面，而使膜受到污染。

由于超滤膜水通量比较大，被截留杂质在膜表面上的浓度迅速增大产生所谓浓度极化现象，更为严重的是有一些很细小的微粒会进入膜孔内而堵塞水通道。另外，水中微生物及其新陈代谢产物生成黏性物质也会附着在膜表面。这些因素都会导致超滤膜透水率的下降以及分离性能的变化。同时对超滤供水温度、pH值和浓度等也有一定限度的要求。因此对超滤供水必须进行适当的预处理和调整水质，满足供水要求条件，以延长超滤膜的使用寿命，降低水处理的费用。

超滤膜是悬浮颗粒及胶体物质的有用屏障，超滤膜也能够完成对两虫、藻类、细菌、病毒和水生生物的有用去掉，然后抵达溶液的净化、分离与浓缩的意图。与传统工艺比较，超滤膜技能在水处理方面具有能耗低、操作压力低、别离效率高、通量大及可收回有用物质等长处，广泛运用于饮用水净化、日常污水回收、含油废水、纸浆废水、海水淡化等水处置中。超滤膜筛分过程，以膜两侧的压力差为驱动力，以超滤膜为过滤介质，在一定的压力下，当原液流过膜表面时，超滤膜表面密布的许多细小的微孔只允许水及小分子物质通过而成为透过液，而原液中体积大于膜表面微孔径的物质则被截留在膜的进液侧，成为浓缩液，因而实现对原液的净化、分离和浓缩的目的。每米长的超滤膜丝管壁上约有60亿个0.01 μm的微孔，其孔径只允许水分子、水中的有益矿物质和微量元素通过，而最小细菌的体积都在0.02 μm以上，因此细菌以及比细菌体积大得多的胶体、铁锈、悬浮物、泥沙、大分子有机物等都能被超滤膜截留下来，从而实现了净化过程。

超滤膜的工业应用十分广泛，已成为新型化工单元操作之一。用于分离、浓缩、纯化生物制品、医药制品以及食品工业中；还用于血液处理、废水处理和超纯水制备中的终端处理装置。在我国已成功地利用超滤膜进行了中草药的浓缩提纯。超滤膜随着技术的进步，其筛选功能必将得到改进和加强，对人类社会的贡献也将越来越大。

3.2.2 超滤膜类型与结构

3.2.2.1 超滤膜类型

近20多年来,我国的超滤膜研制和应用有了长足的发展和进步。尤其是从20世纪80年代初开始,采用了耐热性、耐化学稳定性、耐细菌侵蚀和较好机械强度的特种工程高分子材料作为超滤膜的制膜材料,克服了纤维素类材料制膜易被细菌侵蚀、不适合酸碱清洗液清洗、不耐高温和机械强度较差等弱点。在这20多年中,先后出现了聚砜(PSF)、聚丙烯腈 CPAN)、聚偏氟乙烯(PVDF)、聚醚酮(CPEK)和聚醚砜(PES)等多种特种工程高分子材料,这些材料的出现使得膜的品种和应用范围大大增加。

但随之而出现的问题是由于特种工程高分子材料的疏水性,用这些材料制成膜表面也都呈现较强的疏水性,并在实际使用中,由于被分离物质在疏水表面产生吸附等原因,造成膜污染。由于膜污染使得膜通量明显下降、并使膜的使用寿命缩短、生产成本增加等一系列问题,成为超滤技术进一步推广应用的阻碍,是超滤膜应用中最值得关注的问题之一。

因此既要保持特种工程高分子材料耐热性、耐化学稳定性、耐细菌侵蚀和较好的机械强度等优点,又要克服其疏水,易造成膜污染的缺点。通常通过在疏水性的膜表面引水亲水性的基团,使膜表面同时具有一定的亲/疏水性,既保持了膜的原有特性,又具有了亲水的膜表面,超滤膜表面的改性成为解决膜污染的方法之一。

3.2.2.2 超滤膜的改性

(1)用表面活性剂在膜表面的吸附改性

表面活性剂是由至少两种以上极性或亲媒性显著不同的官能团,如亲水基和疏水基所构成。由于官能团的作用,在溶液与它相接的界面上形成选择性定向吸附,使界面的状态或性质发生显著变化。表面活性剂在膜表面的吸附会增大膜的初始通量,同时降低使用过程中通量衰减和蛋白质的吸附。这是因为表面活性剂不仅提供了亲水性的膜表面,而且其带电特性形成了对蛋白吸附的阻挡作用。

研究中分别选用了非离子型、阴离子型和两性离子的表面活性剂对聚砜超滤膜进行改性,结果表明:用表面活性剂对膜改性后,膜亲水性增强,通量都比未改性膜有不同程度的提高。对不同类型的表面活性剂其改性效果的顺序为:非离子型表面活性剂 > 离子型表面活性剂 > 两性离子表面活性剂。但也发现随过滤时间的延长,表面活性剂逐渐脱落,通量下降。

Nystrom 研究了对 PSF 超滤膜的物理改性,通过将 PSF 膜浸入聚氧乙烯和聚乙酸乙烯酯、多肽和聚乙烯亚胺溶液,形成吸附以阻止牛血清白蛋白在膜面的污染。

有机或金属离子的脱除过程中,常常使用微胞/胶束加强超滤法(MEUF)。此时,大量的表面活性剂加入待分离的料液中,直到其浓度高于临界胶束浓度(CMC)。这样,有机物或盐被表面活性剂胶束捕捉,形成大分子从而实现截留。

Morel 等人通过离子型表面活性剂改性乙酸纤维素(CA)膜截留相对分子质量为1 000的表面,使其浓度在大大低于 CMC 的情况下分离有机物和盐离子。他们采用对超滤膜浸泡在表面活性剂溶液中或用其作为料液,在超滤过程中在膜表面形成带电吸附层,根据道南效应,NO_3^- 的脱除率由65%上升至83%,而通量略微下降。这说明低浓度的表面活性剂没有对膜孔形成堵塞而提高截留效果。

Yooh 等人讨论了阳离子型表面活性剂在表面荷负电的超滤膜表面的吸附对高氯酸盐的脱除的影响. 结果表明,随膜表面的负电荷被阳离子型的表面活性剂的中和,高氯酸盐的截留效果也随之降低。

(2)等离子体改性

利用等离子体中所富集的各种活性离子,如离子、电子、自由基、激发态原子与分子等对材料进行表面处理,由于具有简单、快速、工艺干法化、改性仅涉及材料表面(几至几十纳米)而不影响本体结构和性能等优点而日益受到人们的重视,在改善材料特别是高分子材料的亲水性、染色性、渗透性、电镀性、黏合性、生物匹配性等方面具有广泛的应用前景。

邱晔等人用微波等离子体处理聚乙烯(PE)膜表面,探讨并比较了微波场下 N_2,He,CO_2,O_2,H_2O 及空气放电产生的等离子体对 PE 膜表面的改性与蚀刻作用。结果表明,不同的等离子体处理均可使膜表面引入化学形式相同但含量不同的含氧和含氮极性基团,没有生成羰基,并使膜表面受到不同程度的蚀刻;处理后的膜表面亲水性增强,其中以 N_2,He 等离子体处理的膜亲水性提高较大;膜表面生成的极性基团提高了膜表面极性,从而增大了膜表面能,使膜的亲水性得到提高。但蚀刻作用也是改善亲水性的原因。因为蚀刻使膜表面粗糙度增大,增加了膜的比表面积,使得水在膜表面更容易铺展开来。

Ulbricht 等人对 PAN 超滤膜进行了低温等离子体聚合改性,经等离子体处理的膜表面产生过氧化物,通过其热分解,接枝上丙烯酸、甲基丙烯酸或 2 - 轻乙基甲基丙烯酸(HEMA)单体。经改性后的膜通量显著增加(>150%),并保持了原有的截留效果,与此同时,蛋白质分子的吸附污染也明显得到改善。

郭明远等人将 CA 膜进行低温氧等离子体改性,通过改变等离子体处理时间、反应腔压力和放电功率等条件,考察了对改性膜的影响。结果表明,经低温等离子体改性的 CA 膜,可以在截留率几乎不变的条件下,使透水率扩大 3 倍以上,膜表面的亲水性、孔径、孔隙率都发生了改变。

(3)用紫外辐照方法改性

①紫外辐照激发

我们试图通过辐射能的作用,使聚砜超滤膜表面的结构发生变化,从而改善膜表面的亲水性。把聚砜超滤膜浸入一定浓度的改性液(乙醇、葡聚糖、牛血清白蛋白等)中,用波长为 253.7 nm 的 20 W 紫外(UV)灯辐照膜表面一定时间。

在波长为 253.7 nm 的紫外光辐照下,键断裂可能生成羰基、苯磺酸基和乙烯基。苯磺酸基和羰基都是亲水性基团,这些亲水性基团的增加使膜表面的亲水基团增多,通量增加,但截留率和膜强度略有下降。

②紫外光辐照接枝聚合

紫外光辐照接枝亲水性单体(如丙烯酸、聚乙二醇、甲基丙烯酸等)可以增加膜表面亲水性和降低膜污染。采用一步法接枝可以避免使用光引发剂。但研究发现,经接枝改性的膜的通量下降,人们将其归因于接枝聚合物对膜孔的堵塞,尤其是高接枝密度和长链高分子。然而接枝长链聚合物和高密度接枝是改善膜亲水性的必要条件,这与保持膜的通量形成了一对矛盾关系。研究发现,可以采用链转移剂控制接枝聚合过程。它可以控制聚合度,同时它会终止聚合物链的生长和形成新的自由基。这样就可以得到较高的聚合物链密度和较短的链长度。

Pieracci 等人在对 PES 超滤膜的一步浸蘸法(dip - modification)紫外光接枝改性过程中发现,使用链转移剂 2 - 巯基乙醇,并用乙醇清洗可大大改善膜的透过通量,增加膜面亲水性,表现为对蛋白分子的不可逆吸附减少。不同浓度的 2 - 巯基乙醇影响膜的通量,其增加程度为 20% ~200% ,但由于膜孔径增大,截留明显下降。这使得该膜可以应用于大蛋白分子的截留和较小的蛋白分子透过的过程。但当采用浸没法(im - merse - modification)时,由于单体溶液吸收了 88% 的能量,保护了膜孔结构不受破坏,既增加了亲水性,又保持了原有的截留效果。

Ulbricht 2 步法改性了 PAN 超滤膜表面。首先,光溴化作用(PHotobromination),接下来经紫外光照射在 PAN 表面产生自由基接枝丙烯酸单体。Kobayashi 等人也采用光接枝的办法,将苯乙烯磺酸钠接枝到光敏性的含澳的 PAN 膜上,使膜表面带有一定的负电荷特性。

(4)高分子材料

①高分子材料与高分子材料合金膜

高分子合金材料是指高分子多成分系统,由两种以上高分子混合而成,通过共混改性,形成一种新材料。它除了综合原有材料本身性能外,还可克服原有材料中的各自缺陷,并产生原有材料中所没有的优异性能。

我们以 PEK,PES/SPSF 为对象,着重研究聚合物共混体系的相容性与膜分离特性的关系。从热力学理论出发,估算了(CPEK)/磺化聚砜(CSPSF),PES/SPSF 和 PEK/PES 三组共混体系的混合热焓 Hm,均为部分相容体系。用绝对黏度法表征高分子共混体系相容性的实验表明,PEK/SPSF,PES/SPSF,PEK/PES 共混体系在不同温度和浓度下 -X(高分子溶液绝对黏度一共混组分的质量分数)关系均呈非线性,即均为部分相容体系,这与热力学理论估算吻合。高分子合金超滤膜制备中,改变共混高分子的组成可改变膜的分离特性。选择适当的共混组成可以优化超滤膜特性,并可通过 PEK/SPSF 共混来制备小孔径超滤膜。

还研究了不同共混物组成对成膜性能和膜分离特性的影响,PEK/SPSF 合金超滤膜具有荷电性,对无机离子具有一定截留率;PEK/SP SF 高分子合金制成的超滤膜,膜表面的亲水性增加;用扫描电镜表征了 PEK/SPSF 合金膜的结构形貌,发现合金膜特有的海绵结构,并随组分中 SPSF 比例增加,膜孔径结构趋于致密。

热孔法测得 PEK/SPSF 合金超滤膜的孔结构表明,合金体系中随 SPSF 含量的增加,膜的平均孔径缩小. 合金膜的孔径分布范围在 5 ~ 15 nm,平均孔径在 6 ~ 9 nm。热孔法测得的热谱图微分曲线反映了膜孔的单位体积分布,合金的相容性较好时得到孔径分布为一个峰值,相容性较差时,出现孔分布双峰现象。

从 20 世纪 80 年代开始,国外开始了对 PAN 合金膜的研究,1983 年,日本 Matsumnto Kiyoichi 等人首先发表了 PAN 合金膜制备的文献。他们将 PAN 同丝纤蛋白共混物溶解于 $ZnCl_2$ 水溶液中,采用冰水做凝固浴制备平板膜。从文献报道来看,常采用的共混物有乙酸纤维素、聚砜、聚氯乙烯以及聚偏氟乙烯等。研究人员从共混物的浓度、共混比入手,考察了添加剂、铸膜液温度、凝胶条件对膜性能的影响。

②高分子材料与无机材料合金膜

有机高分子具有高弹性、高韧性、分离性能好等优点,而无机材料具有良好的力学和稳定性能。在膜材料的研究过程中人们发现,将两种材料有效地结合在一起,得到一种新型的有机/无机复合材料,可以同时避免高分子有机膜不耐高温,pH 值适用范围窄、机械强度低和无机膜制备工艺复杂、质脆柔韧性差、成本高的缺点。

邓国宏等以聚乙烯醇(PVA)和烷氧基硅烷为原料,通过相转化方法,制备出不同二氧化硅含量的聚乙烯醇/二氧化硅共混的均质膜。通过热重分析(TGA),示差扫描量热法(DSC)和动态力学分析(DMA)研究了共混膜的热性能。结果表明,与 PVA 膜相比,PVA/SiO_2 膜具有更高的热稳定性和耐溶剂性能。

张裕卿等人则将亲水的 Al_2O_3 微粒(粒径 1 pm)添加到 PS 铸膜液中,采用相转化法制备了 PSF/$A1_2O_3$ 共混膜。通过对该膜的微观结构分析发现,$A1_2O_3$ 颗粒均匀地分布于整个膜中,包括孔壁表面和膜表层。同时 $A1_2O_3$ 和 PSF 之间存在的中间过渡相使它们牢固地结合在一起。在共混膜的表面上具有很多的 $A1_2O$:颗粒,弥补了 PSF 膜疏水性强的缺陷。

随着更多的膜改性方法的出现,必然使超滤膜分离技术得到更广泛的应用,并在经济建设的实践中发挥更好的作用。

3.2.2.3 超滤膜系统结构

(1)预处理系统

预处理系统是指原液在进入超滤装置之前去除各种有害杂质的工艺过程及设备。预处理工艺是根据原液情况及处理的要求来确定的,没有固定模式,但下述选择原则可供参考。

①地下水及含悬浮物、胶体物质小于 50 mg/L 时宜采用直接过滤或者在管道中加入絮凝剂过滤。

②地面水及含悬浮物、胶体物质大于 50 mg/L 应采用混凝沉淀、过滤工艺。

③原水中含有细菌、藻类及其他微生物较多时,必须先进行杀菌,然后再按常规程序处理,灭菌剂有

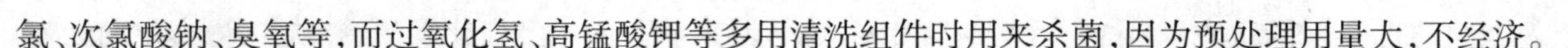

氯、次氯酸钠、臭氧等，而过氧化氢、高锰酸钾等多用清洗组件时用来杀菌，因为预处理用量大，不经济。

④原水经杀菌剂处理后，如果水中含有较多的余氯或其他强氧化剂，可加入亚硫酸钠等还原剂或者用活性炭吸附去除。

上述为常规的传统的预处理工艺，在膜集成工艺中，中空纤维超滤膜常作为其他膜处理的预处理。如在反渗透脱盐工艺中，超滤本身即属预处理工艺，在电渗析脱盐工艺中也可以超滤作为电渗析脱盐预处理，以补充电渗析脱盐工艺的不足。此外，在矿泉水制备工艺中以超滤作为主要的处理工艺，化学药剂的加入，会使矿泉水水质受到污染，因此在矿泉水处理工艺中，不适宜用化学药剂作为预处理措施。

在某种情况下，例如以城市自来水为水源进行深度净化，或以地下水为水源，水质较好时，过多的常规预处理，可能带来二次污染。超滤的预处理可以极为简化，仅采用粗过滤以避免大颗粒悬浮物进入超滤系统损害超滤膜，即可直接用超滤去除少量细菌微生物、胶体、悬浮物。采用加强反冲洗，快速冲洗以及增加浓缩水排量（回流）等措施防止超滤膜的堵塞。

（2）运行前的准备工作

①进水水质的检查，重点是检查进水的浊度或 SDI 值、pH 值和细菌、微生物、余氯等项目，应达到设计要求的进水指标后方可输入超滤系统，一般中空纤维超滤膜要求原水的 pH 值并无严格要求。在 pH = 2 ~ 11范围内均可使用，但用于工业浓缩时，原液的 pH 值必须严格根据膜材料的要求。超滤膜对余氯要求也无严格规定，一般情况下，要求含有一定余氯以保证细菌不超标。当后续工艺对余氯有要求时，可在超滤工艺之后用活性炭去除，效果更佳。

②清洗设备及管道。超滤系统组装完成后，在启动之前还必须对系统中所有过流部分进行清洗，一方面清洗掉设备及管道中的碎屑及其他有害杂质，一方面对系统进行严格的灭菌作用，以免残留的细菌、微生物在管道及超滤膜组件中滋长。一般常采用分段清洗法，即按照工艺流程路线由前往后、按设备和管路分段清洗，以保证设备安全运行。

③管路系统检查。操作人员必须掌握工艺流程路线，检查各有关设备和管是否有误接的地方，同时还要检查进、出口阀门的启闭情况，特别是要注意浓缩水出口阀门不能全部关闭及进口阀门不能开启，以防止系统在封闭状态下，突然启动引起系统内压力过高以及水流冲击作用而损坏设备。

（3）启动

当做完上述各项准备工作后，可先进行试启动，即接通电源，打开进水阀门，开动泵后立即停止，观察水泵叶轮转动方向是否正确，检查水泵在启动时有无反常的噪音产生，以判断水泵是否能正常运行。对于全自动的控制装置必须预先设置操作程序，以便启动后进入正常顺序运行。

（4）运行

①升压

水泵转动后，逐渐打开超滤系统的进水阀门，相应调节浓缩水出口阀门使系统升压及保持浓缩水的流动，通常情况下，应当缓慢转动阀门，大约在 1 min 左右时间内升至所需的工作压力，有利于对设备及膜的保护。

②监控及记录

注意超滤设备进出口压力差的变化，进口压力应按设计值操作，但随着运行时间延长，出口处压力会逐渐降低，即压力差会逐渐增大，当这一压力差高于安装始值 0.05 MPa 时说明水路有阻塞现象，应当采取相应措施，即采取物理或化学方法进行清洗。

运行中定时分析供水水质和超滤水水质，发现有突然变化现象，应立即采取措施。当进水水质不合格时，应加强预处理工艺。透过水不合格时，则应当进行清洗再生，处理后仍不见效果，则应考虑更换新的膜组件。

③回收比及其调节

运行中观察浓缩水的排放量及透水量，始终保持在允许的回收比范围内运行。回收比过大或过小，于超滤膜的正常运行都是不利的。因为回收比过大,极易产生膜的浓度极化现象,影响产水质量,而回收比过小,则流速过大,也会促进膜的衰退,压力降增大影响产水量。

回收比的具体调节方法如下:

a. 浓缩水排放量偏小(即回收比偏大)可微微开启浓缩水出口阀。如果因此而导致工作压力下降或产水量不足,则需适当开启进水阀门,即增加泵的供水量。

b. 若浓缩水排放量偏大(即回收比偏小),可微微半闭浓缩水出口阀。如果由此而引起工作压力上升,则应该适当关小进水阀门,即降低泵的供水量。

④膜的清洗

判断超滤膜是否需要清洗的原则如下:

a. 根据超滤装置进出口压力降的变化,多数情况下,压力降超过初始值 0.05 MPa 时,说明流体阻力已经明显增大,作为日常管理可采用等压大流量冲洗法冲洗,如无效,再选用化学清洗法。

b. 根据透水量或透水质量的变化,当超滤系统的透过水量或透水质量下降到不可接受程度时,说明透过水流路被阻,或者因浓度极化现象而影响了膜的分离性能,此种情况,多采用物理 - 化学相结合清洗法,即进行物理方法快速冲洗去大量污染物质,然后再用化学方法清洗,以节约化学药品。

c. 定时清洗,运行中的超滤系统根据膜被污染的规律,可采用周期性的定时清洗。可以是手动清洗,对于工业大型装置,则宜通过自动控制系统按顺序设定时间定时清洗。

⑤灭菌

细菌与其他微生物被膜截留,不但繁殖速度极快,而这些原生物及其代谢物质形成一种黏滑的污染物质紧紧黏附于膜表面上,直接影响到膜的透水能力和透过水质量。一般采用定期灭菌的方法,灭菌的操作周期因供给原水的水质情况而定,对于城市普通自来水而言,夏季 7 ~ 10 天,冬季 30 ~ 40 天,春秋季 20 ~ 30 天。地表水作为供给水源时,灭菌周期更短。灭菌药品可用 500 ~ 1 000 mg/L 次氯酸钠溶液或 1% 过氧化氢水溶液循环流或浸泡约半小时即可。

在矿泉水生产中,由于车间的密封性,通风不良,室内湿度增高,给霉菌生长提供了良好的条件,成为矿泉水生产过程中霉菌的长期污染源,尤其是生产管道一经霉菌污染,清除和消毒十分困难。一般紫外线、臭氧对霉菌的杀灭效果不太理想,使矿泉水成品中出现半透明丝状白色絮状的霉菌集合体,因而必须定期对周转环境进行相应的灭菌措施防止对系统的污染。

⑥停机

a. 先降压后停机,当完成运行任务或者由于其他原因需要停机时,可慢慢开启浓缩水出口阀门,使系统压力徐徐下降到最低点再切断电源。因为在工作状态下如果突然停泵,容易产生水锤现象而伤害超滤膜,降压速度约在 1 min 内完成。

b. 用纯水或超滤后的净水冲洗膜表面,利用运转水泵或者辅助的清洗水泵,采用大流量冲洗 3 ~ 5 min,以清除掉沉积于膜表面上的大量污垢,在冲洗过程中,系统内不升压,不引出透过水。

c. 停机期间需进行维护与保养,如果停机时间仅 2 ~ 3 天,可每天运行 30 ~ 60 min,用新鲜水置换出装置内存留的水。如果停机时间较长,应向装置内注入保护液,如 0.5% ~ 1.0% 甲醛水溶液,以防止细菌繁殖。

(5)超滤系统常见故障及处理措施

①供水压力低或供水量不足,有可能水泵转动方向相反,或水泵进水管泄漏,此时水泵可能激烈振动。

②压力降增大,系统内受阻或流速过大,应疏通水道或减少浓缩水排放量。

③透水量下降,可能膜被压密或膜被污垢堵塞,前者停机松弛,一般不易恢复,后者则应进行清洗。

④截留率下降,水质恶化,有多种可能,浓差极化时应用大流量冲洗,密封损坏应更换或修补。中空纤维断裂或破损,则应更换膜组件。

(6)中空纤维超滤膜的污染及清洗再生技术

由于超滤膜的功能是去除原液中所含有的杂质,性能优良与截留相对分子质量较低的中空纤维超滤膜,被杂质污染堵塞可能更快,膜表面会被截留的各种有害杂质所覆盖,甚至膜孔也会被更为细小的杂质堵塞而使其分离性能下降。原水预处理的有无,与处理质量的好坏,只能决定超滤膜被堵塞污染速度的快慢,而无法从根本上解决污染问题,即使预处理再彻底,水中极少量杂质也会因日积月累而使膜的分离性能逐渐受到影响。因此膜的堵塞是绝对的,一般超滤系统都应当建立清洗和再生技术。清洗膜的方法可分为物理方法和化学方法两大类。

①中空纤维超滤膜的物理清洗法

该方法是利用机械的力量来去除膜表面污染物。整个清洗过程不发生任何化学反应。

a. 等压水力冲洗法:对于中空纤维超滤膜等压冲洗法是行之有效的方法之一。具体做法是关闭超滤液出口阀门,全开浓缩水出口阀门,此时中空纤维内外两侧压力逐渐趋于相等,因压力差黏附于膜表面的污垢松动,借助增大的流量冲洗表面,这对去除膜表面上大量松软杂质有效。

b. 水气混合清洗法:将净化过的压缩空气与水流一道进入超滤膜内,水－气混液会在膜表面剧烈的搅运作用而去除比较坚实的杂质。效果比较好,但应注意压缩空气的压力与流量。

c. 热水及纯水冲洗法:热水(30~40 ℃)冲洗膜表面,对那些黏稠而又有热溶性的杂质去除效果明显。纯水溶解能力强。纯水循环冲洗效果比较好。

d. 负压反向冲洗法:是一种从膜的负面向正面进行冲洗方法,对内外有致密层的中空纤维或毛细管超滤膜是比较适宜的。这是一种行之有效但常与风险共存的方法,一旦操作失误,很容易把膜冲裂或者破坏中空纤维或毛细管与黏结剂的黏结面而形成泄漏。

②中空纤维超滤的化学清洗法

利用某种化学药品与膜面有害物质进行化学或溶解作用来达到清洗的目的。选择化学药品的原则,一是不能与膜及其他组件材质发生任何化学反应或溶解作用,二是不能因为使用化学药品而引起二次污染。

a. 酸洗法:常用的酸有盐酸、草酸、柠檬酸等。配制后溶液的 pH 值因材质类型而定。例如 CA 膜清洗液 pH＝3~4,其他 PS,SPS,PAN,PVDF 等膜 pH＝1~2。利用水泵循环操作或者浸泡0.5~1 h,对去除无机杂质效果好。

b. 碱洗法:常用的碱主要有氢氧化钠、氢氧化钾和碳酸钠等。配制碱溶液的 pH 值也因膜材质类型而定,除 CA 膜要求 pH＝8 左右以外,其他耐腐蚀 pH＝12,同样利用水泵循环操作或者浸泡 0.5~1 h,对去除有机杂质及油脂有效。

c. 氧化性清洗剂:利用1%~3% H_2O_2,500~1 000 mg/L NaClO 等水溶液清洗超滤膜,既去除了污垢,又杀灭了细菌。H_2O_2和 NaClO 是目前常用的杀菌剂。

d. 加酶洗涤剂清洗:加酶洗涤如0.5%~1.5%胃蛋白酶、胰蛋白酶。对去除蛋白质、多糖、油脂污染物质有效。

③清洗步骤

a. 先用清水冲洗整个超滤系统。水温最好采用膜组件所能承受的较高温度。

b. 选用合适的清洗剂进行循环清洗。清洗剂中可含 EDTA 或六偏磷酸盐之类的络合剂。

c. 用清水冲洗,去除清洗剂。

d. 在规定条件下校核膜的透水通量。如未能达到预期数值时,重复第二步、第三步清洗过程。

e. 用0.5%的甲醛水溶液进行消毒储存。

3.2.3 超滤技术基本运行机理

超滤装置是在一个密闭的容器中进行,以压缩空气为动力,推动容器内的活塞前进,使样液形成内压,容器底部设有坚固的膜板。

小于膜板孔径直径的小分子,受压力的作用被挤出膜板外,大分子被截留在膜板之上。超滤开始时,由于溶质分子均匀地分布在溶液中,超滤的速度比较快。但是,随着小分子的不断排出,大分子被截留堆积在膜表面,浓度越来越高,自下而上形成浓度梯度,这时超滤速度就会逐渐减慢,这种现象称为浓度极化现象。为了克服浓度极化现象,增加流速,设计了几种超滤装置。

(1)无搅拌式超滤

这种装置比较简单,只是在密闭的容器中施加一定压力,使小分子和溶剂分子挤压出膜外,无搅拌装置浓度极化较为严重,只适合于浓度较稀的小量超滤。

(2)搅拌式超滤

搅拌式超滤是将超滤装置放在电磁搅拌器之上,超滤容器内放入一支磁棒。在超滤时向容器内施加压力的同时开动磁力搅拌器,小分子溶质和溶剂分子被排出膜外,大分子向滤膜表面堆积时,被电磁搅拌器分散到溶液中。这种方法不容易产生浓度极化现象,提高了超滤的速度。

(3)中空纤维超滤

由于膜板式超滤装置,截留面积有限,中空纤维超滤是在一支空心柱内装有许多的,中空纤维毛细管,两端相通,管的内径一般在 0.2 mm 左右,有效面积可以达到 1 cm^2 每一根纤维毛细管像一个微型透析袋,极大地增大了渗透的表面积,提高了超滤的速度。纳米膜表超滤膜也是中空超滤膜的一种。

3.2.4 超滤技术的优点

(1)超滤膜元件采用世界著名膜公司产品,确保了客户得到目前世界上最优质的有机膜元件,从而确保截留性能和膜通量。

(2)系统回收率高,所得产品品质优良,可实现物料的高效分离、纯化及高倍数浓缩。

(3)处理过程无相变,对物料中组成成分无任何不良影响,且分离、纯化、浓缩过程中始终处于常温状态,特别适用于热敏性物质的处理,完全避免了高温对生物活性物质破坏这一弊端,有效保留原物料体系中的生物活性物质及营养成分。

(4)系统能耗低,生产周期短,与传统工艺设备相比,设备运行费用低,能有效降低生产成本,提高企业经济效益。

(5)系统工艺设计先进,集成化程度高,结构紧凑,占地面积少,操作与维护简便,工人劳动强度低。

(6)系统制作材质采用卫生级管阀,现场清洁卫生,满足 GMP 或 FDA 生产规范要求。

(7)控制系统可根据用户具体使用要求进行个性化设计,结合先进的控制软件,现场在线集中监控重要工艺操作参数,避免人工误操作,多方位确保系统长期稳定运行。

3.2.5 超滤膜技术作用效能

3.2.5.1 微生物(细菌、藻类)的杀灭

当水中含有微生物时,在进入前处理系统后,部分被截留微生物可能黏附在前处理系统,如多介质过滤器的介质表面。当黏附在超滤膜表面时生长繁殖,可能使微孔完全堵塞,甚至使中空纤维内腔完全堵塞。微生物的存在对中空纤维超滤膜的危害性是极为严重的。必须重视除去原水中的细菌及藻类等微生物。在水处理工程中通常加入 NaClO,O_3 等氧化剂,浓度一般为 1 ~ 5 mg/L。此外,紫外杀菌也可使用。在实验室中对中空纤维超滤膜组件进行灭菌处理,可以用双氧水(H_2O_2)或者高锰酸钾水溶液循环

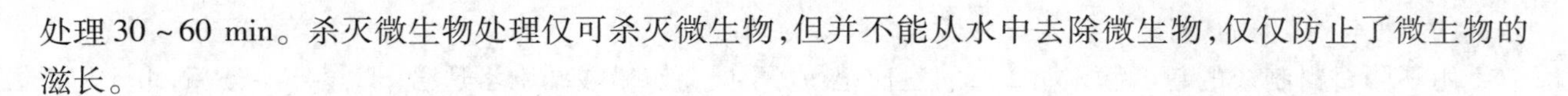

处理30~60 min。杀灭微生物处理仅可杀灭微生物，但并不能从水中去除微生物，仅仅防止了微生物的滋长。

3.2.5.2 降低进水混浊度

当水中含有悬浮物、胶体、微生物和其他杂质时，都会使水产生一定程度的混浊，该混浊物对透过光线会产生阻碍作用，这种光学效应与杂质的多少、大小及形状有关系。衡量水的混浊度一般以浊度表示，并规定1 mg/L SiO_2 所产生的浊度为1度，度数越大，说明含杂量越多。在不同领域对供水浊度有不同的要求，例如，对一般生活用水，浊度不应大于5度。由于浊度的测量是把光线透过原水测量被水中颗粒物反射出的光量、颜色、不透明性，颗粒的大小、数量和形状均影响测定，浊度与悬浮物固体的关系是随机的。对于小于若干微米的微粒，浊度并不能反映。

3.2.5.3 悬浮物和胶体物质的去除

对于粒径5 μm以上的杂质，可以选用5 μm过滤精度的滤器去除，但对于0.3~5 μm间的微细颗粒和胶体，利用上述常规的过滤技术很难去除。虽然超滤对这些微粒和胶体有绝对的去除作用，但对中空纤维超滤膜的危害是极为严重的。特别是胶体粒子带有电荷，是物质分子和离子的聚合体，胶体所以能在水中稳定存在，主要是同性电荷的胶体粒子相互排斥的结果。向原水中加入与胶体粒子电性相反的荷电物质(絮凝剂)以打破胶体粒子的稳定性，使带荷电的胶体粒子中和成电中性而使分散的胶体粒子凝聚成大的团块，而后利用过滤或沉降便可以比较容易去除。常用的絮凝剂有无机电解质，如硫酸铝、聚合氯化铝、硫酸亚铁和氯化铁。有机絮凝剂如聚丙稀酰胺、聚丙稀酸钠、聚乙稀亚胺等。由于有机絮凝剂高分子聚合物能通过中和胶粒表面电荷，形成氢键和“搭桥”使凝聚沉降在短时间内完成，从而使水质得到较大改善，故近年来高分子絮凝剂有取代无机絮凝剂的趋势。

在絮凝剂加入的同时，可加入助凝剂，如pH调节剂石灰、碳酸钠、氧化剂氯和漂白粉，及吸附剂聚丙稀酰胺等，提高混凝效果。

絮凝剂常配制成水溶液，利用计量泵加入，也可使用安装在供水管道上的喷射器直接将其注入水处理系统。

3.2.5.4 可溶性有机物的去除

可溶性有机物用絮凝沉降、多介质过滤以及超滤均无法彻底去除。目前多采用氧化法或者吸附法。

(1)氧化法

利用氯或次氯酸钠(NaClO)进行氧化，对除去可溶性有机物效果比较好，另外臭氧(O_3)和高锰酸钾($KMnO_4$)也是比较好的氧化剂，但成本略高。

(2)吸附法

利用活性炭或大孔吸附树脂可以有效除去可溶性有机物。但对于难以吸附的醇、酚等仍需采用氧化法处理。

供水水质调整：

(1)供水温度的调整

超滤膜透水性能的发挥与温度高低有直接的关系，超滤膜组件标定的透水速率一般是用纯水在25 ℃条件下测试的，超滤膜的透水速率与温度成正比，温度系数约为0.02 V1/℃，即温度每升高1 ℃，透水速率约相应增加2.0%。因此当供水温度较低时(如<5 ℃)，可采用某种升温措施，使其在较高温度下运行，以提高工作效率。但当温度过高时，同样对膜不利，会导致膜性能的变化，对此，可采用冷却措施，降低供水温度。

(2)供水 pH 值的调整

用不同材料制成的超滤膜对 pH 值的适应范围不同,例如醋酸纤维素适合 pH =4 ~6,PAN 和 PVDF 等膜,可在 pH =2 ~12 的范围内使用,如果进水超过使用范围,需要加以调整,目前常用的 pH 调节剂主要有酸(HCl 和 H_2SO_4)等和碱(NaOH 等)。

由于溶液中无机盐可以透过超滤膜,不存在无机盐的浓度极化和结垢问题,因此在预处理水质调整过程中一般不考虑它们对膜的影响,而重点防范的是胶质层的生成、膜污染和堵塞的问题。

3.2.6 应用实例

3.2.6.1 饮用水净化

当前,随着我国水污染问题的日益严重,我国出现了新的水质问题,如贾第虫和隐孢子虫(两虫)问题、水蚤及红虫问题、藻类污染加剧及臭味和藻毒素问题、水的生物稳定性问题等。而将超滤膜技术应用于饮用水的净化时,其可去除水中包括水蚤、藻类、原生动物、细菌甚至病毒在内的微生物,对水中的致病微生物、浊度、天然有机物、微量有机污染物、氨氮等都有较好的处理效果,能满足人们对水质的要求。

作为 21 世纪的高新技术之一,超滤膜分离技术是国家重点科技投入的科研项目。在我国,由于水源污染以及二次污染相当严重,用普通的过滤介质难以实现深度净化生活饮用水的效果。超滤膜净化技术采用高精度纯物理的过滤原理,过滤精度达到 0.01 μm,不添加任何化学物质,依靠超滤膜表面密布的微孔进行筛分,从而截留有害物质,实现过滤净化、纯化的效果。同时,超滤膜过滤具备冲洗排污的功能,通过正反冲洗超滤膜膜丝,可将截留的污染物冲洗排出,延长超滤膜丝的使用寿命。另外,超滤膜过滤只需依靠自来水本身压力即可实现,不需要用电、加压,具有低压无相变,能耗低的特点,安全节能。随着制膜技术的发展和生产规模化,使超滤膜性能更加稳定,目前是净化生活饮用水的主流技术,同时在饮料、生物、食品、医药等领域应用广泛。

(1)超滤膜的制水流程

自来水先进入超滤膜管内,在水压差的作用下,膜表面上密布的许多 0.01 μm 的微孔只允许水分子、有益矿物质和微量元素透过,成为净化水。而细菌、铁锈、胶体、泥沙、悬浮物、大分子有机物等有害物质则被截留在超滤膜管内,在超滤膜进行冲洗时排出。

(2)超滤膜冲洗流程

超滤膜使用一段时间后,被截留下来的细菌、铁锈、胶体、悬浮物、大分子有机物等有害物质会依附在超滤膜的内表面,使超滤膜的产水量逐渐下降,尤其是自来水质污染严重时,更易引起超滤膜的堵塞,定期对超滤膜进行冲洗可有效恢复膜的产水量。

(3)超滤膜滤芯

将成束的超滤膜丝经过浇铸工艺后制成超滤芯,滤芯由 ABS 外壳、外壳两端的环氧封头和成束的超滤膜丝三部分组成。环氧封头填充了膜丝与膜丝之间的空隙,形成原液与透过液之间的隔离,原液首先进入超滤膜孔内,经超滤膜过滤后成为透过液,防止了原液不经过滤直接进入到透过液中。

(4)超滤膜滤芯膜丝总面积的计算

在单位膜丝面积产水量不变的情况下,滤芯装填的膜面积越大,则滤芯的总产水量越多,其计算公式为

$$S_{内} = \pi dL \times n \tag{3-1}$$

$$S_{外} = \pi DL \times n \tag{3-2}$$

式中 $S_{内}$——内为膜丝总内表面积;

d——超滤膜丝的内径;

$S_{外}$——外为膜丝总外表面积;

D——超滤膜丝的外径；

L——超滤膜丝的长度；

n——超滤膜丝的根数。

①内压式和外压式中空纤维超滤膜

一支超滤膜由成百到上千根细小的中空纤维丝组成，一般将中空纤维膜内径在0.6～6 mm之间的超滤膜称为毛细管式超滤膜。毛细管式超滤膜因内径较大，不易被大颗粒物质堵塞。

按进水方式的不同，超滤膜又分为内压式和外压式两种。

a. 内压式

即原液先进入中空丝内部，经压力差驱动，沿径向由内向外渗透过中空纤维成为透过液，浓缩液则留在中空丝的内部，由另一端流出。

b. 外压式

中空纤维超滤膜则是原液经压力差沿径向由外向内渗透过中空纤维成为透过液，而截留的物质则汇集在中空丝的外部。

②超滤膜的性能表征

超滤膜的性能通常是指膜的物化性能和分离透过性能，物化性能主要包括膜的机械强度、耐化学药品、耐热温度范围和适用pH值范围等，分离透过性能主要指膜的水通量和切割分子量及截留率。

③超滤膜材料及特性

主要材料：聚丙烯腈（PAN）、聚氯乙烯（PVC）、聚偏氟乙烯（PVDF）、聚醚砜（PES）等。

a. PAN膜

（a）具有优良的化学稳定性，有耐酸、耐碱以及耐水解的性能，能广泛应用于各种领域。

（b）膜丝具有很好的强度和柔韧性。

（c）经过亲水改性，产水量大，并具备很强的抗污染性。

（d）膜丝配方材料少，工艺容易控制，不会出现像PVC原料配方材料多而导致膜本身的异味问题。

b. PVDF膜

（a）耐紫外线，有优良的耐污染和化学侵蚀性能。

（b）耐热温度可以达到140 ℃，可采用超高温的蒸汽和环氧乙烷杀菌消毒。

（c）能在较宽的pH值（1～13）范围内使用，可以在强酸和强碱和各种有机溶剂条件下使用。

④影响超滤膜产水量因素

温度对产水量的影响：温度升高水分子的活性增强，黏滞性减小，故产水量增加。反之则产水量减少，因此即使是同一超滤系统在冬天和夏天的产水量的差异也是很大的。

操作压力对产水量的影响：在低压段时超滤膜的产水量与压力成正比关系，即产水量随着压力升高而增加，但当压力值超过0.3 MPa时，即使压力再升高，其产水量的增加也很小，主要是由于在高压下超滤膜被压密而增大透水阻力所致。

进水浊度对产水量的影响：进水浊度越大时，超滤膜的产水量越少，而且进水浊度大更易引起超滤膜的堵塞。

如张艳等以混凝沉淀为预处理方法，通过中试试验，对浸没式超滤膜处理东江水的最佳运行方式进行了研究，该工艺通过对水中的致病微生物、浊质、天然有机物、有毒有害微量有机污染物、氨氮、重金属等设置多级屏障，可以使其含量得到逐级削减，最后得到优质饮用水。

3.2.6.2 造纸废水的处理

造纸工业是我国水资源消耗大户，造纸废水水量大、有机物含量高、造成的环境污染影响大，对造纸废水治理在全世界范围内都在关注废水回用，以提高水循环利用率，减少水资源消耗和废水排放污染。

据国家环保总局、国家发改委、国家统计局发布的数据,2005 年在统计的全国 40 个行业中,全国工业废水达标排放总量为 221.1 亿吨,其中造纸业废水排放量 33.58 亿吨,占总量的 15.2%。此外,造纸业居我国 5 大高耗水行业之首,我国每吨纸产品的平均耗水量达 150 ~ 300 t 以上,远远高于发达国家,几乎是世界平均水平的 10 倍,成为制约我国造纸业发展的重要因素。节约用水已成为制浆造纸行业发展的当务之急,成为减少造纸工业对环境的污染的一个重要手段。

(1)造纸工业废水的循环利用

节水方法之一就是循环利用,包括废水的回用。废水经过深度处理,然后回用于各种不同的使用过程,实现"零污染排放",因此建立废水净化回用系统,提高工业废水的回用率是造纸工业节水的重要措施,也是实现造纸工业可持续发展的重要途径。造纸废水的循环回用,由废水的特性和回用水质要求决定回用方式各有不同,可以分为三个级别:白水直接回用、间接回用、封闭循环。

造纸废水的封闭循环,会使废水中的有害物质逐渐积累,达到很高的浓度,从而影响纸机的正常生产。这些污染物包括可溶性有机物、盐类、二次胶黏物和阴离子垃圾等。这些污染物会造成施胶量成倍增加,堵塞浆料输送管道、流浆箱、真空吸水箱、真空辊,影响纸机的正常生产,影响造纸化学助剂的使用效果。因此,要实现造纸废水循环利用,就必须采用有效的处理技术,对废水进行处理达到回用水的水质要求。废水处理技术按其机理可分为物理法、物化法、生化法等,其中膜分离是一种有效的造纸废水回用处理技术。

超滤膜技术应用于造纸废水中,主要是对某些成分进行浓缩并回收,而透过的水又重新返回工艺中使用。一般,造纸废水膜分离技术研究主要包括:回收副产品,发展木素综合利用;制浆废液的预浓缩;去除漂白废水中的有毒物质等。

(2)膜技术在造纸废水回用中的应用

膜分离技术应用到工业领域是从 20 世纪 50 年代开始的,目前在海水淡化、化工、食品、医药、电子等工业废水处理中应用较多。国外在 20 世纪 60 年代开始研究将膜分离技术应用到制浆造纸工业水处理中,近年来,随着膜制造技术的发展,特别是耐高温耐碱膜的出现,使膜分离技术在制浆造纸工业水处理中的应用得到了快速发展。

膜分离技术是一种新兴的高效分离技术,利用膜分离技术处理造纸白水,可以很好地去除造纸白水中的溶解性无机盐物质和金属离子,有效减少阴离子垃圾物质,能够实现造纸白水零排放的目标。刘广立等用无机微滤膜分离草浆黑液中木素时发现,当黑液 SS 较低时,随着 SS 浓度的增加各个微滤膜的通量急剧下降,当 SS 较高时,微滤膜的通量和 SS 浓度呈线性关系。无机微滤膜处理草浆造纸废水,0.2 μm 的无机微滤膜对 COD 的截留率是 49.4%,木素的截留率达到 80%,对 SiO_2 也有很好的截留效果。膜出水回用用于洗涤、筛选工艺。

Jonsson 和 Wimmerstedt 用膜处理白水的研究表明,用超滤膜技术能够分离出纸机白水中 99% 的悬浮物及部分高分子物质,处理后的水可用来清洗毛毯和毛布,从而达到白水的完全回用。一些膜分离方法处理造纸白水的分析结果表明 TOC,COD 的去除率分别可以达到 78% ~96%,88% ~94%,电导率的下降率达到了 95% ~97%。文飏等用超滤的方法处理封闭状态下的白水有比较好的效果,白水中浊度下降到 0.56NTU,DCS 的去除率可以达到 98%,并且不会使白水系统的电荷失去平衡。

Siekat 等采用微滤、超滤、纳滤和反渗透膜分别处理美国 3 家造纸厂的白水,处理后电导率反渗透膜降低 95%,纳滤降低 64%,超滤降低 10%,微滤膜仅降低 7%。反渗透膜对白水中 TOC 的去除率为 95%,而微滤处理白水中 TOC 的去除率仅为 5%,微滤只适合于去除白水中的悬浮颗粒物和不溶有机物。

Rozzi 等利用超滤工艺作为纳滤和反渗透的预处理,结果证明,超滤工艺对 COD 的去除率为 52%,浊质和总悬浮固体的去除率分别为 92% 和 96%,对色度去除率很低。

赵岳轩等用预处理系统、超滤膜和反渗透系统处理造纸白水,处理后水的 COD 和色度均为零,总硬度小于 0.2 mg/L,溶解性固体小于 100 mg/L,电导率下降 98%。芬兰的 WETSA—SERLAKIRKNIEMI 纸

厂应用超滤系统处理白水,代替清水回用于织机,回用水量 50～70 L/s,减少了清水的用量。具体参见 http://www.dowater.com 更多相关技术文档。

(3)膜技术的研究方向

膜分离技术能够适应各种有机物浓度和理化特性的废水处理回用,都有较好的效果,但膜污染和劣化问题仍是膜技术在工业中应用的制约因素。在膜分离操作中,当水透过膜时造成膜表面附近的溶液浓度升高,在膜的高压一侧溶液中,产生了从膜表面到主体溶液之间的浓度梯度,引起溶质从高浓度的部分向低浓度的部分扩散,这就是浓差极化现象,从而使膜的透过率降低。苏振华等对比了超滤膜和反渗透膜的浓差极化现象,结果表明浓差极化现象在超滤和反渗透过程中都存在,但对超滤影响更大。在膜过虑过程中,悬浮物也易于在膜表面沉积、结垢,造成膜的劣化。

为了防止膜结垢堵塞,在反渗透进水前设置预处理是非常必要的。预处理单元一般包括以下功能:去除水中悬浮物,减少悬浮物在膜表明的积累,因为在反渗透装置中水流通道极其微小,悬浮物易于沉积,因此必须尽量去除进水中的悬浮物;去除水中微生物等,防止微生物在膜上繁殖生长,减少反渗透膜的生物污染;去除废水中的糖类、树脂、木质素类等物质;调节 pH 值,控制钙、镁、铁等碳酸盐、硫酸盐和氢氧化物等沉积物在膜表明的形成。

膜污染是膜使用过程中不可避免的,但可以通过选择合适的膜类型及采取适宜的操作方法减少其影响。膜的劣化是膜使用中必须避免的,因此对于膜分离技术的研究,是要设计有效的预处理单元,尽可能满足膜系统对进水水质的要求。

杨友强等研究了超滤法处理造纸磺化化机浆(SCMP)废水及影响超滤的各种因素,结果表明:截留相对分子质量为 20 000 的聚醚砜(PES200)膜适于处理 SCMP 废水,清洗后膜的通量可恢复 98%。黄丽江等[4]采用 0.8 μm 微滤(MF)与 50 nm 超滤(UF)无机陶瓷膜组合工艺对造纸废水进行了处理,在温度为 15 ℃、压力为 0.1 MPa 的操作条件下,0.8 μm 膜对 COD 的去除率为 30%～45%,50 nm 膜对 COD 的去除率为 55%～70%。

3.2.6.3 含油废水的处理

工业生产及日常生活产生的含油废水是环境的重要污染源,危害人体健康和水产资源,主要来源于机械加工、石油开采及化工、交通运输、纺织和食品等行业。一般情况,全球每年约有 500～1 000 t 油类污染物进入世界范围内的江河湖海等水体中。近年来,国内外海域漏油事件频繁发生,对海洋生态系统和环境均造成重大威胁,如,2010 年美国墨西哥湾漏油事件和中国大连湾漏油事件等。因此,无论是环境治理、油类回收还是水再利用等环节都要求对含油废水进行有效严格地处理,去除水中的油类、固体悬浮物、细菌等杂质,以达到相应的处理指标,如国家污水综合排放标准,油田回注标准等。

含油废水存在的状态分三种:浮油、分散油、乳化油。前两种较容易处理,可采用机械分离、凝聚沉淀、活性炭吸附等技术处理,使油分降到很低。但乳化油含有表面活性剂和起同样作用的有机物,油分以微米级大小的离子存在于水中,重力分离和粗粒化法都比较困难,而采用超滤膜技术,它使水和低分子有机物透过膜,在除油的同时去除 COD 及 BOD,从而实现油水分离。

浮油和分散油的粒径较大,采用传统机械分离(重力、气浮等)即可达到油水分离效果;溶解油粒径微小(约几纳米),必须结合生物法(活性污泥等)进行处理。目前,采用膜分离技术进行的油水分离研究和应用多集中于乳化油废水的处理。乳化油体系中,表面活性剂使油滴乳化并分散于水中,油滴表面形成一层荷电界膜,难以相互黏结而性质稳定,且油滴粒径较小(≤10 μm)。通常,絮凝、电解、电磁吸附等传统分离方式在处理乳化油废水中存在诸多不足,如工艺复杂、能耗高、处理不完全等。超滤作为一种高效的膜分离技术,截留相对分子质量为 1～300kDa,膜孔径约 0.001～0.05 μm(远小于乳化油粒径)。研究表明,超滤膜有利于破乳或油滴凝结,能够以筛分机理有效截留乳化油滴,达到油水分离目的。

此外,超滤分离工艺的流程简单、操作易自动化、运行稳定,具有高效、节能、近零污染等优势。

(1)超滤处理自制油水乳液的分离性能

实际乳化油成分复杂,可能包含油、脂肪酸、乳化剂、阻蚀剂、杀菌剂和其他杂质等,而且油类也为烃类混合物。自制油水乳液具有成分单一且可控性高,油滴粒径可调等优势,因此,在研究初期,研究者往往采用容易入手的自制油水乳液作为实际乳化油废水的模拟溶液,进行超滤分离性能的研究,为处理实际乳化油废水提供实验数据和实施方案。自制油水乳液中油滴粒径通常控制在 0.1 ~ 10 μm 范围,远小于超滤孔径,因此,超滤分离机理以筛分原理为主。影响超滤过程的因素众多,分离性能往往与超滤膜种类、溶液组分和性质、操作方式(死端和错流)和操作条件(跨膜压差、料液温度、错流流速)密切相关。研究者通过考察诸多影响因素以评价超滤膜处理油水乳液的效果和实用价值。

研究者采用不同材质的超滤膜处理自制油水乳液,以探索适宜油水分离的超滤膜。李立人等人采用聚芳醚酮(PEK-100)、聚醚砜(PES-100)、聚醚砜(PES-200)、有机合金膜(SPE-200)4 种平板超滤膜分别处理自制油水乳液(油浓度 256.6 mg/L,CODcr1 124.7 mg/L)。结果表明,PES-200 超滤膜性能最佳,在 18 ~ 20 ℃,跨膜压差为 0.44 MPa 条件下,稳定膜通量高达 62.6 $L/m^2 \cdot h$,产水水质较好,油去除率 98.3%,CODcr 去除率 89.8%,纯水清洗后膜通量恢复率高达 95%;相比而言,PEK-100 超滤膜性能最差。Chakrabarty 等人采用不同溶剂(甲基吡咯烷酮(NMP)、二甲基乙酰胺(DMAc))和添加剂(不同分子量的聚乙烯吡咯烷酮(PVP)、聚乙二醇(PEG))自制 12 种聚砜超滤膜分别在半间歇过滤操作方式下处理自制油水乳液(油浓度 100 mg/L,油滴平均粒径 0.34 μm)。

结果表明,NMP 为制膜溶剂,24kDaPVP 和 20kDaPEG 分别为添加剂,和 DMAc 为溶剂,360kDaPVP 和 20kDaPEG 分别为添加剂所制备的超滤膜具有较高膜通量、截留率以及抗污染性能。李红剑等人验证了 α-纤维素中空纤维超滤膜(平均孔径为 17 nm)在错流操作方式下处理机械润滑油水混合液(油浓度 800.0 mg/L,CODcr1 351.4 mg/L)的可行性。结果表明,纤维素中空纤维超滤膜处理油水乳液的膜性能较好,适当操作条件下,稳定膜通量约 6.74 $L/(m^2 \cdot h)$,油和 CODcr 截留率分别高达 99% 和 87.3%;采用纯水、0.1 mol/L 的 HCl 溶液和 0.1 mol/L 的 NaOH 溶液分别对污染后的超滤膜进行清洗,膜通量恢复率均高达 95% 以上。对于膜结构的选择,研究者也做了具体研究。许振良等人分别采用双皮层和单皮层聚醚酰亚胺中空纤维超滤膜进行油水分离(正十二烷十二烷基苯磺酸钠的油水乳液),结果表明,跨膜压差 0.1 MPa 时,双皮层超滤膜的通量(1.6 $L/(m^2 \cdot h)$)远远小于单皮层超滤膜(32.6 ~ 59.4 $L/(m^2 \cdot h)$),且抗污染能力和反冲效果较单皮层超滤膜差;但双皮层超滤膜具有较高的油脱除率(99.9%)。

选择适当的操作参数对超滤系统长期、安全、稳定运行极为重要。一般讲来,操作参数主要包括:错流流速、跨膜压差、料液温度等。Hu 等人考察了跨膜压差(0.1 ~ 0.6 MPa)、料液温度(20 ~ 60 ℃)和料液浓度(0.5%、5%,对应黏度分别为 1.139×10^{-3} Pa·s、1.381×10^{-3} Pa·s)对聚偏氟乙烯超滤膜处理机器润滑油油水乳液的性能影响。结果表明,跨膜压差对膜通量的影响与料液浓度有关,在较低料液浓度(0.5%)和跨膜压差(0 ~ 0.6 MPa)下,膜通量由 0 增大至 280 $L/(m^2 \cdot h)$,且与跨膜压差成正比;在较大料液浓度(5%)及跨膜压差 < 0.2 MPa 时,膜通量随跨膜压差的增大而增大,在较高跨膜压差($\geqslant 0.2$ MPa)下,膜通量受跨膜压差的影响很小,甚至有下降趋势。这是由于料液浓度过大和跨膜压差过高,膜表面容易发生膜孔堵塞和浓差极化现象,甚至膜组织发生变形,导致了膜通量的下降。Khan 和 Lin 也得出相似结论。此外,Hu 等人根据膜表面的污染物,关联膜材质和操作参数,建立了膜污染模型,为考察膜性质及操作参数的选择提供了依据。

Lobo 等人考察了料液 pH 值、错流流速对管式陶瓷超滤膜在错流操作方式下处理油水乳液(由植物油、阴离子和非离子表面活性剂组成)的影响。结果表明,料液 pH 较小时,膜性能较差,这是由于膜表面在低 pH 值下带正电荷,吸附阴离子表面活性剂,从而膜表面疏水性增强,膜通量和 CODcr 截留率降低;提高错流流速会减少浓差极化,当错流流速为 3.4 m/s 时,膜通量最大。

近几年的研究表明,超滤对自制油水乳液具有较好的处理效果,为实现超滤对真实乳化油废水的处理及工业化奠定了基础。

(2)超滤处理工业乳化油废水的分离性能

实际乳化油废水主要产生于钢铁冷轧、机械加工、机械制造、冶金、石化行业的炼制及加工等生产过程,其成分复杂,含有大量矿物油或植物油、乳化剂及其他有机物,乳化程度高、性质稳定、去除难度大。因此,如何高效进行油水分离以达到排放标准是我国乃至世界范围的科学难题之一。目前,进行油水分离的超滤技术通常采用有机超滤膜和陶瓷膜,以下分别介绍其处理实际油水乳液的研究进展。

①有机超滤膜的应用

在我国,超滤技术应用于处理乳化油废水已有20余年历史。1989年,膜生产单位已能提供处理乳化油废水的系列有机膜设备,对乳化油废水的处理能力为20~250 L/h。在国外此应用比国内更早、更广泛。

Hand book of Industrial Membranes 报道了美国采用超滤处理乳化油废水。此后,相应的理论研究工作和工程实例大量开展,取得了一定成果。通常,应用于乳化油废水的有机超滤膜组件为管式、卷式和中空纤维式,操作模式为错流以降低膜污染程度。王兰娟等人采用外压管式聚丙烯腈超滤膜处理石油大学仪表厂的含油污水,测定膜通量并建立浓差极化-渗透压模型参数,结果表明,当跨膜压差≥0.2 MPa、乳化油浓度3 g/L时,膜表面形成凝胶层,膜通量只与错流流速有关,而与跨膜压差无关,为凝胶极化控制。

赵峰等人采用卷式聚乙烯乙二醇(PEG)超滤膜(截留分子量为2 500Da和8 000Da,分别记为G10和G50)处理机械零件加工厂的乳化油废水。结果表明,高温不利于有机超滤膜过程,最佳操作温度为25~35 ℃;最佳操作压力范围随截留分子量的减小而增大,G10和G50膜最佳操作压力分别为0.7~1.0 MPa和0.3~0.7 MPa;原料液与渗透液中CODcr的浓度随操作时间逐渐升高,但CODcr去除率可保持近93%;将污染后的超滤膜在pH为3.0的柠檬酸溶液中浸泡30~60 min,可有效恢复膜通量。作者还认为乳化油废水进入超滤装置前,需进行预处理,以防止乳化油废水中的大量漂浮油和机械加工过程中的金属离子对膜造成污染。门阅等人也采用卷式PEG超滤膜(截留分子量为8 000Da)在间歇错流操作模式下处理机械零件加工厂排放的乳化油废水。结果表明,在跨膜压差为0.4 MPa,料液温度为40 ℃条件下,稳定膜通量约4.0 L/m²·h,随着时间延续,膜污染越来越严重,但该模式下CODcr的去除率能维持在93%左右,而混凝法只有70%左右。因此,用该模式处理乳化油废水是高效和可行的。

Salahi等人采用平板聚丙烯腈超滤膜(截留分子量20 kDa)处理德黑兰地区精炼厂排放的含油废水,考察了料液性质和操作条件对油水分离性能的影响。结果表明,当料液pH值10,温度50 ℃,跨膜压差0.3 MPa,错流流速0.25 m/s时,膜通量最大并稳定在200 L/(m²·h),油截留率高达99%;膜通量数据与Hermia模型较吻合。He等人采用平板式PEG超滤膜(截留分子量8 000Da、2 500Da)处理铜电缆制造厂的乳化油废水,考察了跨膜压差、料液温度等对膜通量和CODcr截留率的影响。结果表明,相同操作条件下,截留分子量较小的超滤膜适宜跨膜压差范围较高,例如,PEG(8 000Da)超滤膜的适宜跨膜压差为0.3~0.7 MPa,膜通量可达30 L/(m²·h),PEG(2 500Da)超滤膜的适宜跨膜压差为0.7~1.0 MPa,膜通量可达20 L/(m²·h),在0.5 MPa时,PEG(8 000Da)膜通量可达19 L/(m²·h),PEG(2 500Da)膜通量可达16 L/(m²·h),CODcr的截留率均维持在93%左右;由于膜材料相同,两者适宜料液温度均为25~32 ℃。

②无机超滤膜的应用

由以上文献可知,有机超滤膜在处理乳化油废水过程中性能比较稳定且抗污染性能较好。但是,有机超滤膜的机械强度较低,易在反冲过程中出现严重膜损坏(或断丝)现象;耐溶剂性和耐酸碱性不高,易在化学清洗过程中水解,使得分离性能下降;不耐高温,对于温度较高的乳化油废水,处理效果和稳定性差。相比之下,无机超滤膜(主要是陶瓷膜)具有良好的化学稳定性、耐溶剂性、耐温性和机械强度,引起了国内外的广泛关注,目前已在含油废水领域得到了应用。

杨涛等人采用氧化锆(ZrO_2)陶瓷膜处理三星电子公司的乳化油废水(油浓度6.8 g/L,CODcr 38.3 g/L),结果表明,温度30 ℃时,稳定膜通量达240 L/(m²·h),CODcr和油截留率均达90%以上;用自制碱性清洗剂(浓度2%)、纯水清洗被污染陶瓷膜,膜通量可100%恢复至原始水平,体现了无机陶瓷膜高通量、恢复性强、使用寿命长等优点。董相声采用 ZrO_2 陶瓷超滤膜处理轧钢乳化油废水,结果表明,当膜面流速3.5 m/s,跨膜压差0.15 MPa,料液温度30~65 ℃内时,膜通量是有机超滤膜的1.6倍,乳化油截留率为99%,CODcr去除率为98%,可见陶瓷膜处理冷轧含油乳化液废水是切实可行的,且具有高通量高截留率等优势。刘巍等人采用无机陶瓷膜超滤技术处理鞍钢冷轧硅钢工程中乳化油废水,设计膜通量96 L/(m^2·h),运行一段时间后,油等污垢会堵塞膜管,导致膜通量大幅度衰减,由于无机膜优异的化学稳定性和机械强度,冲洗时间长达10 min。渗透液中油浓度≤10 mg/L,CODcr截留率≥90%,达到国家二级排放标准。张明智设计无机陶瓷膜设备并对攀钢冷轧乳化液废水进行了工业性应用试验研究。结果表明,该设备能够较好实现油水分离,出水水质稳定,渗透液油浓度为4.1 mg/L,低于10 mg/L的国家排放标准;克服了化学法、有机膜超滤破乳法所存在的弱点;消除了有机膜设备价格高,膜管使用寿命短,抗高温和氧化性能差等问题,同时也消除了油渣的二次污染,实现了废油有效回收利用。邢瑶等人采用无机陶瓷超滤膜作为预处理工艺、后级采用微生物技术分离冷轧含油废水(油浓度5 g/L),除油率可达98%以上,渗透液CODcr低于60 mg/L,处理后含油废水的各项指标均达到国家标准排放要求,较好的满足了生产需要。处理过程中采用错流操作模式,具有膜通量大、抗污染、长期运行不堵塞等优点。

(3)超滤过程存在的问题及其解决途径

目前,超滤技术已广泛应用于油水分离过程。但是,无论是自制油水乳液还是乳化油废水,一旦与超滤膜接触,膜污染即产生。尽管超滤技术可以有效分离油水,但与此同时,过程中产生的膜污染现象会导致膜通量严重衰减,跨膜压差大幅上升,膜寿命缩短,膜分离效率下降,能耗增大。超滤膜材料选择不当,运行参数设计不妥等,会大大加重膜污染程度,甚至膜通量为零。因此,超滤膜污染问题严重制约了超滤膜分离技术实际应用和发展,成为油水分离领域的最大的问题之一,对其控制对策方面的研究一直是国际相关领域的热点。目前,降低膜污染的途径主要集中在以下三个方面。

①膜材料的改性

有机聚合物膜表面的亲水性可有效减少乳化油水分离过程中的膜污染现象。为了获得永久耐污染超滤膜,通常在膜表面引入亲水基团,或直接再复合一层亲水分离层,主要包括物理和化学两种方法。前者是通过物理作用使亲水分子与膜表面结合或向膜表面富集,如吸附法、表面涂覆法、共混法等;后者则是通过化学反应提高膜表面材料的亲水性,或者通过化学键将亲水基团接枝于膜材料分子链中,包括低温等离子体法、光照接枝法、射线辐照法等。

葛洁等人采用共混法制备亲水改性聚醚砜(PES)中空纤维超滤膜,处理500 mg/L的乳化油废水。结果表明,与未改性的超滤膜相比,该膜在极限通量、稳定通量及清洗后水通量恢复率等方面均表现出显著优势,具有良好的耐污染性。Chen等人将亲水性普朗尼克F-127(聚丙二醇与环氧乙烷的加聚物)共混到铸膜液中,制备出改性PES超滤膜,使得膜面亲水性大大增强,并处理900 mg/L自制油水乳液。结果表明,铸膜液中F-127与PES的质量比从0增加到20%时,膜通量从42.77 L/(m^2·h)增至82.98 L/(m^2·h),油截留率始终保持100%,清洗后的通量恢复率显著增大至93.33%,表明膜表面亲水性增强有利于抗污染性能的提高。

Chen等人还通过自由基聚合反应将聚丙烯腈(PAN)接枝到醋酸纤维素(CA)上形成接枝共聚物CA-graft-PAN,由相转化法制备不对称超滤膜,采用死端过滤方式分离乳化油水。实验表明,该膜的膜通量明显高于CA膜,可维持在110 L/(m^2·h)左右;即使在较高操作压力(0.15 MPa)和乳化油浓度(1 800 mg/L)情况下,该膜通量恢复率也大于90%,抗污染能力稳定。李永发等人在PS分子链中引入亲水基团磺酸基制备平板和管式磺化聚砜(SPS)超滤膜,处理含油浓度10~80 mg/L的含油污水。结果表明,SPS超滤膜通量随着磺化度的增大而增大。这是因为在聚砜分子中引入的亲水基团磺酸基可改善膜的透水性能。但在相同操作条件下,磺化聚砜膜比聚砜膜的强度小。综合考虑,磺化度为0.1~0.2 mol/g的磺化聚砜是处理含油污水的适当膜材料。此外,为获得较高产水量,操作周期应控制在24 h

以内。Ochoa 等人将聚偏氟乙烯（PVDF）和聚甲基丙烯酸甲酯（PMMA）共混，采用浸没沉淀法制备出 PVDF/PMMA 超滤膜，处理油水乳液（油浓度 0.1%，油滴粒径 2 μm，CODcr935 mg/L）。结果表明，随 PMMA 含量增加，超滤膜的亲水性增加，抗污染能力增强；当 PMMA 含量为 3.4% 时，稳定膜通量高达 79.2 L/(m^2·h)，渗透液中 CODcr 为 132 mg/L，当 PMMA 含量增大至 8.5% 时，渗透液中 CODcr 降至 89 mg/L，达到了圣路易斯省排放标准。

有机高分子膜材料具有性能优异、品种多等优点，但存在不耐高温、机械强度差等缺点；而无机膜虽克服诸上缺点，却存在抗污染性能差和分离选择性不高等不足之处。为充分发挥有机材料和无机材料的各自优势，制备有机 - 无机复合膜是一种非常有效、现实的途径。王枢等人以陶瓷为基膜、制备出 PVDF 为亚层、聚酰胺/聚乙烯醇为表面功能层的复合超滤膜，并将其用于油水分离（油浓度 100 mg/L，SDS 为表面活性剂）过程。结果表明，该膜性能显著优于 PVDF 超滤膜，具有良好的油水分离性能；在跨膜压差 0.4 MPa，操作温度 50 ℃，膜面流速 0.14 m/s 条件下，稳定膜通量高达 190 L/(m^2·h)，油截留率大于 98%，渗透液油含量低于 1.6 mg/L。Yu 等人采用共混法制备出 PVDF - 纳 m 氧化铝（Al_2O_3）超滤膜，进行油水（含油浓度 15.5 mg/L）分离实验。结果表明，膜通量、截留率和清洗效率均有明显提高，这是由于氧化铝颗粒可有效提高膜面亲水性，减少对污染物的吸附，进而提高膜抗污染性能。邱云仁等人以聚乙烯醇（PVA）、醋酸纤维素（CA）、冰醋酸、水为制膜原料，用相转化法制备了 PVA - CA 共混超滤膜，采用死端过滤方式处理自制油水乳液（油浓度 1 000 mg/L）。

结果表明，在跨膜压差 0.3 MPa 时，膜通量约 40 L/(m^2·h)，油截留率可达 90% 以上，其亲水性和溶胀度优于纯 PVA 超滤膜。此外，作者还制备出新型金属掺杂 PVA 超滤膜，并应用于油水乳液（0.1%）。结果表明，在 0.3 MPa 下，稳定膜通量同样可达 40 L/(m^2·h)，油截留率高达 90%；用超声波清洗 10 min 后膜性质能完全恢复。Faibish 等人通过引发自由基将 PVP 嫁接到氧化锆膜表面，合成出有机 - 无机复合膜，在错流操作方式下处理自制油水微乳液（油滴粒径 18 ~ 66 nm，油浓度约 3.53×10^4 mg/L）。结果表明，相同操作条件下，氧化锆膜很快产生不可逆污染，而复合膜能在较长时间内维持膜通量，且截留率约为氧化锆膜的两倍，可见有机 - 无机复合膜在油水分离过程中的优异分离性能。

②膜系统的改进

膜系统的改进旨在合理的能耗下，改善水力学条件，提高传质系数。通常，在超滤组件中加入不同形式的湍流促进器，提高低速滞流料液的湍动状态，减少浓差极化层厚度和膜表面沉积物，从而有效控制膜污染以提高膜通量。

Krstic 等人在单管式无机超滤膜组件中加入静态混合器作为湍流促进器，并将其应用于乳化油废水处理中。膜通量高达 300 L/m^2·h，是无静态混合器时膜通量的 5 倍，表明静态混合器的加入可有效提高平均流速和膜表面剪应力，降低浓差极化程度，减轻膜污染；但此工艺存在压降高的缺陷，有待于进一步完善。Shui 等人开发出一种节能旋转膜系统，可在超滤膜表面产生外加剪应力，且使膜面载有负电荷，有效缓解油水乳液处理过程中的膜污染问题。研究表明，当膜盘旋转速度为 1 000 r/min 时，油截留率大于 98%，膜通量是传统旋转膜分离系统的 132%。Um 等人在进水中注入压缩 N_2 以改善膜系统进水条件（N_2 流速 200 cm^3/min），处理油水乳液（油浓度 50 g/L，CODcr116.4 g/L），结果表明，通入 N_2 时膜通量有明显提高，这是因为压缩 N_2 与表面活性剂作用产生大量小气泡，加快乳状液/气泡混合物的湍流运动，有效降低浓差极化和膜污染；N_2 通入时油截留率约 99.99%，CODcr 截留率约 96.6%，略高于未通 N_2 的情况，说明有无 N_2 对截留率影响不大。此外，作者还认为 N_2 通入时存在有效膜面积减小的缺点。

③与其他工艺进行耦合

冶金行业排放的乳化油废水不仅含有油，还含有大量铁屑、灰尘等固体颗粒杂质，在保证并提高超滤膜分离性能的同时，为减轻膜污染，延缓膜通量衰减，通常将其他工艺作为超滤系统的预处理工艺，与超滤技术进行耦合，例如絮凝工艺，以减轻超滤膜负担。预处理是保护超滤膜装置的屏障，也是减少膜污染和清洗频率的重要措施。

赵庆等人采用混凝－超滤耦合工艺处理某化工厂隔油池的含油废水(油浓度 80 mg/L, CODcr 为 310 mg/L),探讨了不同操作条件对膜通量和膜截留性能的影响。结果表明,以聚合氯化铝为絮凝剂、聚丙烯酰胺为助凝剂的混凝预处理工艺能够有效控制 PAN 超滤膜污染,运行 3 h 后仍可维持较高稳定膜通量(60 L/(m^2 · h)),且石油类和 CODcr 截留率高于 90%。马立艳等人采用混凝－超滤耦合工艺处理含油废水(油浓度 72.6 mg/L, CODcr 295.0 mg/L)。

结果表明,原水经混凝预处理后生成微絮体,改善了超滤分离性能,对膜污染起到有效缓解作用,从而延长了反冲洗周期,并保持较高膜通量和截留率。Panpanit 等人在原料液中加入膨润土作为预处理工艺,与醋酸纤维素(C－100)平板超滤膜耦合处理乳化油废水(油浓度 100 mg/L),并探索了膨润土的作用机制。研究表明,膨润土可大大提高膜过滤性能,膜通量稳定在 480 L/m^2 · h 左右;对此,作者采用料液中乳化油浓度降低、颗粒吸附、凝胶层的减少 3 种机理进行描述。具体参见 http://www.dowater.com 等相关技术文档。

3.2.6.4 其他方面应用

(1)城市污水回用

城市污水是一种重要的水资源,国外早已开始广泛应用膜法进行城市污水回用,随着我国水污染问题的愈发严重,将超滤膜技术应用于城市污水回用,也日渐引起了人们的关注。如,汤凡敏等利用 CASS 与超滤膜组合工艺处理小区生活污水,当水力停留时间为 12 h、CODCr 浓度在 215 ~ 677 mg/L 之间时,该工艺出水 CODCr 稳定在 30 mg/L 左右;NH_3－N 浓度为 22.2 ~ 41.2 mg/L 时,出水 NH3－N 最低可达 0.2 mg/L,去除率达到 90% 以上,出水 pH 值在 7.26 ~7.89 之间,出水浊度小于 0.5,出水水质优于回用水标准,可直接回用。

位于日本长崎县佐世保市建立了旨在水资源有效利用的循环型的排水再利用(中水)系统作为应对水资源不足对策的反渗透淡化装置。在该地以市政水和海水淡化装置所产淡水用作上水,下水集中在下水处理厂,经生物处理、絮凝沉降和砂滤后流入中空纤维超滤装置深度处理,产水用作中水供园内厕所洗净水、花草树木散水、淡水湖补给水和冷却水等再利用。园内的中水用量占总水量的 43%。

清华大学,北京市城市排水公司和北京蓝景膜技术工程有限公司合作以北京市高碑店污水处理厂二级出水为处理对象,开展了日产 500 m^3 超滤城市污水深度处理中水回用的中间试验,取得了可喜成果。

该中间试验系统包括供水、预处理、超滤清洗和自动控制五个部分。二级生物处理的出水进入集水池,经提升泵进入砂滤池,滤除大颗粒悬浮物后进入超滤组件,浓水由浓水管送回污水处理池,透过水(产水)流入中水回用水管网,最终送人终端客户。

超滤装置是试验的核心设备,其由 9 根直径 8 英寸①的聚丙烯腈中空纤维膜(MWCO = 50 000 ~ 60 000)超滤组件构成。每三个组件串联成一组,集装于一个管内,三组并联连接,膜总有效面积为 315 m^2。

(2)海水淡化

沿海地区是我国人口最多、经济最发达的地区。淡水资源的日趋紧缺是沿海地区的可持续发展面临的严峻问题之一。而海洋有着巨大的水资源,海水淡化是解决沿海地区水资源短缺和繁荣沿海经济的重要措施之一。因此,海水淡化正在显示出独特的优势和良好的前景。

海水淡化技术经过半个世纪的发展,从技术上已经比较成熟,目前主要的海水淡化方法有反渗透(SWRO)、多级闪蒸(MSF)、多效蒸发(MED)和压汽蒸馏(VC)等,而适用于大型的海水淡化的方法只有 SWRO、MSF 和 MED。随着膜技术的不断发展,从 19 世界 60 年代开始膜技术开始应用于海水淡化。但在这一过程中,由于膜污染问题,使得反渗透系统在处理海水方面出现了瓶颈,而超滤膜技术的应用,可

① 1 英寸 = 2.54 厘米

有效地控制海水水质,为反渗透系统提供高质量的入水。

如叶春松等采用中空纤维超滤膜直接处理高浊度海水,该超滤膜的产水浊度平均值为 0.11NTU,SDI15 平均值为 2.4,COD 的平均去除率为 60.0%,胶硅的平均去除率为 89.0%,跨膜压差小于 6.0×10^4 Pa,远远小于超滤膜本身最大操作压差 2.1×10^5 Pa,该超滤膜对浊度高、变化大的海水有很强的适应性,可以在以高浊度海水为进水的情况下作为海水反渗透系统的预处理装置。

当然,超滤在污水处理中还有很多方面的应用,如纺织工业废水的处理、制革工业废水的处理、重金属工业废水的处理等,应用非常的广泛。

3.3　常规实验仪器介绍

3.3.1　紫外可见分光光度计

紫外可见分光光度计引用新型技术,其功能强大,采用单色器技术,波长范围为 190 ~ 1 100 nm,是各种涉及水和废水分析领域的通用仪器,应用范围包括市政和工业废水、饮用水、加工过程用水、地表水、冷却水和锅炉补给水等。紫外可见分光光度计如图 3 - 3 所示。

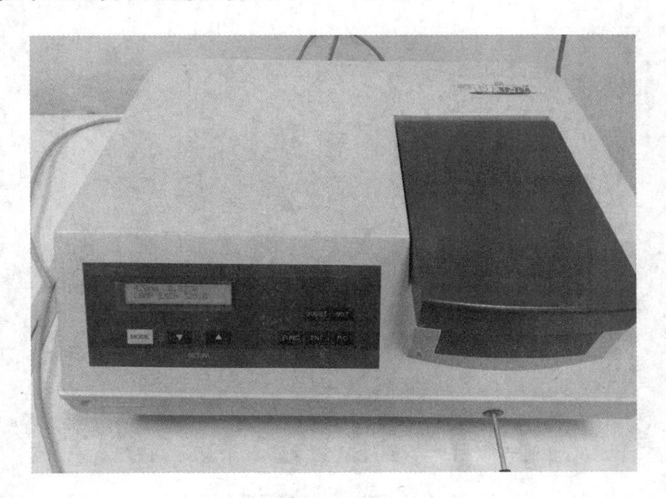

图 3 - 3　紫外可见分光光度计

3.3.1.1　应用

在水和废水监测中的应用,对于一个水系的监测分析和综合评价,一般包括水相(溶液本身)、固相(悬浮物、底质)、生物相(水生生物)。在水质的常规监测中,紫外可见分光光度法占有较大的比重。由于水和废水的成分复杂多变,待测物的浓度和干扰物的浓度差别很大,在具体分析时必须选择好分析方法。

在农产品和食品分析中可用于检测的组分或成分有蛋白质、赖氨酸、葡萄糖、维生素 C、硝酸盐、亚硝酸盐、砷、汞等;在植物生化分析中可用于检测叶绿素、全氮和酶的活力等;在饲料分析中可用于检测烟酸、棉酚、磷化氢和甲酯等。

3.3.1.2　日常维护

要懂得分析仪器的日常维护和对主要技术指标的简易测试方法,经常对仪器进行维护和测试,以保证仪器工作在最佳状态。

(1)温度和湿度是影响仪器性能的重要因素。它们可以引起机械部件的锈蚀,使金属镜面的光洁度下降,引起仪器机械部分的误差或性能下降;造成光学部件如光栅、反射镜、聚焦镜等的铝膜锈蚀,产生光能不足、杂散光、噪声等,甚至仪器停止工作,从而影响仪器寿命。维护保养时应定期加以校正。应具备四季恒湿的仪器室,配置恒温设备,特别是地处南方地区的实验室。

(2)环境中的尘埃和腐蚀性气体也会影响机械系统的灵活性、降低各种限位开关、按键、光电耦合器的可靠性,也是造成必须学部件铝膜锈蚀的原因之一。因此必须定期清洁,保障环境和仪器室内卫生条件,防尘等。

(3)仪器使用一定周期后,内部会积累一定量的尘埃,最好由维修工程师或在工程师指导下定期开启仪器外罩对内部进行除尘工作,同时将各发热元件的散热器重新紧固,对光学盒的密封窗口进行清洁,必要时对光路进行校准,对机械部分进行清洁和必要的润滑,最后,恢复原状,再进行一些必要的检测、调校与记录。

3.3.2 双功能水浴恒温振荡器

双功能水浴恒温振荡器是带有两种振荡方式选择的振荡器,结合了回旋和往复两种振荡方式,提升了振荡器的工作性能,使培养样品能够进行较为充分富足的实验。双功能水浴恒温振荡器如图 3-4 所示。

图 3-4 双功能水浴恒温振荡器

3.3.2.1 双功能水浴恒温振荡器简介

水浴振荡器是恒温水浴槽和振荡器的结合,双功能水浴振荡器具有温度可控,结构合理,操作简便,稳定性能高的特点,适用范围也广,卫生防疫、环境监测、各大中院校、医疗和石油化工等科研部门作生物、生化、细胞、菌等各种液态、固态化合物的振荡培养。

3.3.2.2 双功能水浴恒温振荡器特点

(1)温控精确,数字显示,直观清晰。

(2)设有机械定时。

(3)振荡时又小浪花,但无浪花飞溅。

(4)万能弹簧试瓶架特别适合作多种对比试验的生物样品的培养制备。

(5)无级调速,运转平稳,操作简便安全。

(6)内腔采用不锈钢制作,抗腐蚀性能良好。

3.3.2.3 双功能水浴恒温振荡器技术指标：

品名：双功能水浴恒温振荡器

型号：SHA－B。

电源：220 V 50 Hz。

加热功率：1 800 W。

定时范围：0～9999 min 或常开。

振荡频率：启动～300 r/min 可调。

振荡幅度：20 mm。

控温范围：室温～100 ℃。

温控精度：±0.5 ℃。

振荡方法：往复、回旋双功能。

工作尺寸：490 mm×390 mm×180 mm。

外形尺寸：700 mm×550 mm×500 mm。

3.3.2.4 使用方法

(1)装入试验瓶，并保持平衡，如是双功能机型，设定振荡方式。

(2)接通电源，根据机器表面刻度设定定时时间，如需长时间工作，将定时器调至“常开”位置。

(3)打开电源开关，设定恒温温度：

①将控制小开关置于“设定”段，此时显示屏显示的温度为设定的温度，调节旋钮，设置到工作所需温度即可。(设定的工作温度应高于环境温度，此时机器开始加热，黄色指示灯亮，否则机器不工作)

②将控制部分小开关置于“测量”端，此时显示屏显示的温度为试验箱内空气的实际温度，随着箱内气温的变化，显示的数字也会相应变化。

③当加热到您所需的温度时，加热会自动停止，绿色指示灯亮；当试验箱内的热量散发，低于您所设定的温度时，新的一轮加热又会开始。

(4)开启振荡装置：

①打开控制面板上的振荡开关，指示灯亮。

②调节振荡速度旋钮至所需的振荡频率。

(5)工作完毕切断电源，置调速旋钮与控温旋钮至点。

(6)清洁机器，保持干净。

3.3.3 电热鼓风干燥箱

电热鼓风干燥箱又名“烘箱”，顾名思义，采用电加热方式进行鼓风循环干燥试验，分为鼓风干燥和真空干燥两种，鼓风干燥就是通过循环风机吹出热风，保证箱内温度平衡。干燥箱应用于化工、医药、铸造、汽车、食品、机械等各个行业。电热鼓风干燥箱如图3－5所示。

3.3.3.1 产品特点

(1)外壳采用优质冷轧钢板加工成形，表面经喷涂工艺处理，工作室采用不锈钢或冷轧钢板加工成形，并经防腐工艺处理。

(2)可选用指针式或智能式控温仪，智能式控温仪采用PID控制程序，数码显示，具有定时功能。

(3)箱门用硅橡胶条密封，密封效果好。

(4)鼓风型装有低噪声风机，单风道设计，保证工作室内有良好的温度均匀度。

图 3-5　电热鼓风干燥箱

(5)箱门中间装有双层钢化玻璃观察窗,可随时观察工作室内被加热物品的情况。

3.3.3.2　用途概述

本产品适用于工矿企业实验室、医药卫生、科研单位作干燥、烘焙、熔蜡、灭菌、固化使用。

3.3.4　高压灭菌器

高压灭菌器是用比常压高的压力,把水的沸点升至 100 ℃以上的高温,而进行液体或器具灭菌的一种高压容器。高压灭菌器如图 3-6 所示。

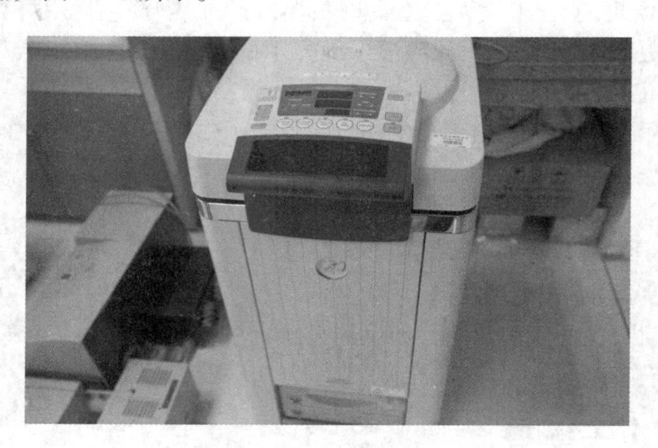

图 3-6　高压灭菌器

3.3.4.1　应用范围

灭菌器系列产品是利用压力饱和蒸汽对产品进行迅速而可靠的消毒灭菌设备,适用于医疗卫生事业、科研、农业等单位,对医疗器械、敷料、玻璃器皿、溶液培养基等进行消毒灭菌,是理想的设备。

3.3.4.2　结构

(1)电动锁系统:仅用触摸控制器就可以轻易和安全地开启箱盖。

(2)安全双向检测连锁装置:通过检测内压力和箱内温度来锁住箱盖,确保使用时具有更大的安全性。

(3)双向传感系统监控空气排除状态:为了避免残留空气影响到灭菌结果,本仪器采用双向传感器检测灭菌器内是否有残留空气。

(4)自动排气装置:采用最新的自动排除蒸汽的装置,以达到不用沸腾就能对液体基质进行灭菌;在灭菌完成后,可以预先设定速率逐渐地释放蒸汽。

(5)琼脂处理方法:允许使用者更大幅度地加快融化琼脂或对箱内进行预热。

(6)自动编排启动程序:内置定时器可设定一段时间程序,以使高压灭菌器自动启动一个灭菌周期(最长可维持一个星期)。

(7)记忆(储存)支持系统:可以改变各种参数(如灭菌、排气、加热等参数),且一旦发生改变(甚至发生停电故障)上述参数仍能被保留下来。

(8)节省空间的设计:采用垂直向上打开箱盖,节省空间。

(9)多种任选附件:提供多种相关附件供选购(如SUS灭菌吊筐,药物废物处理筐)。

(10)过程状况显示:通过一组闪光灯指示出当前灭菌过程的多种状况。

(11)功能延伸选配件:有浮标感应器、数字打印机、自动供水单元和冷却单元。

3.3.4.3 正确使用方法

高压蒸汽灭菌具有灭菌速度快、效果可靠、温度高、穿透力强等优点,使用不当,可导致灭菌的失败。在灭菌中应注意的几点:

(1)消毒物品的初步处理

凡接触过病原微生物的医疗器械、被单、衣物等均应先用化学消毒剂进行消毒,然后按照常规清洗。特别是传染病房用后的各类物品,要严格把关,先严密消毒后,再清洗、消毒。常规清洗时,先用洗涤剂溶液浸泡擦洗,去除物品上的油污,血垢等污物,然后用流水冲净。有轴节、齿槽和缝隙等器械和其他物品,应尽可能张开或拆卸,进行彻底洗刷。洗涤后的物品应擦干,按各临床需要分类包装,以免再污染。清除污染前、后物品的盛器和运送工具应严格区分,并有明显标志,以防交叉感染。

(2)消毒物品的包装和容器要合适

包装采用双层包布白色棉布,新包布应先洗涤去浆后再使用。物品包装用线绳捆扎,以不松动散开为宜,不宜过紧。使用容器盛装时,选用既可阻挡外界微生物侵入,又有较好的蒸汽穿透性。如特制的注射器灭菌盒、装敷料的储槽等。民用铝盒因蒸汽难以进入,而盒内的空气又不易排出,按常规灭菌常不能达到灭菌效果。试验对比表明它的污染率大大高于医用铝盒。所以不能使用民用铝盒装注射器或器械灭菌。

(3)消毒物品装放应合理

消毒物品过多或放置不当都可影响灭菌效果。消毒锅内物品不能过挤,不超过锅内容量。尽量将同类物品装一锅内灭菌。若有不同类物品装放一起,应以最难达到灭菌物品所需的温度和时间为准。物品装放时,上下左右均应交叉错开,留出缝隙,使蒸汽容易穿透。大消毒包应立着放上层,小包放下层,大搪瓷盒和储槽也应立着放布类和金属类物品同时灭菌,应将金属类物品包放在下层,使两者受热基本一致,并防金属物品灭菌中产生的冷凝水弄湿包布。

(4)排尽空气

使用高压蒸汽消毒锅时,最关键的是将锅内空气排尽。如锅内有空气,则气压针所指的压强不是饱和蒸汽产生的压强。相同的压强,混有空气的蒸汽其温度低于饱和蒸汽所产生的温度。

(5)合理计算灭菌时间

灭菌时间包括:

①穿透时间,从锅内达到灭菌温度开始计算时间,到锅内最难达到的部位也达到此温度的时间;

②维持时间,即杀灭微生物所需时间,一般以杀灭嗜热脂肪杆菌芽孢所需时间来表示;

③安全时间,为使灭菌得到确切保证所需增加的时间。

一般为热死亡时间的一半,其长短视消毒物品而定。对易导热的金属器材的灭菌,不需要安全时间。在灭菌时间内,要注意压力表,应及时调节进气量,以保持现在的压力,维持到灭菌时间为止。在灭菌过程中,如有压力、温度下降,应重新升温升压,重新计时。

(6)灭菌后

要求消毒物品干燥后,检查指示剂达到灭菌要求即可出锅。取无菌物品时,要严格无菌操作,开盖物品先将盖盖好,储槽关闭好通气孔。同时应分类放置,顺序发放取用。超过有效期,炎热潮湿季节一般不超过七天。

(7)防止超热蒸汽

超热蒸汽温度虽高,但像空气一样,遇到消毒物品时不能凝成水,不能释放潜热,所以对灭菌不利。防止超热的办法是使用外源蒸汽灭器时,不要使夹层的温度高于消毒室的温度,两者应相近不要使压力过高的蒸汽进入消毒室内;灭菌时不要用压力高的蒸汽加热到要求温度,然后再降压力。

(8)注意安全

每次灭菌前应检查灭菌器是否处于良好的工作状态,尤其是安全阀是否良好。消毒后减压不可过猛过快。应等压力表归回“0”位时,才可以打开锅门。如果消毒锅内是瓶装溶液,且突然开锅,则玻璃骤然遇到冷空气易发生爆裂,必须注意,如果突然把锅门开得太大,冷空气大量进入,易使包布周围蒸汽凝成水点而堵塞包布孔眼,阻碍包布内蒸汽排出,而使物品潮湿。

另外,不能使用高压蒸汽灭菌器消毒任何有破坏性材料和含碱金属成分的物质。消毒这些物品将会导致爆炸或腐蚀内胆和内部管道,以及破坏垫圈。

3.3.5 电子天平

3.3.5.1 电子天平的概念

人们把用电磁力平衡被称物体重力的天平称之为电子天平。其特点是称量准确可靠、显示快速清晰并且具有自动检测系统、简便的自动校准装置以及超载保护等装置。电子天平,用于称量物体质量。电子天平一般采用应变式传感器、电容式传感器、电磁平衡式传感器。应变式传感器,结构简单、造价低,但精度有限。在2009年前不能做到很高精度;电容式传感器称量速度快,性价比较高,但也不能达到很高精度;采用电磁平衡传感器的电子天平,其特点是称量准确可靠、显示快速清晰并且具有自动检测系统、简便的自动校准装置以及超载保护等装置。电子天平如图3-7所示。

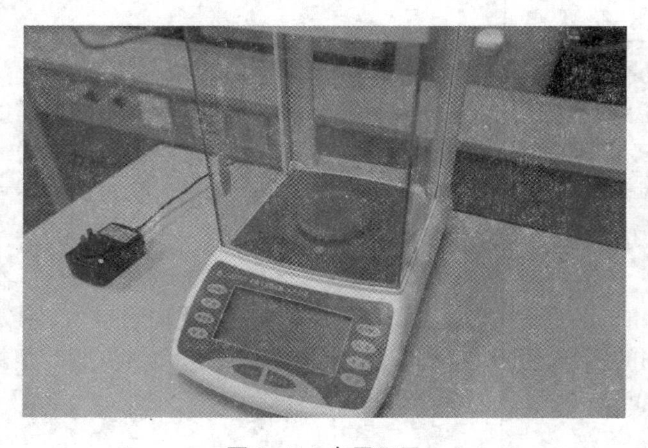

图3-7 电子天平

3.3.5.2 电子天平的性能指标

生活中大家在使用电子天平的时候，首先考虑的就是天平的稳定性、天平的灵敏性、天平的正确性和天平示值的不变性。所谓的稳定性就是指天平精度的稳定性；而灵敏度就是指天平读数的反应快慢，在这方面电子天平较机械天平具有更高的灵敏度；正确性就是指其读数的准确性；而不变性就是指天平读数的稳定性，即天平读数的浮动范围，浮动范围越小，说明其不变性越好。

(1)电子天平示值的不变性

电子天平示值的不变性是指天平在相同条件下，多次测定同一物体，所得测定结果的一致程度。对于电子天平，依然有天平示值的不变性，比如对电子天平重复性，再现性的控制，对电子天平零位及回零误差的控制，对电子天平空载或加载时，电子天平在规定时间的电子天平示值漂移的控制。

(2)电子天平的正确性

电子天平的正确性就是天平示值的正确性，它表示天平示值接近真值的能力；从误差角度来看，天平的正确性，就是反映天平示值的系统误差大小的程度。

(3)电子天平的灵敏性

电子天平的灵敏性就是天平能觉察出放在天平衡量盘上的物体质量改变量的能力。电子天平的灵敏性，可以通过角灵敏度、线灵敏度、分度灵敏度或数字(分度)灵敏度来表示。对于电子天平，主要是通过分度灵敏度或数字灵敏度来表示的。天平能觉察出来的质量改变量越小，则说明天平越灵敏，可见对于电子天平来说，天平的灵敏度依然是判定天平优劣的重要性能之一。

(4)电子天平的稳定性

电子天平的稳定性就是指天平在其受到扰动后，能够自动回到它们的初始平衡位置的能力。对于电子天平来说，其平衡位置总是通过模拟指示或数字指示的示值来表现的。所以，一旦对电子天平施加某一瞬时的干扰，虽然示值发生了变化，但干扰消除后，天平又能回复到原来的示值，则我们称该电子天平是稳定的。一台电子天平，其天平的稳定性是天平可以使用的首要判定条件，不具备天平稳定性的电子天平根本不能使用。

3.3.6 电热恒温培养箱

电热恒温培养箱是适用于医疗卫生、医药工业、生物化学和农业科学等科研和工业生产部门做细菌培养、发酵及恒温试验用的一种恒温培养箱。电热恒温培养箱如图3-8所示。

图3-8 电热恒温培养箱

3.3.6.1 仪器特点

(1)外壳采用优质冷轧钢板制作,表面使用静电喷塑工艺。

(2)工作室采用不锈钢板或优质冷轧钢板加工成型,并经防锈防腐处理。

(3)可选装指针式控温仪或微电脑智能控温仪,智能控温仪采用 PID 控制程序、大屏幕数码显示屏,轻触型操作按键,具有超温报警功能。

(4)门中间设有双层钢化玻璃观察窗,便于直接观察培养物的变化。

(5)磁性胶条密封,启闭方便、密封良好。

3.3.6.2 注意事项

(1)本箱为不防爆型,故腐蚀性及易燃性物品禁止放入箱内。

(2)切勿把本机箱体放在含酸、含碱的腐蚀环境中,以免破坏电子部件。

(3)注意保护箱体漆面影响箱体外形美观。

(4)长期不使用时,应切断电源,严禁各处液体进入机内,以免损坏主机。

(5)此箱工作电压为交流电 220 V,50 Hz。使用前必须注意所用电源电压是否与所规定的电压相符,并将电源插座接地极按规定进行有效接地。

(6)在通电使用时,切忌用手接触及箱左侧空间的电器部分或用湿布揩抹及用水冲洗。

(7)电源线不可缠绕在金属物上,不可放置在高温或潮湿的地方,防止橡胶老化以致漏电。

(8)试验物放置在箱内不宜过挤,使空气流动畅通,保持箱内受热均匀,内室底板靠近电热器,故不宜放置试验物。在实验室,应将风顶活门适当旋开,以利调节箱内温度。

(9)当培养箱放入贵重菌种和培养物时,应勤观察,发生异常情况,立即切断电源,避免以外或不必要的损失。

(10)非必要时,不得打开温度控制仪以防损坏。

(11)每次使用完毕后,须将电源切断。经常保持箱内外清洁和水箱内水的清洁。

(12)当使用温度较高时,应注意小心烫伤。

(13)熔丝管装于箱内左侧空间内,调换时需要打开边门,并必须切断电源。

(14)经包装后的培养箱,在遵守保存和使用规则的条件下,自出厂之日起(使用期一年)内,产品不能正常工作时,制造厂应无偿地为用户更换或修理零件。

3.3.7 低速离心机

低速离心机可广泛应用于临床医学、生物化学、免疫学、血站等领域,是实验室中用于离心沉淀的常规仪器。低速离心机如图 3-9 所示。

图 3-9 低速离心机

3.3.7.1　仪器特点

直流无刷电机，单片机控制，可预选转速、时间、离心力，液晶显示，全触摸、预警报警、多种保护，新型面板设计，操作简便，快速启动、快速停机，是医疗卫生、食品、环保、科研、教学的优选设备。

3.3.7.2　安装注意事项

(1)地面坚实、平整，防止冷冻低速离心机在工作时产生振动或仪器移动。

(2)调节左右地脚螺杆，使冷冻低速离心机整机保证水平。

(3)具有独立地线，严禁零线与地线共用，防止电击伤人。

(4)冷冻低速离心机四周应无腐蚀性气体及电磁场干扰，防止仪器外表保护层过早失效和对电器元件的干扰。

3.3.8　超声波清洗器

超声波清洗器是用于清除污染物的仪器，通过换能器将功率超声频源的声能并且转换成机械振动来清洗物品，广泛应用在工业、国防、生物医学等方面。超声波清洗器如图3－10所示。

图3－10　超声波清洗器

3.3.8.1　原理

超声波清洗器清洗原理是由超声波发生器发出的高频振荡信号，通过换能器转换成高频机械振荡而传播到介质－清洗溶剂中，超声波在清洗液中疏密相间的向前辐射，使液体流动而产生数以万计的直径为50～500 μm的微小气泡，存在于液体中的微小气泡在声场的作用下振动。这些气泡在超声波纵向传播的负压区形成、生长，而在正压区，当声压达到一定值时，气泡迅速增大，然后突然闭合。并在气泡闭合时产生冲击波，在其周围产生上千个大气压，破坏不溶性污物而使他们分散于清洗液中，当团体粒子被油污裹着而黏附在清洗件表面时，油被乳化，固体粒子脱离，从而使清洗件净化的目的。在这种被称之为“空化”效应的过程中，气泡闭合可形成几百度的高温和超过1 000个大气压的瞬间高压，连续不断地产生瞬间高压就像一连串小“爆炸”不断地冲击物件表面，使物件的表面及缝隙中的污垢迅速剥落，从而达到物件表面清洗净化的目的。第二超声波在液体中传播，使液体与清洗槽在超声波频率下一起振动。另外，在超声波清洗过程中，肉眼能看见的泡并不是真空核群泡，而是空气气泡，它对空化作用产生抑制作用降低清洗效率。只有液体中的空气气泡被完全拖走，空化作用的真空核群泡才能达到最佳效果。

3.3.8.2 主要范围

超声波清洗器广泛应用于电子器件、半导体硅片、电路板、电镀件、光学镜片、化纤喷丝头、喷丝板、乳胶工具、磁性材料、玻璃器皿、通信器材、液压件、五金工具、轴承、油嘴、油泵、化油器、机车零配件的锈、除碳及表面处理,特别对深孔、盲孔、凹凸槽的清洗是最理想的设备。同时在生化、物理、化学、医学、科研及大专院校的实验中可作提取、乳化、脱气、均匀、细胞粉碎之用等。

清洗设备特点:体积小,功率大,内槽和外壳全不锈钢,换能器胶黏工艺与亚孤焊工艺结合十年不脱落。

3.3.9 台式离心机

台式离心机是利用离心力,分离液体与固体颗粒或液体与液体的混合物中各组分的机械。台式离心机如图 3 – 11 所示。

图 3 – 11 台式离心机

台式离心机是利用离心力,分离液体与固体颗粒或液体与液体的混合物中各组分的机械。台式离心机主要用于将悬浮液中的固体颗粒与液体分开;或将乳浊液中两种密度不同,又互不相溶的液体分开(例如从牛奶中分离出奶油);它也可用于排除湿固体中的液体,例如用洗衣机甩干湿衣服;特殊的超速管式分离机还可分离不同密度的气体混合物;利用不同密度或粒度的固体颗粒在液体中沉降速度不同的特点,有的沉降台式离心机还可对固体颗粒按密度或粒度进行分级。

3.3.10 电热恒温水槽

电热恒温水槽的使用范围比较广,适用于生物、化学、物理、植物、化工等科学上做精密恒温的直接加热制冷和辅助加热制冷之用。电热恒温水槽如图 3 – 12 所示。

3.3.10.1 主要应用

专用基因扩增实验,也可用于医疗卫生,医学院校和科研单位同时作多至三种不同温度的恒温和辅助加热。

3.3.10.2 主要特点

(1)采用不锈钢内胆、顶盖。

(2)设有三组独立的水槽和相应的控温装置。

(3)采用具有控温保护装置,可互换高精度控温仪控制,控温精确可靠。

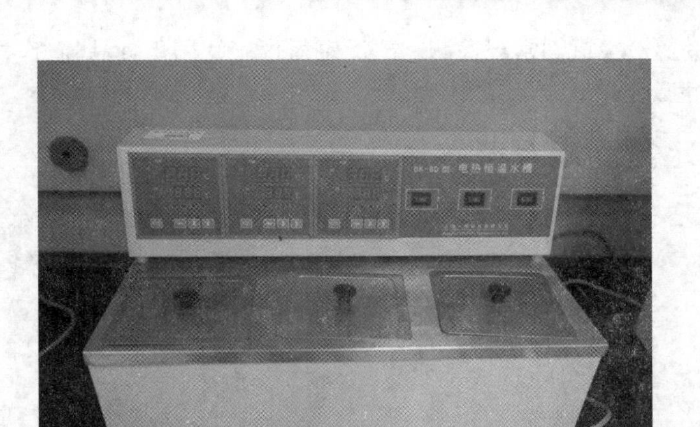

图 3－12 电热恒温水槽

(4)工作温度任意设定,并具有跟踪报警功能。

(5)设定温度和测定温度均为数字显示。

3.3.11 凯氏定氮仪

凯氏定氮仪是根据蛋白质中氮的含量恒定的原理,通过测定样品中氮的含量从而计算蛋白质含量的仪器。因其蛋白质含量测量计算的方法叫做凯氏定氮法,故被称为凯氏定氮仪,又名定氮仪、蛋白质测定仪、粗蛋白测定仪。凯氏定氮仪如图 3－13 所示。

图 3－13 凯氏定氮仪

3.3.11.1 原理

将有机化合物与硫酸共热使其中的氮转化为硫酸铵。在这一步中,经常会向混合物中加入硫酸钾来提高中间产物的沸点。样本的分析过程的终点很好判断,因为这时混合物会变得无色且透明(开始时很暗),在得到的溶液中加入少量氢氧化钠,然后蒸馏。这一步会将铵盐转化成氨。而总氨量(由样本的含氮量直接决定)会由反滴定法确定:冷凝管的末端会浸在硼酸溶液中。氨会和酸反应,而过量的酸则会在甲基橙的指示下用碳酸钠滴定,所得的结果乘以特定的转换因子就可以得到结果。

3.3.11.2 适用范围

凯氏定氮仪仪器用凯氏方法检测谷物、食品、饲料、水、土壤、淤泥、沉淀物和化学品中的氨、蛋白质中氮、酚、挥发性脂肪酸、氰化物、二氧化硫、乙醇等含量。具有相当好的性价比,仅仅滴定过程需要人工操作一下,非常适合实验室及检验机构常规检测。凯氏定氮仪广泛用于食品、农作物、种子、土壤、肥料等样品的含氮量或蛋白质含量分析。

3.3.12 凯氏定氮滴定系统

凯氏定氮滴定系统是一种分析精度高的实验室仪器,主要适用于高等院校、科研机构、检测机构、农业系统、石油化工、制药、食品生产企业等。凯氏定氮滴定系统如图 3 - 14 所示。

图 3 - 14 凯氏定氮滴定系统

主要特点:

(1)凯氏定氮滴定系统采用美国原装进口颜色传感器判断滴定终点;

(2)高精度专业柱塞滴定泵设计;

(3)高效磁力搅拌系统,速度可调;

(4)大屏幕触摸式液晶显示屏;

(5)凯氏定氮滴定系统更人性化,更便捷的触摸屏及操作按键双重控制模式;

(6)耐强腐蚀性、无污染的专业阀体设计;

(7)凯氏定氮滴定系统内置友好的中文操作界面系统。

3.3.13 多功能消解器和 COD 测定仪

多功能消解器:能实现各种水样的 COD、总磷、总氮及总铬等需要加热过程的化学分析消解功能。

COD 测定仪:运用了最新的电子机械技术研发的最新产品。冷光源陈列技术应用,使用光源灯的寿命长达 10 万小时,测定参数光路的切换由手动变成为自动切换,消除了人为转动的误差因素。多功能消解器和 COD 测定仪如图 3 - 15 所示。

3.3.13.1 用途

在实验室和野外能够快速、准确测量污水的化学需氧量。它是环境监测站、环境工程技术人员、企业实验室的必备实验设备。

3.3.13.2 功能

(1)准确测定 COD、氨氮、总磷、总氮、浊度等;

(2)仪器自带 20 条标准曲线可自行修定并保存;

(3)仪器可自动计算并储存 10 条回归拟合曲线;

(4)可精确存储 4 000 个测定结果(包括测定时间,调用曲线,数值);

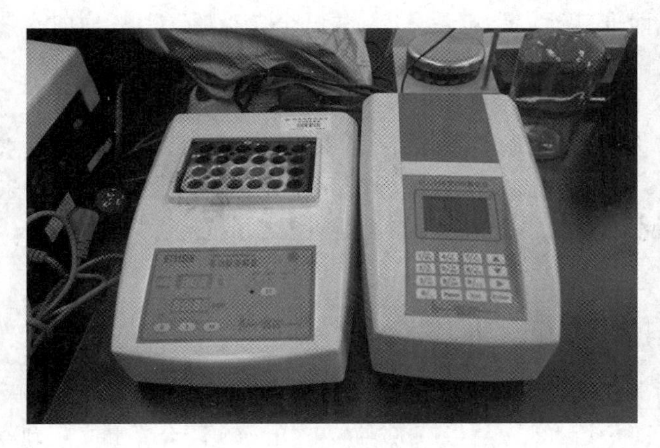

图3－15 多功能消解器和COD测定仪

(5)打印当前数据和所有存储历史数据；

(6)向计算机传输当前数据和所有存储的历史数据；

(7)消解温度随负载数量自动调整控制恒温，做到真正意义上的恒温控制；

(8)自动恒温提醒，自动倒计时提醒，定时时间可随意调节并保存；

(9)独立定时系统，可供3人同时操作(用户可选)；

(10)可扩展为高级智能分光光度计，光度法测定三十多项参数；

(11)自动校正功能；

(12)大屏幕液晶显示，中文界面，中文按键操作。

3.3.14 水质分析仪

多参数水质在线分析仪，又名多参数水质自动监测集成系统，适用于：水源地监测、环保监测站，市政水处理过程，市政管网水质监督，农村自来水监控；循环冷却水、泳池水运行管理、工业水源循环利用、工厂化水产养殖等领域。水质分析仪如图3－16所示。

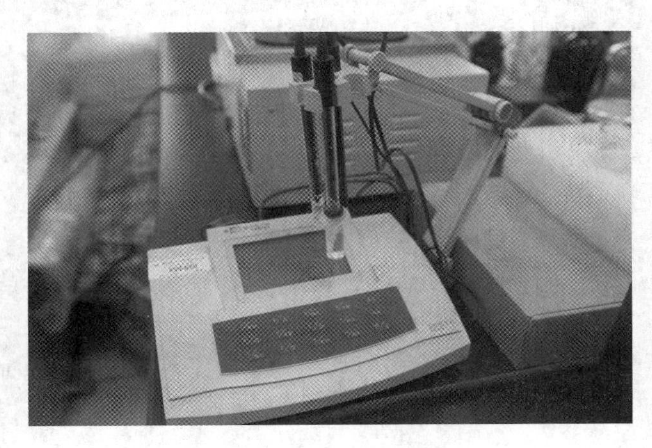

图3－16 水质分析仪

为了保护水环境，必须加强对污水排放的监测。检测点的设计和检测仪表(主要是水质分析仪)的质量对水环境监测起着至关重要的作用。用化学和物理方法测定水中各种化学成分的含量。水质分析仪分为简分析、全分析和专项分析三种。简分析在野外进行，分析项目少，但要求快而及时，适用于初步了解大面积范围内各含水层中地下水的主要化学成分。专项分析的项目根据具体任务的需要而定。另全自动离子分析仪可快速而准确地定性定量分析，并可全自动、智能化、实时在线、多参数同时进行分析。

3.3.14.1 用途

饮用水水质标准除有物理指标、化学指标外，还有微生物指标。对工业用水则考虑是否影响产品质量或易于损害容器及管道。水质分析仪可以广泛应用于发电厂、纯净水厂、自来水厂、生活污水处理厂、饮料厂、环保部门、工业用水、水产业、纺织业、制酒行业及制药行业、防疫部门、医院等部门的各离子参数测定。

3.3.14.2 工作原理

水质分析仪主要采用离子选择电极测量法来实现精确检测。仪器上的电极：pH、氟、钠、钾、钙、镁和参比电极。每个电极都有离子选择膜，会与被测样本中相应的离子产生反应，膜是离子交换器，与离子电荷发生反应而改变了膜电势，就可检测液，样本和膜间的电势。膜两边被检测的两个电势差值会产生电流。样本、参考电极、参考电极液构成"回路"一边，膜、内部电极液、内部电极为另一边。

内部电极液和样本间的离子浓度差会在工作电极的膜两边产生电化学电压，电压通过高传导性的内部电极引到到放大器，参考电极同样引到放大器的地点。通过检测一个精确的已知离子浓度的标准溶液获得定标曲线，从而检测样本中的离子浓度。

溶液中被测离子接触电极时，在离子选择电极基质的含水层内发生离子迁移。迁移的离子的电荷改变存在着电势，因而使膜面间的电位发生变化，在测量电极与参比电极间产生一个电位差。

3.3.15 水中油分析仪

水中油在线分析仪，是专门为测试水中微量油（碳氢化合物）浓度而设计的。它采用先进的紫外－荧光检测技术，是国家环保总局推荐的水中油在线监测方法。它无需药剂，无消耗品，无污染，是安全、环保的在线监测仪器。开放式的采样检测技术非常便于清洗，最适合恶劣的工作环境。配合各种工况、被测水样的水样预处理装置、数据处理系统能够得到最佳的监测方案。水中油分析仪如图 3－17 所示。

图 3－17 水中油分析仪

水中油分析仪是用来检测炼化污水中石油类污染排放限量的仪器，有便携式、台式和在线式，在中石油、中石化、中海油等石油石化企业有大量的用户群体。美国特纳水中油分析仪广泛用于石油石化、海洋钻井平台、工业企业和环境监测等部门，以优异的产品性能帮助客户提升油类水质检测技术。

性能及优点：

（1）先进的紫外－荧光测量技术，安全环保；

(2)超大的水样检测面积,高检测灵敏度;
(3)独特的非接触采样室,排除固体颗粒等干扰物质的影响;
(4)灵活的数据处理系统,剔除异常数值,使测量数据更准确;
(5)易于维护的开放式采样结构,适合在恶劣的环境下工作;
(6)连续在线测量,读数显示(每秒测量200次);
(7)4~20 mA信号输出,直观显示含油浓度值;
(8)无需药剂、消耗品,无污染、真正环保;
(9)自动、手动多点标定,十组存储标定曲线方便调用。

3.3.16 电热恒温水浴锅

恒温水浴锅广泛应用于干燥、浓缩、蒸馏以及浸渍化学试剂、浸渍药品和生物制剂,也可用于水浴恒温加热和其他温度试验,是生物、遗传、病毒、水产、环保、医药、卫生、生化实验室和分析室教育科研的必备工具。其主要特点:工作室水箱选材不锈钢,有优越的抗腐蚀性能;温控精确,有数字显示,自动温控;操作简便,使用安全。广泛用于企业、医疗单位、大专院校、科研部门和生产单位进行蒸发、干燥、浓缩、恒温加热用。电热恒温水浴锅如图3-18所示。

图3-18 电热恒温水浴锅

3.3.16.1 特点

表面采用静电喷涂工艺,内胆、上盖均采用不锈钢板制作,抗腐蚀,可选择指针或数显控温,控温精度高,性能稳定。

3.3.16.2 使用方法

(1)使用时必须加入温水能缩短加热时间和节约用电。
(2)开上电源开关,电源指示灯亮表示电源接通。
(3)将仪表设定到所需要的温度,加热指示灯亮表示电热管之电源 接通加热,当温度表上之温度到达所需使用之温度时,稍待数分钟后,既性自动恒温控制。
(4)恒温控制器的刻度,仅作温度对照指示,并非温度批示刻度。

3.3.16.3 注意事项

(1)箱外壳必须有效接地。
(2)在未加水之前,切勿打开电源,以防电热管的热丝烧毁。

(3)非必要时请勿拆开右侧的差板。

3.3.16.4 维护修理

(1)使用完毕应将电源关断。

(2)箱内外应经常保持整洁。

(3)如发现指示灯不亮,先将电源关断,拔下插排将右侧的插板拆开,如保险丝或指示灯泡损坏,可用同规格更换。

(4)如遇恒温控制失灵,说明控制器上的传感器失灵,调换后即可使用。

3.3.17 菌落计数器

随着科技的进步,菌落计数技术日趋完善。主要体现在配置越来越高,功能越来越全。计数的速度越来越快,准确性也越来越高。所以,价格也就节节攀升。一般对于精确度要求不高的用户,可以考虑手动的或者半自动的菌落计数器。菌落计数器如图 3-19 所示。

图 3-19 菌落计数器

3.3.17.1 原理

菌落计数器是一种数字显示式自动细菌检验仪器。由计数器、探笔、计数池等部分组成,计数器采用 CMOS 集成电路精心设计,LED 数码管显示,字高 13 mm,清晰明亮,配合专用探笔,计数灵敏准确。黑色背景式记数池内,荧光灯照明,菌落对比清楚,便于观察。本仪器可减轻实验人员的劳动强度,提高工效,提高工作质量,广泛用于食品、饮料、药品、生物制品、化妆品、卫生用品、饮用水、生活污水、工业废水、临床标本中细菌数的检验,是各级防疫站、环境监测站、食品卫生监督检验所、医院、生物制品所、药检所、商检局、食品厂、饮料厂、化妆品厂、日化厂及大专院校、科研单位实验室的必备仪器。

3.3.17.2 使用方法

(1)将电源插头插入 220 V 电源插座内。将探笔插入仪器上的探笔插孔内。

(2)将电源开关拨向开,计数池内灯亮。同时显示窗内显示明亮,表示允许进行计数。

(3)将待检的培养皿底朝上放入计数池内。用探笔在培养皿底面对所有的菌落逐个点数。此时,菌落处被标上颜色,显示窗内数字自动累加。

(4)用放大镜仔细检查,确认点数无遗漏,计数即已完毕。

(5)显示窗内的数字即为该培养皿内的菌落数。

(6)记录数字后取出培养皿。按复按钮,显示恢复,为另一培养皿的计数做好准备。

3.3.18 全温振荡培养箱

全温振荡培养箱又名数显振荡培养箱，这是一款5～50 ℃的振荡培养箱，内部有照明装置，面板带有测速和温控显示，还带有补氧功能。数显振荡培养箱是一种具有加热和制冷双向调温系统，温度可控的培养箱和振荡器相结合的生化仪器，单组振荡培养箱是植物、生物、微生物、遗传、病毒医学、环保、食品、石油、化工等科研、教育和生产部门做精密培养制备不可缺少的实验室设备。全温振荡培养箱如图3－20所示。

图3－20 全温振荡培养箱

主要特点：

(1)箱体的隔热材料采用聚氨酯现场发泡的泡沫塑料，对外来热(冷)源有较强的抗干扰能力；

(2)工作腔内设有风道，温度分布均匀；

(3)内壁采用不锈钢制作，抗腐蚀性能良好；

(4)加热系统在环境温度为－5 ℃时能升温至50 ℃；

(5)制冷系统在环境温度为32 ℃时能降温至5 ℃；

(6)万能弹簧试瓶架特别适合作多种对比试验的生物样品的培养设备；

(7)无级调速，操作安全；

(8)温控精确，数字显示。

3.3.19 超净工作台

超净工作台的优点是操作方便自如，比较舒适，工作效率高，预备时间短，开机10 min以上即可操作，基本上可随时使用。在工厂化生产中，接种工作量很大，需要经常长久地工作时，超净台是很理想的设备。超净工作台如图3－21所示。

相关原理与具体操作：

超净台由三相电机做鼓风动力，功率145～260 W，将空气通过由特制的微孔泡沫塑料片层叠合组成的“超级滤清器”后吹送出来，形成连续不断的无尘无菌的超净空气层流，即所谓“高效的特殊空气”，它除去了大于0.3 μm的尘埃、真菌和细菌孢子等等。超净空气的流速为24～30 m^3/min，这已足够防止附近空气可能袭扰而引起的污染，这样的流速也不会妨碍采用酒精灯或本生灯对器械等的灼烧消毒。工作人员就在这样的无菌条件下操作，保持无菌材料在转移接种过程中不受污染。但是万一操作中途遇到停电，暴露在未过滤空气中的材料便难以幸免污染。这时应迅速结束工作，并在瓶上做出记号，内中的材料如处于增殖阶段，则以后不再用做增殖而转入生根培养。如为一般性生产材料，因极其丰富也可弃去。如处于生根过程，则可留待以后种植用。

图 3-21　超净工作台

超净台电源多采用三相四线制，其中有一零线，连通机器外壳，应接牢在地线上，另外三线都是相线，工作电压是 380 V。三线接入电路中有一定的顺序，如线头接错了，风机会反转，这时声音正常或稍不正常，超净台正面无风（可用酒精灯火焰观察动静，不宜久试），应及时切断电源，只要将其中任何两相的线头交换一下位置再接上，就可解决。三相线如只接入两相，或三相中有一相接触不良，则机器声音很不正常，应立即切断电源仔细检修，否则会烧毁电机。这些常识应在开始使用超净台时就向工作人员讲解清楚，免除不应造成的事故与损失。

超净台进风口在背面或正面的下方，金属网罩内有一普通泡沫塑料片或无纺布，用以阻拦大颗粒尘埃，应常检查、拆洗，如发现泡沫塑料老化，要及时更换。除进风口以外，如有漏气孔隙，应当堵严，如贴胶布，塞棉花，贴胶水纸等。工作台正面的金属网罩内是超级滤清器，超级滤清器也可更换，如因使用年久，尘粒堵塞，风速减小，不能保证无菌操作时，则可换上新的。

超净台使用寿命的长短与空气的洁净程度有关。在温带地区超净台可在一般实验室使用，然而在热带或亚热带地区，由于大气中含有高量的花粉，或多粉尘的地区，超净台则宜放在较好的有双道门的室内使用。任何情况下不应将超净台的进风罩对着开敞的门或窗，以免影响滤清器的使用寿命。

无菌室应定期用70%酒精或0.5%苯酚喷雾降尘和消毒，用2%新洁尔灭抹拭台面和用具（70%酒精也可），用福尔马林（40%甲醛）加少量高锰酸钾定期密闭熏蒸，配合紫外线灭菌灯（每次开启 15 min 以上）等消毒灭菌手段，以使无菌室经常保持高度的无菌状态。接种箱内部也应装有紫外线灯，使用前开灯 15 min 以上照射灭菌，但凡是照射不到之处仍是有菌的。在紫外线灯开启时间较长时，可激发空气中的氧分子缔合成臭氧分子，这种气体成分有很强的杀菌作用，可以对紫外线没有直接照到的角落产生灭菌效果。由于臭氧有碍健康，在进入操作之前应先关掉紫外线灯，关后十多分钟即可入内。

在超净工作台上亦可吊装紫外线灯，但应装在照明灯罩之外，并错开照明灯平行排列，这样在工作时不妨碍照明。若将紫外线灯装入照明灯罩（玻璃板）里面，这是毫无用处的，因为紫外线不能穿透玻璃，它的灯管是石英玻璃，而不是硅酸盐玻璃制成的。

接种室内力求简洁，凡与本室工作无直接关系的物品一律不能放入，以利保持无菌状态。接种室内的空气与外界空气应绝对隔绝，预留的通气孔道应尽量密闭。通气孔道可设上下气窗，气窗面积宜稍大，需覆上 4 层纱布做简单滤尘。在一天工作之后，可开窗充分换气，然后再予以密闭。总之，既要清洁无尘无菌，又要空气新鲜，适宜工作。覆在通气窗上的纱布应经常换洗。但是上述种种措施只是理想的设计方案，往往不易全面做到，其实只要严格无菌操作手续，在门窗敞开的室内，有一超净台的保护，接种的污染率仍可控制在生产上可以容忍的水平。

3.3.20 电炉温度控制器

电炉温度控制器,是以精密控温为核心的电加热电炉温度控制设备。控制器控制系统的主回路采用了可控硅移相集成电路。电炉温度控制器如图3－22所示。

图3－22 电炉温度控制器

3.3.20.1 工作原理

控制器控制系统的主回路采用了可控硅移相集成电路。该电路的移相范围大于175°。它具有锯齿波线性好,控制调节方便,并有失交保护等优点,使用可靠性高。其工作原理为:热电偶将电炉内部的毫伏电压值进行比较,使炉膛内的温度保持恒温。作为PID调节信号输出控制主回路的执行元件,输出功率的调节是经过脉冲触发电路板的移相集成电路的移相输入端输入移相电压,控制可控硅导通角的大小,使电炉内的加热元件加热,来控制输出电压和输出电流满足输出功率的要求,从而达到用户所需要的炉膛温度。

3.3.20.2 特点

(1)温度控制器,采用可控硅交流调压技术,配以数显温度控制仪表。对电炉温度进行P1D控制。该系列温度控制器外形美观实用,运行可靠、使用方便。是1 300 ℃和1 600 ℃高温电炉配套设备。与双铂铑热电偶配套使用,可对电炉内的温度进行测量、显示和控制。

(2)温度控制器为1 000 ℃,1 200 ℃电炉的配套设备,与镍铬－镍硅热电偶配套使用,可对电炉内的温度进行测量、显示、控制,可使炉内温度保持恒温,该温度控制器的温度显示有数字显示和指针显示两种,执行元件有交流接触器、可控硅两种。其中尤以可控硅无触点开关为执行元件,并配以数字显示的控制器性能更为优越。

3.3.21 蠕动泵

蠕动泵由三部分组成,即驱动器、泵头和软管。流体被隔离在泵管中、可快速更换泵管、流体可逆行、可以干运转,维修费用低,等特点构成了蠕动泵的主要竞争优势。蠕动泵如图3－23所示。

3.3.21.1 工作原理

蠕动泵就像用手指夹挤一根充满流体的软管,随着手指向前滑动管内流体向前移动。蠕动泵也是这个原理只是由滚轮取代了手指。通过对泵的弹性输送软管交替进行挤压和释放来泵送流体。就像用两根手指夹挤软管一样,随着手指的移动,管内形成负压,液体随之流动。

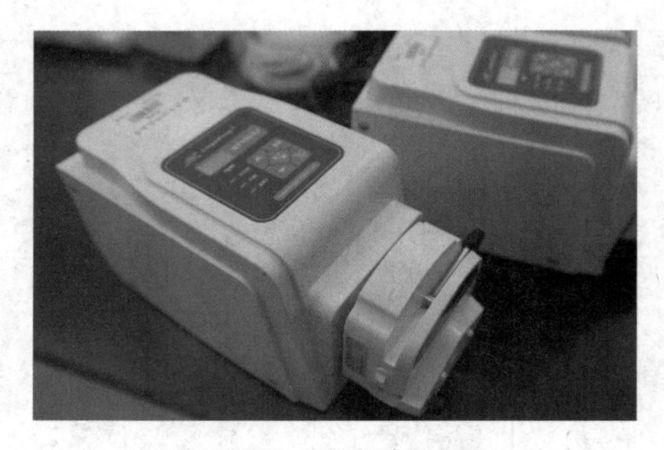

图 3-23　蠕动泵

蠕动泵就是在两个转辊子之间的一段泵管形成“枕”形流体。“枕”的体积取决于泵管的内径和转子的几何特征。流量取决于泵头的转速与“枕”的尺寸、转子每转一圈产生的“枕”的个数是这三项参数之乘积。“枕”的尺寸一般为常量(泵送黏性特别大的流体时除外)。

拿转子直径相同的泵相比较,产生较大“枕”体积的泵,其转子每转一圈所输送的流体体积也较大,但产生的脉动度也较大。这与膜阀的情形相似。而产生较小“枕”体积的泵,其转子每转一圈所输送的流体体积也较小;而且,快速、连续地形成的小“枕”使流体的流动较为平稳。这与齿轮泵的工作方式相似。

3.3.21.2　优越性

(1)无污染:流体只接触泵管,不接触泵体。

(2)精度高:重复精度,稳定性精度高。

(3)低剪切力:是输送剪切敏感,侵蚀性强流体的理想工具。

(4)密封性好:具有良好的自吸能力,可空转,可防止回流。

(5)维护简单:无阀门和密封件。

蠕动泵具有双向同等流量输送能力;无液体空运转情况下不会对泵的任何部件造成损害;能产生达98%的真空度;没有阀、机械密封和填料密封装置,也就没有这些产生泄露和维护的因素;能轻松地输送固、液或气液混合相流体,允许流体内所含固体直径达到管状元件内径40%;可输送各种具有研磨、腐蚀、氧敏感特性的物料及各种食品等;仅软管为需要替换的部件,更换操作极为简单;除软管外,所输送产品不与任何部件接触。

3.3.22　体式显微镜

体视显微镜又称“实体显微镜”或“解剖镜”,是一种具有正像立体感的目视仪器,被广泛地应用于生物学、医学、农林、工业及海洋生物各部门。体式显微镜如图 3-24 所示。

3.3.22.1　特点

(1)采用国际上最先进的 Telescope(CMO)光学原理设计,为用户提供最锐利的图像。

(2)完美的 3D 图像,在整个变焦范围内都能提供清晰的无失真的图像。

(3)宽视场光学观察,Stemi 2000-C 能够为您提供最大 118 mm 的视场范围。

(4)超长工作距离,Stemi 2000-C 能够为您提供最高可达 286 mm 的工作距离。

图 3－24　体式显微镜

3.3.22.2　操作方法

立体显微镜采用两个独立的光学通路生成三维的光学影像，因此也叫实体显微镜、解剖显微镜，属于低倍数的复式光学显微镜。在 19 世纪 90 年代（1890 年）被美国仪器工程师霍雷肖·S·格里诺（（1805—1852）为美国著名雕塑家和作家霍雷肖. 格里诺）发明，并被德国卡尔·蔡司公司最先生产以来，对科学研究、考古探索、工业质量控制和生物制药等领域的发展都产生了积极的影响。

3.3.22.3　操作步骤

步骤 1　将显微镜置于一个对操作员舒适的工作平台，然后打开反射光（表面光），在显微镜底座上放上一个式样，比如硬币，将显微镜的变倍旋钮旋到最低倍数 0.7×，通过调节升降组找到 0.7×下的大致焦平面（最佳成像面）。

步骤 2　调整目镜的观察瞳距，并调整目镜上的屈光度以找到 0.7×下最佳的焦平面。

步骤 3　利用以上方法，逐渐旋大变倍旋钮的倍数，适当调节显微镜的升降组，逐渐找到最大倍数 4.5×下的焦平面。调节过程中，请利用硬币上比较明显的参照点比对成像的清晰度。

3.3.23　土壤养分速测仪

土壤养分速测仪，又称土壤肥料养分速测仪、土壤化肥速测仪。仪器主要用于检测土壤中水分、盐分、pH 值、全氮、铵态氮、碱解氮、有效磷、有效钾、钙镁、硼等及肥料中氮、磷、钾含量测试。极大缓解了全国各地农民朋友测土配方施肥的需求，同时也为肥料生产企业实现专业化、系统化、信息化、数据化提供了可靠的依据，是农业部门测土配方施肥的首选仪器。广泛应用于各级农业检测中心、农业科研院校、肥料生产、农资经营、农技服务、种植基地等领域。土壤养分速测仪如图 3－25 所示。

3.3.23.1　测试项目

土壤中水分、盐分、pH 值、全氮、有机质、铵态氮、有效磷、有效钾；各式肥料中氮、磷、钾、有机质含量测试等；植株中氮、磷、钾测试。

主要配置标准：主机、pH 探头、盐分传感器、打印机（内置）、测试药品、玻璃器皿、全国普适型大田保护地通用丰缺指标、施肥方案查询表等。

图 3-25　土壤养分速测仪

3.3.23.2　功能特色

(1)能检测土壤、植株、化学肥料、生物肥料等样品中的速效氮、速效磷、有效钾、有机质含量,植株中的全氮、全磷、全钾、有机质含量。

(2)具有北京时间显示功能,自动将检测样品的时间记录与保存。

(3)储存 1 000 组数据(检测样品时间、地点、各类养分结果)等相关信息存储下来,数据可随时调出查看。

(4)内含 73 种作物的配肥软件,可按当地情况设定作物品种、作物产量、肥料品种,并自动计算出施肥量。

(5)带有充电电池可带到野外现场检测和指导。

(6)带背光大屏幕中文液晶显示,全程指导操作。

(7)喷塑钢板外壳,坚固、耐用。

(8)配置:养分仪一台,手提箱一只,试剂一套。

3.3.24　回旋式振荡器

回旋式振荡器(orbital shaker)是一种既能培养制备生物样品,又能适合小批量生产的生化仪器,是植物、生物、微生物、生物制品、遗传、病毒、医学、环保等科研、教育和生产部门不可缺少的实验室设备。回旋式振荡器如图 3-26 所示。

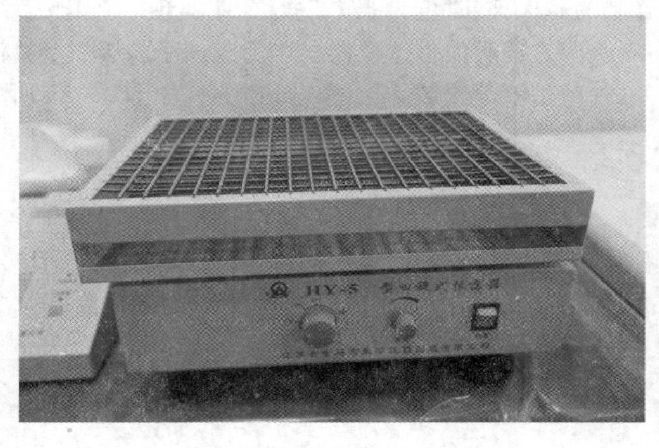

图 3-26　回旋式振荡器

3.3.24.1　回旋振荡器的特点

(1)弹簧试瓶架特别适合作多种对比试验的生物样品的培养制备。

(2)设有机械定时。

(3)无级调速,数显转速,操作简便安全。

3.3.24.2　回旋振荡器的保养办法

正确使用和注意回旋振荡器的保养,使其处于良好的工作状态,可延长使用寿命。

(1)回旋振荡器在连续工作期间,每三个月应做一次定期检查:检查是否有水滴、污物等落入电机和控制元件上;检查水箱内的水质及清洁程度;检查保险丝、控制元件及紧固螺丝。

(2)传动部分的轴承在出厂前已填充了适量的润滑脂,仪器在连续工作期间,每六个月应加注一次润滑脂,填充量约占轴承空间的1/3。

(3)回旋式振荡器经长期使用,自然磨损是正常现象,仪器在使用一年之后,发现电机有不正常噪声,轴承磨损,皮带松动或有裂纹,加热恒温出现异常,电子元件失效等故障。

3.3.25　管式超滤膜

超滤膜是一种孔径规格一致,额定孔径范围为0.001～0.02 μm的微孔过滤膜。在膜的一侧施以适当压力,就能筛出小于孔径的溶质分子,以分离分子量大于500道尔顿、粒径大于2～20 nm的颗粒。超滤膜是最早开发的高分子分离膜之一,在20世纪60年代超滤装置就实现了工业化。管式超滤膜如图3－27所示。

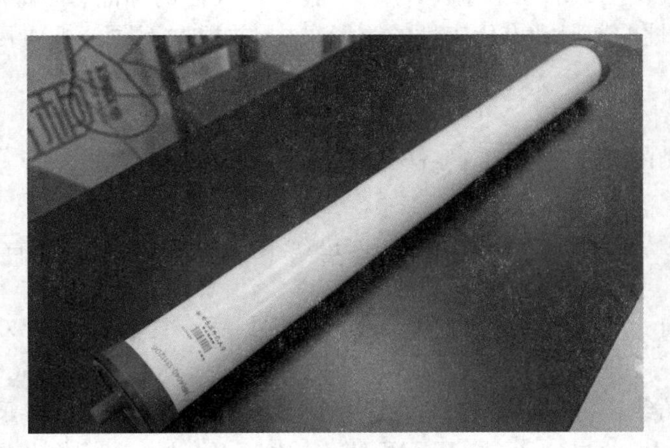

图3－27　管式超滤膜

管式超滤膜特点

(1)管式膜设备的主要特点是膜清洗简单,膜芯使用寿命长。

(2)膜通量大,浓缩倍数高,可达到较高的含固量。

(3)膜填装密度较低、单位膜面积造价相对卷式膜较高。

(4)料液流道宽,允许高悬浮物含量的料液进入膜组件,预处理简单。

(5)管式膜设备的主要应用领域。目前,超滤设备以其独特的优势占领了80%以上的果汁澄清市场,管道超滤膜技术也为高含固量、高黏度、高悬浮物的料液浓缩提供了优良的解决方案,广泛应用于活性染料、酸性染料、直接染料及荧光增白剂等产品。

3.4 课程实验

实验一 室外常规样品采集与基本指标监测

一、实验目的

从室外采集来的样品(土样、水样或植物样品)都需要及时经过一个严格现场采集与简单监测过程,同时带到实验室进行初步制备,为进一步室内监测做准备,这是环境试验极为重要的基础工作。

二、实验使用主要仪器

便携式土壤氧化还原电位仪、湖泊底泥采样器、土壤氮磷钾检测仪、手动旋转采样钻、GPS 定位、精密天平、浊度仪、电导率仪、溶解氧仪、多参数水质分析仪、土壤湿度酸度计/湿度计/温度计、架盘天平、烘箱。

三、主要实验内容

1. 室外土壤采集与检测

土壤样品的采集是土壤测试的一个重要环节,采集有代表性的样品,是如实反映客观情况的先决条件。因此,应选择有代表性的地段和有代表性的土壤采样,并根据不同分析项目采用相关的采样和处理方法。

(1)样品采集

采样前准备好采样用的 GPS、取样工具、样品袋、标签、调查表格等。

①采样地点确定

实地采样必须按采样规划图所确定的采样单元进行采样,不得随意变更,若有变更须注明理由。

②采样点数量

要保证足够的采样点,使之能代表采样单元的土壤特性,每个样品取 15 ~ 20 个样点。

③采样路线

采样时应沿着一定的线路,按照“随机”“等量”和“多点混合”的原则进行采样。一般采用 S 形布点采样。在地形变化小、地力较均匀、采样单元面积较小的情况下,也可采用梅花形布点取样。

④采样方法

每个取土样点的取土深度及采样量应均匀一致,土样上层与下层的比例要相同。取样器应垂直于地面入土,深度相同。用取土铲取样应先铲出一个耕层断面,再平行于断面取土。所有样品都应采用不锈钢取土器采样。

⑤样品量

用于推荐施肥的采样地块为 0.5 kg。用于田间试验和兼顾耕地地力评价的采样地块为 2 kg 以上,且需长期保存备用。用四分法将多余的土壤弃去。方法是将采集的土壤样品放在盘子里或塑料布上,将样品捏碎并混匀,铺成正方形或圆形,划对角线将土样分成四份,把对角的两份分别合并成一份,保留一份,弃去一份。如果所得的样品依然很多,可再用四分法处理,直至所需数量为止。

⑥装袋与样品标记

采集的样品放入统一的样品袋,用铅笔写好标签,内外各一张。

(2)土壤样品制备

①新鲜样品

为了能真实地反映土壤在自然状态下的某些理化性状,新鲜样品要及时送回室内进行处理分析,用粗玻璃棒或塑料棒将样品混匀后迅速称样测定。新鲜样品一般不宜储存,如需要暂时储存,可将新鲜样品装入塑料袋,扎紧袋口,放在冰箱冷藏室或进行速冻保存。

②风干样品

从野外采回的土壤样品要及时放在样品盘上,摊成薄薄的一层,置于干净整洁的室内通风处自然风干,严禁曝晒,并注意防止酸、碱等气体及灰尘的污染。风干过程中要经常翻动土样并将大土块捏碎以加速干燥,同时剔除土壤以外的侵入体。

风干后的土样按照不同的分析要求研磨过筛,充分混匀后,装入样品瓶中备用。瓶内外各放标签一张,写明编号、采样地点、土壤名称、采样深度、样品粒径、采样日期。制备好的样品要妥善储存,避免日晒、高温、潮湿和酸碱等气体的污染。全部分析工作结束,分析数据核实无误后,试样一般还要保存3个月至1年,以备查询。少数有价值需要长期保存的样品,须保存于广口瓶中,用蜡封好瓶口。

(3)土壤样品检测

①一般化学分析试样

将风干后的样品平铺在制样板上,用木棍或塑料棍碾压,并将植物残体、石块等侵入体和新生体剔除干净,细小已断的植物须根,可采用静电吸附的方法清除。压碎的土样要全部通过2 mm孔径筛。未过筛的土粒必须重新碾压过筛,直至全部样品通过2 mm孔径筛为止。有条件时,可采用土壤样品粉碎机粉碎。过2 mm孔径筛的土样可供pH、盐分、交换性能及有效养分项目的测定。

将通过2 mm孔径筛的土样用四分法取出一部分继续碾磨,使之全部通过0.25 mm孔径筛,供有机质、全氮、碳酸钙等项目的测定。

② 微量元素分析试样

用于微量元素分析的土样,其处理方法同一般化学分析样品,但在采样、风干、研磨、过筛、运输、储存等诸环节都要特别注意,不要接触金属器具,以防污染。如采样、制样使用木、竹或塑料工具,过筛使用尼龙网筛等。通过2 mm孔径尼龙筛的样品可用于测定土壤有效态微量元素。

③颗粒分析试样

将风干土样反复碾碎,使之全部通过2 mm孔径筛,留在筛上的碎石称量后保存,同时将过筛的土壤称量,以计算石砾质量百分数,然后将土样混匀后盛于广口瓶内,用于颗粒分析及其他物理性质测定。若在土壤中有铁锰结核、石灰结核、铁子或半风化体,不能用木棍碾碎,应细心拣出称量保存。

④土壤含水量的测定

a. 风干土样水分的测定

将铝盒在105 ℃恒温箱中烘烤约2 h,移入干燥器内冷却至室温,称重,准确到至0.001 g。用角勺将风干土样拌匀,舀取约5 g,均匀地平铺在铝盒中,盖好,称重,准确至0.001 g。将铝盒盖揭开,放在盒底下,置于已预热至105 ℃ ±2 ℃的烘箱中烘烤6 h。取出,盖好,移入干燥器内冷却至室温(约需20 min),立即称重。风干土样水分的测定应做两份平行测定。

b. 新鲜土样水分的测定

将盛有新鲜土样的大型铝盒在分析天平上称重,准确至0.01 g。揭开盒盖,放在盒底下,置于已预热至105 ℃ ±2 ℃的烘箱中烘烤12 h。取出,盖好,移入干燥器内冷却至室温(约需30 min),立即称重。新鲜土样水分的测定应做三份平行测定。

计算公式:

$$\text{水分(分析基)} = \frac{m_1 - m_2}{m_1 - m_0} \times 100\% \qquad (3-3)$$

$$水分(干基)=\frac{m_1-m_2}{m_1-m_0}\times100\% \quad (3-4)$$

式中 m_0——烘干空铝盒质量,g;

m_1——烘干前铝盒及土样质量,g;

m_2——烘干后铝盒及土样质量,g。

平行测定的结果 用算术平均值表示,保留小数后一位。

平行测定结果的相差,水分小于5%的风干土样不得超过0.2%,水分为5%~25%的潮湿土样不得超过0.3%,水分大于15%的大粒(粒径约10 mm)黏重潮湿土样不得超过0.7%(相当于相对相差不大于5%)。

在黏粒或有机质多的土壤中,烘箱中的水分散失量随烘箱温度的升高而增大,因此烘箱温度必须保持在100~110 ℃范围内。

烘干法的优点是简单、直观,缺点是采样会干扰田间土壤水的连续性,甚至会切断作物的某些根并影响土壤水的运动。烘干法的另一个缺点是代表性差。田间取样的变异系数为10%或更大,造成这么大的变异,主要是由于土壤水在田间分布的不均匀所造成的,影响土壤水在田间分布不均匀的因素有土壤质地、结构以及不同作物根系的吸水作用和根冠对降雨的截留等。尽管如此,烘干法还是被看成测定土壤水含量的标准方法,避免取样误差和少受采样的变异影响的最好方法是按土壤基质特征如土壤质地和土壤结构分层取样,而不是按固定间隔采样。

2. 室外植物采集与检测

(1)植物样品的采集

①随机取样

在试验区(或大田)中选择有代表性的取样点,取样点的数目视田块的大小而定。选好点后,随机采取一定数量的样株,或在每一个取样点上按规定的面积从中采取样株。

②对角线取样

在试验区(或大田)可按对角线选定五个取样点,然后在每个点上随机取一定数量的样株,或在每个取样点上按规定的面积从中采取样株。

(2)取样注意事项:

①取样的地点,一般在距田埂或地边一定距离的株行取样,或在特定的取样区内取样。取样点的四周不应该有缺株的现象。

②取样后,按分析的目的分成各部分(如根、茎、叶、果等),然后捆齐,并附上标签,装入纸袋。

③选取平均样品的数量应当不少于供分析用样品的两倍。

(3)分析样品的处理和保存

采集的植株样品,或是从植株上采取的器官组织样品,在正式测定之前的一段时间里,如何正确妥善的保存和处理是很重要的,它也关系到测定结果的准确性。

采回的新鲜样品(平均样品)在做分析之前,一般先要经过净化、杀青、烘干(或风干)等一系列处理。

①净化

新鲜样品从田间或试验地取回时,常沾有泥土等杂质,应用柔软湿布擦净,不应用水冲洗。

②杀青

为了保持样品化学成分不发生转变和损耗,应将样品置于105 ℃的烘箱中烘干15 min以终止样品中酶的活动。

③烘干

样品经过杀青之后,应立即降低烘箱的温度,维持在70~80 ℃,直到烘至恒重。烘干所需的时间因样品数量和含水量、烘箱的容积和通风性能而定。在无烘箱的条件下,也可将样品置蒸笼中以蒸汽杀青,而后于阴凉通风处风干。但在蒸汽杀青过程中,常有可溶性物质的外渗损失。

测定材料在取样后,一般应在当天测定使用,不应该过夜保存。需要过夜时,也应在较低温度下保存,但在测定前应使材料温度恢复到测定条件的温度。

(4)植物样品检测

对植物生物量、氮、磷含量进行测定,风干1天后,分别统计植物样地上部分(茎叶)、植物样地下部分(根系)的鲜重,将地上部分及地下部分在105 ℃杀青半小时,然后在80 ℃烘至恒重测定生物量。植物样烘干后粉碎测定全氮、全磷,全氮采用硫酸—双氧水消煮—凯氏蒸馏定氮法,全磷采用硫酸—双氧水消煮—钒钼黄比色法。

3. 室外水体采集与检测

(详见本书中水污染控制实验相关内容)

实验二 人工湿地污水处理工艺基质生物变化监测分析

一、实验目的

基质是人工湿地系统的重要组成部分。人工湿地的基质在人工湿地的构造中占有较大面积,一方面为水生植物提供载体和营养物质,另一方面为微生物的生长提供稳定的依附表面。当水流经过人工湿地床体时,基质通过一些物理和化学的途径(如吸收、吸附、过滤、离子交换、络合反应等)去除水中氮、磷等营养物质。成熟的人工湿地基质上面生长了大量生物膜,生物膜既可以直接利用原水中的有机物和氨氮,又可以利用基质表面及孔径内部被吸附和离子交换的有机物、氮,当微生物将有机物和氨氮去除转化为其他形态时,基质表面和孔径相当于被释放,污水中其他的有机物和氨氮会重新添加到这些位置,如此反复。生物作用不仅有利于污染物质的去除,同时也有利于基质的再生,延长其交换容量和使用寿命。通过检测湿地基质生物变化,对于了解湿地状态与分析湿地的微生物降解能力,都具有重要的理论意义与实践意义。实验流程图如图3-28所示。

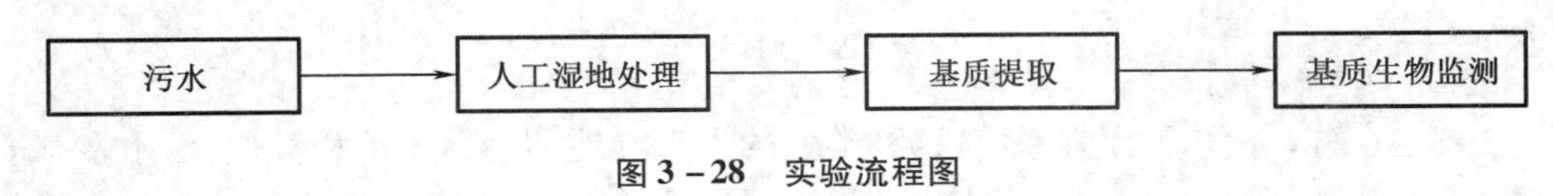

图3-28 实验流程图

二、实验使用主要仪器

灭菌器、立式全温振荡培养箱、生物显微镜、冰箱、烘箱、电子天平、高效无菌型超净工作台、菌落计数器、移液枪、离心机、蠕动泵。

三、主要实验内容

1. 污水配置:采用10 L水中加入硫酸钾(200~250 mg),碳酸钙(600~800 mg),碳酸镁(200~300 mg)、氯化钠(5 000~6 000 mg)、碳酸氢钠(20 000~30 000 mg、碳酸钠(800~900 mg)、高岭土(1 500~2 000 mg)配置污水。

2. 配置后的污水采用蠕动泵输入人工湿地进行运行。

3. 分别提取系统运行初期与末期的湿地基质。

4. 将系统运行初期与末期的湿地基质微生物进行提取、培养(培养基微生物培养基:琼脂 2 g,牛肉膏 0.3 g,蛋白胨 1 g,氯化钠 0.5 g,蒸馏水 100 mL。pH = 7.4 ~ 7.6)、检测。

四、检测指标与方法

基质微生物纯培养后进行观察、菌落计数,比较系统运行初期与末期的湿地基质微生物数量的变化。

1. 培养基配制的基本步骤

称量—配置—调节 pH 值—过滤—分装—灭菌

称量:按照培养基配方,准确称量各成分放于烧杯中。对于不是粉状(如肉膏),应用烧杯称量,加入 100 mL 水。

配调:向烧杯中加入适量的水,搅拌,使其溶解(可加热助溶)。如是配制固体培养基,在琼脂的熔化时,需不断搅拌,并控制火力不要使培养基溢出或烧焦。待完全熔化后,补足所失水分。

调节 pH 值:培养基溶解均匀并冷却至室温时用 pH 试纸测 pH,然后根据要求加酸或碱(一般用 1 mol HCl和 1 mol NaOH),要缓慢少量且多加搅拌。培养基配方为自然 pH 时,不用调节。

灭菌:培养基在锥形瓶,塞棉塞,包扎,灭菌。(121 ℃ 15 min)。灭菌后,放置无菌操作台中(无菌操作台中,放有灭菌后的培养皿,吸管、玻璃棒并进行紫外光照消毒)当培养基冷却至 50 ℃左右时,倾注平皿。

2. 菌悬液的制备

取适量的湿地泥土混合液(玻璃珠打散),首先离心机 500 ~ 700 r/min 下离心2 min,取上清液,然后该上清液在 1 000 ~ 1 200 r/min 离心 1 ~ 2 min,去上清液。

3. 接种培养

无菌室用无菌的吸管吸取 2 mL,用无菌玻璃棒抹开,于培养箱 37 ℃培养 1 ~ 2 d。

实验三　表流人工湿地污水处理效能检测与分析

一、实验目的

表流人工湿地也称自由水面湿地系统,这种类型的人工湿地和自然湿地相类似,污水在基质表面漫流,水位较浅,多在 0.1 ~ 0.6 m 之间。污水进入人工湿地系统时,绝大部分有机物的去除是由长在植物上的水下茎、杆上的生物膜来完成。这种类型的湿地具有投资少、操作简单、运行费用低等优点。所以,表流人工湿地污水处理技术是一种重要的生态的环境处理技术,它对研究湿地水处理效能与作用机理都有重要的理论和实践意义。本实验目的希望学生能够基本掌握与应用该技术进行水环境治理。实验流程图,如图 3 – 29 所示。

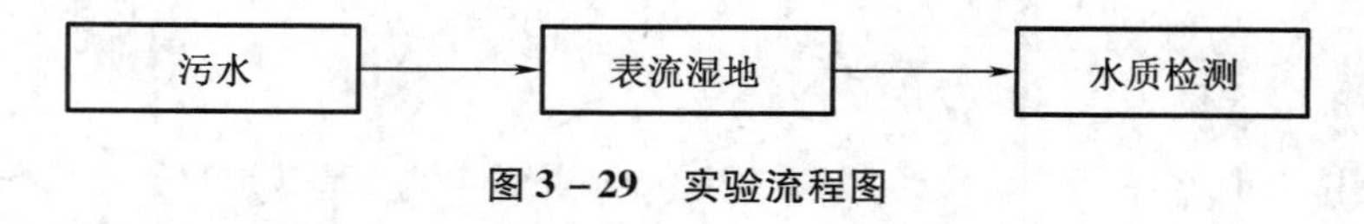

图 3 – 29　实验流程图

二、实验使用主要仪器

分光光度计、蠕动泵、灭菌器、烘箱、电子天平、移液枪、电磁搅拌器及配套的搅拌磁子、浊度仪、溶解

氧仪、电导率仪、酸度计、超声波清洗器。

三、主要实验内容

1. 污水配置:采用10 L水中加入硫酸钾(200 ~ 250 mg)、碳酸钙(600 ~ 800 mg)、碳酸镁(200 ~ 300 mg)、氯化钠(5 000 ~ 6 000 mg)、碳酸氢钠(20 000 ~ 30 000 mg、碳酸钠(800 ~ 900 mg)、高岭土(1 500 ~ 2 000 mg)配置污水。

2. 配置后的污水采用蠕动泵输入人工湿地进行运行。

3. 湿地进出水水质检测。

四、检测指标与方法

氨氮采用纳氏试剂分光光度法测定,总磷采用钼锑抗分光光度法测定,溶解氧采用溶解氧测定仪测定,电导率采用电导率仪测定,pH值采用pH计测定,浊度采用浊度仪测定。

1. 氨氮具体检测步骤

预先处理:1 mL硫酸锌加入0.1 ~ 0.2 mL氢氧化钠。过滤后使用。

(1)取水样50 mL加入50 mL比色管。

(2)加入1 mL酒石酸钾钠,1.5 mL纳氏试剂。

(3)摇匀,静置10 min。

(4)波长420 nm,20 mm比色皿测吸光度,以水做参比。

(5)另需空白对照一个,方法如上。

2. 总磷具体检测步骤

(1)取25 mL水样至50 mL比色管。

(2)加5%的过硫酸钾4 mL。

(3)包纱布,入手提蒸汽灭菌器(121 ℃),30 min。

(4)冷却,定容50 mL。

(5)加入1 mL 10%抗坏血酸,2 mL钼酸盐。

(6)摇匀,15 min后,波长700 nm,30 mm比色皿测吸光度,以水做参比。

(7)另需空白对照一个,方法如上。

3. 计算方法

氨氮、总磷和浊度的去除率:(进水数值 - 出水数值) ×100%/进水数值。

实验四　垂直人工湿地-超滤组合工艺污水处理实验

一、实验目的

垂直流人工湿地综合了表面流人工湿地系统和潜流式人工湿地系统的特性,水流在基质床内由上而下或由下而上做竖向流,污染物去除机理基本与潜流人工湿地相同。与表面流人工湿地相比垂直流人工湿地底层氧化能力更高,因此对污水有较高的处理能力。目前,这种类型的人工湿地受到了更多的重视,但该工艺处理含油污水占地面积较大,适合于具有大面积荒地的地区采用。而膜法处理含油污水技术,占用空间小,处理效果较好,但膜技术处理含油污水存在膜通量较低、出水水质经常恶化、膜污染严重而清洗频繁等问题。为此,本实验采用人工湿地－超滤组合工艺对污水进行处理试验研究,是发挥人工湿地与超滤的各自优势,本实验目的让学生了解与掌握该组合工艺的水处理技术,并二者的优缺点。实验流程图如图3－30所示。

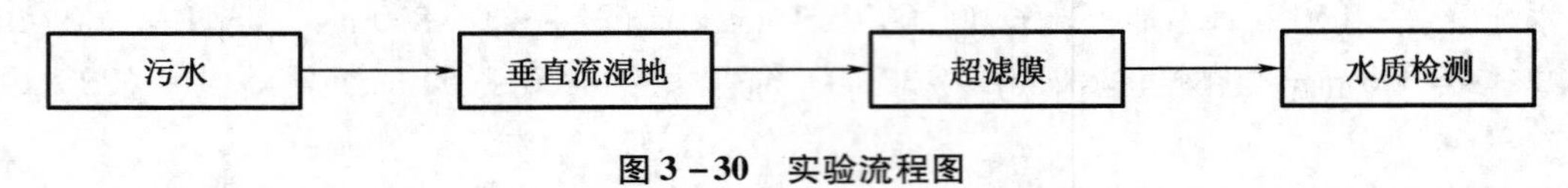

图3－30 实验流程图

二、实验使用主要仪器

超滤膜、超滤杯、分光光度计、蠕动泵、灭菌器、烘箱、电子天平、移液枪、电磁搅拌器及配套的搅拌磁子、浊度仪、溶解氧仪、电导率仪、酸度计,超声波清洗器。

三、主要实验内容

1. 污水配置:采用10 L水中加入硫酸钾(200～250 mg)、碳酸钙(600～800 mg)、碳酸镁(200～300 mg)、氯化钠(5 000～6 000 mg)、碳酸氢钠(20 000～30 000 mg、碳酸钠(800～900 mg)、高岭土(1 500～2 000 mg)配置污水。

2. 配置后的污水采用蠕动泵输入垂直人工湿地进行运行。

3. 垂直流人工湿地出水进入超滤膜处理。

4. 湿地、超滤膜进出水水质检测。

四、检测指标与方法

氨氮采用纳氏试剂分光光度法测定,总磷采用钼锑抗分光光度法测定,溶解氧采用溶解氧测定仪测定,电导率采用电导率仪测定,pH值采用pH计测定,浊度采用浊度仪测定。

1. 氨氮具体检测步骤

预先处理:1 mL硫酸锌加入0.1～0.2 mL氢氧化钠。过滤后使用。

(1)取水样50 mL加入50 mL比色管。

(2)加入1 mL酒石酸钾钠,1.5 mL纳氏试剂。

(3)摇匀,静置10 min。

(4)波长420 nm,20 mm比色皿测吸光度,以水做参比。

(5)另需空白对照一个,方法如上。

2. 总磷具体检测步骤

(1)取25 mL水样至50 mL比色管。

(2)加5%的过硫酸钾4 mL。

(3)包纱布,入手提蒸汽灭菌器(121 ℃),30 min。

(4)冷却,定容50 mL。

(5)加入1 mL 10%抗坏血酸,2 mL钼酸盐。

(6)摇匀,15 min后,波长700 nm,30 mm比色皿测吸光度,以水做参比。

(7)另需空白对照一个,方法如上。

3. 计算方法

氨氮、总磷和浊度的去除率:(进水数值－出水数值)×100%/进水数值。

第4章　水污染控制工程实验

4.1　采样点的位置

4.1.1　地表水污染防治监测采样点和采样断面的设置

地表水因水体规模较大，且受众多因素影响，其采取水样的代表性受采样断面设置、采样频次、采样方法等影响。因此，要做好相应的断面设置和科学规划设计。

4.1.1.1　调查研究和资料的收集

在采集水样之前，必须做好有关的调查和了解。例如对于水体的采样，应事先了解流域范围内城市和工业的布局及废水排放情况，农业区化肥和农药的使用及污水灌溉情况以及河流的流量、河床宽度和深度等水文情况。对于工业废水的采样，则应事先了解工厂性质、产品和原材料、工艺流程、物料衡算、下水管道的市局、排水规律以及废水中污染物时空量的变化等。由于被分析的水体性质和分析目的、分析项目的不同，采样布点的要求和原则也不尽相同。

采样布点通常应包括两个方面的含意：一是在水体系统中选择合适的采样地段（断面）；二是在所选地段上的具体采样位置，即采样点。布点的方法要视具体情况而定。

总之，在对调查研究结果和有关资料进行综合分析的基础上，布点应有代表性；根据监测目的和监测项目，并考虑人力、物力等因素确定监测断面和采样点。

4.1.1.2　监测断面的分类

对水系可设背景断面、控制断面（若干）和入海断面。对行政区域可设背景断面（对水系源头）或入境断面（对过境河流）、控制断面（若干）和入海河口断面或出境断面。在各控制断面下游，如果河段有足够长度（至少 10 km），还应设消减断面，如图 4－1 所示。

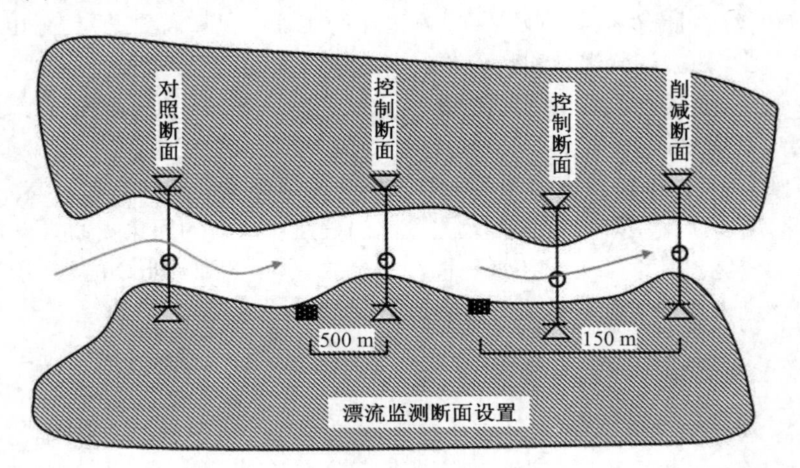

图 4－1　河流监测断面的设置

(1)采样断面

采样断面指在河流采样中,实施水样采集的整个剖面。其可分为背景断面、对照断面、控制断面、消减断面和管理断面等。

(2)背景断面

背景断面指为评价完整水系的污染程度,不受人类生活和生产活动影响,提供水环境背景值的断面。通常设在基本上未受人类活动影响的河段,用于评价完整水系污染程度。

(3)对照断面

对照断面指具体判断某一区域水环境污染程度时,位于该区域所有污染源上游处,提供这一水系区域本底值的断面。它是为了解流入监测河段前的水体水质状况而设置的。一个河段一般只设一个对照断面。

(4)控制断面

控制断面指为了解水环境受污染程度及其变化情况的断面。即受纳某城市或区域的全部工业和生活污水后的断面。控制断面的数目应根据城市的工业布局和排污口分布情况而定,设在排污区(口)下游,污水与河水基本混匀处。

(5)消减断面

消减断面指工业污水或生活污水在水体内流经一定距离而达到最大程度混合,污染物被稀释、降解,其主要污染物浓度有明显降低的断面。它也是指河流受纳废水和污水后,经稀释扩散和自净作用,使污染物浓度显著降低的断面,通常设在城市或工业区最后一个排污口下游 1 500 m 以外的河段上。

(6)管理断面

管理断面为特定的环境管理需要而设置的断面。如较常见的有:定量化考核、了解各污染源排污、监视饮用水源、流域污染源限期达标排放和河道整治等。

4.1.1.3 监测采样断面的布设原则

(1)流域或水系首先要设置背景断面、控制断面。在各个控制断面的下游,还应设消减断面(河段大于 10 km)。

(2)断面位置应避开死水区及回水区,尽量选择河段顺直、河床稳定、水流平稳、无急流浅滩处。

(3)应尽可能与水文测量断面重合,并要求交通方便,有明显岸边标志。

(4)根据水体功能区设置控制采样断面,同一水体功能区至少要设置 1 个采样断面。

(5)监测断面的布设应考虑社会经济发展,监测工作的实际状况和需要,要具有相对的长远性。

(6)流域同步监测中,根据流域规划和污染源限期达标目标确定监测断面。

(7)河道局部整治中,监视整治效果的监测断面,由所在地区环境保护行政主管部门确定。

(8)临近入海河口断面要设置在能反映入海河水水质并临近入海的位置。

另外,流域同步监测中,根据流域规划和污染源限期达标目标确定监测断面。局部河道整治中,监视整治效果的监测断面,由所在地区环境保护行政主管部门确定。入海的河口断面要设置在能反映入海河水水质,临近入海口的位置。其他如突发性水环境污染事故,洪水期和退水期的水质监测,应根据现场情况,布设能反映污染物进入水环境和扩散、消减情况的采样断面及点位。

4.1.1.4 监测采样断面的设置方法

监测断面在总体和宏观上须能反映水系或所在区域的水环境质量状况。各断面的具体位置须能反映所在区域环境的污染特征;尽可能以最少的断面获取足够的有代表性的环境信息;同时还须考虑实际采样时的可行性和方便性。

(1) 对河流

为取河流或水系水质背景值,应在河流上游、源头(未受污染)布设采样断面。有较大支流汇入,应在靠近汇入口上游的干支流及汇入后干流下游处布设采样断面。流经城市、工业区等污染较重的河流,根据需要布设对照断面、控制断面、削减断面。河流沿途中遇湖泊、水库时,靠近入口、出口分别布设采样断面。

(2)对湖泊、水库

可划分若干方块,在每个方块内布设采样点。应根据进水区、出水区、滞水区、岸边区布设采样断面。湖、库沿岸主要排污口、饮用水水源地、风景、鱼类回游产卵区、游泳场等不同功能水域处分别以这些功能区为中心布设弧形采样断面。湖、库采样断面应与断面附近水流方向垂直。

(3)对给水管网

采样布点应在出厂水口,用户龙头或污染物有可能进入管网地方布点。每一个给水厂在接入管网时的节点;污染物有可能进入管网的地方;有选择的用户自来水龙头。在选择龙头时应考虑到:与给水厂的距离,需水的程度,管网中不同部分所用结构材料等因素。

(4)国际河流、省际、市际交界处(比较敏感水域)布设采样断面

各特殊水体功能区,如饮用水水源地、自然保护区、水产养殖、风景等地应布设采样断面。

4.1.1.5 采样点位的设置

设置监测断面后,应根据水面的宽度确定断面上的采样垂线,再根据采样垂线处水深确定采样点的数目和位置。

(1)采样垂线布设方法

布设水面宽100 m根据河流断面来布设,水面宽 <50 m,设一条中泓垂线;水面宽50 ~ 100 m,河流近岸有明显水流处设左、右两条垂线;水面宽100 ~ 1 000 m,设三条(一条中泓垂线,河流近岸有明显水流处设左、右两条垂线);水面宽1 000 m以上,应酌情增加采样断面。当水面宽 >100 m,有存在污染带,污染带 > 水面宽5%,在污染带内增设采样垂线;污染带 < 水面宽5%,但对水质影响大,也应增设采样垂线。湖、库出入口断面采样垂线布设与一般河流相同,中心区、滞水区、鱼类回游产卵区等各断面可布设1 ~ 5采样垂线,如无明显功能分区,采取网格法均匀布设采样垂线。

(2)采样点的布设

按河流水深布设。水深 <5 m,采表层0.5 m水样布设1点;水深5 ~ 10 m,采表层0.5 m ~ 河底上0.5 m布设2点;水深 >5 m,采表层0.5 m ~ 中层(1/2处) ~ 河底上0.5 m布设3点。湖、库相同于河流,但对温度分层的水体,在表温层、斜温层、亚温层布设采样点,如图4 – 2所示。

4.1.1.6 采样时间和采样频率的确定

(1)饮用水源地全年采样监测12次,采样时间根据具体情况选定。

(2)对于较大水系干流和中、小河流,全年采样监测次数不少于6次。采样时间为丰水期、枯水期和平水期,每期采样两次。流经城市或工业区,污染较重的河流,游览水域,全年采样监测不少于12次。采样时间为每月一次或视具体情况选定。底质每年枯水期采样监测一次。

(3)潮汐河流全年在丰、枯、平水期采样监测,每期采样两天,分别在大潮期和小潮期进行,每次应采集当天涨、退潮水样分别测定。

(4)设有专门监测站的湖泊、水库、每月采样监测一次,全年不少于12次。其他湖、库全年采样监测两次,枯、丰水期各1次。有废(污)水排入,污染较重的湖、库应酌情增加采样次数。

(5)背景断面每年采样监测一次,在污染可能较重的季节进行。

(6)排污渠每年采样监测不少于3次。

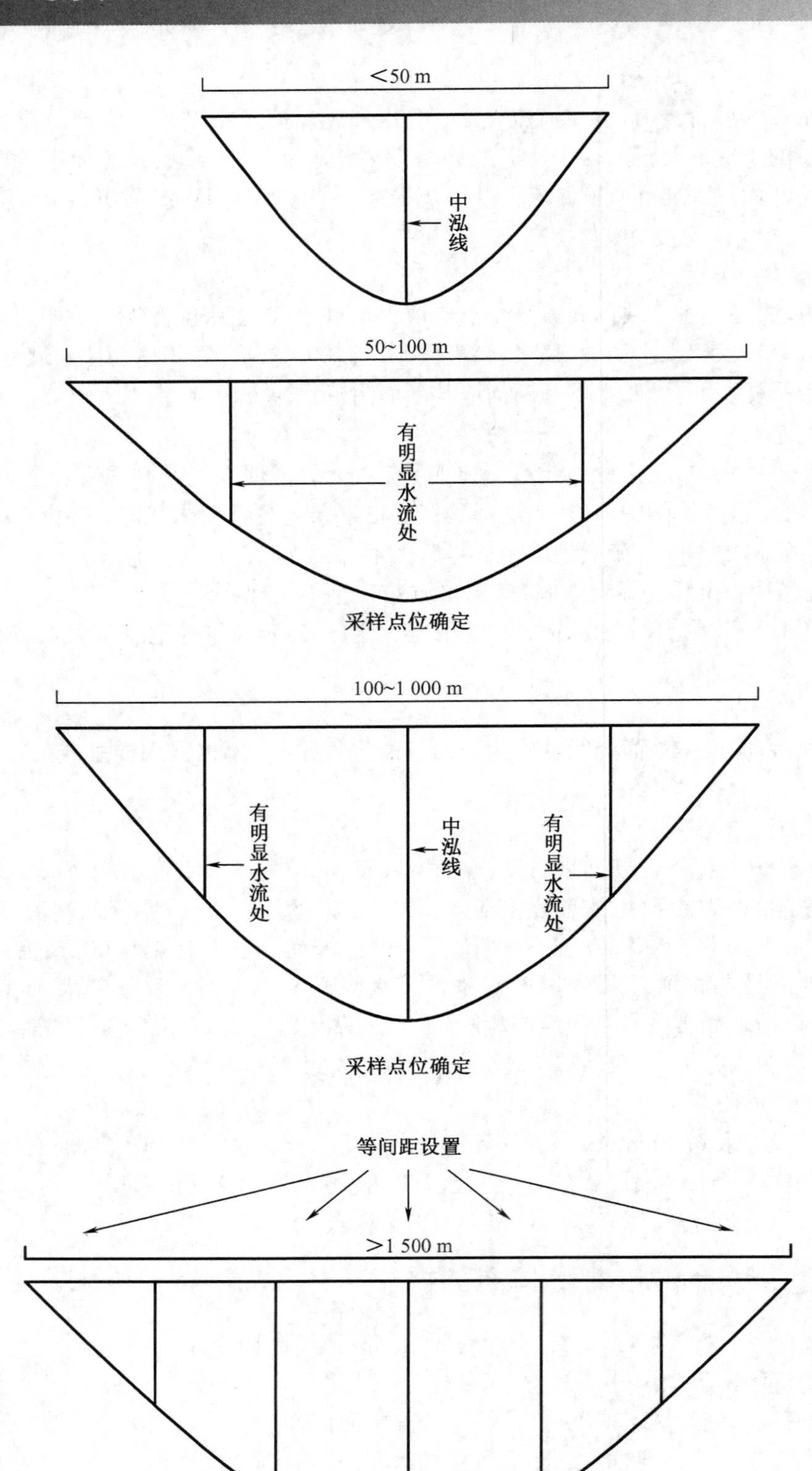

<50 m
中泓线
50~100 m
有明显水流处
采样点位确定
100~1 000 m
有明显水流处
中泓线
有明显水流处
采样点位确定
等间距设置
>1 500 m
采样点位确定

图 4－2　采样点的布设

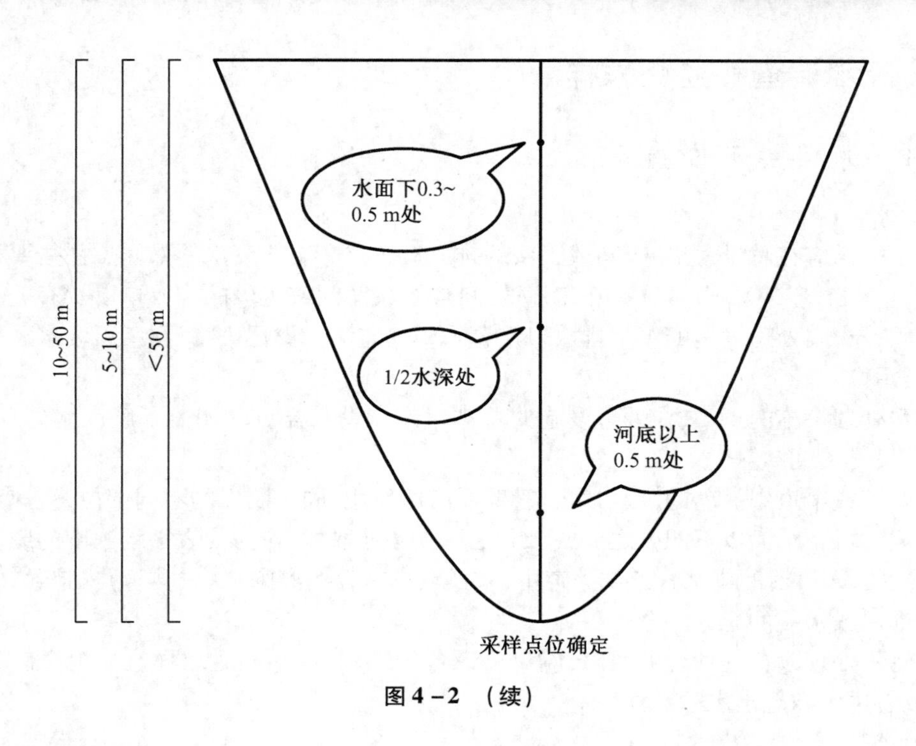

图4-2 (续)

(7)海水水质常规监测,每年按丰、平、枯水期或季度采样监测2~4次。

4.1.2 地下水监测方案制订

4.1.2.1 调查研究和收集资料

(1)收集、汇总监测区域的水文、地质、气象等方面的有关资料和以往的监测资料。例如,地质图、剖面图、测绘图、水井的成套参数、含水层、地下水补给、径流和流向,以及温度、湿度、降水量等。

(2)调查监测区域内城市发展、工业分布、资源开发和土地利用情况,尤其是地下工程规模、应用等;了解化肥和农药的施用面积和施用量;查清污水灌溉、排污、纳污和地面水污染现状。

(3)测量或查知水位、水深,以确定采水器和泵的类型,所需费用和采样程序。

(4)在完成以上调查的基础上,确定主要污染源和污染物,并根据地区特点与地下水的主要类型把地下水分成若干个水文地质单元。

4.1.2.2 采样点的布设

地下水的布点通常与抽水点相一致。如做污染调查时,应尽量利用现有的钻孔进行布点,特殊需要时另行布点。总体上能控制不同的水文地质单元,能反映所在区域地下水系的环境质量状况和地下水质量空间变化。监测重点为供水目的的含水层。监控地下水重点污染区及可能产生污染的地区,监视污染源对地下水的污染程度及动态变化,以反映所在区域地下水的污染特征。能反映地下水补给源和地下水与地表水的水利联系。监控地下水水位下降的漏斗区、地面沉降以及本区域的特殊水文地质问题。

4.1.3 废水调查和监测采样

4.1.3.1 采样点的设置

(1)工业废水

①工业废水采样应在总排放口,车间或工段的排放口布点。工业废水的采样点往往要根据分析的目的来确定,并与生产工艺有关,通常选择在工厂的总排放口,车间或工段的排放口以及有关工序或设备的排水点。在车间或车间处理设施的废水排放口设置采样点监测一类污染物;在工厂废水总排放口布设采样点,监测二类污染物。

②已有废水处理设施的工厂,在处理设施的总排放口布设采样点。如需了解废水处理效果,还要在处理设施进口设采样点。

③在排水管道或渠道中流动的废水,由于管壁的滞留作用,同一断面的不同部位,流速和浓度都有可能互不相同。因此可在水面以下四分之一或二分之一水深处取样,作为代表平均浓度的废水水样。

④ 在接纳废水入口后的排水管道或渠道中,采样点应布设在离废水(或支管)入口约 20 ~ 30 倍管径的下游处以保证两股水流的充分混合。

⑤为考察污水处理设备的处理效果时,应对该设备的进水、出水同时取样。如为了解处理厂总的处理效果,则应取总进水和总出水的水样。

(2)城市污水

①城市污水管网的采样点设在:非居民生活排水支管接入城市污水干管的检查井;城市污水干管的不同位置;污水进入水体的排放口等。

②城市污水处理厂:在污水进口和处理后的总排口布设采样点。如需监测各污水处理单元效率,应在各处理设施单元的进、出口分别设采样点。另外,还需设污泥采样点。

③生活污水采样点应在排出口,如考虑废水或污水处理设备的处理效果,应在进水和出水口处布点。

4.1.3.2 采样时间和采样频率

工业废水和城市污水的排放量和污染物浓度随工厂生产及居民生活情况常发生变化,采样时间和频率应根据实际情况确定。

4.2 水样的采集

4.2.1 水样的分类

根据研究目的不同,分为综合水样、瞬时水样、混合水样和平均污水样。

4.2.1.1 瞬时水样

瞬时水样是指在某一时间和地点从水体中随机采集的分散水样。对于组成较为稳定的水样,或水体的组成在相当长时间和相当大的空间范围变化不大,采瞬时水样。

4.2.1.2 综合水样

把从不同采样点采集的各个瞬时水样混合起来所得到的样品称综合水样。它是获得平均浓度的重要方式。

4.2.1.3　混合水样

混合水样是指在同一采样点于不同时间所采集的瞬时水样的混合水样，有时称“时间混合水样”，以与其他混合水样相区别。

4.2.1.4　平均污水样

对于排放污水的企业，生产的周期性影响着排污的规律性，为了得到代表性的污水样，应根据排污情况进行周期性采样。

4.2.2　采样前的准备工作

4.2.2.1　制订采样计划

采样前应根据水质检验目的和任务制订采样计划，内容包括：采样目的、检验指标、采样时间、采样地点、采样方法、采样频率、采样数量、采样容器与清洗、采样体积、样品保存方法、样品标签、现场测定项目、采样质量控制、运输工具和条件等。

4.2.2.2　采样器的选择

(1)采样前应选择适宜的采样器。

(2)塑料或玻璃材质的采样器及用于采样的橡胶管和乳胶管要洗净备用。

(3)金属材质的采样器，应先用洗涤剂清除油垢，再用自来水冲洗干净后晾干备用。

(4)特殊采样器的清洗方法可参照仪器说明书。

另外，采样器与水样接触部分材质应采用聚乙烯、有机玻璃塑料或硬质玻璃，如图4－3所示。应先用洗涤剂除去油污，自来水冲净，再用10%硝酸或盐酸洗刷，自来水冲净后备用。

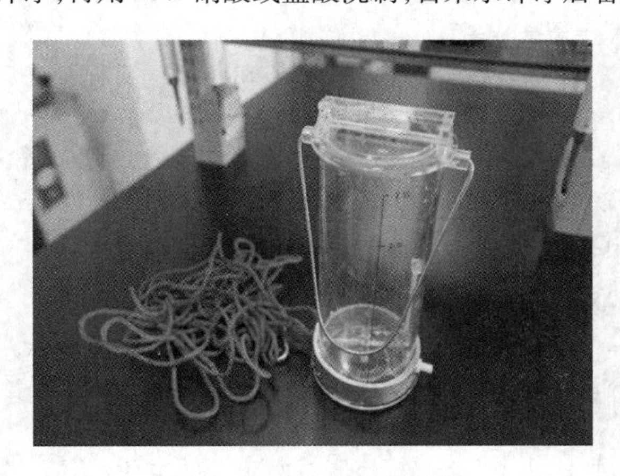

图4－3　有机塑料采样器

除了手动采样器之外，还有自动采样器可进行采样。例如AS950便携式采样器(见图4－4)，它应用的范围是废水采样、标本采集、工业预处理采样、环境监测、雨水采样。该采样器的编程、数据传输及操作更加直观。采用超大全彩显示屏及直观的操作界面，可同屏显示菜单内所有程序，无需滚动菜单，支持无差错操作。可利用USB上传和下载数据，且能将程序复制到另一采样器。程序状态屏幕可实时显示报警情况，样品丢失及程序进展，以便轻松快捷地排除故障。采样器质量轻，可满足精确采用及便携需求，现场操作时能在复合采样和离散采样之间快速切换，可根据需要配置单瓶或多瓶。维护方便，成本低。可运行两个采样程序，使单个采样器具有多重采样的功能。运行模式可选连续或间断。可存储多达

4 000条各种数据,包括样品时间戳、瓶号和样品状态。同时它也具有手动采样功能。

图 4-4 AS950 便携式采样器

4.2.3 采样容器的准备

采用聚乙烯塑料或硬质玻璃容器。装测金属类水样的容器,先用洗涤剂清洗,自来水冲净,再用10% 硝酸或盐酸浸泡 8 h,用自来水冲净,然后用蒸馏水清洗干净。装测有机物水样的容器,先用洗涤剂清洗,再用自来水冲净,然后用蒸馏水清洗干净,贴好标签备用。

(1)应根据待测组分的特性选择合适的采样容器。

(2)容器的材质应化学稳定性强,且不应与水样中组分发生反应,容器壁不应吸收或吸附待测组分。

(3)采样容器应可适应环境温度的变化,抗震性能强。

(4)采样容器的大小、形状和质量应适宜,能严密封口,并容易打开,且易清洗。

(5)应尽量选用细口容器,容器的盖和塞的材料应与容器材料统一。在特殊情况下需用软木塞或橡胶塞时应用稳定的金属箔或聚乙烯薄膜包裹,最好有蜡封。有机物和某些微生物检测用的样品容器不能用橡胶塞,碱性的液体样品不能用玻璃塞。

(6)对无机物、金属和放射性元素测定水样应使用有机材质的采样容器,如聚乙烯塑料容器等。

(7)对有机物和微生物学指标测定水样应使用玻璃材质的采样容器。

(8)特殊项目测定的水样可选用其他化学惰性材料材质的容器。如热敏物质应选用热吸收玻璃容器;温度高、压力大的样品或含痕量有机物的样品应选用不锈钢容器;生物(含藻类)样品应选用不透明的非活性玻璃容器,并存放阴暗处;光敏性物质应选用棕色或深色的容器。

4.2.4 采样容器的洗涤

4.2.4.1 测定一般理化指标采样容器的洗涤

将容器用水和洗涤剂清洗,除去灰尘、油垢后用自来水冲洗干净,然后用质量分数为 10% 的硝酸(或盐酸)浸泡 8 h,取出沥干后用自来水冲洗 3 次,并用蒸馏水充分淋洗干净。

4.2.4.2 测定有机物指标采样容器的洗涤

用重铬酸钾洗液浸泡 24 h,然后用自来水冲洗干净,用蒸馏水淋洗后置烘箱内 180 ℃烘 4 h,冷却后再用纯化过的己烷、石油醚冲洗数次。

4.2.4.3 测定微生物学指标采样容器的洗涤和灭菌

(1)容器洗涤

将容器用自来水和洗涤剂洗涤,并用自来水彻底冲洗后用质量分数为10%的盐酸溶液浸泡过夜,然后依次用自来水,蒸馏水洗净。

(2)容器灭菌

热力灭菌是最可靠且普遍应用的方法。热力灭菌分干热和高压蒸气灭菌两种。干热灭菌要求160 ℃下维持2 h;高压蒸气灭菌要求121 ℃下维持15 min,高压蒸汽灭菌后的容器如不立即使用,应于60 ℃将瓶内冷凝水烘干。灭菌后的容器应在2周内使用。

4.3 水样的管理运输与保存

各种水质的水样,从采集到分析这段时间内,由于物理的、化学的、生物的作用会发生不同程度的变化,这些变化使得进行分析时的样品已不再是采样时的样品,为了使这种变化降低到最小的程度,必须在采样时对样品加以保护。

4.3.1 水样的运输

(1)为避免水样在运输过程中振动、碰撞导致损失或沾污,将其装箱,并用泡沫塑料或纸条挤紧,在箱顶贴上标记。水样运输前应将样品容器内、外盖盖紧。装箱时应用泡沫塑料或波纹纸板间隔,以防运输途中破损。运输时应有押运人员。水样交给化验室时,双方应在送样单上签名。

(2)需冷藏的样品,应采取制冷保存措施;冬季应采取保温措施,以免冻裂样品瓶。

4.3.2 水样的保存及其方法

水样在储存期内发生变化的程度主要取决于水的类型及水样的化学性和生物学性质,也取决于保存条件、容器材质、运输及气候变化等因素。这些变化往往非常快。样品常在很短的时间里明显地发生变化,因此必须在一切情况下采取必要的保存措施,并尽快地进行分析。

而且对于不同类型的水,产生的保存效果也不同,饮用水很易储存,因其对生物或化学的作用很不敏感,一般的保存措施对地面水和地下水可有效地储存,但对废水则不同。废水性质或废水采样地点不同,其保存的效果也就不同,如采自城市排水管网和污水处理厂的废水其保存效果不同,采自生化处理厂的废水及未经处理的废水其保存效果也不同。

为得到准确的实验结果,水样采集后应尽快进行分析,为尽量避免水样发生变化,在尽可能缩短运输时间的同时,必须采用相应的保存方法,以减少物理、化学、生物因素的影响。因此往往采取冷藏或冷冻保存、加入化学保存剂保存等。水样允许保存的时间,与水样的性质、分析的项目、溶液的酸度、储存容器、存放温度等多种因素有关。水质样品的保存方法见表4-1,一些常见测定项目水样保存方法见表4-2。

表4-1 水质样品的保存方法

序号	监测项目	保存条件储存温度和固定剂	可保存时间	采样体积/mL	容器	备注
1	色度		12 h	200	G	应尽快测定
2	pH值		12 h	250	P,G	最好现场测定

表 4－1(续 1)

序号	监测项目	保存条件储存温度和固定剂	可保存时间	采样体积/mL	容器	备注
3	电导率		12 h	250	P,G	应尽快测定
4	悬浮物	低温 0～40 ℃	14 天	200	P,G	应尽快测定
5	碱度	低温 0～40 ℃	12 h	500	G. P	
6	酸度	低温 0～40 ℃	12 h	500	G. P	
7	COD	加硫酸至 pH＜2	2 天	100	G	
8	高锰酸盐指数	低温 0～40 ℃	2 天	500	G	
9	溶解氧	低温 0～40 ℃	12 h	250	G	应尽快测定 最好现场测定
10	BOD_5	低温 0～40 ℃	12 h	250	溶氧瓶	
11	氟化物	低温 0～40 ℃	14 天	250	P	
12	氯化物	低温 0～40 ℃	30 天	250	G. P	
13	硫酸根	低温 0～40 ℃	30 天	250	G. P	
14	活性磷酸盐	低温 0～40 ℃	48 h	250	G. P	
15	总磷	硫酸 pH≤2	24 h	250	G. P	
16	氨氮	硫酸 pH≤2	24 h	250	G. P	
17	亚硝酸盐氮	低温 0～40 ℃	24 h	250	G. P	
18	硝酸盐氮	低温 0～40 ℃	24 h	250	G. P	
19	总氮	硫酸 pH≤2	7 天	250	G. P	
20	硫化物	1 L 水样加 NaOH 至 pH＝9，加入 5% 抗坏血酸 5 mL 和饱和 EDTA 3 mL	24 h	250	G. P	现场固定
21	氰化物	加 NaOH 至 pH≥9	12 h	250	G. P	现场固定
22	硼	1 L 水样中加浓硝酸 10 mL	14 天	250	P	
23	六价铬	氢氧化钠 pH＝8～9	14 天	250	G. P	
24	锰、铁	1 L 水样中加浓硝酸 10 mL	14 天	250	G. P	
25	铜、锌	1 L 水样中加浓硝酸 10mL	14 天	250	P	
26	铅、镉、镍	1 L 水样中加浓硝酸 10 mL	14 天	250	G. P	
27	砷	硫酸 pH≤2	14 天	250	G. P	

表 4-1(续2)

序号	监测项目	保存条件储存温度和固定剂	可保存时间	采样体积/mL	容器	备注
28	油类	加盐酸 pH≤2	7天	500	G. P	
29	挥发酚	加磷酸 pH≤21 每升水样中加1 g 硫酸铜	24 h	1 000	G	
30	阴离子表面活性剂		24 h	250	G. P	
31	苯胺类		24	200	G	
32	硝基苯类		24	100	G	
33	细菌总数	0~40 ℃	当天	250	G	
34	大肠杆菌	0~40 ℃	当天	250	G	

表 4-2 一些常见测定项目的水样保存方法

测定项目	盛水器材料	保存方法	最大存放时间
温度	塑或玻	4 ℃冷藏	立即测定
嗅味	玻	4 ℃冷藏	6~24 h
色度	塑或玻	4 ℃冷藏	24 h
浑浊度	塑或玻	4 ℃冷藏	4-24 h
电导率	塑或玻	4 ℃冷藏	1-7天
总固体	塑或玻	4 ℃冷藏	7天
悬浮固体	塑或玻	4 ℃冷藏	1-7天
溶解固体	塑或玻	4 ℃冷藏	1-7天
pH值	塑或玻	4 ℃冷藏	最好现场测定
酸度	塑或玻	4 ℃冷藏	24 h
碱度	塑或玻	4 ℃冷藏	24 h
硬度	塑或玻	4 ℃冷藏	7天
钙	塑或玻	4 ℃冷藏	7天
镁	塑或玻	4 ℃冷藏	7天
钾	塑	4 ℃冷藏	7天
钠	塑	4 ℃冷藏	7天
游离氯	玻		立即测定
氯化物	塑或玻	4 ℃冷藏	7天
硫酸盐	塑或玻	4 ℃冷藏	7天
亚硫酸盐	塑或玻	4 ℃冷藏	24 h
硫化物	玻	加1 mol/L的$Zn(Ac)_2$,每升水样2 mL、再加1 mol/L的NaOH,每升水样2水样,然后4 ℃冷藏	24 h

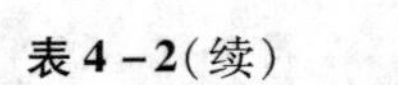

测定项目	盛水器材料	保存方法	最大存放时间
氰化物	塑	加 NaOH 至 pH = 10 ~ 11,然后4 ℃冷藏	24 h
氟化物	塑	4 ℃冷藏	7天
溶解氧	玻		尽快测定,现场固定
生化需氧量	玻	4 ℃冷藏	4 ~ 24 h
化学需氧量	玻	每升水样加 H_2SO_4,1 ~ 2 mL(或至 pH < 2),然后4 ℃冷藏	1 ~ 7天
总有机碳	玻	4 ℃冷藏	1 ~ 7天
氨氮	塑或玻	每升水样加 $HgCl_2$,20 ~ 40 mg(或加 H_2SO_4 至 pH < 2),然后4 ℃冷藏	1 ~ 7天
硝酸盐氮	塑或玻	4 ℃冷藏	1 ~ 7天
亚硝酸盐氮	塑或玻	每升水样加 $HgC1_2$,20 ~ 40 g,然后4 ℃冷藏	24 h
有机氮	玻	4 ℃冷藏	24 h
总金属	塑	每升水样加 HNO_3,2 ~ 10 mL,然后4 ℃冷藏	数星期
溶解金属	塑	现场过滤,每升水样再加2 - 10 mL,然后4 ℃冷藏	数星期
汞	塑	每升水样加 HNO_3,5 ~ 10 mL,然后4 ℃冷藏	7天
总铬	塑	加 HNO_3 至 pH < 2,然后4 ℃冷藏	12 h
六价铬	塑	加 NaOH 至 pH = 8.5,然后4 ℃冷藏	12 h
镉	塑 塑或玻	加 HNO_3 至 pH < 2,然后4 ℃冷藏;加 H_2SO_4 至 pH < 2,然后4 ℃冷藏	7天7天
硒	塑或玻	4 ℃冷藏	7天
硅	塑	现场过滤,然后4 ℃冷藏	1 ~ 7天
硼酸盐	塑	4 ℃冷藏	7天
总磷	塑或玻	4 ℃冷藏	1 ~ 7天
正磷酸盐	塑或玻	现场过滤,然后4 ℃冷藏	24 h
酚	玻	每升水样加 $CuSO_4 \cdot 5H_2O$,1 g,及加 H_3PO_4 至 pH = 4,然后4 ℃冷藏(或每升水样加 NaOH,2 g,然后4 ℃冷藏)	24 h
油和脂	玻	每升水样加 H_2SO_4,1 ~ 2 mg(或至 pH < 2);然后4 ℃冷藏	24 h
合成洗涤剂	玻	每升水样加 $HgC1_2$,20 ~ 40 mg,然后4 ℃冷藏	24 h
苯胺	玻	4 ℃冷藏	24 h
硝基苯	玻	4 ℃冷藏	24 h
有机氯	玻	加 H_2SO_4 至 pH < 2	24 h
多环芳烃	玻	4 ℃冷藏	7天

注:①从采样到分析之间的最长允许时间;

②塑 - 塑料、玻 - 玻璃;

③取决于水样的种类;

④或用醋酸锌 $Zn(Ac)_2$。

(1)保存水样的基本要求

①减缓生物作用。

②减缓化合物或者络合物的水解及氧化还原作用。

③减少组分的挥发和吸附损失。

(2)水样的保存方法

①冷藏或冷冻法

冷藏或冷冻的作用是抑制微生物活动,减缓物理挥发和化学反应速度。

②加入化学试剂保存法

a. 加入生物抑制剂 $HgCl_2$ 可抑制生物的氧化还原作用;用 H_3PO_4 调至 pH 值为 4 时,加入适量 $CuSO_4$,即可抑制苯酚菌的分解活动。

b. 调节 pH 值。测定金属离子的水样常用 HNO_3 酸化至 pH 值为 1 ~ 2,既可防止重金属离子水解沉淀,又可避免金属被器壁吸附;测定氰化物或挥发性酚的水样加入 NaOH 调至 pH 值为 12 时,使之生成稳定的酚盐等。

c. 加入氧化剂或还原剂 测定汞的水样需加入 HNO_3(至 pH < 1)和 $K_2Cr_2O_7$(0.05%),使汞保持高价态;测定硫化物的水样,加入抗坏血酸,可以防止被氧化;测定溶解氧的水样则需加入少量硫酸锰和碘化钾固定溶解氧(还原)等。

4.3.3 水样的过滤或离心分离

如欲测定水样中某组分的含量,采样后立即加入保存剂,分析测定时充分摇匀后再取样。如果测定可滤(溶解)态组分含量,所采水样应用 0.45 μm 微孔滤膜过滤,除去藻类和细菌,提高水样的稳定性,有利于保存。

如果测定不可过滤的金属时,应保留过滤水样用的滤膜备用。对于泥沙型水样,可用离心方法处理。对含有机质多的水样,可用滤纸或砂芯漏斗过滤。用自然沉降后取上清液测定可滤态组分是不恰当的。

在采样时或采样后不久,用滤纸、滤膜或砂芯漏斗、玻璃纤维等过滤样品或将样品离心分离都可以除去其中的悬浮物,沉淀、藻类及其他微生物。在分析时,过滤的目的主要是区分过滤态和不可过滤态,在滤器的选择上要注意可能的吸附损失,如测有机项目时一般选用砂芯漏斗和玻璃纤维过滤,而在测定无机项目时则常用 0.45 μm 的滤膜过滤。

4.3.4 水样硬化的原因

4.3.4.1 物理作用

光照、温度、静置、振动、敞露或密封等保存条件及容器材质都会影响水样的性质。如温度升高或强振动会使得一些物质如氧、氰化物及汞等挥发,长期静置会使 $Al(OH)_3$,$CaCO_3$、$Mg_3(PO_4)_2$ 等沉淀。某些容器的内壁能不可逆地吸附或吸收一些有机物或金属化合物等。

4.3.4.2 化学作用

水样及水样各组分可能发生化学反应,从而改变某些组分的含量与性质。例如空气中的氧能使二价铁、硫化物等氧化,聚合物解聚,单体化合物聚合等。

4.3.4.3 生物作用

细菌、藻类、及其他生物体的新陈代谢会消耗水样中的某些组分,产生一些新组分,改变一些组分的性质,生物作用会对样品中待测的一些项目如溶解氧、二氧化碳、含氮化合物、磷及硅等的含量及浓度产生影响。

4.4 水样的预处理

大部分天然水和各种污水、废水常会含有不同数量的固体物质,从而使水质浑浊。这些固体物质可能是无机物,也可能是有机物,如砂石矿粒、铝硅酸盐、碳酸盐、硫酸盐、氧化铁水化物以及各种微生物和动植物残体等等。环境样品中污染物种类多,成分复杂,而且多数待测组分浓度低,存在形态各异,而且样品中存在大量干扰物质。在分析测定之前,需要进行程度不同的样品预处理,以得到待测组分适合于分析方法要求的形态和浓度,并与干扰性物质最大限度的分离。

常用的水样预处理方法有水样的消解、富集和分离等方法。

4.4.1 水样的消解

由于污水和废水的成分十分复杂,水中的有机物质会与金属离子络合,因此在测定前常需对水样进行消解处理。这种消解处理可消除有机物质的干扰,此外,还可消除 CN^-, NO_2^-, S^{2-}, SO_3^{2-}, $S_2O_3^{2-}$, SCN^- 等离子的干扰。这些离子在消解时,会由于氧化和挥发作用而被消除。

常用的消解法是酸性湿式消解法。消解药剂用的是硫酸-硝酸,对于难消解的也可用硝酸-高氯酸。消解时先在水样中加入混合酸,蒸发至较少体积后再加入混合酸消解,直到溶液无色透明,驱尽残余的氮氧化物气体。消解完毕后用蒸馏水稀释,如用硫酸-硝酸,在100 mL消解液中,最终酸度应相当于1.5 mol/L硫酸;如果用硝酸-高氯酸,则在100 mL消解液中,最终酸度相当于0.8 mol/L高氯酸。最后用此消解进行分析测定。用于消解的消解药剂要求较高,其总铁及重金属杂质的含量不应超过0.000 1%,否则会增加空白值,降低方法的准确度和灵敏度。

除上述酸性湿式消解法外,还有干式消解法(灼烧法)。该法是先将水样蒸干,然后在600 ℃左右灼烧到残渣再不变色,使有机物完全分解除去,但不能完全除去无机物的干扰。最后用蒸馏水溶解残渣,取此溶液进行分析测定。

干灰化法,水样在马福炉内(见图4-5),于450~550 ℃灼烧,使有机物完全分解除去。用适量2% HNO_3(HCl)处理。但本方法不适用于处理测定易挥发组分的水样。

图4-5 马福炉

另外还有一些方法,比如硝酸消解法,硝酸-硫酸消解法,硝酸-高氯酸消解法,硝酸-氢氟酸消解法,多元消解法,碱分解法,微波消解法等。

4.4.2 水样的分离与富集

4.4.2.1 挥发和蒸发浓缩法

(1)挥发

利用某些污染组分挥发度大,或者将欲测组分转变成易挥发物质,然后用惰性气体带出而达到分离的目的。

(2)蒸馏浓缩

在电热板上或水浴中加热水样,使水分缓慢蒸发,达到缩小水样体积,浓缩欲测组分的目的。

4.4.2.2 蒸馏浓缩法

利用水样中各污染组分具有不同的沸点而使其彼此分离。测定水样中的挥发酚(volatile PHenol)、氰化物、氟化物(fluoride)等。具有消解、富集和分离三种作用。

4.4.2.3 溶剂萃取法

(1)原理

基于物质在不同的溶剂相中分配系数不同,而达到组分的富集与分离。分配系数 K 的计算公式为

$$K=\frac{\text{有机相中被萃取物浓度}}{\text{水相中被萃取物浓度}} \tag{4-1}$$

K 所指欲分离组分在两相中的存在形式相同。

分配比 D:

$$D=\frac{\sum[A]}{\sum[A]} \tag{4-2}$$

D 是有机相中各种存在形式的总浓度与水相中各种存在形式的总浓度之比。不是一个常数。随萃取物的浓度、溶液的酸度、萃取剂的浓度、萃取温度等条件而变化。

(2)萃取类型

①有机物的萃取:用有机溶剂萃取水相中的有机物。

②无机物的萃取:先加入一种试剂,使其与水相中的离子态组分相结合,生成一种不带电、易溶于有机溶剂的物质。常用螯合物萃取体系。

4.4.2.4 离子交换法

定义:利用离子交换剂与溶液中的离子发生交换反应进行分离的方法。离子交换剂分为无机离子交换剂和有机离子交换剂。

操作程序:交换柱的制备;在某溶液中浸泡。

交换:将试液倒入交换柱。

洗脱:将洗脱液倒入交换柱,例 HCl,NaCl,NaOH,洗脱后得到的溶液即为浓缩液。

4.4.2.5 共沉淀法

(1)定义

溶液中一种难溶化合物在形成沉淀过程中,将共存的某些痕量组分一起载带沉淀出来的现象。

(2)原理

吸附作用:利用表面积大,吸附力强的非晶形胶体沉淀。例 $Fe(OH)_3$,$Al(OH)_3$,$Mn(OH)_2$ 及硫化物。

(3)形成混晶

欲分离微量组分及沉淀剂组分生成沉淀时,具有相似的晶格,可能生成混晶而共同析出。

(4)有机共沉淀

利用有机物的沉淀,选择性高,沉淀纯净,通过灼烧可除去有机共沉淀剂。

4.4.2.6 吸附法

(1)定义

利用多孔性的固体吸附剂将水样中一种或数种组分吸附于表面,以达到分离的目的。用有机溶剂或

加热方法解吸被吸附组分,供测定。

(2)吸附剂

活性炭(Active Carbon)、氧化铝(Aluminum Oxide)、分子筛(Molecular Sieve)、大网状树脂(Resin)等。

4.5 课程实验

实验一 颗粒自由沉淀实验

一、实验目的

1. 初步掌握颗粒自由沉淀的实验方法,观察沉淀过程,加深对自由沉淀特点、基本概念及沉淀规律的理解。

2. 根据实验结果绘制时间-沉淀率($t-E$),沉速-沉淀率($u-E$)和 C_t/C_0-u 的关系曲线。

二、实验原理

沉淀是指从液体中借重力作用去除固体颗粒的一种过程。根据液体中固体物质的浓度和性质,可将沉淀过程分为自由沉淀、絮凝沉淀、成层沉淀和压缩沉淀等四类。本实验是研究探讨污水中非絮凝性固体颗粒自由沉淀的规律。实验用沉淀管进行。设水深为 h,在 t 时间能沉到 h 深度的颗粒的沉速 $u=h/t$。根据某给定的时间 t_0,计算出颗粒的沉速 u_0。凡是沉淀速度等于或大于 u_0 的颗粒,在 t_0 时都可以全部去除。设原水中悬浮物浓度为 C_0,则沉淀率为

$$E=\frac{C_0-C_t}{C_0}\times 100\% \tag{4-3}$$

在时间 t 时能沉到 h 深度的颗粒的沉淀速度为

$$u=\frac{h\times 10}{t\times 60}\quad (\mathrm{mm/s}) \tag{4-4}$$

式中 C_0——原水中悬浮物浓度,mg/L;

C_t——经 t 时间后,污水中残存的悬浮物浓度,mg/L;

h——取样口高度,cm;

t——取样时间,min。

浓度较稀的、粒状颗粒的沉淀属于自由沉淀,其特点是静沉过程中颗粒互不干扰、等速下沉,其沉速在层流区符合 Stokes 公式。

由于水中颗粒的复杂性,颗粒粒径、颗粒密度很难或无法准确地测定,因而沉淀效果、特性无法通过公式求得,而是要通过静沉实验确定。

由于自由沉淀时颗粒是等速下沉,下沉速度与沉淀高度无关,因而自由沉淀可在一般沉淀柱内进行,但其直径应足够大,一般应使 $D\geq 100$ mm 以免颗粒沉淀受柱壁干扰。

一般来说,自由沉淀实验可按以下两个方法进行:

1. 底部取样法

底部取样法的沉淀效率通过曲线积分求得。设在一水深为 H 的沉淀柱内进行自由沉淀实验,如图 4-6所示。将取样口设在水深 H 处,实验开始时($t=0$),整个实验筒内悬浮物颗粒浓度均为 C_0。分别在 $t_1,t_2,\cdots,t_n$ 时刻取样,分别测得浓度为 $C_1,C_2,\cdots,C_n$。那么,在时间恰好为 $t_1,t_2,\cdots,t_n$ 时,沉速为 $h/t_1=$

$u_1, h/t_2 = u_2, \cdots, h/t_n = u_n$ 的颗粒恰好通过取样口向下沉，相应地这些颗粒在高度 H 中已不复存在了。记 $p_i = C_i/C_0$，则 $1 - p_i$ 代表时间 t_i 内高度 H 中完全去除的颗粒百分数，$p_j - p_k(k > j \geqslant i)$ 代表沉速位于 u_j 和 u_k 之间的颗粒百分数，在时间 t_i 内，这部分颗粒的去除百分数为

$$\frac{(u_j + u_k)/2}{u_i} \times (p_j - p_k) \tag{4-5}$$

当 j, k 无限接近时

$$\frac{(u_j + u_k)/2}{u_i} \times (p_j - p_k) = \frac{u_j}{u_i} \mathrm{d}p_j \tag{4-6}$$

这样，在时间 t_i 内，沉淀柱的总沉淀效率为

$$p = (1 - p_i) + \int_0^{p_i} \frac{u_j}{u_i} \mathrm{d}p_j \tag{4-7}$$

实际操作过程中，可绘出 $p - u$ 曲线并通过积分求出沉淀效率。

2. 中部取样法

与底部取样法不同的是，中部取样法将取样口设在沉淀柱有效沉淀高度(H)的中部。

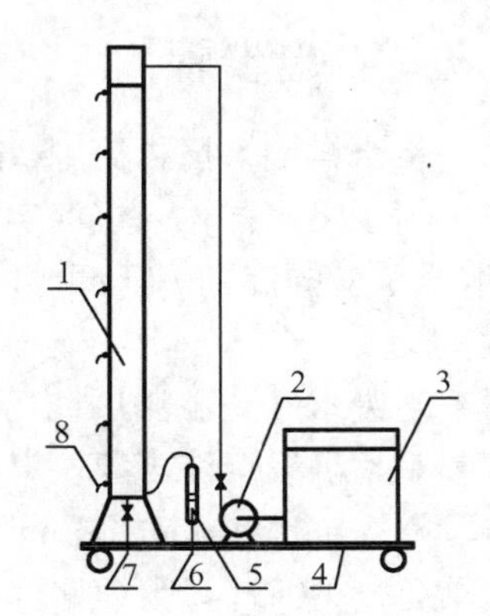

图4-6 自由沉淀实验装置图

1—沉淀柱；2—水泵；3—水箱；4—支架；5—气体流量计；6—气体入口；7—排水口；8—取样口

实验开始时，沉淀时间为0，此时沉淀柱内悬浮物分布是均匀的，即每个断面上颗粒的数量与粒径的组成相同，悬浮物浓度为 C_0，此时去除率 $E = 0$。

实验开始后，悬浮物在筒内的分布变得不均匀。不同沉淀时间 t_i，颗粒下沉到池底的最小沉淀速度 u_i 相应为

$$u_i = \frac{H}{t_i} \tag{4-8}$$

严格来说，此时应将实验筒内有效水深 H 的全部水样取出，测量其悬浮物含量，来计算出 t_i 时间内的沉淀效率。但这样工作量太大，而且每个实验筒只能求一个沉淀时间的沉淀效率。为了克服上述弊端，又考虑到实验筒内悬浮物浓度随水深的变化，所以我们提出的实验方法是将取样口装在 $H/2$ 处，近似地认为该处水样的悬浮物浓度代表整个有效水深内悬浮物的平均浓度。我们认为这样做在工程上的误差是允许的，而实验及测定工作也可以大为简化，在一个实验筒内就可以多次取样，完成沉淀曲线的实验。假设此时取样点处水样水样悬浮物浓度为 C_i，则颗粒总去除率为

$$E_0 = 1 - p_i = \frac{C_0 - C_i}{C_0} = 1 - \frac{C_i}{C_0}$$

而

$$p_i = \frac{C_i}{C_0} \tag{4-9}$$

则反映了 t_i 时未被去除的颗粒(即 $d < d_i$ 的颗粒)所占的百分比。

三、实验水样

硅藻土自配水。

四、主要实验设备

1. 沉淀实验筒[直径 ϕ140 mm，工作有效水深(由溢出口下缘到筒底的距离)为2 000 mm]；

2. 过滤装置；

3. 悬浮物定量分析所需设备。以SS为评价指标时，定量分析设备包括万分之一电子天平，带盖称量瓶，干燥器，烘箱等；以悬浮物浊度为衡量指标时，定量分析设备为浊度仪。

五、实验步骤

1. 将水样倒入搅拌筒中，用泵循环搅拌约 5 min，使水样中悬浮物分布均匀。

2. 用泵将水样输入沉淀实验筒，在输入过程中，从筒中取样两次，每次约 20 mL（若以 SS 为评价指标时，取样量应提高到 100 mL 并在取样后准确记下水样体积）。此水样的悬浮物浓度即为实验水样的原始浓度 C_0。

3. 当废水升到溢流口，溢流管流出水后，关紧沉淀实验筒底部阀门，停泵，记下沉淀开始时间。

4. 观察静置沉淀现象。

5. 隔 5 min，10 min，20 min，30 min，40 min，50 min，从实验筒底部取样口及中部取样口各取样两次，每次约 20 mL（若以 SS 为评价指标时，取样量应提高到 100 mL 并在取样后准确记下水样体积）。取水样前要先排出取样管中的积水约 10 mL 左右，取水样后测量工作水深的变化。

将每一种沉淀时间的两个水样做平行实验，测量其 SS 值或浊度。水样 SS 值的测量步骤如下：用滤纸过滤（滤纸应当是已在烘箱内烘干后称量过的），过滤后，再把滤纸放入已准确称量的带盖称量瓶内，在 105 ~ 110 ℃烘箱内烘干后称量滤纸的增重即为水样中悬浮物的质量。

分别对底部取样法和中部取样法计算不同沉淀时间 t 的水样中的悬浮物浓度 C，沉淀效率 E，以及相应的颗粒沉速 u，并画出 $E-t$ 和 $E-u$ 的关系曲线。

实验记录用表见表 4－3。

表 4－3　颗粒自由沉淀实验记录

静沉时间/min	浊度/NTU		浊度/NTU	
	中部 1	中部 2	底部 1	底部 2
0				
5				
10				
20				
30				
40				
50				

六、实验结果整理

1. 实验基本参数整理

实验日期：

沉淀柱直径 d =：

柱高 H =：

原水浊度 C_0/NTU

绘制沉淀柱草图及管路连接图。

2. 实验数据整理（见表 4－4）

表4-4 实验原始数据整理表

沉淀时间/min	实测浊度/NTU		计算用浊度/NTU	实测浊度/NTU		计算用浊度/NTU	E		u	
	中部1	中部2	均值	底部1	底部2	均值	中部	底部	中部	底部
0										
5										
10										
20										
30										
40										
50										

七、对实验报告的要求

提出实验纪录及沉淀曲线。

分析实验所得结果,并对底部取样法和中部取样法所得结果进行比较。

实验二 过滤及反冲洗实验

一、实验目的

1. 了解快滤池过滤的机理及过程。

2. 了解滤池冲洗的形式、机理及过程。

3. 了解直接过滤的含义及净水机理。

4. 加深对滤速、冲洗强度、滤层膨胀率等概念的了解,并熟悉清洁滤层水头损失与滤速关系,反冲洗强度与滤层膨胀度的关系,滤出水浊度与过滤时间的关系,滤层水头损失与过滤时间关系等实验过程。

二、实验原理

地表水的常规处理流程是混凝、沉淀、过滤、消毒。过滤是整个处理流程中一个非常重要工艺,它主要功能是除去水中的悬浮物,从而进一步降低水的浊度。除此之外,过滤同样具有除去水中有机物、细菌、病毒等的功效,为后续处理创造有利条件。由于过滤是保证饮用水卫生安全的重要措施,在水厂运行过程中,如果反应、沉淀设备损坏可以超越,但滤池不允许超越。

所谓过滤是指用某种材料作为介质,来截流水中悬浮固体,以获得低浊度水的过程。用于截流悬浮固体的物质我们叫作过滤材料或者过滤介质,而有时候我们根据采用的过滤材料不同可以把过滤分为粗滤,膜滤(微滤、超滤、纳滤)、粒状材料过滤等三种主要的类型,而在地表水常规处理工艺中我所用的过滤均为用颗粒状材料简称为滤料。除了石英砂以外,还有石英石、无烟煤、大理石、白云石、花岗石、石榴石、磁铁矿、钛铁矿等天然材料,陶粒、陶瓷等无机材料,以及密度小于1的聚苯乙烯发泡塑料珠以及密度略大于1的柱状聚苯乙烯粒这些人工合成的材料作为滤料。

过滤能够截流水中悬浮固体,进一步降低水的浊度,不仅仅是借助筛除作用来实现的,因为我们发现经过滤所截流的悬浮固体的粒径要远远小于三个颗粒材料间所形成的孔隙,所以这种截留作用的实现更主要的是借助黏附作用。因此待进入滤池的水应力为以下三种情况之一：

(1)经常规混凝沉淀处理过的水。

(2)经混凝处理过程的水。

(3)经过凝聚过程的水。

也就是说混凝对于这种黏附作用十分重要。

过滤实现对悬浮固体的截留的机理，对于地表水的常规处理工艺来说，悬浮固体经过三个过程，脱离水体，并留在滤层中。

1. 颗粒的迁移过程(输送)

被水携带的杂质开始时随着水的流线一起运动的，它之所以脱离河水一起运动的流线而与滤粒表面接近，是因为一些物理－力学作用的结果，一般认为主要有以下几种作用：

(1)拦截作用，粒度比较大的颗粒，他会直接碰到滤料的表面，而产生拦截作用。

(2)沉淀作用，如果水中颗粒的密度比较大时，在重力的作用下的沉速会比较大，因此在这种沉淀作用下可能会脱离流线。

(3)扩散作用，如果水中颗粒的粒径比较小，具有布朗运动的性质时，由于剧烈的、不规则的布朗运动会使他脱离流线。

(4)惯性作用，当水中颗粒具有较大惯性的时候，颗粒运动速度较大，也可以脱离流线。

(5)水动力作用，在滤粒表面附近会存在速度梯度。在这种速度梯度的作用下，可使非球体的颗粒产生转动而脱离流线。脱离水的流线的悬浮颗粒，与滤粒表面接近。

2. 颗粒黏附作用(附着)

黏附作用一般认为是一种物理化学作用，当水中的杂质颗粒迁移到滤料表面时，在范德华力、静电力、某些化学键以及特殊的化学吸附力的作用下，被吸附在滤料的颗粒表面，或者黏附在滤粒表面原先黏附的颗粒上。黏附作用主要取决于滤料和水中颗粒的表面物理化学性质。

3. 在滤层中的迁移(脱离)

由于孔隙中存在水流的剪力作用，可能导致已黏附的颗粒从滤料表面脱落，剪力和黏附力的大小关系决定颗粒黏附和脱落的程度。随着上层滤料的孔隙度减小，水流的剪力增大，会使最后黏附的颗粒脱落下来，或者被水流挟带后续颗粒不再有黏附现象，所以颗粒会向下层推移，下层滤料的截留作用得到利用。

有时候当原水的浊度较小(80°以下)时，有时我们可以仅使原水经过凝聚或者微絮凝过程后，直接注入滤池进行过滤，我们把这种过滤形式叫作直接过滤。直接过滤的机理，一般认为是接触絮凝的作用，即脱稳的胶体与宏观固体(滤料)，进行碰撞接触，并黏附，这好像是脱稳的胶体和宏观固体(滤料)发生的絮凝作用一样，我们把这种过程叫作接触絮凝。过滤过程要在过滤装置中进行，过滤装置通常由进水集水系统，反冲洗排水系统，滤层，承托层，配水系统等组成。对过滤进行实验研究，通常在单元过滤模型中进行。过滤模型通常是圆柱体。这种单元模型在纵向上通常和原型的比例为1∶1，所选用的滤料的材料、滤层的厚度、粒度、滤层上水深等都和原型一样，但在横向上通常为直径不小于100 mm的圆面，通常150 mm左右。虽然这样一个单元模型和平面为矩形，面积为数平方米或超百平方米的池子，好像不存在什么相似关系，但是经过实践，我们却发现它是个很可靠的设计模型，因为这种模型可以想象成，在滤池原型的平面中，沿整个池深的方向所切割出来的一个小面积柱体，它是原型的一个单元。对于过滤的一些实验过程我们一般均可在这个模型中进行。

(1)滤料是快滤装置中最关键的组成部分，是截留悬浮固体的作用物质，滤料常分为以下几种：

①单层滤料。单层滤料常采用石英砂作为过滤介质，采用粒径通常为0.5～1.2 mm之间，如果是直接过滤的话，我们一般所选用的粒径偏大。

②双层滤料。双层滤料的上层我们通常采用，粒径比较大的，密度比较小的轻质滤料，常用的是无烟

煤,无烟煤粒径一般在0.8~1.8 mm之间,而下层滤料常采用粒径比较小的,密度比较大的重质滤料,常用粒径为0.5~1.2 mm之间。

③多层滤料,三层和三层以上滤料为多层滤料,常采用三层滤料,一般上层滤料为无烟煤,粒径一般在0.8~1.8 mm之间;中间层为石英砂,粒径通常为0.5~1.2 mm之间;下层为重质矿石,常用石榴石,粒径通常为0.25~0.5 mm之间,现在最多有采用5层滤料。

④均质滤料,即滤池各个断面处滤料的孔隙大小和分布是一样。

⑤均匀滤料,滤料的颗粒粒径完全一样的滤料。

选择滤料一般要遵循以下原则:

①有足够的机械强度,以免在冲洗的过程中,滤料出现明显的磨损和破碎。磨损和破碎一方面使滤料粒径变小,增加滤层的水头损失,另一方面,破碎的细粒还可能进入滤出水小,或者冲洗时随冲洗水流出滤池,增加了滤料的损耗。

②且将足够的化学稳定性,以使在过滤的过程中,滤料不致发生溶解现象,引起水质的恶化。

③能就地取材、廉价。

④外形接近于球状、表面比较粗糙而有棱角。因为,球状颗粒间的孔隙比较大,表面粗糙的颗粒,其比表面比较大(比表面指单位体积滤料的表面积),棱角处吸附力最强。

在过滤过程中,滤层中悬浮颗粒量不断增加,必然导致过滤时水流通过滤层的水头损失变化。滤池的水头损失包括水流通过滤层的水头损失 H,以及承托层、配水系统、管渠等部分的水头损失之和 h。滤池冲洗后刚开始过滤时,滤层水头损失为 H_0,此时滤层是干净的,水流通过干净滤层的水头损失称"清洁滤层水头损失"或称"起始水头损失"。就砂滤池而言,滤速为8~10 m/h,该水头损失为30~40 cm。当过滤时间为 t 时,滤层中水头损失增加 ΔH_t,滤速不变,在整个过滤过程中 H_0 和 h 保持不变,随着过滤时间的增加,滤层截流杂质的增多 ΔH_t 逐渐增大。所以过滤时滤池的总水头损失为:$H_t = H_0 + h + \Delta H_t$。图4-7为单层滤料滤池在过滤过程中压力曲线分布图。图中滤层上水深为 AB,滤层厚度为 BD。曲线0为滤池静止时的压力分布曲线;曲线1为滤层完全清洁,滤池刚开始运行时的压力分布曲线,由于滤层呈完全清洁状态(假定滤料是均匀的),流体在通过滤层的损失呈直线;曲线2~4是随着过滤时间增加而变化的压力曲线。由曲线2可见,滤层深处 C 点以上因有悬浮杂质截留,$b \sim c_2$ 段水头损失增大明显,而 c_2 点以下呈直线,表明悬浮杂质基本尚未穿透 C 点深度。随着过滤的进行,穿透位置逐渐向下移动,逐步由 C 点移向 E 点。当截污点已到达滤层底时(曲线5),滤层失去足够的截污能力,滤池已穿透。为保证出水水质的安全,滤池设计时应考虑有一定的安全保护层,以选择曲线4作为周期的结束较为合理。在过滤过程中,当滤层截留了大量杂质以致砂面以下某一深度处的水头损失超过该处水深时,便出现负水头现象。过滤时,滤层内部的压力因滤层上的水深和滤层阻力而异,滤层中的压力分布如图4-8所示。图中(a)假定上水头为0.8 mm,最终水头损失设定为2 m,阴影部分显示该部分深度的滤池已经处于负压状态。滤层中出现负压,可能使水中所含的空气析出形成气囊,析出气泡使滤层的有效过滤面积和截污能力降低,增大水头损失,从而缩短过滤周期;另外,气囊可能过滤层上升,可能把部分细滤料或轻质滤料带出,破坏滤层结构。反冲洗时,气囊更易将滤料带出滤池。为保证过滤阶段层内处于正压状态,需要加深滤层上的水位,如图4-8(b)所示的滤池,并应有一定富裕水头。由于上层滤料截留杂质最多,故负水头往往出现在上层滤料。

滤池分类:

(1)按滤料的组成分类可分为:单层滤料、双层滤料、多层滤料以及混合滤料滤池。其中单层滤料又可分为常规级配滤料和均质油料。

(2)按滤池冲洗方式分类可分为:单水冲洗滤池和气水反冲洗滤池。

(3)按滤池冲洗的配水系统可分为:低水头冲洗(小阻力)、中水头冲洗(中阻力)和高水头冲洗(大阻力)滤池。

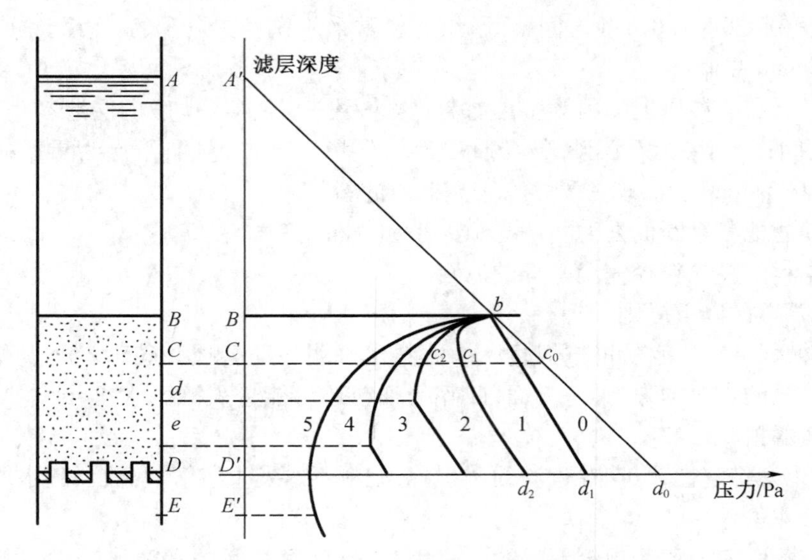

图4-7　向下过滤(压力分布)

1—清洁砂层中的压力曲线;2~4—堵塞过程的压力曲线;5—滤池泄露后的压力曲线

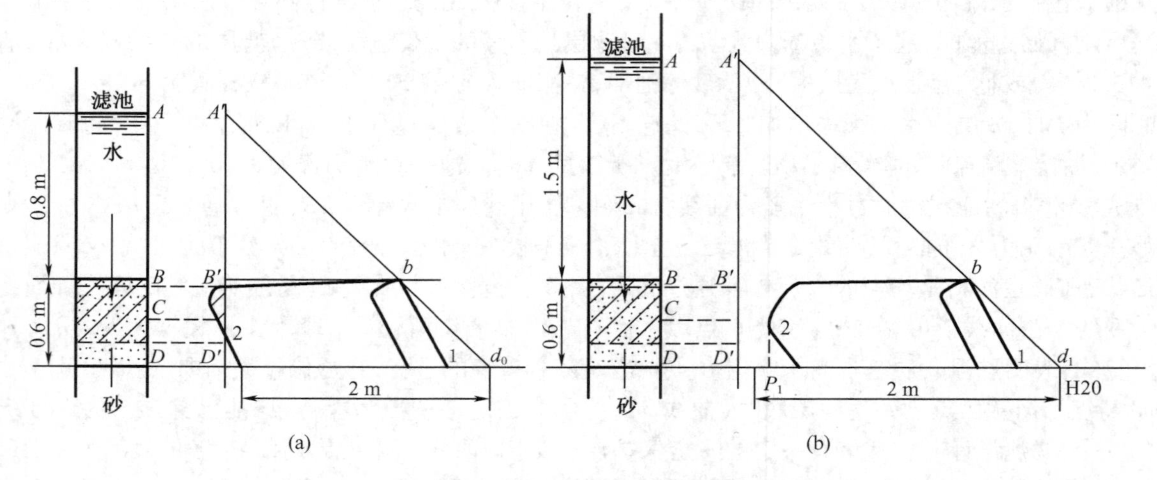

图4-8　不同滤层上水深的滤层压力分布

(4)按水流方向分类可分为:下向流、上向流、双向流和辐向流(水平流)滤池。

(5)按滤池在运行周期内的滤速变化可分为恒速过滤和变速(减速)过滤。

(6)按过滤时水量、水位调节方式可分为:进水调节、出水调节、流量控制、水位控制等。

(7)按滤池的布置可分为:普通(四阀)滤池、双阀滤池、无阀滤池、虹吸滤池、移动冲洗罩滤池、V形滤池等。

(8)按滤池承压情况可分为:重力式滤池和压力式滤池。

滤池经过一段时间过滤之后,必须要对滤池进行必要的清洗操作,清除滤层中所截留的污物,使滤池恢复原有的截污能力,我们把这一过程叫作滤池的反冲洗。当以下条件的其中一种不满足时,滤池恢复原有的截污能力,我们把这一过程叫作滤池的反冲洗。当以下条件的其中一种不满足时,滤池必须要停止过滤进行反冲洗。①过滤水头损失,②滤出水浊度,③滤速,④过滤时间。

冲洗的主要方法:

(1)高速水流反冲洗,从滤池底部进入一股高速水流,利用高速水流的剪力作用,和滤料颗粒碰撞摩擦双重作用,从滤料表面脱落,然后被冲洗水带出滤池。优点,操作方便,设备简单;缺点,耗水量大,滤料膨胀率大,容易造成滤料水利分级。

(2)汽水反冲洗,利用上升空气气泡的振动可有效地将附着于滤料表面的污物擦洗下并悬浮于水中,然后再利用水反冲洗将污物排走。因为气泡可以有效地使滤料表面的污物破碎、脱落,故水冲强度可以降低,主要操作方法有先①气冲,再水冲;②先用气水同时反冲,然后再用水反冲;③先气冲,然后汽水联合冲,再水冲。优点,冲洗效果好,滤料膨胀度低,不会产生明显的水力分级现象,省水;缺点,增加空气设备,池子结构和冲洗操作比较复杂。

(3)表面辅助冲洗的高速水反冲洗:表面冲洗指用喷射水流向向下对滤层进行冲洗,这种冲洗方式可以有效地对表面沉积的悬浮固体进行剥离。主要操作方法是,先小强度反洗,然后表面辅助冲洗,最后高速水流反洗。

影响过滤的主要因素:

(1)滤层的厚度与滤料的粒度,滤料颗粒越小,滤层越不易穿透,滤层厚度可较薄,但过滤水头损失较大,相反采用滤料的粒径越大,滤层容易泄漏,需要的滤层厚度较深,但过滤的水头损失比较小。因此从水质保证考虑可采用较小的滤料粒径和较薄的滤层厚度或者较粗的滤料粒径和较深的厚度。一般认为对给水处理系统来说,应满足滤料厚度与粒径之比大于800~1 000 mm(当以平均粒径计时大于800 mm,当以有效粒径计时大于1 000 mm)。

(2)有效粒径和不均匀系数,通常用有效粒径 d_{10} 和不均匀系数 K_{80} 来描述滤料粒径分布。大 d_{10} 水头损失小,K_{80} 小滤料粒径分布越均匀;所以 d_{10} 大,K_{80} 小滤料的滤层过滤效果优于 d_{10} 小,K_{10} 大的滤层。

(3)滤料层数,多层滤料要优于单层滤料,因为它可以克服级配滤料的缺陷。五层滤料是目前最接近于理想滤层的滤料。

(4)滤速,滤速增大,出水水质期朝着恶化的方向发展。

(5)水力波动,滤出水压力不规则跳动的现象称为水力波动,水力波动是与滤速波动并存的,因此,水利波动可以恶化出水水质。

(6)一些化学因素,包括过滤水的化学水质参数、悬浮固体的化学性质、滤前水的化学处理等这些因素将影响过滤。比如水中含有过多的有机物质会影响滤料对悬浮固体的吸附;待滤水是否经过混凝处理,及所用药剂的种类都对滤出水有影响。

三、实验设备

1. 滤柱(直径120 mm);
2. 水箱;
3. 水泵。

四、实验步骤

1. 打开浑水进水阀门,关闭反冲洗进水阀,打开清水出水阀,反冲洗废水阀常开,关闭所有测压管阀门,进行过滤操作,认真观察现象。

2. 打开反冲洗进水阀,关闭浑水进水阀,清水出水阀,反冲洗废水阀常开,关闭所有测压管阀门,进行反冲洗操作,认真观察现象。

3. 认真观察试验装置结构构造,绘制简图说明结构构造。

五、思考题

1. 滤层内有空气泡时对过滤、冲洗有何影响?
2. 反冲洗强度是不是越大越好,请分析?

实验三　混凝沉淀实验

一、实验目的

1. 通过实验了解混凝沉淀的原理，加深对混凝理论的理解。
2. 通过实验观察混凝现象，了解混凝实验的设备、混凝剂类型及效能。
3. 了解影响混凝过程的相关因素。
4. 观察絮体的形成过程、分析混凝沉淀机理。
5. 学会选择和确定最佳混凝工艺条件的基本方法。
6. 通过实验学会求得最佳混凝投药量和最佳 pH 值的基本方法。

二、实验原理

分散在水中的胶体颗粒带有电荷，同时在布朗运动及其表面水化膜作用下，长期处于稳定分散状态，不能用自然沉淀法去除，致使水中这种含浊状态稳定。向水中投加混凝剂后，由于混凝机剂降低颗粒间的排斥能峰，降低胶粒的 ζ 电位，实现胶粒“脱稳”，同时也能发生高聚物式高分子混凝剂的吸附架桥作用，网捕作用，从而达到颗粒的凝聚，最终沉淀从水中分离出来。由于各种原水有很大差别，混凝效果不尽相同，混凝剂的混凝效果不仅取决于混凝剂投加量，同时还取决于水的 pH 值、水流速度梯度等因素。

天然水体中存在大量悬浮物，悬浮物的形态是不同的，大颗粒悬浮物可在自身重力作用下沉降；另一种是胶体颗粒，是使水产生浑浊的一个重要原因，胶体颗粒靠自然沉淀是不能除去的。因为水中胶体颗粒微小，主要是带负电的黏土颗粒，胶粒间存在着静电斥力、胶粒的布朗运动、胶粒表面的水化作用，使胶粒具有分散稳定性。因此可在废水中预先投加化学药剂来破坏胶体的稳定性，并提供胶粒碰撞的动能，使废水中的胶体和细小悬浮物聚集成具有可分离性的絮凝体，再加以分离除去。

消除或降低胶体颗粒稳定因素的过程叫脱稳。脱稳后的胶粒，在一定的水力条件下，才能形成较大的絮凝体，俗称矾花。直径较大且较密的矾花容易下沉，自投加混凝剂直至形成矾花的过程叫混凝。

胶体颗粒带有一定的电荷，它们之间的静电斥力是胶体颗粒长期处于稳定的分散悬浮状态的主要原因，胶粒所带的电荷即电动电位称 ξ 电位，ξ 电位的高低决定了胶体颗粒之间斥力的大小及胶体颗粒的稳定性程度，胶粒的 ξ 电位越高，胶体颗粒的稳定性越高。

胶体颗粒的 ξ 电位通过在一定外加电压下带电颗粒的电泳迁移率计算：

$$\xi = \frac{K\pi\eta\mu}{HD} \tag{4-10}$$

式中　K——微粒形状系数，对于圆球体 $K=6$；

π——系数，为 3.141 6；

η——水的黏度，此取 10^{-1} Pa · s；

μ——颗粒电泳迁移率，(μm/s/V/cm)；

H——电场强度梯度，V/cm；

D——水的介电常数 $D_{水}=8.1$。

通常，ξ 电位一般值在 10～200 mV 之间，一般天然水体中胶体颗粒的 ξ 电位为 −30 mV 以上，投加混凝剂以后，只要该电位降至 −15 mV 左右，即可得到较好的混凝效果，相反，ξ 电位降为 0 时，往往不是最佳混凝效果。

投加混凝剂的多少，直接影响混凝的效果。投加量不足或投加量过多，均不能获得良好的混凝效果。

不同水质对应的最优混凝剂投加量也各不相同,必须通过实验的方法加以确定。

向被处理水中投加混凝剂(如 $Al_2(SO_4)_3$)后,生成 Al(Ⅲ)化合物对胶体颗粒的脱稳效果不仅受投量、水中胶体颗粒的浓度影响,同时还受水 pH 的影响。若 pH <4,则混凝剂的水解受到限制,其水解产物中高分子多核多羟基物质的含量很少,絮凝作用很差;如水 pH $>8\sim10$,它们就会出现溶解现象而生成带负电荷,不能发挥很好混凝效果的络合离子。

水力条件对混凝效果有重大的影响,水中投加混凝剂后,胶体颗粒发生凝聚而脱稳,之后相互聚集,逐渐变成大的絮凝体,最后长大至能发生自然沉淀的程度。在此过程中,必须严格控制水流的混合条件,在凝聚阶段,要求在投加混凝剂的同时,使水流具有强烈的混合作用,以便所投加的混凝剂能在较短时间内扩散到整个被处理水体中,起压缩双电层作用,降低胶体颗粒的 ξ 电位,而使其脱稳,此阶段所需延续的时间仅为几十秒钟,最长不超过 2 min。絮凝(混合)阶段结束以后,脱稳的颗粒即开始相互接触、聚合。此阶段要求水流具有由强至弱的混合强度。以一方面保证脱稳的颗粒间相互接触的概率,另一方面防止已形成的絮体被水力剪切作用而打破,一般要求混合速度由大变小,通常可用 G 值和 GT 值来反映沉淀的效果,G 值一般控制在 70 ~ 20,GT 值为 104 ~ 105 之间为宜。

三、实验设备及材料

1. 实验材料:氯化铝、硫酸铝和三氯化铁混凝剂若干,化学纯盐酸和氢氧化钠溶液各 1 瓶。

2. 实验仪器及设备:

(1)实验装置

混凝实验装置主要是实验搅拌机。搅拌机上装有电机的调速设备,电源采用稳压电源,如图 4 – 9 所示。

图 4 – 9 混凝实验装置

(2)设备及仪器仪表

混凝试验搅拌机 MY3000 – 6M 型 1 台,光电式浊度仪 WZS – 185 型 1 台,酸度计 PB – 101 台,200mL 烧杯 6 个,移液管 1 mL,10 mL 各 1 支。

四、实验步骤及记录

1. 最佳投药量实验步骤

(1)确定原水特征,即测定原水水样混浊度、pH 值、温度,并记录。

(2)确定形成矾花所用的最小混凝剂量。方法是通过慢速搅拌(或 50 r/min)烧杯中 500 mL 原水,并每次增加 0.5 mL 混凝剂投加量,直至出现矾花为止。这时的混凝剂量作为形成矾花的最小投加量。

(3)用 6 个 1 000 mL 的烧杯,分别放入 1 000 mL 原水,置于实验搅拌机平台上。

(4)确定实验时的混凝剂投加量。根据步骤(2)得出的形成矾花最小混凝剂投加量,取其 1/4 作为 1

号烧杯的混凝剂投加量,取其2倍作为6号烧杯的混凝剂投加量,用依次增加混凝剂投加量相等的方法求出2~5号烧杯混凝剂投加量、把混凝剂分别加入1~6号烧杯中。例如:最小投加量是4 mL,1~6号烧杯依次投加1 mL,2 mL,3.5 mL,5 mL,6.5 mL,8 mL,填入表中。

(5)启动搅拌机,快速搅拌0.5 min、转速约300 r/min:中速搅拌6 min,转速约100 r/min;慢速搅拌6 min、转速约50 r/min。

(6)关闭搅拌机、抬起搅拌桨、静止沉淀5 min,打开取样阀取100 mL水样放入200 mL烧杯内,立即用浊度仪测定浊度,记入表中。

2. 最佳pH值实验步骤

(1)取6个1 000 mL烧杯分别放入1 000 mL原水,置于实验搅拌机平台上。

(2)确定原水特征,测定原水浑浊度、pH值、温度。本实验所用原水和最佳投药量实验时相同。

(3)调整原水pH值,用移液管依次向1号、2号、3号装有水样的烧杯中分别加入1.5 mL,1.0 mL,0.5 mL 10%浓度的盐酸。依次向5号、6号装有水样的烧杯中分别加入0.5 mL,1.0 mL 10%浓度的氢氧化钠。

(4)启动搅拌机,快速搅拌0.5 min,转速约300 r/min。随后从各烧杯中分别取出50 mL水样放入三角烧杯,用pH仪测定各水样pH值记入表中。

(5)向各烧杯中加入相同剂量的混凝剂。(投加剂量按照最佳投药量实验中得出的最佳投药量而确定)。

(6)启动搅拌机,快速搅拌0.5 min,转速约300 r/min:中速搅拌6 min,转速约100 r/min慢速搅拌6 min,转速约50 r/min。

(7)关闭搅拌机,静置5 min,用50 mL注射针筒抽出烧杯中的上清液(共抽三次约100 mL放入200 mL烧杯中,立即用浊度仪测定浊度,记入表中。

五、实验结果与分析

1. 最佳投药量实验结果整理

(1)把原水特征、混凝剂投加情况、沉淀后的剩余浊度记入表4-5中。

表4-5　最佳混凝剂投加量

水样编号	1	2	3	4	5	6
投药量/(mg/L)						
初矾花时间						
矾花沉淀情况						
剩余浊度						

(2)以沉淀水浊度为纵坐标,混凝剂加注量为横坐标。绘出浊度与药剂投加量关系曲线,并从图上求出最佳混凝剂投加量

2. 最佳pH值实验结果整理

(1)把原水特征、混凝剂加注量,酸碱加注情况,沉淀水浊度记入表4-6中。

表4-6　最佳pH值

水样编号	1	2	3	4	5	6
盐酸/mL						

表 4-6(续)

水样编号	1	2	3	4	5	6
烧碱/mL						
水样 pH 值						
剩余浊度						

(2)以沉淀水浊度为纵坐标,水样 pH 值为横坐标绘出浊度与 pH 值关系曲线,从图上求出所投加混凝剂的混凝最佳 pH 值及其适用范围。

六、实验结果讨论

(1)根据最佳投药量实验曲线,分析沉淀水浊度与混凝剂加注量的关系。

(2)本实验受哪些因素的影响较大,如何改进?

实验结果记录格式

实验小组号:　　　　实验日期:

姓名:

混凝剂:　　　　混凝剂浓度:

原水浊度:　　　　原水的 pH 值:　　　　原水温度:

最小混凝剂量/mL:　　　　相当于/(mg/L):

实验四　活性炭吸附实验

活性炭是由含碳物质(木炭、木屑、果核、硬果壳、煤等)作为原料,经高温脱水碳化和活化而制成的多孔性疏水性吸附剂。活性炭具有比表面积大、高度发达的孔隙结构、优良的机械物理性能和吸附能力,因此被应用于多种行业。在水处理领域,活性炭吸附通常作为饮用水深度净化和废水的三级处理,以除去水中的有机物。活性炭处理工艺是运用吸附的方法来去除异味、某些离子以及难以进行生物降解的有机污染物。

在吸附过程中,活性炭比表面积起着主要作用。同时,被吸附物质在溶剂中的溶解度也直接影响吸附的速度。此外,pH 的高低、温度的变化和被吸附物质的分散程度也对吸附速度有一定影响。

一、实验目的

1. 通过实验进一步了解活性炭的吸附性能,并熟悉整个实验过程的操作。
2. 掌握用“间歇法”确定活性炭处理污水的设计参数的方法。

二、实验原理

活性炭吸附过程包括物理吸附和化学吸附。其原理就是利用活性炭的固体表面对水中一种或多种物质的吸附作用,以达到净化水质的目的。

当吸附质在吸附剂表面达到动态平衡时,吸附质在溶液中的浓度和吸附剂表面的浓度都不再改变,此时溶液中的吸附质浓度称为平衡浓度。吸附平衡时,单位质量的吸附剂所吸附的吸附质的量称为吸附量,用 q 来表示,吸附量是反映吸附剂吸附性能和选择吸附剂的重要参考指标:

$$q = \frac{V(C_0 - C)}{M} = \frac{y}{M} \quad (\mathrm{mg/g}) \tag{4-11}$$

式中 q——活性炭吸附量,mg/g;

C——被吸附物质平衡浓度,mg/L;

C_0——吸附质的初始浓度,mg/L;

M——吸附剂的质量,g;

V——溶液的体积,L。

在一定温度条件下,活性炭的吸附量随被吸附物质平衡浓度的提高而提高,两者之间的变化曲线称吸附等温线,如图 4-10 所示。

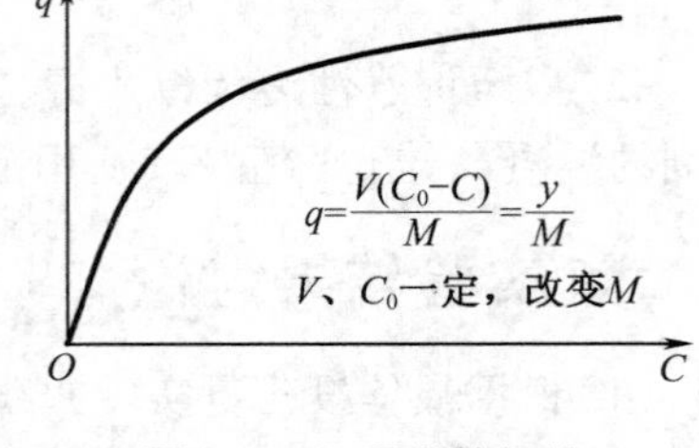

图 4-10 吸附等温线

吸附等温线有多种经验表达式,其中 Freundlich 吸附等温式适用于准确描述大多数吸附过程:

$$q = KC^{\frac{1}{n}} \qquad (4-12)$$

式中 q——活性炭吸附量,mg/g;

C——被吸附物质平衡浓度,mg/L;

K,n——与溶液的温度、pH 值以及吸附剂和被吸附物质的性质有关的常数。

将式(4-12)转变为

$$\lg q = \lg K + \frac{1}{n}\lg C \qquad (4-13)$$

三、实验设备及仪器

1. 分光光度计,配玻璃比色皿;
2. 振荡器;
3. 1 L 容量瓶 1 个;
4. 10 mL 移液管 1 只;
5. 洗耳球 1 个;
6. 滤纸;
7. 50 mL 比色管 8 只;
8. 100 mL 三角瓶 7 个;
9. 乳胶手套;
10. 蒸馏水洗瓶;
11. 活性炭(粉状);
12. 亚甲基蓝,配制成 100 mg/L 的亚甲基蓝标准储备液;
13. 100 mL 量筒 1 个;
14. 50 mL 离心管 7 只;
15. 低速离心机。

四、实验步骤

1. 标准曲线的绘制

(1)配制 100 mg/L 的亚甲基蓝溶液:称取 0.1 g 亚甲基蓝,用蒸馏水溶解后移入 1 000 mL 容量瓶中,并稀释至标线。

(2)用移液管分别移取 100 mg/L 的亚甲基蓝标准溶液 0 mL,1 mL,2 mL,3 mL,4 mL,6 mL,8 mL,10 mL于 50 mL 比色管中,用蒸馏水稀释至 50 mL 刻度线处,摇匀后在 665 nm 波长下用分光光度计测定其吸光度值,记录到数据表 4-7 中,并用 EXCEL 绘制标准曲线。

2. 吸附等温线间歇式吸附实验步骤

(1)将已放入活性炭的三角瓶按质量由大到小排好，对离心管、比色管进行相应编号。

(2)向三角瓶注入 50 mL 100 mg/L 的亚甲蓝溶液。

(3)在振荡器上以 24 ℃，振荡 1 h。

(4)取 20 mL 振荡后溶液，2 000 转离心 5 min。

(5)取离心后上清液 5 mL 于 50 mL 比色管中，注意每取一次用洗瓶将移液管洗净并用洗耳球吹干后，再用于下一次取样。

(6)用蒸馏水稀释至 50 mL 标线处，上下颠倒摇匀。注意稀释后相当于将平衡浓度稀释 10 倍。

(7)用分光光度计测量吸附后溶液的吸光度值，并通过标准曲线计算相应的浓度，并计算出亚甲蓝的吸附量，记录到数据表 4－8 中。

五、实验结果与分析

1. 实验结果

表 4－7　亚甲基蓝浓度与吸光度值

序号	1	2	3	4	5	6	7	8
取样体积/mL	0	1	2	3	4	6	8	10
浓度/(mg/L)								
吸光度值								

根据上述实验数据绘制标准曲线，得到标准曲线：

$y=$　　　　　　　　　　　　$R=$

表 4－8　吸附等温线绘制

序号	1	2	3	4	5	6	7
活性炭投加量 M/mg	30	25	20	15	10	5	0
初始浓度 C_0/(mg/L)							
吸光度值							
平衡浓度 C/(mg/L)							
$q=V(C_0-C)/M$							
$\lg q$							
$\lg C$							

根据测定数据绘制吸附等温线；根据 Freundlich 等温线，确定方程中常数 K，n，根据上述实验结果绘制吸附等温线，得到：

$\lg K=$　　　　；$1/n=$　　　　；$K=$　　　　；$n=$

吸附等温线：$q=$

六、思考题

1. 吸附等温线有什么现实意义？

2. 作吸附等温线时为什么要用粉状炭?
3. 实验结果受哪些因素影响较大,该如何控制?

实验五 曝气充氧实验

曝气指将空气中的氧强制向液体中转移的过程,其目的是获得足够的溶解氧。此外,曝气还有防止池内悬浮体下沉,加强池内有机物与微生物及溶解氧接触的目的。从而保证池内微生物在有充足溶解氧的条件下,对污水中有机物的氧化分解作用。

水和空气充分接触以交换气态物质和去除水中挥发性物质的水处理方法,或使气体从水中逸出,如去除水的臭味或二氧化碳和硫化氢等有害气体;或使氧气溶入水中,以提高溶解氧浓度,达到除铁、除锰或促进需氧微生物降解有机物的目的。

一、实验目的

1. 加深理解曝气充氧的机理及影响因素。
2. 掌握曝气设备清水充氧性能测定的方法。
3. 测定曝气设备的氧的总转移系数、氧利用率、动力效率等基本参数计算
4. 评价充氧设备充氧能力的好坏。

二、实验原理

评价曝气设备充氧能力的方法有两种:

1. 不稳定状态下的曝气试验,即试验过程中溶解氧浓度是变化的,由零增加到饱和浓度;
2. 稳定状态下的试验,即试验过程中溶解氧浓度保持不变。

本实验仅进行在实验室条件下进行的清水和污水在不稳定状态下的曝气试验。

所谓曝气就是人为地通过一些设备,加速向水中传递氧的一种过程。现行通过曝气方法主要有三种,即鼓风曝气、机械曝气、鼓风机械曝气。对于氧转移的机理在水处理界比较公认的就是刘易斯(Lewis)和怀特曼(Whitman)创建的双膜理论。它的内容是:在气液两相接触界面两侧存在着气膜和液膜,它们处于层流状态,气体分子从气相主体以分子扩散的方式经过气膜和液膜进入液相主题,氧转移的动力为气膜中的氧分压梯度和液膜中的氧的浓度梯度,传递的阻力存在于气膜和液膜中,而且主要存在于液膜中。如图 4-11 所示。

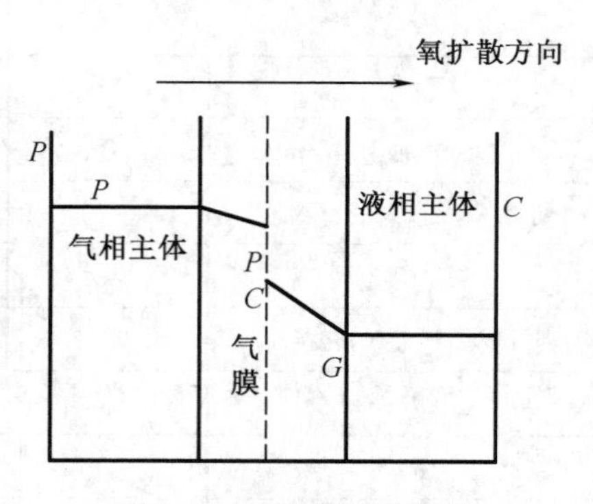

图 4-11 双膜理论模型

清水充氧

曝气系统的理论充氧能力是指 20 ℃、1.01×10^5 Pa、水中氧浓度为 0 的条件下,曝气系统向清水传输氧的速率。

影响氧转移的因素有曝气水水质、曝气水水温、氧分压、气液之间的接触面积和时间、水的絮流程度等。

氧转移的基本方程式为

$$dC/dt = K_{la}(C_S - C) \tag{4-14}$$

$$K_{la} = D_l \times A/X_f \times V \tag{4-15}$$

式中 dC/dt——液相主体中氧转移速度,mg/(l. min);

C_S——液膜处饱和溶解氧浓度,mg/L;

C——液相主题中溶解氧浓度,mg/L;

K_{la}——氧总转移系数;

D_l——氧分子在液膜中的扩散系数;

A——气液两相接触界面面积,m^2;

X_f——液膜厚度,m

V——曝气液体容积,L。

由于液膜厚度 X_f 及两相接触界面面积很难确定,因而用氧总转移系数 K_{la} 值代替。K_{la} 值与温度、水絮动性、气液接触面面积等有关。它指的是在单位传质动力下,单位时间内向单位曝气液体中充入氧量,它是反映氧转移速度的重要指标。

将式(4-14)积分整理得到曝气设备氧总转移系数 K_{la} 值计算式,即

$$K_{la}=2.303/t\times\ln(C_S-C_0)/(C_S-C_t) \tag{4-16}$$

式中 C_S——曝气筒内液体饱和溶解氧浓度;

C_0——曝气初始时,曝气筒内溶解氧浓度(一般取 $T=0$ 时,$C_0=0$);

C_t——t 时刻曝气筒内溶液溶解氧浓度;

t——曝气时间;

K_{la}——氧总转移系数。

将(3)式整理得

$$\ln(C_S-C_0)/(C_S-C_t)=K_{la}/2.303\times t \tag{4-17}$$

由(4)式可见,以 $\ln(C_S-C_0)/(C_S-C_t)$ 为纵坐标,t 为横坐标,绘制直线,通过图解法求得直线斜率可以确定 K_{la} 值。

三、实验设备及药品

1. 曝气装置,1 个;
2. 曝气池;
3. 溶解氧测定仪,1 台;
4. 分析天平,1 台;
5. 量筒,1 000 mL,1 个;
6. 无水亚硫酸钠;
7. 氯化钴若干。

四、实验步骤

1. 用 1 000 mL 量筒向曝气池内加入清水,测定水中溶解氧值,计算池内溶解氧含量

$$G=DO\cdot V \tag{4-18}$$

2. 计算投药

(1)脱氧剂(无水亚硫酸钠)用量:

$$g=(1.1\sim1.5)\times8\cdot G \tag{4-19}$$

(2)催化剂(氯化钴)用量:投加浓度为 0.1 mg/L。

3. 将药剂投入池内,至池内溶解氧值为 0 后,启动曝气装置,向池内曝气,同时开始计时。

4. 每隔 1 min(前三个间隔)和 0.5 min(后几个间隔)测定池内溶解氧值,直至池内溶解氧值不再增长(饱和)为止。随后关闭曝气装置。

五、实验记录

表 4－9　原始实验记录

水样体积 V:　　　L;水温:　　　℃;初始溶解氧浓度 C_0 mg/L							
无水亚硫酸钠用量:　　　g;氯化钴用量:　　　g							
测量时间/min	1	2	3	3.5	4.0	4.5	5	……
溶解氧浓度/(mg/L)								……

六、结果整理

表 4－10　结果整理

$t-t_0$/min	C_t/mg/L	C_S-C_t/mg/L	$\ln\frac{C_s}{C_s-C_t}$	$\tan\alpha=\frac{1}{t-t_0}$	$1/t-t_0$	$K_{la}(T)$/min^{-1}

1. 计算氧总转移系数 $K_{la}(T)$

(1)氧总转移系数 $K_{la}(T)$ 计算表

(2)充氧时间 t 为横坐标,水中溶解氧浓度变化 $\ln\frac{C_S}{C_S-C_t}$ 为纵坐标,作图绘制充氧曲线,所得直线的斜率即为 K_{la}。

2. 计算温度修正系数 K,根据 $K_{la}(T)$,求氧总转移系数 $K_{la}(20)$

$$K=1.024(20-T)$$

$$K_{la}(20)=K\cdot K_{la}(T)=1.024(20-T)\times K_{la}(T) \tag{4-20}$$

3. 计算充氧设备充氧能量 E_L

$$E_L=K_{la}(20)\cdot C_S kgO2/(\mathrm{h\cdot m^3}) \tag{4-21}$$

式中,C_S 是 20 ℃时溶解氧饱和值,$C_S=9.17$ mg/L

4. 计算曝气设备动力效率 Ep

$$Ep=\frac{E_L\cdot V}{N}(\mathrm{kg/(kW\cdot h)}) \tag{4-22}$$

式中　N——理论功率,只计算曝气充氧所耗有用功;

　　　V——曝气池有效体积。

七、注意事项

1. 溶解氧仪使用前应该先检查探头内有无电解液,并预热 5 min 以上,读取曝气池 DO 值时,溶解氧仪探头在水中至少要停留 20 s。

2. 当采用本实验装置实验时,各阀门的开闭顺序必须正确,不得有误,以防液体倒流进入流量计。

八、思考题

1. 曝气充氧原理及其影响因素是什么？
2. 温度修正、压力修正系数的意义如何？
3. 氧总转移系数 K_{la} 的意义是什么？

实验六 活性污泥评价指标测定

随着在实际生产上的广泛应用和技术上的不断革新改进，特别是近几十年来，在对其生物反应和净化机理进行深入研究探讨的基础上，活性污泥法在生物学、反应动力学的理论方面以及在工艺方面都得到了长足的发展，出现了多种能够适应各种条件的工艺流程。

目前，活性污泥法是生活污水、城市污水以及有机性工业废水处理中最常用的工艺。

活性污泥法是目前去除有机污染物最有效的方法之一，目前国内外95%以上的城市污水处理和50%左右的工业废水处理都采用活性污泥法，具有很强的净化功能，去除BOD，SS的效率高，均可达到95%以上。广泛的普适性：适于各种有机废水，大中小型污水处理厂，高中低负荷。由于是依靠微生物的处理，运行费用较低，可实现生物脱氮除磷。

活性污泥是人工培养的生物絮凝体，它是由好氧微生物及其吸附的有机物组成的。活性污泥具有吸附和分解废水中的有机物（也有些可利用无机物质）的能力，显示出生物化学活性。

一、实验目的

1. 掌握沉降比和污泥指数这两个表征活性污泥沉淀性能指标的测定和计算方法。
2. 进一步明确沉降比，污泥指数和污泥浓度三者之间的关系以及它们对活性污泥法处理系统的设计和运行控制的指导意义。
3. 加深对活性污泥的絮凝沉淀的特点和规律的认识。

二、实验原理

通常沉降性能的指标用污泥沉降比和污泥指数来表示。沉降比 S_V 即曝气池出水的混合液的体积在100 mL的量筒中静置沉淀30 min后，沉淀后的污泥体积和混合液体积（100 mL）的比值。污泥指数（S_{VI}）的全称为污泥容积指数，是曝气池出口处混合液经30 min静沉后，1 g干污泥所占的容积，以毫升计。污泥指数能客观地评价活性污泥的松散程度和絮凝、沉淀性能，及时地反映出是否有污泥膨胀的倾向或已经发生污泥膨胀。

1. 混合液悬浮固体浓度（M_{LSS}）

$$M_{LSS} = M_a + M_e + M_i + M_{ii} \quad (\text{mg/L 或 g/m}^3) \tag{4-23}$$

（单位体积混合液内所含有的活性污泥固体物的总质量）

式中 M_a——具有活性的微生物群体；

M_e——微生物自身氧化的残留物；

M_i——原污染挟入的不能为微生物降解的惰性物；

M_{ii}——原污水挟入的无机物质。

2. 混合液挥发性悬浮固体浓度（M_{LVSS}）

$$M_{LVSS} = M_a + M_e + M_i \tag{4-24}$$

（活性污泥中有机性固体物质的浓度）

在条件一定时，M_{LVSS}/M_{LSS}是较稳定的，对城市污水，一般是0.75～0.85。

3. 污泥沉降比(S_V)

污泥沉降比是指将曝气池中的混合液在量筒中静置30 min，其沉淀污泥与原混合液的体积比，一般以百分数表示；能相对地反映污泥数量以及污泥的凝聚、沉降性能，可用以控制排泥量和及时发现早期的污泥膨胀；正常数值为20%～30%。

4. 污泥体积指数(S_{VI})

曝气池出口处混合液经30 min静沉后，1 g干污泥所对应的沉淀污泥体积，单位是mL/g。

$$S_{VI}=\frac{S_V(\text{mL/L})}{M_{LSS}(\text{g/L})}=\frac{\text{混合液(1/L)30 min 静沉形成的活性污泥体积(mL)}}{\text{混合液(1/L)中悬浮物固体干重(g)}} \tag{4-25}$$

能更准确地评价污泥的凝聚性能和沉降性能，其值过低，说明泥粒小，密实，无机成分多；其值过高，说明其沉降性能不好，将要或已经发生膨胀现象；城市污水的S_{VI}一般为50～150 mL/g。

三、实验所需仪器设备及材料

1. 活性污泥法处理系统(模型系统)包括曝气池和二次沉淀池；
2. 活性污泥法处理系统所需要的设备；
3. 过滤器，1套；
4. 烘箱，1台；
5. 分析天平，1台；
6. 干燥器，1台；
7. 称量瓶，1个；
8. 量筒，100 mL，1个；
9. 虹吸管、吸耳球等提取污泥的器具。

四、实验步骤

1. 将干净的100 mL量筒用蒸馏水冲洗后，甩干。
2. 将虹吸管吸入口放在曝气池的出口处，用吸耳球将曝气池的混合液吸出，并形成虹吸。
3. 通过虹吸管取100 mL混合液置于100 mL量筒中，并从此时开始计算沉淀时间。
4. 观察活性污泥凝絮和沉淀的过程与特点，且在第1 min，3 min，5 min，10 min，15 min，20 min，30 min分别记录污泥界面以下的污泥容积。
5. 第30 min的污泥容积(mL)即为污泥沉降比(S_V)。
6. 将经30 min沉淀的污泥和上清液一同倒入过滤器中测定其污泥干重。

污泥干重的测量方法：

(1)将滤纸和称量瓶放在103～105 ℃烘箱中干燥至恒重，称量并记录W_1。

(2)将该滤纸剪好平铺在布氏漏斗上(剪掉的部分滤纸不要丢掉)。

(3)将测定过沉降比的100 mL量筒内的污泥全部倒入漏斗，过滤(用水冲净量筒，水也倒入漏斗)。

(4)将载有污泥的滤纸移入称量瓶重，放入烘箱(103～105 ℃)中烘干恒重，称量并记录W_2。

(5)污泥干重$=W_2-W_1$。

表4-11　原始实验记录

静沉时间/min	1	3	5	10	15	20	30
污泥容积/mL							

表 4 - 11(续)

静沉时间/min	1	3	5	10	15	20	30
滤纸 + 称量瓶质量 W_1/g							
滤纸 + 称量瓶 + 污泥质量 W_2/g							
活性污泥干质量/g							

五、实验结果整理

1. 根据测定污泥沉降比(S_V)

$$S_V = \frac{\text{混合液静沉 30 min 污泥容积(mL)}}{\text{混合液容积(100 mL)}} \times 100\% \tag{4-26}$$

2. 根据实验测定数据计算污泥浓度(M_{LSS})

$$M_{LSS} = \frac{W_2 - W_2}{\text{混合液容积(100 mL)}} \times 10 \quad (\text{g/L}) \tag{4-27}$$

3. 根据实验测定数据计算污泥指数(S_{VI})

$$S_{VI} = \frac{S_V \times 10}{M_{LSS}} \tag{4-28}$$

4. 绘出 100 mL 量筒中污泥容积随沉淀时间的变化曲线。

六、思考题

1. 通过所得到的污泥沉降比和污泥指数,评价该活性污泥法处理系统中活性污泥的沉降性能,是否有污泥膨胀的倾向或已经发生膨胀。

2. 污泥沉降比和污泥指数二者有什么区别和联系?

3. 活性污泥的絮凝沉淀有什么特点和规律?

实验七　SBR 生物硝化反硝化实验

SBR 是序批式间歇活性污泥法(Sequencing Batch Reactor)的简称,它通过时间上的安排,在一个池子内完成了进水、反应、沉淀和排水等一系列工艺过程,构成了一个周期。SBR 工艺是近年来在国内外被引起广泛重视和研究日趋增多的一种污水生物处理新技术。SBR 法也是近年来在国内外被引起广泛重视和研究日趋增多的一种污水生物处理新技术,具有较高的脱氮除磷效果,目前业已有一些生产性装置在运行中。

一、实验目的

1. 了解 SBR 法系统的特点。

2. 通过实验希望达到掌握 SBR 工艺运行机理和确定运行参数的基本方法。

3. 加深生物硝化、反硝化基本原理的理解。

二、实验原理

目前,SBR 工艺主要应用在以下几个污水处理领域:①城市污水;②工业废水,主要有味精、啤酒、制药、焦化、餐饮、造纸、印染、洗涤、屠宰等工业的污水处理。SBR 工艺法又称为序批式活性污泥法,是污水生化处理方法中的一种间歇运行的处理工艺。它具有以下特点:工艺简单、运行和基建费用低,SBR 的主体工艺设备由一个或多个间歇反应池(SBR 池)组成,这是由处理水量决定的。与普通活泥法相比,不需二沉池、污泥回流设备,为获得同样的处理效率,SBR 法的反应池理论上明显小于连续池占地体积,而且池越多,SBR 的总体积越小。尤其是由于不需要回流污泥而能够大大节省能耗和基建费用。SBR 如采用限制曝气方式运行,则在曝气反应之初,池内溶解氧浓度梯度大,氧气利用率也较高;在缺氧条件段,微生物可以有效地从硝酸盐中获得氧,这也节省了充氧量。SBR 工艺运行方式灵活,可生成多种工艺路线。同一反应器仅通过改变运行工艺参数就可以处理不同性质的废水。由于进水结束后,原水与反应器隔离,进水水质水量的变化对反应器不再有任何影响,因此工艺的耐冲击负荷能力高。由于反应在同一个反应器内进行,可以从时间上安排曝气、缺氧和厌氧等不同状态下工作,实现除磷脱氮的目的。SBR 法在反应阶段是时间上理想的推流状态,即底物的质量浓度梯度大,使 F/M 梯度也达到最大的理想,S_{VI}值更低,污泥不易膨胀。对水量、水质变化适应性强、有机物去除率高。SBR 系统是一种封闭系统,反应器中基质和微生物浓度是随时间变化的,在废水和生物污泥接触混合及曝气反应过程中,废水中基质的去除应由反应时间来决定。SBR 是理想的推流式反应器,耐冲击负荷且处理有毒或高浓度有机废水的能力强,同时还具有生化反应推动力大的优点。间歇式进水和排水有调节缓和冲击负荷的作用,使 SBR 系统运行稳定。一些废水间歇排放且流量很小,或者水质波动极大,此时采用 SBR 法易取得良好的效果。SBR 的沉淀是在理想静沉条件下进行的,不受进出水流的干扰,可以避免短流和异重流的出现,是一种理想的静态沉淀,因此固液分离效果好,容易获得澄清的出水。剩余污泥含水率低,浓缩污泥含固率可达到 2.5% ~3%,这为后续污泥的处置提供了良好的条件。生物脱氮过程是由好氧生物硝化和厌氧或缺氧反硝化两个生物化学过程组成。SBR 在曝气反应后期,反应器内溶解氧质量浓度较高,而基质质量浓度已大幅度下降,废水中的氨氮在有机物去除的基础上完成硝化过程。反硝化过程是由兼性菌或厌氧菌完成,硝酸盐作为电子受体,各种碳水化合物作为电子供体进行无氧呼吸,在有机物被氧化分解的基础上将硝酸盐氮还原成氮气逸出。SBR 工艺的时间序列性和运行条件上的较大灵活性为其脱氮除磷提供了得天独厚的条件,即 SBR 工艺在时间序列上提供了缺氧($DO=0, NO>0$)、厌氧($DO=0, NO>0$)和好氧($DO>0$)的环境条件,使缺氧条件下实现反硝化,厌氧条件下实现磷的释放和好氧条件下的硝化及磷的过度摄取,从而有效地脱氮除磷。

SBR 工艺的操作过程(图 4-12):

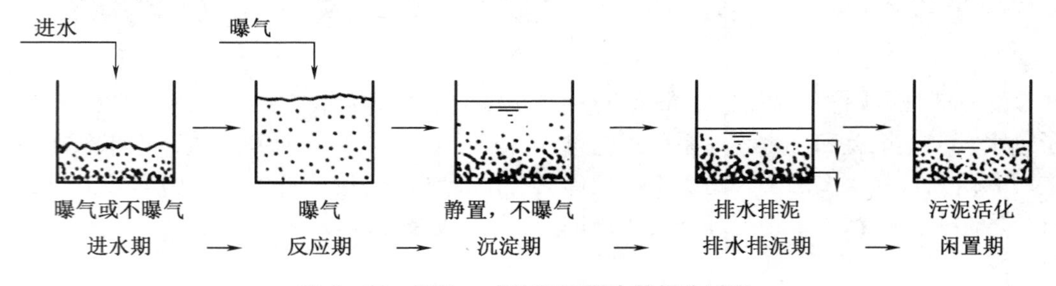

图 4-12　SBR 一个运行周期内的操作过程

1. 进水期:将原污水或经预处理后的污水引入 SBR 反应器;充水时间根据处理规模和反应器容积及污水水质而定,一般为 1 ~4 h,通水量一般为 SBR 容器的一半。

2. 反应期:SBR 反应器充满水后,进行曝气如同连续式完全混合活性污泥法,对有机物进行生物降解;曝气时间取决于污水的性质,反应器中污泥浓度及曝气方式等因素,一般在 2 ~8 h。

3. 沉淀期:沉淀过程的功能是澄清出水,浓缩污泥,沉淀期所需的时间应根据污水的类型及处理要求具体确定,一般为 1 ~2 h。

4. 排水排泥期:将上清液排出反应器,将相当于反应过程中生长而产生的污泥量排出反应器,以保持

反应器内一定数量的污泥,时间为 1 ~2 h。

5. 闲置期:在静置、无进水的条件下,使微生物通过内源呼吸作用恢复其活性,为下一运行周期创造良好的初始条件。

三、实验设备及材料

1. 实验仪器:SBR 装置;加热 – 回流装置;25 mL 酸式滴定管;防暴沸玻璃珠;250 mL 锥形瓶若干;20 mL,10 mL 移液管各 1 支。

2. 实验材料:蒸馏水;硫酸银,化学纯;硫酸,$\rho = 1.84$ g/mL;硫酸银 – 硫酸试剂;重铬酸钾标准溶液($c(1/6\ K_2Cr_2O_7) = 0.25$ mol/L);硫酸亚铁铵标准滴定溶液($c = 0.100\ 8$mol/L);试亚铁灵指示剂溶液。

四、实验步骤

不同氧化时间的处理效果的实验步骤:

1. 取 40 mL 废水箱中的废水、60 mL SBR 反应池中废水的水样,混合后作为原配水样,测定其 CODcr 值。

2. 开启进水泵,调整进水流量为 80 L/h(进水方式可为不曝气、半曝气或全曝气),进水 0.5 h 停止,取 80 mL 混合水样(不曝气时在进水结束后搅拌 1 min 再取水样)于离心管中,3 000 r/min 转速下离心 10 min 后取上清液 20 mL,测定其 COD_{cr} 值。

3. 开启真空泵,曝气 90 min,自开始曝气起每隔 30 min 取 SBR 反应期的 80 mL 水样于离心管,3 000 r/min转速下离心 10 min 后取上清液 20 mL,测定其 COD_{cr} 值。

4. 实验完成后,关闭真空泵、电源开关,整理实验数据。

水质化学需氧量 COD 测定的实验步骤:

(1)移液管取 20.0 mL 待测试料于洁净的 250 mL 锥形瓶中。

(2)于试料中加入 10.0 mL 重铬酸钾标准溶液和几颗防爆沸玻璃珠,摇匀。将锥形瓶接到回流装置冷凝管下端,接通冷凝水。从冷凝管上端缓慢加入 30 mL 硫酸银—硫酸试剂,以防止低沸点有机物的逸出,混合均匀后开始加热,自溶液开始沸腾起回流 1 h。

(3)充分冷却后,用 20 ~30 mL 水自冷凝管上端冲洗冷凝管 2 ~3 次,取下锥形瓶。

(4)待溶液冷却至室温后,加入 3 滴试亚铁灵指示剂溶液,用硫酸亚铁铵标准滴定溶液滴定,溶液的颜色由黄色经蓝绿色变为红褐色即为终点。记下硫酸亚铁铵标准滴定溶液的消耗毫升数 V_2。

5. 空白试验:

按相同步骤以 20.0 mL 蒸馏水代替试料进行空白试验,记录下空白滴定时消耗硫酸亚铁铵标准溶液的毫升数 V_1。

五、数据整理

水质 COD 测定:计算公式为

$$\text{COD} = \frac{C(V_1 - V_2) \times 8\ 000}{V_0} \quad (\text{mg/L}) \qquad (4-29)$$

表 4-12　SBR 法处理废水实验——三种不同曝气方式下的进水期、反应期实验数据

	水样	硫酸亚铁铵滴定用量/mL	CODcr/mg	CODcr 去除率/%
限制性进水	蒸馏水空白			
	原配水样			
	进水结束混合水样			
	反应 30 min 水样			
	反应 60 min 水样			
	反应 90 min 水样			
半限制性进水	蒸馏水空白			
	原配水样			
	进水结束混合水样			
	反应 30 min 水样			
	反应 60 min 水样			
	反应 90 min 水样			
非限制性进水	蒸馏水空白			
	原配水样			
	进水结束混合水样			
	反应 30 min 水样			
	反应 60 min 水样			
	反应 90 min 水样			

六、实验结果的讨论

（略）

七、思考题

1. SBR 法与传统活性污泥法相比有哪些优点？

实验八　膜分离实验

膜分离是近数十年发展起来的一种新型分离技术。膜分离技术具有操作方便、设备紧凑、工作环境安全、节约能量和化学试剂等优点，因此在 20 世纪 60 年代，膜分离方法自出现后不久就很快在海水淡化工程中得到大规模的商业应用。目前除海水、苦咸水的大规模淡化以及纯水、超纯水的生产外，膜分离技术还在食品工业、医药工业、生物工程、石油、化学工业、环保工程等领域得到推广应用。

一、实验目的

1. 了解膜的结构和影响膜分离效果的因素，包括膜材质、压力和流量等。
2. 了解膜分离的主要工艺参数，掌握膜组件性能的表征方法。

3. 了解和熟悉超滤膜分离的工艺过程。

二、实验原理

膜分离是以对组分具有选择性透过功能的人工合成的或天然的高分子薄膜(或无机膜)为分离介质,通过在膜两侧施加(或存在)一种或多种推动力,使原料中的某组分选择性地优先透过膜,从而达到混合物的分离,并实现产物的提取、浓缩、纯化等目的的一种新型分离过程。其推动力可以为压力差(也称跨膜压差)、浓度差、电位差、温度差等。膜分离过程有多种,不同的过程所采用的膜及施加的推动力不同,通常称进料液流侧为膜上游、透过液流侧为膜下游。

微滤(MF)、超滤(UF)、纳滤(NF)与反渗透(RO)都是以压力差为推动力的膜分离过程,当膜两侧施加一定的压差时,可使一部分溶剂及小于膜孔径的组分透过膜,而微粒、大分子、盐等被膜截留下来,从而达到分离的目的。四个过程的主要区别在于被分离物粒子或分子的大小和所采用膜的结构与性能。微滤膜的孔径范围为0.05~10 μm,所施加的压力差为0.015~0.2 MPa;超滤分离的组分是大分子或直径不大于0.1 μm的微粒,其压差范围约为0.1~0.5 MPa;反渗透常被用于截留溶液中的盐或其他小分子物质,所施加的压差与溶液中溶质的相对分子质量及浓度有关,通常的压差在2 MPa左右,也有高达10 MPa的;介于反渗透与超滤之间的为纳滤过程,膜的脱盐率及操作压力通常比反渗透低,一般用于分离溶液中相对分子质量为几百至几千的物质。

1. 微滤与超滤

微滤过程中,被膜所截留的通常是颗粒性杂质,可将沉积在膜表明上的颗粒层视为滤饼层,则其实质与常规过滤过程近似。本实验中,以含颗粒的混浊液或悬浮液,经压差推动通过微滤膜组件,改变不同的料液流量,观察透过液测清液情况。

对于超滤,筛分理论被广泛用来分析其分离机理。该理论认为,膜表面具有无数个微孔,这些实际存在的不同孔径的孔眼像筛子一样,截留住分子直径大于孔径的溶质和颗粒,从而达到分离的目的。应当指出的是,在有些情况下,孔径大小是物料分离的决定因数;但对另一些情况,膜材料表面的化学特性却起到了决定性的截留作用。如有些膜的孔径既比溶剂分子大,又比溶质分子大,本不应具有截留功能,但令人意外的是,它却仍具有明显的分离效果。由此可见,膜的孔径大小和膜表面的化学性质将分别起着不同的截留作用。

2. 膜性能的表征

一般而言,膜组件的性能可用截留率(R)、透过液通量(J)和溶质浓缩倍数(N)来表示。

$$R=\frac{C_0-C_p}{C_0}\times 100\% \tag{4-30}$$

式中 R——截流率;

C_0——原料液的浓度,$kmol/m^3$;

C_P——透过液的浓度,$kmol/m^3$。

对于不同溶质成分,在膜的正常工作压力和工作温度下,截留率不尽相同,因此这也是工业上选择膜组件的基本参数之一。

$$J=\frac{V_P}{S\cdot t} \tag{4-31}$$

式中 J——透过液通量,$L/(m^2\cdot h)$;

V_p——透过液的体积,L;

S——膜面积,m^2;

t——分离时间,h。

其中,$Q=\frac{V_P}{t}$即透过液的体积流量,在把透过液作为产品参数的某些膜分离过程中(如污水净化、海水淡化等)，该值用来表征膜组件的工作能力。一般膜组件出厂，均有纯水通量这个参数，即用日常自来水(显然钙离子、镁离子等成为溶质成分)通过膜组件而得出的透过液通量。

$$N = \frac{C_R}{C_P} \tag{4-32}$$

式中 N——溶质浓缩倍数；

C_R——浓缩液的浓度，$kmol/m^3$；

C_P——透过液的浓度，$kmol/m^3$。

该值比较了浓缩液和透过液的分离程度，在某些以获取浓缩液为产品的膜分离过程中(如大分子提纯、生物酶浓缩等)，是重要的表征参数，见表4-13。

表4-13 各种膜分离方法的分离范围

膜分离类型	分离粒径/μm	近似相对分子质量	常见物质
过滤	>1		砂粒、酵母、花粉、血红蛋白
微滤	0.06~10	>500 000	颜料、油漆、树脂、乳胶、细菌
超滤	0.005~0.1	6 000~500 000	凝胶、病毒、蛋白、炭黑
纳滤	0.001~0.011	200~6 000	染料、洗涤剂、维生素
反渗透	<0.001	<200	水、金属离子

三、实验装置与流程

本实验装置均为科研用膜，透过液通量和最大工作压力均低于工业现场实际使用情况，实验中不可将膜组件在超压状态下工作。主要工艺参数如表4-14，流程图见图4-13。

表4-14 膜分离装置主要工艺参数

膜组件	膜材料	膜面积/m^2	最大工作压力/MPa
超滤(UF)	聚砜聚丙烯	0.1	0.15

本装置中的超滤孔径可分离相对分子质量5万级别的大分子，作为演示实验，可选用90 mL聚乙二醇加适量水配成的水溶液作为料液进行实验。

四、实验步骤及方法

超滤膜分离：以自来水为原料，考察料液通过超滤膜后，膜的渗透通量随时间的衰减情况，并考察操作压力和膜表面流速对渗透通量的影响。操作步骤如下：

1. 放出超滤组件中的保护液。
2. 用去离子水清洗加热60°后清洗超滤组件2~3次，时间30 min。
3. 在原料液储槽中加入一定量的自来水后，打开低压料液泵回流阀和低压料液泵出口阀，打开超滤料液进口阀、超滤清液出口阀和浓液出口阀，则整个超滤单元回路已畅通。
4. 启动泵至稳定运转后，通过泵出口阀门和超滤馏液出口阀门调节所需要的流量和压力，待稳定后每隔10 min测量一定实验时间内的渗透液体积，做好记录。
5. 调节膜后的压力为0.03 MPa，稳定后，测量渗透液的体积，做好记录。
6. 依次增加膜后的压力分别为0.04 MPa，0.06 MPa，0.08 MPa，分别测量渗透液的体积，做好记录。

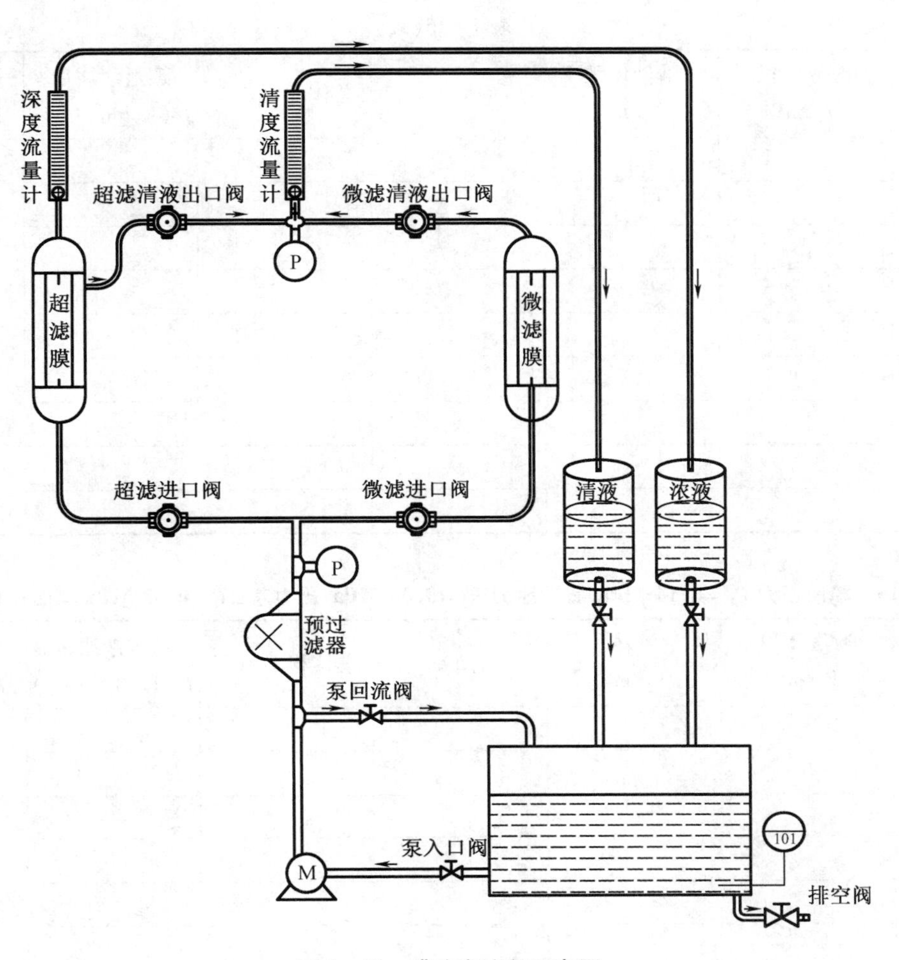

图 4-13 膜分离流程示意图

7. 利用用去离子水清洗超滤组件 2～3 次，时间 30 min。
8. 加入保护液甲醛溶液于超滤膜组件中，然后密闭系统，避免保护液的损失。

五、数据处理与讨论

表 4-15 膜前压力 $P_1=0.12$ MPa，膜后压力 $P_2=0.04$ MPa，压力差 $\Delta P=0.08$ MPa，膜面积 0.1/m^2

时间 T/min	浊液体积 V_1/mL	清液体积 V_2/mL	时间 t/s	总体积 V_3/mL	透过液通量 J/(L/(m^2·h))	平均透过液通量 J/(L/(m^2·h))
10						
20						

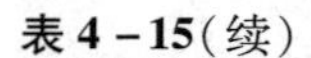
表 4-15(续)

时间 T/min	浊液体积 V_1/mL	清液体积 V_2/mL	时间 t/s	总体积 V_3/mL	透过液通量 J/(L/(m^2·h))	平均透过液通量 J/(L/(m^2·h))
30						
40						
50						

表 4-16　膜前压力 P_1=0.14 MPa,膜后压力 P_2=0.06 MPa,压力差 ΔP=0.08 MPa 膜面积 0.1/m^2

时间 T/min	浊液体积 V_1/mL	清液体积 V_2/mL	时间 t/s	总体积 V_3/mL	透过液通量 J/(L/(m^2·h))	平均透过液通量 J/(L/(m^2·h))
10						
20						
30						
40						
50						

数据处理举例:

以膜后压力为 0.04 MPa 时,过滤时间为 50 min 的第一组数据为例:

$V_3 = V_1 + V_2 = 115 + 30 = 145$ mL,$S = 0.1/\text{m}^2$

$J_1 = V_3/st = 145/1\,000/(0.1 \times 50/60) = 1.74$ L/(m^2·h),同理 $J_2 = 1.73$L/(m^2·h),

$J_3 = 1.72$ L/(m^2·h),故 J 平均 $= (J_1 + J_2 + J_3)/3 = 1.73$ L/(m^2·h)

表4-17 膜前压力 $P_1=0.16$ MPa,膜后压力 $P_2=0.0\ 8$ MPa,压力差 $\Delta P=0.08$ MPa,膜面积 0.1/m^2

时间 T/min	浊液体积 V_1/mL	清液体积 V_2/mL	时间 t/s	总体积 V_3/mL	透过液通量 J[L/(m^2·h)]	平均透过液通量 J[L/(m^2·h)]
10						
20						
30						
40						
50						

六、注意事项

1. 每个单元分离过程前,均应用清水彻底清洗该段回路,方可进行料液实验。

2. 整个单元操作结束后,先用清水洗完管路,之后在保护液储槽中配置 0.5%~1%浓度的甲醛溶液,经保护液泵逐个将保护液打入各膜组件中,使膜组件浸泡在保护液中。

3. 对于长期使用的膜组件,其吸附杂质较多,或者浓差极化明显,则膜分离性能显著下降。对于预滤和微滤组件,采取更换新内芯的手段;对于超滤、纳滤和反渗透组件,一般先采取反清洗手段。若反清洗后膜组件仍无法回复分离性能(如基本的截留率显著下降),则表面膜组件使用寿命已到尽头,需更换新内芯。

七、思考题

1. 膜组件中加保护液有何意义?
2. 查阅文献,回答什么是浓差极化,有什么危害,有哪些消除方法?
3. 为什么随着分离时间的进行,膜的通量越来越低?
4. 实验中如果操作压力过高或流量过大会有什么结果?

实验九　离子交换实验

离子交换法在水处理工程中有广泛的应用，是处理电子、医药、化工等工业用水的普遍方法，也是锅炉给水中最常用的除盐水的方法。

一、实验目的

1. 加深对阳离子交换树脂交换容量的理解。
2. 掌握测定阳离子交换树脂交换容量的方法。

二、实验原理

离子交换剂是一种不溶于水的多孔性固体物质，在其孔表面及孔隙内的一定部位附有特定的离子交换基团，它能从溶液中吸附某种阳离子或阴离子，同时把本身所含的另外一种相同电荷的离子等当量地交换，放出到溶液中，反应式为：$B^+ + R^-A^+ = A^+ + R^-B^+$，式中 R^- 为离子交换剂的母体（也称骨架）。离子交换剂包括：天然沸石、人造沸石、磺化煤、离子交换树脂等，其中离子交换树脂应用最多。按照所交换离子的种类，离子交换剂可分为阳离子交换剂和阴离子交换剂两大类。天然或人造沸石、磺化煤都是阳离子交换剂。本实验使用离子交换树脂。

树脂的交换容量是树脂最重要的性能，它定量地表示树脂交换能力的大小。树脂交换容量在理论上可以从树脂单元结构式粗略地计算出来。以强酸性苯乙烯系阳离子交换树脂为例，其单元结构式为：

$-CH-CH_2$

（苯环）

$-SO_3H$

单元结构式中共有 8 个碳原子、8 个氢原子、3 个氧原子、1 个硫原子，其分子量为 184.2，只有强酸基团 SO_3H 中的 H 遇水电离形成的 H^+ 离子可以交换，即每 184.2 g 干树脂只有 1 g 可交换离子。

强酸性阳离子交换树脂交换容量测定前需经过预处理，即经过酸碱轮流浸泡，以去除树脂表面的可溶性杂质。测定阳离子交换树脂容量常采用碱滴定法，用酚酞作指示剂，按下式计算交换容量。

$$E = \frac{MV}{W \times \text{固体含量}} [\text{mmol/g 干氢树脂}] \quad (4-33)$$

式中　M，NaOH——标准溶液的浓度，mol/L；

V，NaOH——标准溶液的用量，mL；

W——样品湿树脂质量，g。

三、实验设备与试剂

1. 万分之一精密天平；
2. 烘箱；
3. 干燥器；
4. 250 mL 锥形瓶；
5. 10 mL 移液管；
6. 强酸性阳离子交换树脂；
7. 1 mol/L HCl 溶液；

8.1 mol/L NaOH 溶液；

9.0.5 mol/L NaCl 溶液；

10.1% 酚酞乙醇溶液；

11.0.1 mol/L NaOH 溶液。

四、实验步骤

1.强酸性阳离子交换树脂的预处理：取样品约 10 g 以 1 mol/L HCl 和 1 mol/L NaOH 轮流浸泡，即按酸—碱—酸—碱—酸的顺序浸泡 5 次，每次 2 h，浸泡液体体积约为树脂体积的 2 ~ 3 倍。在酸碱互换时应用 200 mL 去离子水进行洗涤。5 次浸泡结束后用去离子水洗涤至溶液呈中性。

2.测强酸性阳离子交换树脂固体含量（%）：称取树脂样品 1 g（精确至 0.1 mg），置 105 ~ 110 ℃烘箱内约 2 h，烘干至恒重后放入氯化钙干燥器中冷却至室温，称量，记录干燥后的树脂质量。

$$固体含量 = 干燥后的树脂质量/样品质量$$

3.强酸性阳离子交换树脂交换容量的测定：称取树脂样品 1 g（精确至 0.1 mg），放入 250 mL 锥形瓶中，加入 0.5 mol/LNaCl 溶液 100 mL，摇动 5 min，放置 2 h 后加入 1% 酚酞乙醇溶液 3 滴，用标准 0.1 mol/L NaOH 溶液进行滴定，至呈微红色 15 s 不退，即为终点。记录 NaOH 标准溶液的浓度及用量。

若时间允许，平行测定三组数据，将测定的数据记录在表中。

五、实验数据整理

1.根据实验测定数据计算树脂固体含量。

2.根据实验测定数据计算树脂全交换容量。

表 4－18　强酸性阳离子交换树脂固体含量记录

湿树脂样品质量/g	烘干后树脂样品质量/g	固体含量/%	平均固体含量/%

表 4－19　强酸性阳离子交换树脂交换容量测定记录

湿树脂样品质量/g	NaOH 标准溶液浓度/mol/L	NaOH 标准溶液用量/mL	交换容量/mmol/g 干氢树脂	平均交换容量/mmol/g 干氢树脂

六、思考题

1.测定强酸性阳离子交换树脂的交换容量为何用强碱液 NaOH 滴定？

2.写出本实验有关化学反应式。

3.交换剂的全交换容量是什么？

4.离子交换除盐和离子交换软化系统有什么区别？

5.离子交换剂分为哪几类？

实验十　综合实验

水污染问题已经成为我国经济社会发展的最重要制约因素之一,已经引起国家和地方政府的高度重视。水质监测是水资源管理与保护的重要基础。目前我国水资源紧缺,水污染严重,水质监测提供的水质信息显得尤为重要。水环境是人类生存的基本环境,人类社会经济活动向河流中所排放的有机污染物的变化情况能够反映水体水质污染的变化情况。为此,该实习旨在开展所在城市水环境污染问题的系列调查。

一、实习时间

结合所在城市的水环境状况,根据丰水期、枯水期等相关条件调整采样时间。

二、实习地点

根据城区城区实际状况对主要水体监测点位进行布设。

三、实习内容

1. 城区环境监测点位布设情况

所在城区所辖水环境包括地表水和地下水,地表水主要包括水库、饮用水源地、污水处理厂、国控断面等。

2. 水环境质量监测与评价

(1)了解所在城区水环境对象概况;

(2)选取合适的监测断面和监测点位。

四、检测指标

水温,pH值,悬浮物,氧化还原电位,电导率,游离二氧化碳,侵蚀性二氧化碳,溶解氧,化学耗氧量,生化需氧量,氨氮,亚硝酸盐氮,硝酸盐氮,磷,铁,总碱度,碳酸根离子,碳酸氢根离子,氯离子,硫酸根离子,钙离子,镁离子,总硬度,钾离子,钠离子,离子总量,矿化度,挥发酚,氰化物,砷化物,六价铬,汞,镉,铅,铜,大肠菌群数和细菌总数。选测项目有:硅,硒,硫化物,锌,氟化物,滴滴涕,六六六,有机磷,油类和阴离子洗涤剂。

本次实习所测项目为:化学需氧量和总磷

五、检测方法

1. 重铬酸钾法测COD

原理:化学需氧量是指在给定条件下,1 L水中各还原物质(主要指有机物)与强氧化剂(重铬酸钾)反应所消耗的氧化剂相当于氧的量。水中还原性物质包括有机物和亚硝酸盐、硫化物、亚铁盐等无机物,COD反映了水中受还原性物质污染的程度。由于水体被有机物污染最为普遍,因此COD可作为有机物相对含量的指标之一。在强酸性溶液中,准确加入过量的重铬酸钾标准溶液加热回流,将水样中还原性物质氧化,过量的重铬酸钾以试亚铁灵为指示剂,用硫酸亚铁铵回滴,根据所消耗的硫酸亚铁铵标准计算重铬酸钾的量来计算水样中还原性物质的需氧量。

步骤 取20 mL混合均匀水样,置于250 mL磨口的回流锥形瓶中,准确加入10 mL重铬酸钾标准溶液及数粒小玻璃,连接磨口回流冷凝管,从冷凝管上方加入30 mL硫酸-硫酸银溶液,摇匀,加热回流2 h,冷却,水冲洗冷凝管,取下锥形瓶加入3滴试亚铁灵,用硫酸亚铁二铵溶液回滴颜色由黄色经蓝绿色至红褐色即为终点,记录硫酸盐铁铵的用量,同时用蒸馏水做空白。

2. 钼锑分光光度法测总磷

总磷是水样经消解后将各种形态的磷转变成正磷酸盐后测定的结果,以每升水样含磷毫克数计量。其原理为在酸性条件下,正磷酸盐与钼酸铵,酒石酸锑氧化钾反应,生成磷钼杂多酸,再被抗换血酸还原,生成蓝色络合物,测其吸光度,用标准曲线法定量。当测定总磷、溶解性正磷酸盐和总溶解性磷形成的磷时,按图4-14预处理方法转变成正磷酸盐分别测定。

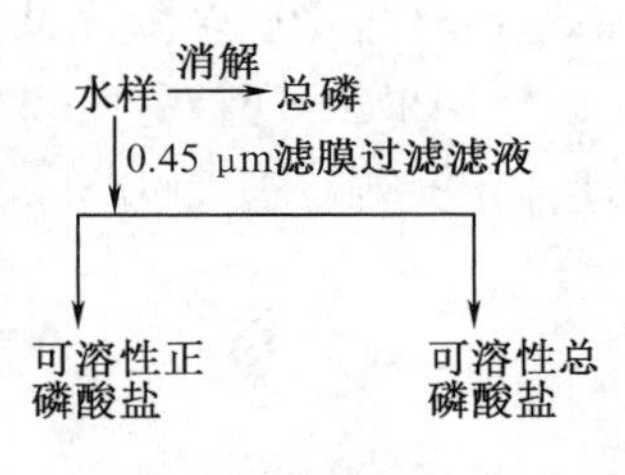

图4-14 水样中总磷的消解

六、结果及评价

表4-20 河流项目检测值

项目	采样点					
	采样点1	采样点2	采样点3	采样点4	采样点5	采样点6
COD(mg/L)						
总磷/(mg/L)						

表4-21 河流项目标准值

	COD含量/(mg/L)	总磷/(mg/L)	功能类别	功能区类别
采样点1				
采样点2				
采样点3				
采样点4				
采样点5				
采样点6				

表4-22 地表水环境质量标准基本项目标准限值

项目标准值	分类				
	Ⅰ	Ⅱ	Ⅲ	Ⅳ	Ⅴ
化学需氧量(COD)	15	15	20	30	40
总磷	0.02(湖库0.1)	0.1(湖库0.05)	0.2(湖库0.05)	0.3(湖库0.1)	0.4(湖库0.2)

水环境功能区如下:

Ⅰ类:主要适用于源头水,国家自然保护区;

Ⅱ类:主要适用于集中式生活饮用水水源地、一级保护区、珍贵鱼类保护区、鱼虾产卵场等;

Ⅲ类：主要适用于集中式生活饮用水水源地、二级保护区、一般鱼类保护区及游泳区；

Ⅳ类：主要适用于一般工业水区及人体非直接接触的娱乐用水区；

Ⅴ类：主要适用于农业用水区及一般景观要求水域。

根据所测得的数据和《地表水环境质量标准》（GB3838—2002），得出所在城市监测点值属于几类水体，是否超标，水质是否优良。对于未达到国家地表水标准的监测点进行分析，得出影响水体质量的污染源，另外如果工厂排污严重，应联系相关监督检查部门对工厂的排污情况予以检查，不符合规定的应严肃处理，停产整顿。

第 5 章　噪声污染控制工程课程实验

为了加强学生对环境噪声监测与分析技能技巧的培养，本课程实验贯彻了理论性与实践性相结合的原则，力图使学生在噪声污染控制学科领域中具备独立监测、处理分析区域环境噪声问题的能力。

5.1　实验基础知识

5.1.1　计权网络与计权声级

从等响曲线出发，在测量仪器上通过采用某些滤波器网络，对不同频率的声音信号实行不同程度的衰减，使得仪器的读数能近似地表达人对声音的响应，这种网络称为频率计权网络。就声级计而言，设立了 A，B，C，D 四种计权网络。它们测得的声级分别称为 A 计权声级、B 计权声级、C 计权声级、D 计权声级。A 计权声级是模拟人耳对 55 dB 以下低强度噪声的频率特性；B 计权声级是模拟 55 dB 到 85 dB 的中等强度噪声的频率特性；C 计权声级是模拟高强度噪声的频率特性；D 计权声级是对噪声参量的模拟，专用于飞机噪声的测量。A，B 和 C 计权声级的主要差别在于对低频成分的衰减程度，A 衰减最多，B 其次，C 最少。实践证明，A 计权声级表征人耳主观听觉较好，故实际应用较常采用 A 计权声级。经过 A 计权测量得的分贝数称为 A 计权声压级，简称 A 声级，单位也是分贝，计作 dBA，或 dB(A)。

以 A 计权声级作为噪声的评价量，其优点是简便实用，但是 A 计权声级是对低频信号有较大衰减的频率计权测量值，测量结果中不提供频率成分信息，因此存在两个明显的缺点：一是由于缺少频率成分信息，不可能作出经济合理的、科学的噪声控制设计；二是对于低频成分占优势的强噪声环境，A 计权声级符合噪声劳动卫生标准。

5.1.2　等效连续 A 声级和昼夜等效声级

5.1.2.1　等效连续 A 声级

A 计权声级能较好地反映人耳对噪声的强度与频率的主观感觉。因此对一个连续稳态噪声，它是一种较好的评价方法，但对一个起伏的或不连续的噪声，A 计权声级就不合适了。例如，交通噪声随车流量和种类而变化；又如，一台机器工作时其声级是稳定的，但由于它是间歇地工作，与另一台声级相同但连续工作的机器对人的影响就不一样。因此提出了一个用噪声能量按时间平均方法来评价噪声对人影响的问题，即等效连续声级，符号“L_{eq}”。它是用一个相同时间内声能与之相等的连续稳定的 A 声级来表示该段时间内噪声的大小。例如，有两台声级同为 85 dB 的机器，第一台连续工作 8 h，第二台间歇工作，其有效工作时间之和为 4 h 时。显然作用于操作工人的平均能量是前者比后者大一倍，即大 3 dB。因此等效连续声级反映在声级不稳定的情况下，人实际所接受的噪声能量的大小，它是一个用来表达随时间变化的噪声的等效量。

噪声等效声级（简称 LEQ）：是指在规定的时间内，某一连续稳态声的声压，具有与时变的噪声相同的均方声压，则这一连续稳态声的声级，就是此时变噪声的等效声级。噪声等效声级（dB）数值越小越好，计算公式为

$$L_{eq} = 10\lg\left[\frac{1}{t_2 - t_1}\int_{t_1}^{t_2} 10^{0.1L_{PA}(t)}\mathrm{d}t\right] \quad (\mathrm{dB}) \tag{5-1}$$

式中 L_{ep}——等效连续 A 声级，dB；

$P_A(t)$——噪音信号瞬时 A 计权声压，Pa；

P_0——基准声压，uPa；

t_2-t_1——测量时段 T 的间隔，s；

$L_{pA}(t)$——噪声信号瞬时 A 计权声压级，dB。

5.1.2.2 昼夜等效声级

考虑到夜间噪声具有更大的烦扰程度，故提出一个新的评价指标——昼夜等效声级（也称日夜平均声级），符号"L_{dn}"。它是表示社会噪声一昼夜的变化情况，表达式为

$$L_{dn}=10\lg\left[\frac{2}{3}\times10^{0.1L_d}+\frac{1}{3}\times10^{0.1(L_n+10)}\right] \tag{5-2}$$

式中 L_{dn}——昼夜等效 A 声级，dB；

L_d——昼间（6:00－22:00）测得的噪声能量平均 A 声级，dB；

L_n——夜间（22:00－6:00）测得的噪声能量平均 A 声级，dB。

5.1.3 累计百分数声级

采用等效连续 A 声级反映对人影响的大小，但噪声的随机起伏程度却没有表达，这种起伏可以用噪声出现的时间概率或累计概率来表示，目前采用的评价量为累计百分数声级 L_n。

累计百分数声级 L_n：表示在测量时间内高于 L_n 声级所占的时间为 $n\%$，一般用于有较好正态分布的噪声评价。

例 $L_{20}=60$dBA 计权表示在整个测量时间内，噪声级高于 60dBA 的时间占 20%，其余 80% 的时间内噪声级均低于 60dBA 对于同一测量时段内的噪声级，按从大到小的顺序进行排列，就可以清楚地看出噪声涨落的变化程度。

通常认为，L_{90}相当于本底噪声级，L_{50}相当于中值噪声级，L_{10}相当于峰值噪声级。

累计百分数声级一般只用于有较好正态分布的噪声评价。对于统计特性符合正态分布的噪声，其累计百分数声级与等效连续 A 声级之间有近似关系为

$$L_{eq}\approx L_{50}+\frac{(L_{10}-L_{90})^2}{60} \quad (\text{dB}) \tag{5-3}$$

5.1.4 交通噪声指数

在大多数城市中，交通噪声是最主要的环境噪声源。考虑起伏影响，对 L_{10}和 L_{90}计数组合所得交通噪声指数，交通噪声指数计算方法为

$$T_{NI}=4(L_{10}-L_{90})+L_{90}-30 \tag{5-4}$$

式中 T_{NI}——交通噪声指数，dB(A)；

$4(L_{10}-L_{90})$——交通噪声气候（说明噪声的起伏变化程度），dB(A)；

L_{90}——本底噪声状况，dB(A)；

30——修正值，dB(A)。

限制适用条件：

(1)机动车辆对交通造成的噪声。

(2)交通车辆比较多的地段和时段。

对于车流量较少的环境，L_{10}和 L_{90}的差值较大，得到的 T_{NI}值也很大，使计算数值明显地夸大了噪声的干扰程度。

5.2 实验仪器介绍

常用的噪声测量仪器主要有声级计、频谱分析仪、电平记录仪和磁带记录仪等。

5.2.1 声级计

声级计是一种按照一定的频率计权和时间计权测量声音的声压级和声级的仪器，是声学测量中最常用的基本仪器。声级计适用于室内噪声、环境噪声、机器噪声、车辆噪声以及其他各种噪声的测量，也可以用于电声学、建筑声学等的测量。由于声音是由振动引起的，将声级计上的传声器换成加速度传感器，还可以用来测量振动。

5.2.1.1 声级计的分类

国际电工委员会 IEC651 和国标 GB3785—83 将声级计分为 0，Ⅰ，Ⅱ，Ⅲ四种等级（见表 5－1），在环境噪声测量中，主要使用Ⅰ型（精密级）和Ⅱ型（普通级）。

表 5－1 声级计分类

类型	精度型		普通型	
	0	Ⅰ	Ⅱ	Ⅲ
精度	±0.4dB	±0.7dB	±1.0dB	±1.5dB
用途	实验室标准仪器	声学研究	现场测量	监测、普查

5.2.1.2 声级计的结构和工作原理

声级计一般由传声器、放大器、衰减器、计权网络、检波器和指示器等组成。

（1）传声器

传声器是将声信号（声压）转换为电信号（交变电压）的声电换能器。按照换能原理和结构的不同，传声器可分为晶体传声器、电动式传声器、电容传声器和驻极体传声器等。其中最常用的是电容传声器，它具有频率范围宽、频率响应平直、灵敏度变化小、长时间稳定性好等优点，多用于精密声级计中。缺点是内阻高，需要用阻抗变换器与后面的衰减器和放大器匹配，而且要加极化电压才能正常工作。晶体传声器一般用于普通声级计，电动式传器现已很少采用。

电容传声器主要由紧靠着的后极板和绷紧的金属膜片组成，后极板和膜片互相绝缘，构成一个以空气为介质的电容器，当声波作用在膜片上时，使膜片与后极板间距变化，电容也随之变化，这就产生一个交变电压信号输到前置放大器中去。

（2）放大器

电容传声器将声信号转换成的电信号是很微弱的，不能直接在电表上指示出来。因此，需要将电信号加以放大。根据声级计的最低声级测量范围要求及电表电路的灵敏度，可以估算出放大器的放大量。对放大器要求具有较高的输入阻抗和较低的输出阻抗，有一定的动态范围（要有 4 倍峰值因数容量），较小的非线性失真和较宽的频率范围。还要求在使用中性能稳定，放大倍数随时间和温度的变化要小，以保证测量的准确性和可靠性、声级计内的放大系统包括输入放大器和输出放大器两组。

（3）衰减器

声级计不仅要测量微弱信号，也要测量较强的信号，即要有较大的测量范围，例如要测量 30～150 dB 范围的声级。但检波器和指示器不可能有这么宽的量程范围，这就需要采用衰减器。为了提高信噪比，将衰减器分为输入衰减器和输出衰减器。输入衰减器放在第1组放大器前面,功能是将接收的强信号衰减,不使输入放大器过载。但在信号衰减时,第1组放大器所产生的噪声却不被衰减,信噪比得不到提高。输出衰减器接在第1组放大器和第2组放大器之间,而且在一般测量时,输出衰减器尽量处在最大衰减位置。这样,当测量较大信号时,由于输出衰减器的衰减作用,输入衰减器的衰减量减小,加到第1组放大器上的输入信号提高了,信噪比也就提高了。衰减器一般以10 dB分挡。

(4)声级计的主要附件

①防风罩:这是一种用多孔的泡沫塑料或尼龙细网做成的球。在室外测量时,为了防止风吹在传声器上而产生附加的风噪声,应将风罩套在传声器头上,这可以大大衰减风噪声,而对声音并无衰减。防风罩的使用有一定的限度,当风速大于5 m/s时,即使采用防风罩,对不太高的声级测量结果仍有影响。所测声压级越高,风速的影响越小。

②鼻锥:在有较高风速的影响时,在传声器上将会因湍流而产生噪声。鼻锥尤其适宜于在固定风向和固定风速中测量噪声,例如在风道中。鼻锥做成流线型是为了尽可能降低对空气的阻力,从而降低因气流而产生的噪声的影响,同时也改善了传声器的全方向特性。

③延伸电缆:在一些对测量结果要求较高的情况,为避免测量仪器和监测人员对声场的干扰;或在不可能接近测点的情况,可使用延伸电缆将传声器延伸到测点位置有两种结构,对于前置放大器不能移出的声级计,采用双层屏蔽延伸电缆,连接在传声器和声级计之间,长度一般不超过3 m,大约有不到1 dB的附加衰减,这时应重新进行声学校准。对于前置放大器可以移出的声级计,采用多芯延伸电缆,连接在前置放大器和声级计之间。由于前置放大器的输出阻抗较低,因此可以使用较长的延伸电缆,例如40 m。

(5)声级计的校准

为保证测量的准确性,声级计在使用前及使用后要进行校准。

将声级校准器配合在传声器上,开启校准电源,读取数值,调节噪音计灵敏度电位器,完成校准。

声级计测量是通过声信号(声波)引起空气振动的振动波对声级计前端的传声器(话筒头)金属膜片的振动波信号转换成电信号,再经专用计权网络、电路运算放大后,由数字或电表方式显示噪声分贝值。而空气的质量是不稳定的,如:空气的温度、湿度、大气压等受环境及其他因素的影响会随时发生变化,这样要保证传声器金属膜片接受的空气振动波信号的准确性就要对传声器的灵敏度进行相应调整。对传声器灵敏度进行调整的过程就是对声级计进行校准。

标准规定:"1级声级计要用1级声校准器进行校准,2级声级计要用1级或2级声校准器进行校准"。校准器是通用的,同时购买多台声级计只需配一台校准器。

测量时,仪器应根据情况选择好正确挡位,两手平握噪音计两侧,传声器指向被测声源,也可使用延伸电缆和延伸杆,减少噪音计外型及人体对测量的影响。传声器的位置应根据有关规定确定。

5.2.2 频谱分析和滤波器

5.2.2.1 频谱分析

把声级计和滤波器组合起来即构成频谱分析仪。可用来对噪声进行频谱分析。将滤波器的输入端和输出端分别接到声级计的"外接滤波器输入"和"外接滤波器输出"插孔,声级计的计权开关置于"外接滤波器",这时滤波器即插入到声级计输入放大器和输出放大器之间。国产ND2型和丹麦2215型精密声级计中设有倍频程滤波器,只要将开关置于"滤波器"位置,内置的倍频程滤波器即接到声级计的输入放大器和输出放大器之间。将倍频程滤波器置于相应的中心频率位置、声级计上的读数就是在此中心频率频带内通过的噪声级。将每一个倍频带噪声级读数在相应的频率坐标上画出来,就得到所分析噪声的频谱曲线。

5.2.2.2　滤波器

声级计中的滤波器包括 A,B,C,D 计权网络和 1/1 倍频程或 1/3 倍频程滤波器。A 计权声级应用最为普遍,而且只有 A 计权的普通声级计,可以做成袖珍式的,价格低,使用方便,多数普通声级计还有“线性”挡,可以测量声压级,用途更为广泛。在一般噪声测量中 1/1 倍频程或 1/3 倍频程带宽的滤波器就足够了。

5.2.3　磁带记录仪

在现场测量中有时受到测试场地或供电条件的限制,不可能携带复杂的测试分析系统。磁带记录仪具有携带简便,直流供电等优点,能将现场信号连续不断地记录在磁带上,带回实验室重放分析。

测量使用的磁带记录仪除要求畸变小,抖动少,动态范围大外,还要求在 20 ~ 20 000 Hz 频率范围内(至少要求在所分析频带内),有平直的频率响应。

5.2.4　读出设备

噪声或振动测量的读出设备是相同的,读出设备的作用是让观察者得到测量结果。读出设备的形式很多,最常用的是将输出的数据以指针指示或数字显示的方式直接读出,目前,以数字显示居多,如声级计面板上的显示窗。另一种是将输出以几何图形的形式描画出来,如声级记录仪和 $X-Y$ 记录仪。它可以在预印的声级及频率刻度纸上做迅速而准确的曲线图描绘,以便于观察和评定测量结果,并与频率分析仪作同步操作,为频率分析及响应等提供自动记录。

5.2.5　实时分析仪

声级计等分析装置是通过开关切换逐次接入不同的滤波器来对信号进行频谱分析的。这种方法只适宜于分析稳态信号,需要较长的分析时间。对于瞬态信号则采用先由磁带记录,再多次反复重放来进行谱分析。显然,这种分析手段很不方便,迫切需要一种分析仪器能快速(实时)分析连续的或瞬态的信号,这就是实时分析仪。实时分析仪是一种交、直流电两用串源的携带式测量噪声级的仪器。它由电路、微机和打印机组成。电路部分与声级计基本相同,它将接受到的声压转变成电压,经过模拟量转换为数字量,然后输入微机。经微机处理分析的结果可从显示屏显示出,微机中的储存器可以储存所需要的各种声级和评价声级,所以,这种仪器不仅可以测得现场数据,还能同时分析和处理数据,得出所需要的各种综合结果。

5.3　环境噪声监测方法

环境噪声测量的目的是对一个建筑物或某个区域乃至整个城市的环境噪声给予评价。

5.3.1　城市区域环境噪声测量

为了掌握城市的噪声污染情况,给出环境质量评价,指导城市噪声控制规划的制定,需要进行城市区域噪声的普查。有两种测量方法可供选用。对于噪声普查应采取网格测量法;对于常规监测,常采用定点测量法。

5.3.1.1 网格测量法

要将普查测量的城市某一区域或整个城市划分成若干个等大的正方格,网格要完全覆盖住被普查的区域和城市。每一网格中的工厂、道路及非建成区的面积之和不得大于网格面积的50%,否则视该格无效。有效网格总数应多于100个。以网格中心为测试点,分昼间和夜间进行测量。每次每个测点测量10 min的连续等效A声级。将全部网格中心测点测得的10 min的连续等效声级做算术平均运算,所得到的平均值代表某一区域或全市的噪声水平。也可即使将测量到的连续A声级按5 dB一档分级(如55~60 dB,60~65 dB,65~70 dB),用不同颜色或阴影线表示每一档等效A声级,绘制在覆盖某一区域或城市的网格上,用于表示区域或城市的噪声污染分布情况。

5.3.1.2 定点测量方法

在标准规定的城市建成区中,优化选取一个或多个能代表某一区域或整个城市建成区环境噪声平均水平的测点,进行长期噪声定点监测。每日进行24 h连续监测,测量每小时的连续等效A声级及昼间A声级的能量平均值L_d,夜间A声级的能量平均值L_n。将每小时测得的连续等效A声级按时间排列,得到24 h的时间变化图形,可用于表示某一区域或城市环境噪声的时间分布规律。

5.3.2 道路交通噪声测量

根据国标GB/T3222—94《声学-环境噪声测试方法》的规定,测量道路交通噪声的测点应选在市区交通干线一侧的人行道上,距马路沿20 cm处。此处距两交叉路口应大于50 cm。交通干线是指机动车辆每小时流量不小于100辆的马路。这样该测点的噪声可用来代表两路口间该段马路的噪声。同时记录不同车种车流量(辆/h)。测量结果可参照有关规定绘制交通噪声污染图,并以全市各交通干线的等效声级和统计声级的算术平均值、最大值和标准偏差来表示全市的交通噪声水平,并用作城市间交通噪声的比较。交通噪声的等效声级和统计声级的平均值应采用加权算术平均式来计算。

5.4 课程实验

实验一 校园环境噪声监测

一、实验目的

1. 掌握一定区域内环境噪声监测的一般过程和监测方案设计;
2. 掌握环境噪声的监测方法;
3. 熟悉声级计的使用;
4. 掌握对非稳态的无规律噪声监测数据的处理方法。

二、测量仪器

1. HS5633B数字声级计概述

本实验采用HS5633数字声级计进行检测。HS5633型数字声级计是按新标准要求研制的一种常规声级计。HS5633数字声级计由液晶显示器指示测量结果,具有现场声学测量的全部功能。仪器体积小、质量轻、结构简单、操作方便。可广泛用于机器、车辆、船舶、电器等工业噪声测量和环境噪声测量,适用

于工厂企业、环境保护、劳动卫生、交通、教学、科研等部门的声测试领域。HS5633 数字声级计如图 5－1 所示。

图 5－1　HS5633 数字声级计

2. 主要功能

数字显示读数，高低量程，过载与欠量程指示。

3. 主要技术性能

测量范围：40～130 dB(A)；

频率范围：20 Hz～10 kHz；

级程分挡设置：L(低)：40～100 dB，H(高)：70～130 dB，时间计权与保持 F(快)，HOLD(保持最大瞬时声级)；

数据显示：三位半液晶显示器；

分 辨 率：0.1dB；

速率：1 s^{-1}；

电源：9V 叠层电池一节；

尺寸及质量：162 mm×62 mm×24 mm；

质量：0.18 kg；

基本配置：主机，风罩，钟表起子，手提包；

适用范围：环境噪声、机器噪声、交通噪声测量。

三、实验内容

1. 校园典型位置监测

本实验测量校园区域环境噪声分布。选择选取校园内 6 个不同典型位置处(食堂门口、教学楼口、体育场，图书馆门、宿舍门前，校门口)，用声级计测量噪声每个测点每 30 s 读数一次，共计读数 50 组，填入表 5－2 中。

表 5－2　测试记录表

测量位置：　　　　测量日期：

时间	声压级	时间	声压级	时间	声压级	时间	声压级	时间	声压级

2. 数据分析

(1)计算各点连续等效 A 声级；

(2)计算各点累计分布声级(L_{50}，L_{10}，L_{90})。

3. 思考题

(1)等效声级的作用是什么？

(2)影响噪声测定的因素有哪些？

实验二　交通噪声测量

一、实验目的

1. 掌握城市交通噪声的测量方法；

2. 熟悉声级计的使用；

3. 掌握对非稳态的无规律噪声监测数据的处理方法。

二、测量仪器

与校园环境噪声监测部分中测量仪器介绍内容相同。

三、实验内容

1. 校园典型位置监测

测点选择在校园交通干线路边的人行道上，离车行道 20 cm 处，此处距路口大于 10 m。对该点的环境噪声测量，分不同时间段（早晨、上午、中午、下午、傍晚、晚上）（要选择交通高峰段、低峰段、普通段）用声级计测量噪声每个时间段点每 30 s 读数一次，共计读数 50 组，填入表 5－2 中。

2. 数据分析

（1）计算不同时段连续等效 A 声级。

（2）计算累计分布声级（L_{50}，L_{10}，L_{90}）；

（3）计算昼夜等效声级。

3. 思考题

分析校园交通噪声，判定该处环境噪声级是否超标？

附录 A　常用培养基的配方

A.1　牛肉膏蛋白胨培养基(培养细菌用)

牛肉膏	3 g
蛋白胨	10 g
NaC	l5 g
琼脂	15~20 g
水	1 000 mL
pH 值	7.0~7.2

105 kPa,121.3 ℃灭菌 20 min。

A.2　淀粉琼脂培养基(高氏 1 号培养基,培养放线菌用)

可溶性淀粉	20 g
KNO_3	1 g
NaCl	0.5 g
K_2HPO_4	0.5 g
$MgSO_4$	0.5 g
$FeSO_4$	0.01 g
琼脂	20 g
水	1 000 mL
pH 值	7.2~7.4

配制时,先用少量冷水,将淀粉调成糊状,在火上加热,边搅拌边加水及其他成分,溶化后,补足水分至 1 000 mL。105 kPa,121.3 ℃灭菌 20 min。

A.3　马铃薯培养基

马铃薯	200 g
蔗糖(或葡萄糖)	20 g
琼脂	15~20 g
水	1 000 mL
pH 值	自然

马铃薯去皮,切成块煮沸半小时,然后用纱布过滤,再加糖及琼脂,溶化后补足水至 1 000 mL。105 kPa,121.3 ℃灭菌 20 min。

A.4　马丁氏(Martin)琼脂培养基

葡萄糖	10 g
蛋白胨	5 g
K_2HPO_4	1 g
$MgSO_4 \cdot 7H_2O$	0.5 g

1/3000 孟加拉红(rose bengal,玫瑰红水溶液)	100 mL
琼脂	15 ~ 20 g
pH 值	自然
蒸馏水	800 mL

56 kPa,112.6 ℃灭菌 30 min。

临用前加入 0.03% 链霉素稀释液 100 mL,使每毫升培养基中含链霉素 30 μg。

A.5　查氏培养基(培养霉菌用)

$NaNO_3$	2 g
K_2HPO_4	1 g
KCl	0.5 g
$MgSO_4$	0.5
$FeSO_4$	0.01 g
蔗糖	30
琼脂	15 ~ 20 g
水	1 000 mL
pH 值	自然

105 kPa,121.3 ℃灭菌 20 min。

A.6　葡萄糖 - 醋酸盐培养基

葡萄糖	1 g
酵母浸膏	2.5 g
醋酸钠	8.2 g
琼脂	15 g
蒸馏水	1 000 mL
pH 值	4.8

分装试管,70 kPa,115.2 ℃灭菌 20 min 后制成斜面。

A.7　合成培养基

$(NH_4)_2PO_4$	1 g
KCl	0.2 g
$MgSO_4 \cdot 7H_2O$	0.2 g
豆芽汁	10 mL
琼脂	20 g
蒸馏水	1 000 mL
pH 值	7.0

加 12 mL 0.04% 的溴甲酚紫(pH = 5.2 ~ 6.8,颜色由黄色变紫色,做指示剂)。105 kPa,121.3 ℃灭菌 20 min。

A.8　麦芽汁琼脂培养基

1. 取大麦或小麦若干,用水洗净,浸水 6 ~ 12 h,置 15 ℃阴暗处发芽,上盖纱布一块,每日早、中、晚淋水一次,麦根伸长至麦粒的两倍时,即停止发芽,摊开晒干或烘干,储存备用。

2. 将干麦芽磨碎，一份麦芽加四份水，在65 ℃水浴锅中糖化3～4 h，糖化程度可用碘滴定。

3. 将糖化液用4～6层纱布过滤，滤液如混浊不清，可用鸡蛋白澄清，方法是将一个鸡蛋白加水约20 mL，调匀至生泡沫时为止，然后倒在糖化液中搅拌煮沸后再过滤。

4. 将滤液稀释到5～6波美度，pH约6.4，加入2%琼脂即成。

105 kPa，121.3 ℃灭菌20 min。

A.9 半固体肉膏蛋白胨培养基

肉膏蛋白胨液体培养基	100 mL
琼脂	0.35～0.4 g
pH值	7.6

105 kPa，121.3 ℃灭菌20 min。

A.10 豆芽汁蔗糖(或葡萄糖)培养基

黄豆芽	100 g
蔗糖(或葡萄糖)	50 g
水	1 000 mL
pH值	自然

称新鲜豆芽100 g，放入烧杯中，加水1 000 mL，煮沸约半小时，用纱布过滤。用水补足原量，再加入蔗糖(或葡萄糖)50 g，煮沸溶化。105 kPa，121.3 ℃灭菌20 min。

A.11 油脂培养基

蛋白胨	10 g
牛肉膏	5 g
NaCl	5 g
香油或花生油	10 g
1.6%中性红水溶液	1 mL
琼脂	15～20 g
蒸馏水	1 000 mL
pH值	7.2

105 kPa，121.3 ℃灭菌20 min。

注：1. 不能使用变质油。

2. 油和琼脂及水先加热。

3. 调好pH值后，再加入中性红。

4. 分装时，需不断搅拌，使油均匀分布于培养基中。

A.12 淀粉培养基

蛋白胨	10 g
NaCl	5 g
牛肉膏	5 g
可溶性淀粉	2 g
蒸馏水	1 000 mL
琼脂	15～20 g

105 kPa,121.3 ℃灭菌 20 min。

A.13 明胶培养基

牛肉膏蛋白胨液	100 mL
明胶	12 ~ 18 g
pH 值	7.2 ~ 7.4

在水浴锅中将上述成分溶化,不断搅拌。溶化后调 pH = 7.2 ~ 7.4。56 kPa^2,112.6 ℃灭菌 30 min。

A.14 蛋白胨水培养基

蛋白胨	10 g
NaCl	5 g
水	1 000 mL
pH 值	7.6

105 kPa,121.3 ℃灭菌 20 min。

A.15 糖发酵培养基

蛋白胨水培养基	1 000 mL
酸性复红水溶液①	2 ~ 5 mL
pH 值	7.6

另配 20% 糖溶液(葡萄糖、乳糖、蔗糖等)各 10 mL。

制法:

1. 将上述含指示剂的蛋白胨水培养基(pH = 7.6)分装于试管中,在每管内放一倒置的小玻璃管,使充满培养液。

2. 将已分装好的蛋白胨水和 20% 的各种糖溶液分别灭菌,蛋白胨水 105 kPa ,121.3 ℃灭菌20 min;糖溶液 56 kPa,112.6 ℃灭菌 30 min。

3. 灭菌后,每管以无菌操作分别加入 20% 的无菌糖溶液 0.5 mL(按每 10 mL 培养基中加入 20% 的糖液 0.5 mL,则成 1% 的浓度)。配制用的试管必须洗干净,避免结果混乱。0.5% 酸性复红水溶液 100 mL 加 1 mol/L NaOH 16 mL 即成。

A.16 葡萄糖蛋白胨水培养基

蛋白胨	5 g
葡萄糖	5 g
K_2HPO_4	2 g
蒸馏水	1 000 mL

将上述各成分溶于 1 000 mL 水中,调 pH = 7.0 ~ 7.2,过滤。分装试管,每管 10 mL,56 kPa,112.6 ℃灭菌 30 min。

A.17 乳糖蛋白胨培养液

蛋白胨	10 g
牛肉膏	3 g
乳糖	5 g
NaCl	5 g

1.6%溴甲酚紫乙醇溶液 1 mL

蒸馏水 1 000 mL

将蛋白胨、牛肉膏、乳糖及 Nacl 加热溶解于 1 000 mL 蒸馏水中,调 pH =7.2 ~7.4。加入 1.6%溴甲酚紫乙醇溶液 1 mL,充分混匀,分装于有小导管的试管中。70 kPa,115.2 ℃灭菌 20 min。

A.18 伊红美蓝培养基(EMB 培养基)

蛋白胨水琼脂培养基 100 mL

20%乳糖溶液 2 mL

2%伊红水溶液 2 mL

0.5%美蓝水溶液 1 mL

将已灭菌的蛋白胨水琼脂培养基(pH =7.6)加热溶化,冷却至 60℃左右时,再把已灭菌的乳糖溶液、伊红水溶液及美蓝水溶液按上述量以无菌操作加入。摇匀后,立即倒入平板。乳糖在高温灭菌易被破坏必须严格控制灭菌温度,一般是 70 kPa,115.2 ℃灭菌 20 min。

A.19 复红亚硫酸钠培养基(远藤氏培养基)

蛋白胨 10 g

乳糖 10 g

K_2HPO_4 3.5 g

琼脂 20 ~30 g

蒸馏水 1 000 mL

无水亚硫酸钠 5 g 左右

5%碱性复红乙醇溶液 20 mL

先将琼脂加入 900 mL 蒸馏水中,加热溶解,再加入磷酸氢二钾及蛋白胨,使溶解,补足蒸馏水至 1 000 mL,调 pH =7.2 ~7.4。加入乳糖,混匀溶解后,70 kPa,115.2 ℃灭菌 20 min。称取亚硫酸钠置一无菌空试管中,加入无菌水少许使溶解,再在水浴中煮沸 10 min 后,立刻滴加于 20 mL 5%碱性复红乙醇溶液中,直至深红色褪成淡粉红色为止。将此亚硫酸钠与碱性复红的混合液全部加至上述已灭菌的并仍保持溶化状态的培养基中,充分混匀,倒平皿,放冰箱备用。储存时间不宜超过 2 周。

A.20 完全培养基(TYEG 培养基)

胰蛋白胨 10 g

酵母浸膏 5 g

K_2HPO_4 3 g

葡萄糖 1 g

琼脂 15 ~20 g

蒸馏水 1 000 mL

pH 值 7.0

105 kPa,121.3 ℃灭菌 20 min。

A.21 柠檬酸盐培养基

$NH_4H_2PO_4$ 1 g

K_2HPO_4 1 g

NaCl 5 g

$MgSO_4$	0.2 g
柠檬酸钠	2 g
琼脂	15 ~ 20 g
蒸馏水	1 000 mL

1% 溴麝香草酚蓝酒精液 10 mL

将上述各成分加热溶解后,调 pH = 6.8,然后加入指示剂,摇匀,用脱脂棉过滤。制成后为黄绿色,分装试管,105 kPa,121.3 ℃灭菌 20 min 后制成斜面。

A.22 玉 m 粉蔗糖培养基

玉米粉	60 g
磷酸二氢钾	3 g
维生素 B_1	100 mg
蔗糖	10 g
七水合硫酸镁	1.5 g
水	1 000 mL

121 ℃灭菌 30 min,维生素 B_1 单独灭菌 15 min 后另加。

A.23 LB(Luria - Bertani)培养基

蛋白胨	10 g
酵母膏	5 g
氯化钠	10 g
蒸馏水	1 000 mL
pH 值	7.0

121 ℃灭菌 20 min。

A.24 尿素琼脂培养基

尿素	20 g
琼脂	15 g
氯化钠	5 g
磷酸二氢钾	2 g
蛋白胨	1 g
酚红	0.012 g
蒸馏水	1 000 mL
pH 值	6.8 ±0.2

培养基的配制:在蒸馏水或去离子水 100 mL 中,加入上述所有成分(除琼脂外)。混合均匀。过滤灭菌。将琼脂加入 900 mL 蒸馏水或去离子水中,加热煮沸腾。在 121 ℃灭菌 15 min。冷却至 50 ℃,加入灭菌好的基本培养基,混匀后,分装于灭菌的试管中,放在倾斜位置上使其凝固。

A.25 石蕊牛奶培养基

牛奶粉	100 g
石蕊	0.075 g
水	1 000 mL

pH 值　　6.8

121 ℃灭菌 15 min。

A.26　棉籽壳培养基

培养基的配制：棉籽壳 50%，石灰粉 1%，过磷酸钙 1%，水 65% ~70%，按比例称好料，充分搅拌均匀后装瓶，较薄地平摊盘上。

A.27　醋酸铅培养基

pH =7.4 的牛肉膏蛋白胨琼脂	100 mL
硫代硫酸钠	0.25 g
10% 醋酸铅水溶液	1 mL

培养基的配制：将牛肉膏蛋白胨琼脂 100 mL 加热溶解，待冷却至 60 ℃时加入硫代硫酸钠 0.25 g，调至 pH =7.2，分装于三角瓶中，115 ℃灭菌 15 min。取出后待冷却至 55 ~60 ℃，加入 10% 醋酸铅水溶液（无菌的）1 mL，混匀后倒入灭菌试管或平板中。

A.28　酵母膏麦芽汁琼脂

麦芽粉	3 g
酵母浸膏	0.1 g
水	1 000 mL

121 ℃灭菌 30 min。

A.29　庖肉培养基

牛肉渣、牛肉浸液。

pH 值　　7.4 ~7.6

肉浸汤剩余的肉渣装入中试管内，约 1 ~1.5 cm 高。加入肉汤培养基 5 mL，再加入 1:3 液石蜡（或凡士林），高 0.2 ~0.3 cm。经 112.6 ℃高压灭菌 15 min，保存于 4 ℃冰箱备用。

A.30　酪蛋白培养基

KH_2PO_4	0.36 g
$Na_2HPO_4 \cdot 12H_2O$	1.3 g
NaCl	0.1 g
$ZnSO_4 \cdot 7H_2O$	0.02 g
$CaCl_2 \cdot 2H_2O$	0.002 g
酪素	4 g
酪素水解氨基酸	0.05 g
琼脂	15 ~20 g
蒸馏水	1 000 mL
pH 值	7.0 ~7.2

先称取 4 g 酪素，再加入 0.5 mol/L NaOH 约 2 mL，将酪素溶解；然后依次加入其他药品，最后调 pH =7.0 ~7.2。56 kPa，112.6 ℃灭菌 30 min。

附录B　常用染色液的配制

B.1　革兰氏染色液

(1)结晶紫(cristal violet)液

结晶紫乙醇饱和液(结晶紫 2 g 溶于 20 mL 95% 乙醇中)20 mL,1% 草酸铵水溶液 80 mL。将两液混匀置 24 h 后过滤即成。此液不易保存,如有沉淀出现,需重新配制。

(2)芦戈(Lugol)氏碘液

碘 1 g,碘化钾(KI)2 g,蒸馏水 300 mL。先将 KI 溶于少量蒸馏水中,然后加入碘使之完全溶解,再加蒸馏水至 300 mL,即成。配成后储于棕色瓶内备用,如变为浅黄色不能使用。

(3)95% 乙醇

用于脱色,脱色后可选用以下(4)或(5)的其中一项复染即可。

(4)稀释石炭酸复红溶液

碱性复红乙醇饱液(碱性复红 1 g,95% 乙醇 10 mL,5% 石炭酸 90 mL)10 mL,加蒸馏水 90 mL。

(5)番红溶液

番红 O(safranine O,又称沙黄 O)2.5 g,95% 乙醇 100 mL,溶解后可储存于密闭的棕色瓶中,用时取 20 mL 与 80 mL 蒸馏水混匀即可。

B.2　齐氏(Ziehl)石炭酸复红液

碱性复红 0.3 g 溶于 95% 乙醇 10 mL 中为 A 液;0.01% KOH 溶液 100 mL 为 B 液。混合 A,B 液即成。

B.3　姬姆萨(Giemsa)染液

(1)储存液

称取姬姆萨粉 0.5 g,甘油 33 mL,甲醇 33 mL。先将姬姆萨粉研细,再逐滴加入甘油,继续研磨,最后加入甲醇,在 56 ℃放置 1 ~24 h 后即可使用。

(2)应用液(临用时配制)

取 1mL 储存液加 19 mL、pH =7.4 的磷酸缓冲液即成。也可以储存液:甲醇 =1:4 的比例配制成染色液。

B.4　1% 瑞氏(Wright's)染色液

称取瑞氏染色粉 6 g,放研钵内磨细,不断滴加甲醇(共 600 mL)并继续研磨使溶解。经过滤后染液须储存一年以上才可使用,保存时间越久,则染色色泽越佳。

B.5　吕氏(Loeffler)美蓝染色液

A 液:美蓝(Methylene blue)0.6 g,95% 酒精 30 mL。

B 液:氢氧化钾(KOH)0.01 g,蒸馏水 100 mL。

分别配制 A 液和 B 液,然后混合即成。

B.6 孔雀绿染色液(芽孢染色用)

孔雀绿(Malachite green)5.0 g,蒸馏水 100 mL。先将孔雀绿研细,加少许 95% 酒精溶解,再加蒸馏水。

B.7 Dorner 黑素液(英膜染色用)

黑素(Nigrosin)10.0 g,蒸馏水 100 mL,福尔马林(40% 甲醛) 0.5 mL。将黑素在蒸馏水中煮沸 5 min,加入福尔马林作为防腐剂,用玻璃棉过滤。

B.8 刚果红染色液

刚果红(Congo red)2.0 g,蒸馏水 100 mL。

B.9 稀释结晶紫染液(放线菌染色用)

结晶紫染色液(同 1)5.0 mL,蒸馏水 95.0 mL。

B.10 乳酸石碳酸棉蓝染色液(真菌制片,短期保存)

石炭酸 10.0 g,甘油 20.0 mL,乳酸(密度 1.21)10.0 mL,棉蓝 0.02 g,蒸馏水 10.0 mL。将碳酸加在蒸馏水中加热溶化,加入乳酸和甘油,最后加入棉蓝,溶解即成。

B.11 硫堇染液

取 0.25 g 硫堇(也称劳氏青莲或劳氏紫)粉末,溶于 100 mL 蒸馏水中,即可使用。使用此液时,需要用微碱性自来水封片或用 1% $NaHCO_3$ 水溶液封片,能成多色反应。

B.12 黑色素液

水溶性黑素 10 g,蒸馏水 100 mL,甲醛(福尔马林)0.5 mL。可用作为荚膜的背景染色。

B.13 墨汁染色液

国产绘图墨汁 40 mL,甘油 2 mL,液体石炭酸 2 mL。先将墨汁用多层纱布过滤,加甘油混匀后,水浴加热,再加石炭酸搅匀,冷却后备用。用作荚膜的背景染色。

B.14 鞭毛染色液

A 液:单宁酸 5.0 g,$FeCl_3$ 1.5 g,蒸馏水 100 mL,福尔马林(15%)2.0 mL,NaOH(1%)1.0 mL。

配好后应当日使用,次日即效果差,第三日则不能使用。

B 液:2% $AgNO_3$ 溶液,待 $AgNO_3$ 溶解后,取出 10 mL 备用。向其余的 90 mL $AgNO_3$ 中滴入浓 NH_4OH,使之成为很浓厚的悬浮液,再继续滴加 NH_4OH,直到新形成的沉淀又重新刚刚溶解为止。再将 10 mL 备用的 $AgNO_3$ 溶液慢慢滴入。此时会出理薄雾,轻轻摇动后,薄雾状沉淀又消失,再滴入 $AgNO_3$ 溶液直到摇动后仍呈现轻微而稳定的薄雾状沉淀为止。如所呈雾不重,此染液可使用一周;如雾重,则银盐沉淀出,不宜使用。

附录 C 常用试剂和指示剂的配制

C.1 常用试剂

1. 二苯胺试剂

二苯胺 0.5 g 溶于 100 mL 浓硫酸中，用 20 mL 蒸馏水稀释。

2. 甲基红试剂

甲基红(Methyl red)0.04 g、95%乙醇 60 mL、蒸馏水 40 mL。先将甲基红溶于 95%乙醇中，然后加入蒸馏水即可。

3. V.P.Y 试剂

(1)5% α-萘酚无水乙醇溶液：α-萘酚 5 g，无水乙醇 100 mL。

(2)40% KOH 溶液：KOH 40 g 用蒸馏水定容至 100 mL 即可。

4. 吲哚试剂

对二甲基氨基苯甲醛 2 g，95%乙醇 190 mL，浓盐酸 40 mL。

5. 3%酸性乙醇溶液

浓盐酸 3 mL，95%乙醇 97 mL。

6. 1%磷钼酸钠

磷钼酸钠 1 g、蒸馏水 100 mL。

7. 酸性升汞溶液

升汞 15.0 g、浓盐酸 20 mL、蒸馏水 100 mL。

8. 格里斯氏试剂

A 液：对氨基苯磺酸 0.5 g、10%稀醋酸 150 mL。

B 液：α-萘胺 0.1 g，10%稀醋酸 150 mL，蒸馏水 20 mL。

9. 淀粉水解试验用碘液(卢戈氏碘液)

碘片 1 g，碘化钾 2 g，蒸馏水 300 mL。

先将碘化钾溶解在少量水中，再将碘片溶解在碘化钾溶液中，待碘全溶后，加足水分即可。

10. 焦性浸食子酸钠溶液

甲液：200 g/L 氢氧化钠溶液(密度 1.219)密封储存。

乙液：称取焦性浸食子酸 330 g，溶于 670 mL 蒸馏水中，稀释至 1 000 mL，混匀，密封于棕色试剂瓶中储存。

将甲、乙两液等体积混合后，即可使用。溶液配成后，应迅速隔绝空气，以免降低吸收能力。

11. 钠氏试剂

甲液：碘化钾 10.0 g、蒸馏水 100.0 mL、碘化汞 20.0 g。

乙液：氢氧化钾 20.0 g、蒸馏水 100.0 mL。

分别配制甲、乙两种液，待冷却后混合保存于棕色瓶中。

C.2 常用指示剂

1. 溴甲酚紫指示液

取溴甲酚紫 0.1 g，加 0.02 mol/L NaOH 溶液 20 mL 使溶解，再加水稀释至 100 mL，即得。变色范围

pH =5.2 ~6.8(黄→紫)。

2. 溴甲酚绿指示液

取溴甲酚绿0.1 g,加0.05 mol/L NaOH 溶液2.8 mL 使溶解,再加水稀释至200 mL,即得。变色范围 pH =3.6 ~5.2(黄→蓝)。

3. 溴酚蓝指示液

取溴酚蓝0.1 g,加0.05 mol/L NaOH 溶液3.0 mL 使溶解,再加水稀释至200 mL,即得。变色范围 pH =2.8 ~4.6(黄→蓝绿)。

4. 溴麝香草酚蓝指示液

取溴麝香草酚蓝0.1 g,加0.05 mol/L NaOH 溶液3.2 mL 使溶解,再加水稀释至200 mL,即得。变色范围 pH =6.0 ~7.6(黄→蓝)。

5. 儿茶酚紫指示液

取儿茶酚紫0.1 g,加水100 mL 使溶解,即得。变色范围 pH =6.0 ~7.0 ~9.0(黄→紫→紫红)。

6. 中性红指示液

取中性红0.5 g,加水使溶解成100 mL,滤过,即得。变色范围 pH =6.8 ~8.0(红→黄)。

7. 孔雀绿指示液

取孔雀绿0.3 g,加冰醋酸100 mL 使溶解,即得。变色范围 pH =0.0 ~2.0(黄→绿);pH =11.0 ~13.5(绿→无色)

8. 石蕊指示液

取石蕊粉末10 g,加乙醇40 mL,回流煮沸1 h,静置,倾去上层清液,再用同一方法处理2次,每次用乙醇30 mL,残渣用水10 mL 洗涤,倾去洗液,再加水50 mL 煮沸,放冷,滤过,即得。变色范围 pH =4.5 ~8.0(红→蓝)。

9. 甲基红指示液

取甲基红0.1 g,加0.05 mol/L NaOH 溶液7.4 mL 使溶解,再加水稀释至200 mL,即得。变色范围 pH =4.2 ~6.3(红→黄)。

10. 甲酚红指示液

取甲酚红0.1 g,加0.05 mol/L NaOH 溶液5.3 mL 使溶解,再加水稀释至100 mL,即得。变色范围 pH =7.2 ~8.8(黄→红)。

11. 刚果红指示液

取刚果红0.5 g,加10% 乙醇100 mL 使溶解,即得。变色范围 pH =3.0 ~5.0(蓝→红)。

12. 茜素磺酸钠指示液

取茜素磺酸钠0.1 g,加水100 mL 使溶解,即得。变色范围 pH =3.7 ~5.2(黄→紫)。

13. 耐尔蓝指示液

取耐尔蓝1 g,加冰醋酸100 mL 使溶解,即得。变色范围 pH =10.1 ~11.1(蓝→红)。

14. 酚酞指示液

取酚酞1 g,加乙醇100 mL 使溶解,即得。变色范围 pH =8.3 ~10.0(无色→红)。

附录 D　微生物常用菌种的保藏

微生物具有容易变异的特性，因此，在保存和储藏过程中，必须使微生物的代谢处于最不活跃或相对静止的状态，才能在一定的时间内使其不发生变异而又保持生活能力。

低温、干燥和隔绝空气是使微生物代谢能力降低的重要因素，所以，菌种保藏方法虽多，但都是根据这三个因素而设计的。

D.1　常用的保藏方法

保藏方法大致可分为以下几种。

1. 传代培养保藏法

有些微生物当遇到冷冻或干燥等处理时，会很快死亡，因此在这种情况下，只能求助于传代培养保存法。传代培养就是要定期地进行菌种转接、培养后再保存，它是最基本的微生物保存法，例如酸奶等常用生产菌种的保存。传代保存时，培养基的浓度不宜过高，营养成分不宜过于丰富，尤其是碳水化合物的浓度应在可能的范围内尽量降低。培养温度通常以稍低于最适生长温度为好。若为产酸菌种，则应在培养基中添加少量碳酸钙。

此法又有斜面培养、穿刺培养、疱肉培养基培养等（后者做保藏厌氧细菌用），培养后于 4～6 ℃冰箱内保存。

2. 液体石蜡覆盖保藏法

该法较前一种方法保存菌种的时间更长，适用于霉菌、酵母菌、放线菌及需氧细菌等的保存。此法可防止干燥，并通过限制氧的供给而达到削弱微生物代谢作用的目的。其具有方法简便的优点，同时也适用于不宜冷冻干燥的微生物（如产孢能力低的丝状菌）的保存，而某些细菌如固氮菌、乳酸杆菌、明串珠菌、分枝杆菌、红螺菌及沙门氏菌等和一些真菌如卷霉菌、小克银汉霉、毛霉、根霉等不宜采用此法进行保存。它是在斜面培养物和穿刺培养物上面覆盖灭菌的液体石蜡，一方面可防止因培养基水分蒸发而引起菌种死亡，另一方面可阻止氧气进入，以减弱代谢作用。

3. 悬液保存法

即使微生物混悬于适当溶液中进行保存的方法。常用的有：

（1）蒸馏水保存法：适用于霉菌、酵母菌及绝大部分放线菌，将其菌体悬浮于蒸馏水中即可在室温下保存数年。本法应注意避免水分的蒸发。

（2）糖液保存法：适用于酵母菌，如将其菌体悬浮于 10% 的蔗糖溶液中，然后于冷暗处保存，可长达 10 年。除此之外，也可使用缓冲液或食盐水等进行保存。

4. 载体保藏法

是将微生物吸附在适当的载体，如土壤、沙子、硅胶、滤纸上，而后进行干燥的保藏法，例如沙土保藏法和滤纸保藏法应用相当广泛。

5. 寄主保藏法

用于目前尚不能在人工培养基上生长的微生物，如病毒、立克次氏体、螺旋体等，它们必须在生活的动物、昆虫、鸡胚内感染并传代，此法相当于一般微生物的传代培养保藏法。病毒等微生物亦可用其他方法如液氮保藏法与冷冻干燥保藏法进行保藏。

6. 冷冻保藏法

可分低温冰箱（－20～－30 ℃，－50～－80 ℃）、干冰酒精快速冻结（约－70 ℃）和液氮（－196 ℃）

等保藏法。

(1)低温冰箱保存法:低温冷冻保存时使用螺旋口试管较为方便,也可在棉塞试管外包裹塑料薄膜。保存时菌液加量不宜过多,有些可添加保护剂。此外,也可用 ϕ5 mm 的玻璃珠来吸附菌液,然后把玻璃珠置于塑料容器内,再放入低温冰箱内进行保存的。

(2)干冰保存法:即将菌种管插入干冰内,再置于冰箱内进行冷冻保存。

(3)液氮保存法:是适用范围最广的微生物保存法。

7. 冷冻干燥保藏法

先使微生物在极低温度(-70 ℃左右)下快速冷冻,然后在减压下利用升华现象除去水分(真空干燥)。

D.2 可选择使用的保藏方法

下列常用各法可根据实验室具体条件与需要选用。详细介绍如下:

1. 斜面低温保藏法

将菌种接种在适宜的固体斜面培养基上,待菌充分生长后,棉塞部分用油纸包扎好,移至 2 ~ 8 ℃的冰箱中保藏。保藏时间依微生物的种类而有不同,霉菌、放线菌及有芽孢的细菌保存 2 ~ 4 个月,移种一次。酵母菌两个月,细菌最好每月移种一次。

此法为实验室和工厂菌种室常用的保藏法,优点是操作简单,使用方便,不需特殊设备,能随时检查所保藏的菌株是否死亡、变异与污染杂菌等。缺点是容易变异,因为培养基的物理、化学特性不是严格恒定的,屡次传代会使微生物的代谢改变,而影响微生物的性状;污染杂菌的机会也较多。

2. 液体石蜡保藏法

(1)将液体石蜡分装于三角烧瓶内,塞上棉塞,并用牛皮纸包扎,105 kPa,121.3 ℃灭菌 30 min,然后放在 40 ℃温箱中,使水汽蒸发掉,备用。

(2)将需要保藏的菌种,在最适宜的斜面培养基中培养,使得到健壮的菌体或孢子。

(3)用灭菌吸管吸取灭菌的液体石蜡,注入已长好菌的斜面上,其用量以高出斜面顶端 1 cm 为准,使菌种与空气隔绝。

(4)将试管直立,置低温或室温下保存,有的微生物在室温下比冰箱中保存的时间还要长。

此法实用而效果好。霉菌、放线菌、芽孢细菌可保藏 2 年以上不死,酵母菌可保藏 1 ~ 2 年,一般无芽孢细菌也可保藏 1 年左右,甚至用一般方法很难保藏的脑膜炎球菌,在 37 ℃温箱内,亦可保藏 3 个月之久。此法的优点是制作简单,不需特殊设备,且不需经常移种。缺点是保存时必须直立放置,所占位置较大,同时也不便携带。从液体石蜡下面取培养物移种后,接种环在火焰上烧灼时,培养物容易与残留的液体石蜡一起飞溅,应特别注意。

3. 滤纸保藏法

(1)将滤纸剪成 0.5 cm × 1.2 cm 的小条,装入 0.6 cm × 8 cm 的安瓿管中,每管 1 ~ 2 张,塞以棉塞,105 kPa,121.3 ℃灭菌 30 min。

(2)将需要保存的菌种,在适宜的斜面培养基上培养,使充分生长。

(3)取灭菌脱脂牛乳 1 ~ 2 mL,滴加在灭菌培养皿或试管内,取数环菌苔在牛乳内混匀,制成浓悬液。

(4)用灭菌镊子自安瓿管取滤纸条浸入菌悬液内,使其吸饱,再放回至安瓿管中,塞上棉塞。

(5)将安瓿管放入内有五氧化二磷作吸水剂的干燥器中,用真空泵抽气至干。

(6)将棉花塞入管内,用火焰熔封,保存于低温下。

(7)需要使用菌种,复活培养时,可将安瓿管口在火焰上烧热,滴一滴冷水在烧热的部位,使玻璃破裂,再用镊子敲掉口端的玻璃,待安瓿管开启后,取出滤纸,放入液体培养基内,置温箱中培养。

细菌、酵母菌、丝状真菌均可用此法保藏,前两者可保藏 2 年左右,有些丝状真菌甚至可保藏 14 ~ 17

年之久。此法较液氮、冷冻干燥法简便，不需要特殊设备。

4. 沙土保藏法

(1) 取河沙加入 10% 稀盐酸，加热煮沸 30 min，以去除其中的有机质。

(2) 倒去酸水，用自来水冲洗至中性。

(3) 烘干，用 40 目筛子过筛，以去掉粗颗粒，备用。

(4) 另取非耕作层的不含腐殖质的瘦黄土或红土，加自来水浸泡洗涤数次，直至中性。

(5) 烘干，碾碎，通过 100 目筛子过筛，以去除粗颗粒。

(6) 按一份黄土、三份沙的比例(或根据需要而用其他比例，甚至可全部用沙或全部用土)掺和均匀，装入 10 mm×100 mm 的小试管或安瓿管中，每管装 1 g 左右，塞上棉塞，进行灭菌，烘干。

(7) 抽样进行无菌检查，每 10 支沙土管抽一支，将沙土倒入肉汤培养基中，37 ℃培养 48 h，若仍有杂菌，则需全部重新灭菌，再做无菌试验，直至证明无菌，方可备用。

(8) 选择培养成熟的(一般指孢子层生长丰满的，营养细胞用此法效果不好)优良菌种，以无菌水洗下，制成孢子悬液。

(9) 于每支沙土管中加入约 0.5 mL(一般以刚刚使沙土润湿为宜)孢子悬液，以接种针拌匀。

(10) 放入真空干燥器内，用真空泵抽干水分，抽干时间越短越好，务使在 12 h 内抽干。

(11) 每 10 支抽取一支，用接种环取出少数沙粒，接种于斜面培养基上，进行培养，观察生长情况和有无杂菌生长，如出现杂菌或菌落数很少或根本不长，则说明制作的沙土管有问题，尚须进一步抽样检查。

(12) 若经检查没有问题，用火焰熔封管口，放冰箱或室内干燥处保存。每半年检查一次活力和杂菌情况。

(13) 需要使用菌种，复活培养时，取沙土少许移入液体培养基内，置温箱中培养。

此法多用于能产生孢子的微生物如霉菌、放线菌，因此在抗生素工业生产中应用最广，效果亦好，可保存 2 年左右，但应用于营养细胞效果不佳。

5. 液氮冷冻保藏法

(1) 准备安瓿管用于液氮保藏的安瓿管，要求能耐受温度突然变化而不致破裂，因此，需要采用硼硅酸盐玻璃制造的安瓿管，安瓿管的大小通常使用 75 mm×10 mm 的，或能容 1.2 mm 液体的。

(2) 加保护剂与灭菌保存细菌、酵母菌或霉菌孢子等容易分散的细胞时，则将空安瓿管塞上棉塞，105 kPa，121.3 ℃灭菌 15 min；若做保存霉菌菌丝体用则需在安瓿管内预先加入保护剂如 10% 的甘油蒸馏水溶液或 10% 二甲亚砜蒸馏水溶液，加入量以能浸没以后加入的菌落圆块为限，而后再用105 kPa，121.3 ℃ 灭菌 15 min。

(3) 接入菌种将菌种用 10% 的甘油蒸馏水溶液制成菌悬液，装入已灭菌的安瓿管；霉菌菌丝体则可用灭菌打孔器，从平板内切取菌落圆块，放入含有保护剂的安瓿管内，然后用火焰熔封。浸入水中检查有无漏洞。

(4) 冻结再将已封口的安瓿管以每分钟下降 1 ℃的慢速冻结至 −30 ℃。若细胞急剧冷冻，则在细胞内会形成冰的结晶，因而降低存活率。

(5) 保藏经冻结至 −30 ℃的安瓿管立即放入液氮冷冻保藏器的小圆筒内，然后再将小圆筒放入液氮保藏器内。液氮保藏器内的气相为 −150 ℃，液态氮内为 −196 ℃。

(6) 恢复培养保藏的菌种需要用时，将安瓿管取出，立即放入 38 ~ 40 ℃的水浴中进行急剧解冻，直到全部融化为止。再打开安瓿管，将内容物移入适宜的培养基上培养。

此法除适宜于一般微生物的保藏外，对一些用冷冻干燥法都难以保存的微生物如支原体、衣原体、氢细菌、难以形成孢子的霉菌、噬菌体及动物细胞均可长期保藏，而且性状不变异。缺点是需要特殊设备。

6. 冷冻干燥保藏法

(1) 准备安瓿管用于冷冻干燥菌种保藏的安瓿管宜采用中性玻璃制造，形状可用长颈球形底的，亦称泪滴形安瓿管，大小要求外径6～7.5 mm，长105 mm，球部直径9～11 mm，壁厚0.6～1.2 mm。也可用没有球部的管状安瓿管。塞好棉塞，105 kPa，121.3 ℃灭菌30 min，备用。

（2）准备菌种，用冷冻干燥法保藏的菌种，其保藏期可达数年至十数年，为了在许多年后不出差错，故所用菌种要特别注意其纯度，即不能有杂菌污染，然后在最适培养基中用最适温度培养，使培养出良好的培养物。细菌和酵母的菌龄要求超过对数生长期，若用对数生长期的菌种进行保藏，其存活率反而降低。一般，细菌要求24～48 h的培养物；酵母需培养3天；形成孢子的微生物则宜保存孢子；放线菌与丝状真菌则培养7～10天。

（3）制备菌悬液与分装以细菌斜面为例，用脱脂牛乳2 mL左右加入斜面试管中，制成浓菌液，每支安瓿管分装0.2 mL。

（4）冷冻冷冻干燥器有成套的装置出售，价值昂贵，此处介绍的是简易方法与装置，可达到同样的目的。将分装好的安瓿管放低温冰箱中冷冻，无低温冰箱可用冷冻剂如干冰（固体CO_2）酒精液或干冰丙酮液，温度可达－70 ℃。将安瓿管插入冷冻剂，只需冷冻4～5 min，即可使悬液结冰。

（5）真空干燥为在真空干燥时使样品保持冻结状态，需准备冷冻槽，槽内放碎冰块与食盐，混合均匀，可冷至－15 ℃。装置仪器如图Ⅶ－16，安瓿管放入冷冻槽中的干燥瓶内。抽气一般若在30 min内能达到93.3 Pa真空度时，则干燥物不致熔化，以后再继续抽气，几小时内，肉眼可观察到被干燥物已趋干燥，一般抽到真空度26.7 Pa，保持压力6～8 h即可。

（6）封口抽真空干燥后，取出安瓿管，接在封口用的玻璃管上，可用L形五通管继续抽气，约10 min即可达到26.7 Pa。于真空状态下，以煤气喷灯的细火焰在安瓿管颈中央进行封口。封口以后，保存于冰箱或室温暗处。

此法为菌种保藏方法中最有效的方法之一，对一般生活力强的微生物及其孢子以及无芽孢菌都适用，即使对一些很难保存的致病菌，如脑膜炎球菌与淋病球菌等亦能保存。适用于菌种长期保存，一般可保存数年至十余年，但设备和操作都比较复杂。

附录 E　常用缓冲液的配制

E.1　甘氨酸－盐酸缓冲液(0.05 mol/L)

X 毫升 0.2 mol/L 甘氨酸＋*Y* 毫升 0.2 mol/L HCI,再加水稀释至 200 mL。

表 E－1

pH	*X*/mL	*Y*/mL	pH	*X*/mL	*Y*/mL
2.0	50	44.0	3.0	50	11.4
2.4	50	32.4	3.2	50	8.2
2.6	50	24.2	3.4	50	6.4
2.8	50	16.8	3.6	50	5.0

甘氨酸相对分子质量＝75.07,0.2 mol/L 甘氨酸溶液含 15.01 g/L。

E.2　邻苯二甲酸－盐酸缓冲液(0.05 mol/L)

X 毫升 0.2 mol/L 邻苯二甲酸氢钾＋0.2 mol/L HCl,再加水稀释到 20 mL。

表 E－2

pH(20 ℃)	*X*/mL	*Y*/mL	pH(20 ℃)	*X*/mL	*Y*/mL
2.2	5	4.070	3.2	5	1.470
2.4	5	3.960	3.4	5	0.990
2.6	5	3.295	3.6	5	0.597
2.8	5	2.642	3.8	5	0.263
3.0	5	2.022			

邻苯二甲酸氢钾相对分子质量＝204.23,0.2 mol/L 邻苯二甲酸氢溶液含 40.85 g/L

E.3　磷酸氢二钠－柠檬酸缓冲液

表 E－3

pH	0.2 mol/L Na_2HPO_4 /(g/L)	0.1 mol/L 柠檬酸/mL	pH	0.2 mol/L Na_2HPO_4 /mL	0.1 mol/L 柠檬酸/mL
2.2	0.40	10.60	5.2	10.72	9.28
2.4	1.24	18.76	5.4	11.15	8.85
2.6	2.18	17.82	5.6	11.60	8.40

表 E-3(续)

pH	0.2 mol/L Na_2HPO_4 /(g/L)	0.1 mol/L 柠檬酸/mL	pH	0.2 mol/L Na_2HPO_4 /mL	0.1 mol/L 柠檬酸/mL
2.8	3.17	16.83	5.8	12.09	7.91
3.0	4.11	15.89	6.0	12.63	7.37
3.2	4.94	15.06	6.2	13.22	6.78
3.4	5.70	14.30	6.4	13.85	6.15
3.6	6.44	13.56	6.6	14.55	5.45
3.8	7.10	12.90	6.8	15.45	4.55
4.0	7.71	12.29	7.0	16.47	3.53
4.2	8.28	11.72	7.2	17.39	2.61
4.4	8.82	11.18	7.4	18.17	1.83
4.6	9.35	10.65	7.6	18.73	1.27
4.8	9.86	10.65	7.6	18.73	1.27
5.0	10.30	9.70	8.0	19.45	0.55

Na_2HPO_4 相对分子质量 = 14.98,0.2 mol/L 溶液为 28.40 g/L。

$Na_2HPO_4 \cdot 2H_2O$ 相对分子质量 = 178.05,0.2 mol/L 溶液含 35.01 g/L。

$C_4H_2O_7 \cdot H_2O$ 相对分子质量 = 210.14,0.1 mol/L 溶液为 21.01 g/L。

E.4 柠檬酸-氢氧化钠-盐酸缓冲液

表 E-4

pH	钠离子浓度 /(mol/L)	柠檬酸/g $C_6H_8O_7 \cdot H_2O$	氢氧化钠/g 97% NaOH	盐酸/mL HCl(浓)	最终体积/L①
2.2	0.20	210	84	160	10
3.1	0.20	210	83	116	10
3.3	0.20	210	83	106	10
4.3	0.20	210	83	45	10
5.3	0.35	245	144	68	10
5.8	0.45	285	186	105	10
6.5	0.38	266	156	126	10

①使用时可以每升中加入 1 g 克酚,若最后 pH 值有变化,再用少量 50% 氢氧化钠溶液或浓盐酸调节,冰箱保存。

E.5 柠檬酸－柠檬酸钠缓冲液(0.1 mol/L)

表 E－5

pH	0.1 mol/L 柠檬酸/mL	0.1 mol/L 柠檬酸钠(mL)	pH	0.1 mol/L 柠檬酸/mL	0.1 mol/L 柠檬酸钠/mL
3.0	18.6	1.4	5.0	8.2	11.8
3.2	17.2	2.8	5.2	7.3	12.7
3.4	16.0	4.0	5.4	6.4	13.6
3.6	14.9	5.1	5.6	5.5	14.5
3.8	14.0	6.0	5.8	4.7	15.3
4.0	13.1	6.9	6.0	3.8	16.2
4.2	12.3	7.7	6.2	2.8	17.2
4.4	11.4	8.6	6.4	2.0	18.0
4.6	10.3	9.7	6.6	1.4	18.6
4.8	9.2	10.8			

柠檬酸 $C_6H_8O_7 \cdot H_2O$：相对分子质量 210.14，0.1 mol/L 溶液为 21.01 g/L。
柠檬酸钠 $Na_3C_6H_5O_7 \cdot {}_2H_2O$：相对分子质量 294.12，0.1 mol/L 溶液为 29.41 g/mL。

E.6 乙酸－乙酸钠缓冲液(0.2 mol/L)

表 E－6

pH(18 ℃)	0.2 mol/L NaAc /mL	0.3 mol/L HAc /mL	pH(18 ℃)	0.2 mol/L NaAc /mL	0.3 mol/L HAc /mL
2.6	0.75	9.25	4.8	5.90	4.10
3.8	1.20	8.80	5.0	7.00	3.00
4.0	1.80	8.20	5.2	7.90	2.10
4.2	2.65	7.35	5.4	8.60	1.40
4.4	3.70	6.30	5.6	9.10	0.90
4.6	4.90	5.10	5.8	9.40	0.60

$Na_2Ac \cdot 3H_2O$ 相对分子质量＝136.09，0.2 mol/L 溶液为 27.22 g/L。

E.7 磷酸盐缓冲液

1. 磷酸氢二钠－磷酸二氢钠缓冲液(0.2 moL/L)

表 E－7

pH	0.2 mol/L Na_2HPO_4/mL	0.3 mol/L NaH_2PO_4/mL	pH	0.2 mol/L Na_2HPO_4/mL	0.3 mol/L NaH_2PO_4/mL
5.8	8.0	92.0	7.0	61.0	39.0
5.9	10.0	90.0	7.1	67.0	33.0
6.0	12.3	87.7	7.2	72.0	28.0
6.1	15.0	85.0	7.3	77.0	23.0
6.2	18.5	81.5	7.4	81.0	19.0
6.3	22.5	77.5	7.5	84.0	16.0
6.4	26.5	73.5	7.6	87.0	13.0
6.5	31.5	68.5	7.7	89.5	10.5
6.6	37.5	62.5	7.8	91.5	8.5
6.7	43.5	56.5	7.9	93.0	7.0
6.8	49.5	51.0	8.0	94.7	5.3
6.9	55.0	45.0			

$Na_2HPO_4 \cdot 2H_2O$ 相对分子质量＝178.05，0.2 mol/L 溶液为 85.61 g/L。

$Na_2HPO_4 \cdot 12H_2O$ 相对分子质量＝358.22，0.2 mol/L 溶液为 71.64 g/L。

$Na_2HPO_4 \cdot 2H_2O$ 相对分子质量＝156.03，0.2 mol/L 溶液为 31.21 g/L。

2. 磷酸氢二钠－磷酸二氢钾缓冲液（1/15 mol/L）

表 E－8

pH	mol/L/15Na_2HPO_4 /mL	mol/L//15KH_2PO_4 /mL	pH	mol/L//15Na_2HPO_4 /mL	mol/L//15KH_2PO_4 /mL
4.92	0.10	9.90	7.17	7.00	3.00
5.29	0.50	9.50	7.38	8.00	2.00
5.91	1.00	9.00	7.73	9.00	1.00
6.24	2.00	8.00	8.04	9.50	0.50
6.47	3.00	7.00	8.34	9.75	0.25
6.64	4.00	6.00	8.67	9.90	0.10
6.81	5.00	5.00	8.18	10.00	0
6.98	6.00	4.00			

$Na_2HPO_4 \cdot 2H_2O$ 相对分子质量＝178.05，1/15 M 溶液为 11.876 g/L。

KH_2PO_4 相对分子质量＝136.09，1/15 M 溶液为 9.078 g/L。

E.8　磷酸二氢钾－氢氧化钠缓冲液（0.05 M）

X 毫升 0.2M K_2PO_4 ＋*Y* 毫升 0.2N NaOH 加水稀释至 29 mL。

表 E-9

pH(20 ℃)	X/mL	Y/mL	pH(20 ℃)	X/mL	Y/mL
5.8	5	0.372	7.0	5	2.963
6.0	5	0.570	7.2	5	3.500
6.2	5	0.860	7.4	5	3.950
6.4	5	1.260	7.6	5	4.280
6.6	5	1.780	7.8	5	4.520
6.8	5	2.365	8.0	5	4.680

E.9 巴比妥钠-盐酸缓冲液(18 ℃)

表 E-10

pH	0.04 M 巴比妥钠溶液/mL	0.2 V 盐酸/mL	pH	0.04 M 巴比妥钠溶液/mL	0.2 N 盐酸/mL
6.8	100	18.4	8.4	100	5.21
7.0	100	17.8	8.6	100	3.82
7.2	100	16.7	8.8	100	2.52
7.4	100	15.3	9.0	100	1.65
7.6	100	13.4	9.2	100	1.13
7.8	100	11.47	9.4	100	0.70
8.0	100	9.39	9.3	100	0.35
8.2	100	7.21		100	

巴比妥钠盐相对分子质量=206.18;0.04 M 溶液为8.25 g/L

E.10 Tris-盐酸缓冲液(0.05 M,25 ℃)

50 mL 0.1 M 三羟甲基氨基甲烷(Tris)溶液与 X 毫升 0.1 N 盐酸混匀后,加水稀释至100 mL。

表 E-11

pH	X/mL	pH	X/mL
7.10	45.7	8.10	26.2
7.20	44.7	8.20	22.9
7.30	43.4	8.30	19.9
7.40	42.0	8.40	17.2
7.50	40.3	8.50	14.7
7.60	38.5	8.60	12.4

表 E－11(续)

pH	X/mL	pH	X/mL
7.70	36.6	8.70	10.3
7.80	34.5	8.80	8.5
7.90	32.0	8.90	7.0
8.00	29.2		

Tris 相对分子质量＝121.14；
0.1 M 溶液为 12.114 g/L。Tris 溶液可从空气中吸收二氧化碳，使用时注意将瓶盖严。

E.11 硼酸－硼砂缓冲液(0.2M 硼酸根)

表 E－12

pH	0.05 M 硼砂/mL	0.2 M 硼砂/mL	pH	0.05 M 硼砂/mL	0.2 M 硼酸/mL
7.4	1.0	9.0	8.2	3.5	6.5
7.6	1.5	8.5	8.4	4.5	5.5
7.8	2.0	8.0	8.7	6.0	4.0
8.0	3.0	7.0	9.0	8.0	2.0

硼砂 $Na_2B_4O_7 \cdot H_2O$，相对分子质量＝381.43；0.05 M 溶液(＝0.2 M 硼酸根)含 19.07 g/L。
硼酸 H_2BO_3，相对分子质量＝61.84，0.2 M 溶液为 12.37 g/L。
硼砂易失去结晶水，必须在带塞的瓶中保存。

E.12 甘氨酸－氢氧化钠缓冲液(0.05M)

X 毫升 0.2 M 甘氨酸＋*Y* 毫升 0.2NaOH 加水稀释至 200 mL。

表 E－13

pH	X/mL	Y/mL	pH	X/mL	Y/mL
8.6	50	4.0	9.6	50	22.4
8.8	50	6.0	9.8	50	27.2
9.0	50	8.8	10.0	50	32.0
9.2	50	12.0	10.4	50	38.6
9.4	50	16.8	10.6	50	45.5

甘氨酸相对分子质量＝75.07；0.2 M 溶液含 15.01 g/L。

E.13 硼砂－氢氧化钠缓冲液(0.05M 硼酸根)

X 毫升 0.05 M 硼砂＋*Y* 毫升 0.2N NaOH 加水稀释至 200 mL。

表 E-14

pH	X/mL	Y/mL	pH	X/mL	Y/mL
9.3	50	6.0	9.8	50	34.0
9.4	50	11.0	10.0	50	43.0
9.6	50	23.0	10.1	50	46.0

硼砂 $Na_2B_4O_7 \cdot 10H_2O$,相对分子质量 = 381.43;0.05 M 溶液为 19.07 g/L。

E.14 碳酸钠-碳酸氢钠缓冲液(0.1 M)

Ca^{2+}、Mg^{2+}存在时不得使用。

表 E-15

pH		0.1M Na_2CO_3/mL	0.1M N_2HCO_3/mL
20 ℃	37 ℃		
9.16	8.77	1	9
9.40	9.12	2	8
9.51	9.40	3	7
9.78	9.50	4	6
9.90	9.72	5	5
10.14	9.90	6	4
10.28	10.08	7	3
10.53	10.28	8	2
10.83	10.57	9	1

$Na_2CO_2 \cdot 10H_2O$ 相对分子质量 = 286.2;0.1 M 溶液为 28.62 g/L。
N2HCO3 相对分子质量 = 84.0;0.1M 溶液为 8.40 g/L。

E.15 PBS:缓冲液

表 E-16

pH	7.6	7.4	7.2	7.0
H_2O/mL	1 000	1 000	1 000	100
NaCl/g	8.5	8.5	8.5	8.5
Na_2HPO_4/g	2.2	2.2	2.2	2.2
NaH_2PO_4/g	0.1	0.2	0.3	0.4

参考文献

[1] 王世和. 人工湿地污水处理理论与技术[M]. 北京:科学出版社,2007.
[2] 住房和城乡建设部标准定额研究所. 人工湿地污水处理技术导则[M]. 北京:中国建筑工业出版社,2009.
[3] 尹连庆,谷瑞华,张汉军. 潜流人工湿地组合工艺设计方法研究[M]. 广州化工出版社. 2008.
[4] 沈德中. 污染环境的生物修复[M]. 北京:化学工业出版社,2002.
[5] 周怀东,彭文启等. 水污染与水环境修复[M]. 北京:化学工业出版社,2005.
[6] 陈玉成. 污染环境修复工程[M]. 北京:化学工业出版社,2003.
[7] 曹杰. 人工湿地对农村生活污水的处理效果研究[D]. 浙江大学 - 硕士论文.
[8] 李强,徐晔春. 湿地植物[M]. 广州:南方日报出版社,2010.
[9] 付融冰,杨海真,顾国维,张政. 人工湿地基质微生物状况与净化效果相关分析[J]. 环境科学研究,2005,18(6):44 - 49.
[10] 黄辉,赵浩,饶群,徐炎华. 人工湿地基质除磷影响因素研究进展[J]. 环境科学与技术,2006,29(11):112 - 114.
[11] 靖元孝,杨丹菁,任延丽,李晓菊. 水翁在人工湿地的生长特性及对污染物的去除效果[J]. 环境科学研究,2005,18(1):9 - 12.
[12] 李卫平,王军,李文,王俊初. 应用水葫芦去除电镀废水中重金属的研究[J]生态学杂志,1995,14(4):30 - 35.
[13] 梁继东,周启星,孙铁晰. 人工湿地污水处理系统研究及性能改进分析[J]. 生态学杂志,2003,22(2):49 - 55.
[14] 刘超翔,胡洪营,张建,黄霞,施汉昌,钱易. 不同深度人工复合生态床处理农村生活污水比较[J]. 环境科学,2003,24(5):92 - 96.
[15] 卢少勇,金相灿,余刚. 人工湿地的氮去除机理[J]. 生态学报,2006,26(8):2670 - 2677.
[16] 马安娜,张洪刚,洪剑明. 湿地植物在污水处理中的作用及机理[J]. 首都师范大学学报,2006,27(6):57 - 63.
[17] 秦怡,李勇,金龙,黄勇人工湿地中常用填料和植物对污染物去除效果的比较[J]. 江苏环境科技,2006,19(5):46 - 48.
[18] 单丹. 人工湿地水生植物对氮磷吸收及对重金属福去除效果的研究[D]. 杭州,浙江大学硕士论文,2006.
[19] 孙亚兵,冯景伟,田园春,李署,贴靖玺,张继彪,袁守军. 自动增氧型潜流人工湿地处理农村生活污水的研究[J]. 环境科学学报,2006,26(3):404 - 408.
[20] 张政,付融冰,顾国维,杨海真. 人工湿地脱氮途径及其影响因素分析[J]. 生态环境,2006,15(6):1385 - 1390.
[21] 叶建锋,徐祖信,李怀正. 垂直潜流人工湿地堵塞机制:堵塞成因及堵塞物积累规律[J]环境科学,2008,6:1508 - 1512.
[22] 张君,王成端,付海霞等. 竹条基质在稳定表流湿地中的试验研究[J]. 水处理技术,2011,1:73 - 75.
[23] 谢云成,煤研石一粉煤灰基质人工湿地技术处理矿井水模拟研究[J]. 安徽农业科学,2011,39(14):8545 - 8547.

[24] 高红杰,彭剑峰,宋永会,等.铵饱和天然钙型沸石基质人工湿地对模拟养猪废水的处理效能[J].环境保护科学,2010,36(6):14-17.

[25] 华耀祖.超滤技术与应用[M].北京:化学工业出版社,2004.

[26] 张安辉,游海平.超滤膜技术在水处理领域中的应用及前景[J].化工进展,2009(52).

[27] 张艳,李圭白,陈杰.采用浸没式超滤膜技术处理东江水的中试研究[J].中国环境科学,2009,29(1).

[28] 杨友强,陈中豪,李友明.超滤法处理造纸化机浆废水的研究[J].中国给水排水,1999(12).

[29] 黄江丽,施汉昌,钱易.MF与UF组合工艺处理造纸废水研究[J].中国给水排水,2003(6).

[30] 汤凡敏,徐高田,董黎静,等.聚偏氟乙烯(PVDF)超滤膜生物反应器处理小区生活污水的试验研究[J].化学工程师,2005(4).

[31] 叶春松,宋小宁,钱勤,等.高浊度海水直接超滤处理的中试研究[J].工业水处理,2006(6).

[32] 王学松,郑领英.膜技术[M].北京:化学工业出版社 2013.

[33] 陈观文等.膜技术新进展与工程应用[M].北京:国防工业出版社,2013.

[34] 叶三纯,闻浩南.现代膜设备与膜组件组装[M].北京:化学工业出版社,2015.

[35] 张萱,韩异祥.现代膜技术与水处理工艺[M].北京:化学工业出版社 2013.

[36] 赵景联.环境修复原理与技术[M].北京:化学工业出版社,2006.

[37] 马放.污染控制微生物学实验[M].哈尔滨:哈尔滨工业大学出版社,2002.

[38] 许亚夫,邹大江,熊俊.滤膜材料及微滤技术的应用[J].中国组织工程研究与临床康复,2011,15(16).

[39] 林汉阳,武春瑞,吕晓龙.聚偏氟乙烯膜的超疏水改性研究膜科学与技术[J].2010,30(2):39-44.

[40] 陆晓峰,陈仕意,李存珍,等.表面活性剂对超滤膜表面改性的研究[J].膜科学与技术,1997,17(4):6 -41.

[41] 国家环境保护总局.水和废水监测分析方法[M].4 版北京:中国环境科学出版社,2002.

[42] 吕军.土壤改良学[M].杭州:浙江大学出版社 2011.

[43] 黄巧云,林启美,徐建明.土壤生物化学[M].北京:高等教育出版社 2015.

[44] 陆欣,谢英荷.土壤肥料学[M].北京:中国农业大学出版社 2011.

[45] 龚子同.中国土壤地理[M].北京:科学出版社 2014.

[46] 杜森,高祥照.土壤分析技术规范[M].北京:中国农业出版社 2006.

[47] 串丽敏,郑怀国.土壤污染修复领域发展态势分析[M].北京:中国农业科学技术出版社 2015.

[48] 王学德.植物生物技术实验指导[M].浙江:浙江大学出版社 2015.

[49] 高玉葆,石福臣等.植物生物学与生态学实验[M].北京:科学出版社 2008.

[50] 蔡庆生.植物生理学实验[M].北京:中国农业大学出版社 2013.

[51] 毛东兴,洪宗辉.环境噪声控制工程[M].2 版.北京:高等教育出版社,2010.

[52] 家华主编,环境噪音控制[M].北京:冶金工业出版社,2003.

[53] 玲主编,环境噪声控制[M]哈尔滨:哈尔滨工业大学出版社,2002.

[54] 弛主编,噪音污染控制技术[M].北京:中国环境科学出版社,2007.

[55] 赵延保.汽车车辆噪声污染的危害与控制.论文集粹.2008.1.

[56] 吕伟民.排水沥青路面降噪效果的现场观测[J],1998(4):9-13.

[57] 朱骏.交通噪声污染及防治.交通运输.2009.1

[58] 赵松龄,噪声的降低与隔离[M].上海:同济大学出版社,1989.

[59] 方丹群等.噪声控制[M].北京:北京出版社,1986.

[60] 张邦俊,翟国庆,潘仲麟.环境噪声学[M].杭州:浙江大学出版社,2001.

[61] 马大猷主编. 噪声控制学[M]. 北京:科学出版社,1987.
[62] 徐世勤,王樯. 工业噪声与振动控制[M]. 北京:冶金工业出版社,1999.
[63] 盛美萍,王敏庆,孙进才. 噪声与振动控制基础[M]. 北京:科学出版社,2001.
[64] 杜功焕,朱哲民,龚秀芬. 声学基础[M]. 上海:上海科学技术出版社,1981.
[65] 黄其柏. 工程噪声控制学[M]. 武汉:华中理工大学出版社,1999.
[66] 章句才. 工业噪声测量指南[M]. 北京:计量出版社,1984.
[67] Kryter K. D, Pearsons K S. Some Effects of Spectral Content and Duration Oil Perceived Level[M]. JASA. Vel. 35. 1965, N 6.
[68] International Civil Aviation Organization. International Stan - dards and Recommended Practices AircraR noise[M]. Annex 16 to ihe Con · vention ON International Civil Aviation. . 1971, August.